U0323961

煤矿安全风险分级管控与隐患排查治理双重预防机制构建与实施指南

主　编　宁尚根

中国矿业大学出版社

内 容 提 要

本书共 6 章,包括煤矿安全双重预防机制建设概况、煤矿安全双重预防机制建设的总体系、煤矿安全风险分级管控体系的建设、煤矿安全风险分级管控安全标准、煤矿安全风险现场辨识评估清单和煤矿事故隐患排查治理体系的建设等内容。

本书适用于煤矿与非煤矿山企业的领导层、管理层和技术层等有关人员阅读,同时也可供培训机构和有关院校师生参考。

图书在版编目(C I P)数据

煤矿安全风险分级管控与隐患排查治理双重预防机制
构建与实施指南 / 宁尚根主编. —徐州 :中国矿业大
学出版社,2018.7
ISBN 978-7-5646-4058-3

Ⅰ.①煤… Ⅱ.①宁… Ⅲ.①矿山安全—安全风险—
管理控制—指南②矿山安全—安全隐患—安全检查—指南
Ⅳ.①TD7-62

中国版本图书馆 CIP 数据核字(2018)第 160375 号

书　　名	煤矿安全风险分级管控与隐患排查治理双重预防机制构建与实施指南
主　　编	宁尚根
责任编辑	满建康　郭　玉
出版发行	中国矿业大学出版社有限责任公司
	(江苏省徐州市解放南路　邮编 221008)
营销热线	(0516)83885307　83884995
出版服务	(0516)83885767　83884920
网　　址	http://www.cumt.com　E-mail:cumtpvip@cumtp.com
印　　刷	徐州市今日彩色印刷有限公司
开　　本	787×1092　1/16　印张 25.5　字数 637 千字
版次印次	2018 年 7 月第 1 版　2018 年 7 月第 1 次印刷
定　　价	58.00 元

(图书出现印装质量问题,本社负责调换)

编审委员会

前　言

　　安全生产事关人民群众生命财产安全,事关改革开放、经济发展和社会稳定大局,党中央、国务院高度重视。近年来,全国安全生产总体稳定、持续好转,但安全生产形势依然严峻,重特大事故仍时有发生,没有得到根本遏制。主要原因是安全生产主体责任落实不到位,安全风险分级管控和隐患排查治理工作未形成长效机制,安全风险分级管控和事故隐患排查治理工作开展得不平衡、不深入所致。

　　习近平总书记在中共中央政治局常委会会议上提出:对易发重特大事故的行业领域,要采取风险分级管控、隐患排查治理双重预防性工作机制(以下简称"双机制"),推动安全生产关口前移。《中共中央国务院关于推进安全生产领域改革发展的意见》中明确要求建立风险分级管控、隐患排查治理双重预防性工作机制。建立双重预防性工作机制,就是将安全风险管控挺在隐患前面,把隐患排查治理挺在事故前面,将安全关口进一步前移。

　　目前,煤矿安全生产"三位一体"(煤矿风险分级管控、隐患排查治理、安全质量达标)标准化体系建设在各地区之间、煤炭企业之间发展还不平衡,还存在认识不到位、对风险分级管控等新内容学习不够、激励约束机制不健全等问题。近年来发生的重特大事故暴露出当前安全生产领域"认不清、想不到"的问题突出。

　　煤矿构建"双机制"就是针对安全生产领域"认不清、想不到"的突出问题,强调安全生产的关口前移,从隐患排查治理前移到安全风险管控。要强化风险意识,分析事故发生的全链条,抓住关键环节采取预防措施,防范安全风险管控不到位变成事故隐患、隐患未及时被发现和治理演变成事故。

　　煤矿构建"双机制"的主要目的就是为了有效预防、控制煤矿事故的发生。煤炭企业构建风险分级管控与隐患排查治理体系,目的是要实现事故的双重预防性工作机制,是基于风险的过程安全管理理念的具体实践,是实现事故"纵深防御"和"关口前移"的有效手段。

　　煤矿安全风险分级管控是源头,是预防事故的第一道防线,煤矿事故隐患排查治理是预防事故的末端治理,是第二道防线。煤矿"双机制"构建就是要建设好这两道防线,这需要一个过程,需要研究研发、需要配套标准、需要配套资源,是企业责任主体和政府监管主体的有效手段。煤矿"双机制"建设能够解决安全生产的长效机制,能够有效破解当前安全生产工作的诸多瓶颈。

为此,我们组织有关煤矿安全管理专家和工程技术人员、培训机构教师编写了《煤矿安全风险分级管控与隐患排查治理双重预防机制构建与实施指南》。本书的编写出版得到了有关专家和煤炭企业的大力支持和帮助,在此一并表示感谢。

本书主要指导全国煤矿构建"双机制",做好煤矿安全风险分级管控和事故隐患排查治理工作,适用于煤矿与非煤矿山企业,是针对煤矿领导层、管理层和技术层学习和建设"双机制"而专门编写,同时也可供培训机构和有关院校师生参考。

本书由于编写时间紧、任务重,再加上编写人员水平和能力有限,难免存在不足之处,恳请读者多提宝贵意见。

编 者

2018 年 7 月

目　　录

第一章　煤矿安全双重预防机制建设概况

安全管理是煤矿管理的重要内容之一,是整个煤矿管理水平的综合反映。安全管理的中心任务是保护煤矿生产经营中人的安全与健康,保护国家和集体的财产不受损失。随着社会的发展,基于风险的安全管理理论越来越受到各国煤矿安全领域的重视,成为现代煤矿安全管理的发展方向。

第一节　风险与安全的基本概念

一、风险的基本概念

各种不同的学科对风险有着不同的定义和解释,而在工程安全领域,谈到风险,就必须首先谈到危险。危险的定义是可能产生潜在损失的征兆,它是风险的前提,危险是客观存在的,没有危险,就无所谓风险。而风险一般定义为:在一定环境下,由危险事件引起,可能造成损失的概率。

由以上定义可知,风险由三部分组成:一是一定的环境;二是危险事件出现的概率,即出现的可能性;三是一旦危险出现,其后果的严重程度和损失的大小风险是伴随着人类的历史而产生并不断变化着的。在人类漫长的生产发展过程中,特别在18世纪中叶产业革命之后,随着机器业代替手工业,社会化大规模生产的逐步兴起和繁荣,工伤事故、职业病、环境事故也日益增多,人们对风险的认识也越来越深入,并通过实践总结出许多安全管理和劳动保护等方面的知识,对降低风险、减少事故的发生起了很大的作用。

根据损失产生的原因,煤矿面临的风险可分为生产事故风险、自然灾害风险、社会风险、政策风险和市场风险。在工程安全领域的风险预控管理主要指的是生产事故风险,也是大家所指的安全风险。

二、安全的基本概念

"安全"一词的含义,单独的解释较少,就单字的字义解释"安"与"危"相对应,也就是"无危则安"。"全"多指完满、无损失、无损坏和残缺等,也就是"无损则全"。两者相结合,即无危险、无损害、无事故的意思。这是一种尽善尽美的观念,与人的传统观念相吻合。但是随着科学技术的不断发展以及人类对安全问题研究的逐步深入,尤其是随着风险的概念引入到安全管理中,人们对安全的概念有了更深刻的认识。安全定义:指客观事物对主观和客观对象造成的风险受到控制,而且这种受控制的程度达到为人们所接受的状态。

该定义蕴涵了以下几层意思:

其一,客观事物是指人、机、环境的相互作用。这种人、机、环境的相互作用往往会造成事故及损失,而且它涉及人类的生产、生活和生存的各个领域。

其二,主观和客观对象不仅仅指人的死亡、伤害和职业病等,还包括财产、设备损失和环境损害。这使安全的定义延伸到了健康和环境方面,体现了人们对安全管理全过程和全方位的认识。

其三,客观事物对主观和客观对象造成了一定的风险,但这种风险是可以采取措施控制的。这种控制就是安全科学所要研究的内容,由此可延伸出安全管理、安全工程、安全系统工程和安全技术管理等多门学科。

其四,安全是相对的,任何客观事物都不是绝对安全的,安全与风险存在辩证的关系,当人们采取各种措施使风险降低到某种人们能接受的程度时,这种客观事物就是安全的。而可接受的程度则取决于法律法规的要求、公众的理解等因素。如骑自行车的人不戴头盔并非没有受伤的危险,只是人们普遍认为这种危险是可以承受的;而骑摩托车,交通规则明确要求骑乘者必须戴头盔这是因为发生事故的可能性和严重性所致。作为企业,则应是在满足法律法规要求的基础上,尽量减少或降低风险的可接受程度。

三、安全管理的概念

管理从字面上讲,有"管辖"和"处理"的意思。随着劳动规模的扩大,分工和协作日益复杂,许多学者对管理从不同角度进行了解释。根据现代管理科学的解释,管理可以定义为:管理是为实现预定目标而对管理对象进行有计划的组织、指挥、协调和控制的系列活动。其基本要素包括人、财、物、信息、时间、机构和章法等,前五项是管理内容,后两项是管理手段。正确并有效地利用这些要素,以达到相应的管理目标,需遵循系统理论、控制理论以及从中抽象出来的系统原理、反馈封闭原理、能级原理和激励原理。

安全管理就是人们对安全生产进行的计划、组织、指挥、协调和控制,使风险降到人们接受程度的一系列活动。它是研究安全管理活动规律的一门科学,作为管理工作的一个方面,其基本任务是运用现代管理学的理论和原理,探讨、揭示安全生产的基本规律,建立、健全安全管理机制和管理方法,以达到提高管理效率、实现安全生产的目的。安全管理分为宏观安全管理和微观安全管理。宏观安全管理是国家进行的安全法制管理和监督活动。微观安全管理是指具体部门或单位所进行的安全管理活动。微观安全管理必须服从宏观安全管理,在宏观安全管理指导下进行,并且是结合本单位实际的管理。

风险预控管理的基本原理是运用风险管理的技术,通过探求风险发生、变化的规律,认识、估计和分析风险对企业安全生产所造成的危害,运用计划、组织、指导、管制等一系列过程,从而实现"一切意外均可避免"、"一切风险皆可控制"的风险管理目标。以风险预控管理为代表的现代安全管理,通过引入风险的概念及现代管理科学的基本原理,促进了系统化、科学化、规范化的安全管理理论和管理模式的发展,也是企业建立安全、健康与环境综合管理系统的基础。

第二节 风险分级管控和隐患排查治理基础知识

一、基本概念

1.危险源

危险源是可能导致人员伤害和(或)健康损害的根源、状态或行为,或它们的组合。

(1)引自《职业健康安全管理体系 要求》(GB/T 28001—2011)。

(2)危险源,有时称风险源、风险点、危险有害因素等,即危险的源头、源点。如:部位、场所、设施、行为等等。

（3）危险源的构成见图1-1。

根源——具有能量或产生、释放能量的物理实体或有毒有害气体，如起重设备、电气设备、压力容器等。

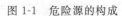

图 1-1　危险源的构成

行为——决策人员、管理人员以及从业人员的决策行为、管理行为以及作业行为。

状态——包括物的状态和作业环境的状态两部分。

造成瓦斯爆炸事故的根源危险源是指瓦斯，状态危险源是指瓦斯浓度、温度等，针对瓦斯浓度，《煤矿安全规程》明确了控制标准，企业需要采取控制措施确保状态危险源（如瓦斯浓度）处于受控状态，如管控措施有效，状态危险源（如瓦斯浓度）符合规程规定，此时的状态危险源称为"受控状态危险源"，如管控措施失效，状态危险源（如瓦斯浓度）不符合规程规定，此时的状态危险源叫"非受控状态危险源"（即隐患），出现了隐患，企业必须要采取整改措施，如果整改无效就有可能造成事故。

2. 风险

表述 1：某一特定危险情况发生的可能性与后果的组合。（早期的 OHSAS18001 给出的定义）

表述 2：发生危险事件或危害暴露的可能性，与随之引发的人身伤害或健康损害的严重性的组合。（GB/T 28001—2011《职业健康安全管理体系 要求》）

① 风险（R）＝可能性（L）×后果（C）。

② 可能性：指导致事故发生的概率。

③ 严重性：指事故发生后能够给企业带来多大的人员伤亡或财产损失。

④ 其中任何一个不存在，则认为这种风险不存在。

3. 风险点

风险点是指伴随风险的部位、设施、场所和区域，以及在特定部位、设施、场所和区域实施的伴随风险的作业过程，或以上两者的组合。

采煤工作面、掘进工作面、变电所、中央水泵房等是风险点；在掘进工作面进行的割煤、支护、出煤、供电、检修、局部通风、冒顶处理以及掘进工作面中的掘进机、带式输送机、刮板输送机、掘进机司机、带式输送机司机、刮板输送机司机、顶板、瓦斯、煤尘等也是风险点。

排查风险点是风险管控的基础。对风险点内的不同危险源或危险有害因素（与风险点相关联的人、物、场所及管理等因素）进行识别、评价，并根据评价结果、风险判定标准认定风险等级，采取不同控制措施是安全风险分级管控的核心。

4. 可接受风险

根据组织法律义务和职业健康安全方针已被组织降至可容许程度的风险。

（引自 GB/T 28001—2011《职业健康安全管理体系 要求》）

① 安全具有相对性。

② 风险控制水平只能实现更低，"零风险"的目标是不可能实现的。

③ 可接受风险与不可接受风险也是相对的。

5. 危险源辨识

危险源辨识：识别危险源的存在并确定其特性的过程。

危险源辨识基本方法为：工作任务辨识法和事故机理分析法等。

6. 风险评价

对危险源导致的风险进行评估，对现有控制措施的充分性加以考虑以及对风险是否可接受予以确认的过程。

① 固有（原始）风险评价：识别不考虑现有控制措施的固有风险，作为风险分级管控的基础；

② 现实风险评价：识别考虑已有管控措施的现有风险，作为完善风险管控措施的基础和隐患排查时判定隐患的基础。

7. 风险分级

风险分级是指通过采用科学、合理方法对危险源所伴随的风险进行定量或定性评价，根据评价结果划分等级，进而实现分级管理。风险分级的目的是实现对风险的有效管控。

8. 风险清单

风险清单是指包括危险源名称、类型、所在位置、当前状态以及伴随风险大小、等级、所需管控措施、责任单位、责任人等一系列信息的综合。

企业各类风险信息的集合即为企业安全风险分级管控清单。

9. 风险分级管控

风险分级管控是指按照风险不同级别、所需管控资源、管控能力、管控措施复杂及难易程度等因素而确定不同管控层级的风险管控方式。

风险分级管控的基本原则是：风险越大，管控级别越高；上级负责管控的风险，下级必须负责管控，并逐级落实具体措施。

10. 风险控制措施

风险控制措施是指为将风险降低至可接受程度，企业针对风险而采取的相应控制方法和手段。

企业在选择风险控制措施时应考虑可行性、安全性、可靠性、经济合理性等。

风险控制措施应包括：工程技术措施、管理措施、培训教育措施、安全到岗工程、个体防护措施以及应急处置措施等。

风险控制措施应在实施前针对以下内容进行评审：

① 措施的可行性和有效性；

② 是否使风险降低到可容许水平；

③ 是否产生新的危险源或危险有害因素；

④ 是否已选定了最佳的解决方案等。

11. 事故隐患

隐患，含义是隐蔽、隐藏的祸患。即为失控的危险源，是指伴随着现实风险，发生事故的概率较大的危险源。隐患一般包括人（人的不安全行为）、物（物的不安全状态）、环（作业环境的不安全因素）、管（安全管理缺陷）等 4 个方面。

隐患是指物的不安全状态，人的不安全行为和管理上的缺陷。

隐患是工作过程中的各种不足、不到位，是导致事故的直接原因，是可防可治的，所以，隐患排查治理的重点是第一时间发现,并及时采取措施予以治理,从根本上予以消除。隐患排查治理要求闭环管理。隐患不除,不得生产;否则,就是事故的到来。

12. 事故隐患排查治理

通过制定事故隐患分类规定、确定事故隐患排查方法和事故隐患风险评价标准,并对不同风险等级的事故隐患采取不同的治理措施,即为隐患排查治理。隐患排查治理措施一般包括:法制措施、管理措施、技术措施、应急措施等 4 个层次。

二、几个概念之间的逻辑关系

1. 危险源、事故隐患、重大危险源包含关系(图 1-2)

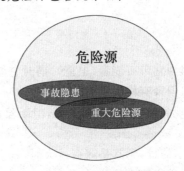

图 1-2　三者逻辑关系图

危险源包括事故隐患与重大危险源,事故隐患是危险源,危险源不一定是事故隐患,重大危险源不一定伴随着事故隐患。

风险来源于可能导致人员伤亡或财产损失的危险源或各种危险有害因素,是事故发生的可能性和后果严重性的组合,而隐患是风险管控失效后形成的缺陷或漏洞,两者是完全不同的概念。

风险具有客观存在性和可认知性,要强调固有风险,采取管控措施降低风险。

隐患主要来源于风险管控的薄弱环节,要强调过程管理,通过全面排查发现隐患,通过及时治理消除隐患。

但两者也有关联,隐患来源于风险的管控失效或弱化,风险得到有效管控就会不出现或少出现隐患。

2. 危险源、隐患、事故之间的逻辑关系(图 1-3)

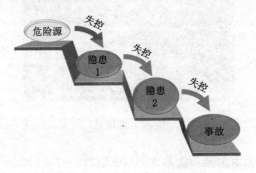

图 1-3　危险源—事故演变图

危险源失控会演变成事故隐患,事故隐患得不到治理就会发生量变到质变的过程,质变到一定程度,就会发生事故(财产损失或人员伤亡)。

示例:龙门吊见图1-4。

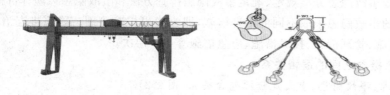

图1-4 龙门吊

(1)该龙门吊是危险源,因为它带有能量(电能),同时它能使物体带有势能和动能。

(2)完好的设备是危险源,但没有构成隐患。

(3)但当钢丝绳出现断丝现象时,就出现了隐患,但断丝数较少时(尤其载荷小时),虽然存在隐患,但不会发生事故。

(4)当断丝数目增加到一定的量,尤其是载荷过大时,就会发生断绳事故。

3.重大风险、重大危险源、重大事故隐患关系

重大风险是指具有发生事故的极大可能性或发生事故后产生严重后果,或者二者结合的风险。

(1)重大危险源不一定伴随重大风险,即风险可控性。

但实际工作中"安全冗余"和直观判定,往往将之定性为重大风险,目的为提高安全关注度。

(2)事故隐患一定伴随现实风险,往往事故一触即发。

(3)重大事故隐患一定伴随重大风险,距离事故一步之遥。

示例:下面以一个构成重大危险源的油罐区(图1-5)为例,来分析三者之间的关系。

图1-5 油罐区

(1)根据《危险化学品重大危险源辨识》(GB 18218—2009)汽油的储存量达到200 t及以上即为重大危险源。

(2)从风险定义考量,不一定意味着具有重大风险。一旦爆炸后果极其严重,但由于本

质安全到位,事故可能性趋向很小,可能性和后果的结合值则很小。

(3)发现一处防雷接地脱焊,则视为隐患,但不宜定性为重大隐患;若没有设计避雷系统则是重大隐患。

4.风险辨识与隐患排查的关系与区别

风险辨识与隐患排查的工作主体都要求全员参与,工作对象都要涵盖人、机、环、管各个方面,但风险辨识侧重于认知固有风险,而隐患排查侧重于各项措施生命周期过程管理。风险辨识要定期开展,在工艺技术、设备设施以及组织管理机构发生变化时要开展;而隐患排查则要求全时段、全天候开展,随时发现技术措施、管理措施的漏洞和薄弱环节。

5.隐患排查治理和风险分级管控的关系

两者是相辅相成、相互促进的关系。

安全风险分级管控是隐患排查治理的前提和基础,通过强化安全风险分级管控,从源头上消除、降低或控制相关风险,进而降低事故发生的可能性和后果的严重性。隐患排查治理是安全风险分级管控的强化与深入,通过隐患排查治理工作,查找风险管控措施的失效、缺陷或不足,采取措施予以整改。同时,分析、验证各类危险有害因素辨识评估的完整性和准确性,进而完善风险分级管控措施,减少或杜绝事故发生的可能性。

安全风险分级管控和隐患排查治理共同构建起预防事故发生的双重机制,构成两道保护屏障,有效遏制重特大事故的发生。

三、风险评价方法(技术)

1.风险矩阵分析法(LS)

风险矩阵分析法(简称 LS),$R = L \cdot S$,其中 R 是风险值,事故发生的可能性与事件后果的结合,L 是事故发生的可能性;S 是事故后果严重性。R 值越大,说明该系统危险性大、风险大。各值判定准则及风险矩阵表分别见表1-1~表1-4。

表 1-1 事故发生的可能性(L)判定准则

等级	标　准
5	在现场没有采取防范、监测、保护、控制措施,或危害的发生不能被发现(没有监测系统),或在正常情况下经常发生此类事故或事件
4	危害的发生不容易被发现,现场没有检测系统,也未发生过任何监测,或在现场有控制措施,但未有效执行或控制措施不当,或危害发生或预期情况下发生
3	没有保护措施(如没有保护装置、没有个人防护用品等),或未严格按操作程序执行,或危害的发生容易被发现(现场有监测系统),或曾经做过监测,或过去曾经发生类似事故或事件
2	危害一旦发生能及时发现,并定期进行监测,或现场有防范控制措施,并能有效执行,或过去偶尔发生事故或事件
1	有充分、有效的防范、控制、监测、保护措施,或员工安全意识相当高,严格执行操作规程,极不可能发生事故或事件

表1-2   事件后果严重性（S）判定准则

等级	法律、法规及其他要求	人员	直接经济损失	停工	企业形象
5	违反法律、法规和标准	死亡	100万元以上	部分装置（>2套）或设备	重大国际影响
4	潜在违反法规和标准	丧失劳动能力	50万元以上	2套装置停工或设备停工	行业内、省内影响
3	不符合上级公司或行业的安全方针、制度、规定等	截肢、骨折、听力丧失、慢性病	1万元以上	1套装置停工或设备	地区影响
2	不符合企业的安全操作程序、规定	轻微受伤、间歇不舒服	1万元以下	受影响不大，几乎不停工	公司及周边范围
1	完全符合	无伤亡	无损失	没有停工	形象没有受损

表1-3   安全风险等级判定准则（R）及控制措施

风险值	风险等级	应采取的行动/控制措施	实施期限
20～25	A/1级 极其危险	在采取措施降低危害前，不能继续作业，对改进措施进行评估	立刻
15～16	B/2级 高度危险	采取紧急措施降低风险，建立运行控制程序，定期检查、测量及评估	立即或近期整改
9～12	C/3级 显著危险	可考虑建立目标、建立操作规程，加强培训及沟通	2年内治理
4～8	D/4级 轻度危险	可考虑建立操作规程、作业指导书但需定期检查	有条件、有经费时治理
1～3	E/5级 稍有危险	无需采用控制措施	需保存记录

表1-4   风险矩阵表

后果等级					
5	轻度危险	显著危险	高度危险	极其危险	极其危险
4	轻度危险	轻度危险	显著危险	高度危险	极其危险
3	轻度危险	轻度危险	显著危险	显著危险	高度危险
2	稍有危险	轻度危险	轻度危险	轻度危险	显著危险
1	稍有危险	稍有危险	轻度危险	轻度危险	轻度危险
	1	2	3	4	5

2. 作业条件危险性分析法（LEC）

作业条件危险性分析评价法（简称LEC），其中L指事故发生的可能性，E指人员暴露于危险环境中的频繁程度，C指一旦发生事故可能造成的后果。给3种因素的不同等级分别确定不同的分值，再以3个分值的乘积D（危险性）来评价作业条件危险性的大小，即：$D=L \cdot E \cdot C$。D值越大，说明该作业活动危险性大、风险大。各值判定准则见表1-5～表1-8。

表 1-5 **事件发生的可能性(L)判定准则**

分值	事故、事件或偏差发生的可能性
10	完全可以预料
6	相当可能;或危害的发生不能被发现(没有监测系统);或在现场没有采取防范、监测、保护、控制措施;或在正常情况下经常发生此类事故、事件或偏差
3	可能,但不经常;或危害的发生不容易被发现;现场没有检测系统或保护措施(如没有保护装置、没有个人防护用品等),也未做过任何监测;或未严格按操作规程执行;或在现场有控制措施,但未有效执行或控制措施不当;或危害在预期情况下发生
1	可能性小,完全意外;或危害的发生容易被发现;现场有监测系统或曾经做过监测;或过去曾经发生类似事故、事件或偏差;或在异常情况下发生过类似事故、事件或偏差
0.5	很不可能,可以设想;危害一旦发生能及时发现,并能定期进行监测
0.2	极不可能;有充分、有效的防范、控制、监测、保护措施;或员工安全卫生意识相当高,严格执行操作规程
0.1	实际不可能

表 1-6 **暴露于危险环境的频繁程度(E)判定准则**

分值	频繁程度	分值	频繁程度
10	连续暴露	2	每月一次暴露
6	每天工作时间内暴露	1	每年几次暴露
3	每周一次或偶然暴露	0.5	非常罕见的暴露

表 1-7 **发生事故产生的后果严重性(C)判定准则**

分值	法律法规及其他要求	人员伤亡	直接经济损失	停工	公司形象
100	严重违反法律法规和标准	10人以上死亡,或50人以上重伤	5 000万元以上	公司停产	重大国际、国内影响
40	违反法律法规和标准	3人以上10人以下死亡,或10人以上50人以下重伤	1 000万元以上	装置停工	行业内、省内影响
15	潜在违反法规和标准	3人以下死亡,或10人以下重伤	100万元以上	部分装置停工	地区影响
7	不符合上级或行业的安全方针、制度、规定等	丧失劳动力、截肢、骨折、听力丧失、慢性病	10万元以上	部分设备停工	公司及周边范围
2	不符合公司的安全操作程序、规定	轻微受伤、间歇不舒服	1万元以上	1套设备停工	引人关注,不利于基本的安全卫生要求
1	完全符合	无伤亡	1万元以下	没有停工	形象没有受损

表 1-8   风险等级判定准则（D）及控制措施

风险值	风险等级		应采取的行动/控制措施	实施期限
>320	A/1级	极其危险	在采取措施降低危害前,不能继续作业,对改进措施进行评估	立刻
160～320	B/2级	高度危险	采取紧急措施降低风险,建立运行控制程序,定期检查、测量及评估	立即或近期整改
70～160	C/3级	显著危险	可考虑建立目标、建立操作规程,加强培训及沟通	2年内治理
20～70	D/4级	轻度危险	可考虑建立操作规程、作业指导书,但需定期检查	有条件、有经费时治理
<20	E/5级	稀有危险	无需采用控制措施,但需保存记录	

3. 风险程度分析法（MES）

（1）事故发生的可能性 L

人身伤害事故和职业相关病症发生的可能性主要取决于对于特定危害的控制措施的状态 M 和人体暴露于危害（危险状态）的频繁程度 E_1；单纯财产损失事故和环境污染事故发生的可能性主要取决于对于特定危害的控制措施的状态 M 和危害（危险状态）出现的频次 E_2。

（2）控制措施的状态 M

对于特定危害引起特定事故（这里"特定事故"一词既包含"类型"的含义,如碰伤、灼伤、轧入、高处坠落、触电、火灾、爆炸等,也包含"程度"的含义,如死亡、永久性部分丧失劳动能力、暂时性全部丧失劳动能力、仅需急救、轻微设备损失等）而言,无控制措施时发生的可能性较大,有减轻后果的应急措施时发生的可能性较小,有预防措施时发生的可能性最小。控制措施的状态 M 的赋值见表 1-9。

表 1-9   控制措施的状态（M）判定准则

分数值	控制措施的状态
5	无控制措施
3	有减轻后果的应急措施,如警报系统、个体防护用品
1	有预防措施,如机器防护装置等,但须保证有效

（3）人体暴露于危险状态或危险状态出现的频繁程度 E

人体暴露于危险状态的频繁程度越大,发生伤害事故的可能性越大;危险状态出现的频次越高,发生财产损失的可能性越大。人体暴露于危险状态的频繁程度或危险状态出现的频次 E 的赋值见表 1-10。

表 1-10   人体暴露于危险状态的频繁程度或危险状态出现的频次（E）判定准则

分数值	E_1（人身伤害和职业相关病症）: 人体暴露于危险状态的频繁程度	E_2（财产损失和环境污染）: 危险状态出现的频次
10	连续暴露	常态
6	每天工作时间内暴露	每天工作时间出现
3	每周一次或偶然暴露	每周一次或偶然出现

续表 1-10

分数值	E_1（人身伤害和职业相关病症）： 人体暴露于危险状态的频繁程度	E_2（财产损失和环境污染）： 危险状态出现的频次
2	每月一次暴露	每月一次出现
1	每年几次暴露	每年几次出现
0.5	更少的暴露	更少的出现

注：① 8 h 不离工作岗位，算"连续暴露"；危险状态常存，算"常态"。

② 8 h 内暴露一至几次，算"每天工作时间暴露"；危险状态出现一至几次，算"每天工作时间出现"。

（4）事故的可能后果 S

表 1-11 表示按伤害、职业相关病症、财产损失、环境影响等方面不同事故后果的分档赋值。

表 1-11　　　　　　　事故的可能后果严重性（S）判定准则

分数值	事故的可能后果			
	伤害	职业相关病症	财产损失	环境影响
10	有多人死亡		>1 000 万元	有重大环境影响的不可控排放
8	有一人死亡或多人永久失能	职业病（多人）	100 万元～1 000 万元	有中等环境影响的不可控排放
4	永久失能（一人）	职业病（一人）	10 万元～100 万元	有较轻环境影响的不可控排放
2	需医院治疗，缺工	职业性多发病	1 万元～10 万元	有局部环境影响的可控排放
1	轻微，仅需急救	职业因素引起的身体不适	<1 万元	无环境影响

注：财产损失一栏的分档赋值，可根据行业和企业的特点进行适当调整。

（5）根据可能性和后果确定风险程度（$R=LS=MES$）

将控制措施的状态 M、暴露的频繁程度 E（E_1 或 E_2）、一旦发生事故会造成的损失后果 S 分别分为若干等级，并赋予一定的相应分值。风险程度 R 为三者的乘积，将 R 亦分为若干等级。针对特定的作业条件，恰当选取 M、E、S 的值，根据相乘后的积确定风险程度 R 的级别。风险程度的分级见表 1-12。

表 1-12　　　　　　　风险程度的分级判定准则（R）

$R=MES$	风险程度（等级）
>180	1 级
90～150	2 级
50～80	3 级
20～48	4 级
≤18	5 级

注：风险程度是可能性和后果的二元函数。当用两者的乘积反映风险程度的大小时，从数学上讲，乘积前面应当有一系数。但系数仅是乘积的一个倍数，不影响不同乘积间的比值；也就是说，不影响风险程度的相对比值。因此，为简单起见，将系数取为1。

第三节　煤矿安全双重预防机制建设的起源

2015 年 8 月 12 日，天津港"8·12"瑞海公司危险品仓库特别重大火灾爆炸事故发生后，从国家层面开始重新思考和定位当前的安全监管模式和企业事故预防水平问题。

2016 年 1 月 6 日，中共中央总书记、国家主席、中央军委主席习近平在中共中央政治局常委会会议上发表重要讲话，对全面加强安全生产工作提出明确要求，强调血的教训警示我们，公共安全绝非小事，必须坚持安全发展，扎实落实安全生产责任制，堵塞各类安全漏洞，坚决遏制重特大事故频发势头，确保人民生命财产安全。

习近平强调，重特大突发事件，不论是自然灾害还是责任事故，其中都不同程度存在主体责任不落实、隐患排查治理不彻底、法规标准不健全、安全监管执法不严格、监管体制机制不完善、安全基础薄弱、应急救援能力不强等问题。

习近平对加强安全生产工作提出 5 点要求：

一是必须坚定不移保障安全发展，狠抓安全生产责任制落实。要强化"党政同责、一岗双责、失职追责"，坚持以人为本、以民为本。

二是必须深化改革创新，加强和改进安全监管工作，强化开发区、工业园区、港区等功能区安全监管，举一反三，在标准制定、体制机制上认真考虑如何改革和完善。

三是必须强化依法治理，用法治思维和法治手段解决安全生产问题，加快安全生产相关法律法规制定修订，加强安全生产监管执法，强化基层监管力量，着力提高安全生产法治化水平。

四是必须坚决遏制重特大事故频发势头，对易发重特大事故的行业领域采取风险分级管控、隐患排查治理双重预防性工作机制，推动安全生产关口前移，加强应急救援工作，最大限度减少人员伤亡和财产损失。

五是必须加强基础建设，提升安全保障能力，针对城市建设、危旧房屋、玻璃幕墙、渣土堆场、尾矿库、燃气管线、地下管廊等重点隐患和煤矿、非煤矿山、危化品、烟花爆竹、交通运输等重点行业以及游乐、"跨年夜"等大型群众性活动，坚决做好安全防范，特别是要严防踩踏事故发生。

李克强指出，当前安全生产形势依然严峻，务必高度重视，警钟长鸣。各地区各部门要坚持人民利益至上，牢固树立安全发展理念，以更大的努力、更有效的举措、更完善的制度，进一步落实企业主体责任、部门监管责任、党委和政府领导责任，扎实做好安全生产各项工作，强化重点行业领域安全治理，加快健全隐患排查治理体系、风险预防控制体系和社会共治体系，依法严惩安全生产领域失职渎职行为，坚决遏制重特大事故频发势头，确保人民群众生命财产安全。

2016 年 1 月 6 日，国务院召开全国安全生产电视电话会议作出部署。会议指出，有关各方要深入贯彻落实习近平总书记、李克强总理关于安全生产的一系列重要指示批示精神，坚持人民利益至上，牢固树立安全生产红线意识，切实落实企业主体责任、部门监管责任、党委和政府领导责任三个责任体系，狠抓改革创新、依法治理、基础建设、专项整治四项重点工作，努力实现事故总量继续下降、死亡人数继续减少、重特大事故频发势头得到遏制三项任务，促进全国安全生产形势持续稳定向好。

　　针对近年来发生的重特大事故暴露出当前安全生产领域"认不清、想不到"的问题。习近平总书记多次指出,对易发生重特大事故的行业领域,要将安全风险逐一建档入账,采取安全风险分级管控、隐患排查治理双重预防性工作机制,把新情况和想不到的问题都想到。

　　构建"双重预防机制"就是针对安全生产领域"认不清、想不到"的突出问题,强调安全生产的关口前移,从隐患排查治理前移到安全风险管控。要强化风险意识,分析事故发生的全链条,抓住关键环节采取预防措施,防范安全风险管控不到位变成事故隐患、隐患未及时被发现和治理演变成事故。

　　煤矿企业构建"双重预防机制"的主要目的就是为了有效预防、控制煤矿事故的发生。

　　目前,我国经济水平发展尚处于中低端向高端阶段迈进的阶段,加之企业层面的安全认知水平与安全理念相对落后,导致安全管理水平尚处于低层次水平,事故预防仍处于被动阶段,绝大多数企业仍属于粗放安全管理。这是导致事故隐患层出不穷和事故尤其是较大以上事故频频发生的深层次原因。

　　通过构建实施风险分级管控及隐患排查治理实现双重预防机制,既实现了引导企业安全管理水平向现代安全管理水平迈进,又满足了当前安全监管及企业安全现状的实际需要,可谓"双重预防机制,实现一举两得"。

　　一是提升了企业的风险管理认知。任何工业企业均有大量的危险源(各种能量、危险物质、作业活动等),危险源的管控失效就很容易导致事故隐患的发生,事故隐患得不到整改,离发生事故往往只有一步之遥。因此,如果不从源头实施管控,就很难发现导致事故隐患出现的原因,整改事故隐患是治标,发现和根除导致事故隐患出现的原因才是治本。

　　二是把事故预防的"关口前移"向"纵深防御"推进。多年来,企业把隐患排查与治理当作事故预防的关口前移,但由于隐患出现的原因尚不清楚,导致我国自 2008 年以来开展的隐患排查与治理工作收效甚微,这也是当前企业安全管理和安全监管亟须破题的关键。从源头治理,实现本质安全化才是实现事故纵深防御的根本之道。

　　三是实现事故预防的企业主体责任有效落实。预防事故发生不仅是企业的安全生产主体责任,也是安全法律法规的硬性要求。构建双重预防机制,较好地满足了企业真正需求和隐患治理的监管要求。尤其是构建实施风险分级管控体系,才是企业真正落实主体责任的具体表现。

第二章 煤矿安全双重预防机制建设的总体系

第一节 构建双重预防机制顶层设计

一、总体思路和工作目标

1. 总体思路

准确把握安全生产的特点和规律,坚持风险预控、关口前移,全面推行安全风险分级管控,进一步强化隐患排查治理,推进事故预防工作科学化、信息化、标准化,实现把风险控制在隐患形成之前、把隐患消灭在事故前面。

2. 工作目标

尽快建立健全安全风险分级管控和隐患排查治理的工作制度和规范,完善技术工程支撑、智能化管控、第三方专业化服务的保障措施,实现企业安全风险自辨自控、隐患自查自治,形成政府领导有力、部门监管有效、企业责任落实、社会参与有序的工作格局,提升安全生产整体预控能力,夯实遏制重特大事故的坚强基础。

二、着力构建企业双重预防机制

1. 全面开展安全风险辨识

各地区要指导推动各类企业按照有关制度和规范,针对本企业类型和特点,制定科学的安全风险辨识程序和方法,全面开展安全风险辨识。企业要组织专家和全体员工,采取安全绩效奖惩等有效措施,全方位、全过程辨识生产工艺、设备设施、作业环境、人员行为和管理体系等方面存在的安全风险,做到系统、全面、无遗漏,并持续更新完善。

2. 科学评定安全风险等级

企业要对辨识出的安全风险进行分类梳理,参照《企业职工伤亡事故分类》(GB 6441—1986),综合考虑起因物、引起事故的诱导性原因、致害物、伤害方式等,确定安全风险类别。对不同类别的安全风险,采用相应的风险评估方法确定安全风险等级。安全风险评估过程要突出遏制重特大事故,高度关注暴露人群,聚焦重大危险源、劳动密集型场所、高危作业工序和受影响的人群规模。安全风险等级从高到低划分为重大风险、较大风险、一般风险和低风险,分别用红、橙、黄、蓝四种颜色标示。其中,重大安全风险应填写清单、汇总造册,按照职责范围报告属地负有安全生产监督管理职责的部门。要依据安全风险类别和等级建立企业安全风险数据库,绘制企业"红橙黄蓝"四色安全风险空间分布图。

3. 有效管控安全风险

企业要根据风险评估的结果,针对安全风险特点,从组织、制度、技术、应急等方面对安全风险进行有效管控。要通过隔离危险源、采取技术手段、实施个体防护、设置监控设施等措施,达到回避、降低和监测风险的目的。要对安全风险分级、分层、分类、分专业进行管理,逐一落实企业、车间、班组和岗位的管控责任,尤其要强化对重大危险源和存在重大安全风险的生产经营系统、生产区域、岗位的重点管控。企业要高度关注运营状况和危险源变化后的风险状况,动态评估、调整风险等级和管控措施,确保安全风险始终处于受控范围内。

4. 实施安全风险公告警示

企业要建立完善安全风险公告制度,并加强风险教育和技能培训,确保管理层和每名员工都掌握安全风险的基本情况及防范、应急措施。要在醒目位置和重点区域分别设置安全风险公告栏,制作岗位安全风险告知卡,标明主要安全风险、可能引发事故隐患类别、事故后果、管控措施、应急措施及报告方式等内容。对存在重大安全风险的工作场所和岗位,要设置明显警示标志,并强化危险源监测和预警。

5. 建立完善隐患排查治理体系

风险管控措施失效或弱化极易形成隐患,酿成事故。企业要建立完善隐患排查治理制度,制定符合企业实际的隐患排查治理清单,明确和细化隐患排查的事项、内容和频次,并将责任逐一分解落实,推动全员参与自主排查隐患,尤其要强化对存在重大风险的场所、环节、部位的隐患排查。要通过与政府部门互联互通的隐患排查治理信息系统,全过程记录报告隐患排查治理情况。对于排查发现的重大事故隐患,应当在向负有安全生产监督管理职责的部门报告的同时,制定并实施严格的隐患治理方案,做到责任、措施、资金、时限和预案"五落实",实现隐患排查治理的闭环管理。事故隐患整治过程中无法保证安全的,应停产停业或者停止使用相关设施设备,及时撤出相关作业人员,必要时向当地人民政府提出申请,配合疏散可能受到影响的周边人员。

三、健全完善双重预防机制的政府监管体系

1. 健全完善标准规范

国务院安全生产监督管理部门要协调有关部门制定完善安全风险分级管控和隐患排查治理的通用标准规范,其他负有安全生产监督管理职责的行业部门要根据本行业领域特点,按照通用标准规范,分行业制定安全风险分级管控和隐患排查治理的制度规范,明确安全风险类别、评估分级的方法和依据,明晰重大事故隐患判定依据。各省级安全生产委员会要结合本地区实际,在系统总结本地区行业标杆企业经验做法基础上,制定地方安全风险分级管控和隐患排查治理的实施细则;地方各有关部门要按照有关标准规范组织企业开展对标活动,进一步健全完善内部安全预防控制体系,推动建立统一、规范、高效的安全风险分级管控和隐患排查治理双重预防机制。

2. 实施分级分类安全监管

各地区、各有关部门要督促指导企业落实主体责任,认真开展安全风险分级管控和隐患排查治理双重预防工作。要结合企业风险辨识和评估结果以及隐患排查治理情况,组织对企业安全生产状况进行整体评估,确定企业整体安全风险等级,并根据企业安全风险变化情况及时调整;推行企业安全风险分级分类监管,按照分级属地管理原则,针对不同风险等级的企业,确定不同的执法检查频次、重点内容等,实行差异化、精准化动态监管。对企业报告的重大安全风险和重大危险源、重大事故隐患,要通过实行"网格化"管理明确属地基层政府及有关主管部门、安全监管部门的监管责任,加强督促指导和综合协调,支持、推动企业加快实施管控整治措施,对安全风险管控不到位和隐患排查治理不到位的,要严格依法查处。要制定实施企业隐患自查自治的正向激励措施和职工群众举报隐患奖励制度,进一步加大重大事故隐患举报奖励力度。

3. 有效管控区域安全风险

各地区要组织对公共区域内的安全风险进行全面辨识和评估,根据风险分布情况和可能造成的危害程度,确定区域安全风险等级,并结合企业报告的重大安全风险情况,汇总建立区域安全风险数据库,绘制区域"红橙黄蓝"四色安全风险空间分布图。对不同等级的安全风险,要采取有针对性的管控措施,实行差异化管理;对高风险等级区域,要实施重点监控,加强监督检查。要加强城市运行安全风险辨识、评估和预警,建立完善覆盖城市运行各环节的城市安全风险分级管控体系。要加强应急能力建设,健全完善应急响应体制机制,优化应急资源配备,完善应急预案,提高城市运行应急保障水平。

4. 加强安全风险源头管控

各地区要把安全生产纳入地方经济社会和城镇发展总体规划,在城乡规划建设管理中充分考虑安全因素,尤其是城市地下公用基础设施如石油天然气管道、城镇燃气管线等的安全问题。加强城乡规划安全风险的前期分析,完善城乡规划和建设安全标准,严格高风险项目建设安全审核把关,严禁违反国家和行业标准规范在人口密集区建设高风险项目,或者在高风险项目周边设置人口密集区。制定重大政策、实施重大工程、举办重大活动时,要开展专项安全风险评估,根据评估结果制定有针对性的安全风险管控措施和应急预案。要明确高危行业企业最低生产经营规模标准,严禁新建不符合产业政策、不符合最低规模、采用国家明令禁止或淘汰的设备和工艺要求的项目,现有企业不符合相关要求的,要责令整改。要积极落实国家关于淘汰落后、化解过剩产能的政策,推进提升企业整体安全保障能力。

四、强化政策引导和技术支撑

1. 完善相关政策措施

各地区、各有关部门要加大政策引导力度,综合运用法律、经济和行政手段支持推动遏制重特大事故工作,以重点行业领域、高风险区域、生产经营关键环节为重点,支持、推动建设一批重大安全风险防控工程、保护生命重点工程和隐患治理示范工程,带动企业强化安全工程技术措施。要鼓励企业使用新工艺、新技术、新设备等,推动高危行业企业逐步实现"机械化换人、自动化减人",有效降低安全风险。要大力推进实施安全生产责任保险制度,将保险费率与企业安全风险管控状况、安全生产标准化等级挂钩,并积极发挥保险机构在企业构建风险管控体系中的作用;加强企业安全生产诚信制度建设和部门联合惩戒,充分发挥市场机制作用,促进企业主动开展双重预防机制建设。

2. 深入推进企业安全生产标准化建设

要引导企业将安全生产标准化创建工作与安全风险辨识、评估、管控,以及隐患排查治理工作有机结合起来,在安全生产标准化体系的创建、运行过程中开展安全风险辨识、评估、管控和隐患排查治理。要督促企业强化安全生产标准化创建和年度自评,根据人员、设备、环境和管理等因素变化,持续进行风险辨识、评估、管控与更新完善,持续开展隐患排查治理,实现双重预防机制的持续改进。

3. 充分发挥第三方服务机构作用

要积极培育扶持一批风险管理、安全评价、安全培训、检验检测等专业服务机构,形成全链条服务能力,并为其参与企业安全管理和辅助政府监管创造条件。要加强对专业服务机构的日常监管,建立激励约束机制,保证专业服务机构从业行为的规范性、专业性、独立性和客观性。要支持建设检验检测公共服务平台,推动实施第三方检验检测认证结果采信制度。要加快安全技术标准研制与实施,推动标准研发、信息咨询等服务业态发展。政府、部门和企业在安全风险识别、管控措施制定、隐患排查治理、信息技术应用等方面可通过购买服务的方式,委托相关专家和第三方服务机构帮助实施。

4.强化智能化、信息化技术的应用

各地区、各有关部门要抓紧建立功能齐全的安全生产监管综合智能化平台,实现政府、企业、部门及社会服务组织之间的互联互通、信息共享,为构建双重预防机制提供信息化支撑。要督促企业加强内部智能化、信息化管理平台建设,将所有辨识出的风险和排查出的隐患全部录入管理平台,逐步实现对企业风险管控和隐患排查治理情况的信息化管理。要针对可能引发重特大事故的重点区域、重点单位、重点部位和关键环节,加强远程监测、自动化控制、自动预警和紧急避险等设施设备的使用,强化技术安全防范措施,努力实现企业风险防控和隐患排查治理异常情况自动报警。

第二节　煤矿双重预防机制实施程序与构建框架

一、安全风险分级管控程序

煤矿应制定实施具有实用性、针对性和可操作性较强的风险分级管控程序(技术路线),抓好风险分级的过程管理,按照程序有序组织实施,才能确保识别出的危险源(风险点)、风险大小的判定以及风险控制措施的策划的真实性和科学性。

根据风险管理要求,建议煤矿构建过程中按照图 2-1 程序执行。

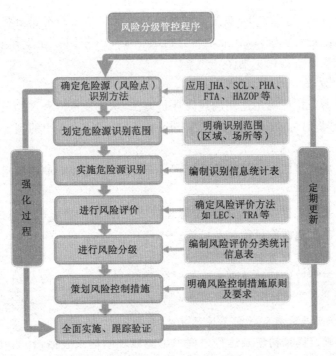

图 2-1　煤矿安全风险分级管控程序框图

二、煤矿安全风险分级管控体系框架

风险分级管控体系是煤矿安全管理体系的子系统,煤矿应按照政府有关要求,结合自身实际,编制实施自身的风险分级管控体系及实施指南(可合并编制)。下面针对煤矿提供了风险分级管控体系实施指南编制大纲建议稿,供煤矿实际运行中参考。

《风险分级管控体系实施指南》建议编制大纲:

1. 编制目的

阐明开展风险分级管控的工作目的和意义,确保内部所有人员能够清楚地认识到该项工作开展的重要意义。

2. 编制依据

编制依据主要包括法规、标准、相关政策以及企业内部制定相关规定等要求。

3. 总体要求、目标与原则

明确开展该项工作的严肃性和总要求,明确开展该项工作要实现的最终目标以及应坚持的原则,确保该项工作开展的长期性、有效性。

4. 职责分工

明确该项工作的开展主责部门(牵头、督导及考核)、责任部门及相关参与部门应履行风险点识别、风险评价及风险管控过程中应承担的职责。并将职责分工要求纳入安全生产责任制进行考核,确保实现"全员、全过程、全方位、全天候"的风险管控。

5. 风险点识别方法

(1) 风险点识别范围的划分要求

比如以生产区域、作业区域或者作业步骤等划分,确保风险点识别全覆盖。

(2) 风险点识别方法

建议以安全检查表法(SCL)对生产现场及其他区域的物的不安全状态、作业环境不安全因素及管理缺陷进行识别;以作业危害分析法(JHA)并按照作业步骤分解逐一对作业过程中的人的不安全行为进行识别。

6. 风险评价方法

企业应经过研究论证确定适用的风险评价方法,从方便推广和使用角度,建议采用作业条件危险性分析(修订的 LEC)或者风险矩阵法(LS)进行风险大小的判定。

7. 风险分级及管控原则

企业应根据风险值的大小将风险分成四级,明确分级管控的原则要求。

8. 风险控制措施策划

企业应依次按照工程控制措施、安全管理措施、个体防护措施以应急措施等四个逻辑顺序对每个风险点制定精准的风险控制措施。

9. 风险分级管控考核方法

为确保该项工作有序开展及事故纵深预防效果,企业应对风险分级管控制定实施内部激励考核方法。

10. 风险点识别及分级管控记录使用要求

指南应事先确定体系构建及运行过程中可能涉及的记录表格,并明确提出每个记录表格的填写要求及保存期限。

三、事故隐患排查治理程序

事故隐患排查与治理是企业事故预防的末端环节,通过该体系的建立与实施,打破过去"安全工作就是安全主管部门一家的事情"的管理劣势,实现事故隐患的群防群治、齐抓共管,在运行过程中,实现"安全专业"(从事安全管理的人员在专业程度上持续提升)和"专业安全"(从事其他专业职能的人员在专业管理领域里的安全认知与安全知识持续提升)的目标。

根据事故隐患排查治理要求,建议煤矿构建体系过程中按照图 2-2 程序执行。

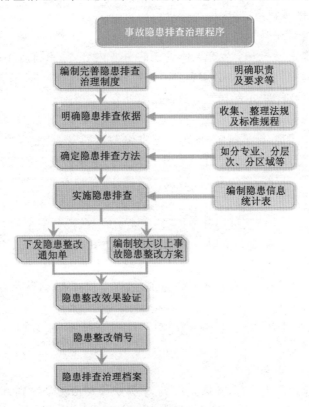

图 2-2　事故隐患排查治理程序框图

四、事故隐患排查治理体系框架

事故隐患排查治理体系是煤矿安全管理体系的子系统,煤矿应按照政府有关要求,结合自身实际,编制实施自身的事故隐患排查治理体系及实施指南(可合并编制)。下面针对煤矿提供了事故隐患排查治理体系实施指南编制大纲建议稿,供煤矿实际运行中参考。

《事故隐患排查治理体系实施指南》建议编制大纲:

1. 编制目的

为了系统有序地做好事故隐患排查与治理工作,切实落实"一岗双责",明确各职能部门和各单位职责,明确工作内容、工作程序及考核要求,特制订本指南。

2. 编制依据

指南编制依据《安全生产法》《生产经营单位安全生产主体责任规定》及相关政策要求,

并充分结合煤矿安全管理实际。

3. 总体要求、目标

（1）总体要求。实现作业现场事故隐患的动态管理，按照责任制要求，确保事故隐患能够及时发现、及时治理，最大限度防止各类事故发生。

（2）总体目标。实现作业现场隐患排查治理的"全覆盖、无死角、无空档"；实现"零隐患、零伤害"目标。

4. 职责分工

按照专业特点、区域特点、职能层级等进行职责分工。

5. 事故隐患排查方法

隐患排查与治理是煤矿安全生产主体责任的重要内容，隐患排查不同于一般的企业日常安全检查或安全巡视，隐患排查必须做到有组织体系、有排查标准、有排查记录、有排查整改方案、有整改效果验证等"五有"要求，二者互为补充。

6. 事故隐患排查标准

煤矿应根据法律法规、标准规程、规范与要求编制不同专业、不同检查层级的隐患排查标准，隐患排查标准应用安全检查表的方法逐一制定。利用检查条款按照相关的标准、规范等对已知的危险类别、设计缺陷以及与工艺设备、操作、管理有关的潜在危险性和有害性进行判别检查。

（1）按照专业，安全检查表可划分为：工艺安全检查表、设备安全检查表、电气安全检查表、防火防爆安全检查表、防雷防静电安全检查表、消防安全检查表、安全连锁与功能、作业行为、职业健康防护安全检查表等。

（2）按照检查层级，安全检查表可划分为：矿级安全检查表、区队级安全检查表、班组级安全检查表等。

（3）按照时间，安全检查表可划分为：季节性安全检查表、节假日检查表、日常检查表等。

7. 事故隐患治理原则与程序

煤矿应对事故隐患分级治理，按照班组级、区队级及矿级三个级别。

不同层级负责的隐患治理由治理所需的资源配置、权限、管理及技术能力等因素来确定。

每一级均应建立健全隐患治理台账，对隐患清单、隐患治理过程以及隐患治理效果验证均应保持完整记录。

8. 事故隐患等级划分

按照隐患的危险程度，可以参照《安全生产事故隐患排查治理暂行规定》（安监总局令第16号），可分为一般隐患、较大隐患和重大隐患三个等级。其中：

一般事故隐患，是指易导致伤害事故发生且整改难度较小，在发现后能够立即整改排除的隐患。

较大事故隐患，是指易导致一般事故发生且有一定整改难度，在短期内能够立即整改排除的隐患。

重大事故隐患，是指易导致较大以上事故发生且整改难度很大，应当全部或者局部停产停业，并经过一定时间整改治理方能排除的隐患，或者因外部因素影响致使生产经营单位自身难以排除的隐患。

9. 事故隐患治理措施

（1）区域层面治理措施

企业应根据隐患排查的结果，制定隐患治理方案，对隐患及时进行治理。

隐患治理方案应包括目标和任务、方法和措施、经费和物资、机构和人员、时限和要求。重大事故隐患在治理前应采取临时控制措施并制定应急预案。

隐患治理措施包括：工程技术措施、管理措施、教育措施、防护措施和应急措施。

治理完成后，应对治理情况进行验证和效果评估。

（2）政府层面治理措施

根据《安全生产法》等有关法规要求，应对存在隐患的企业进行执法监管，负有安全生产监督管理职责的部门依法对存在重大事故隐患的生产经营单位做出停产停业、停止施工、停止使用相关设施或者设备的决定，生产经营单位应当依法执行，及时消除事故隐患。生产经营单位拒不执行，有发生生产安全事故的现实危险的，在保证安全的前提下，经本部门主要负责人批准，负有安全生产监督管理职责的部门可以采取通知有关单位停止供电、停止供应民用爆炸物品等措施，强制生产经营单位履行决定。通知应当采用书面形式，有关单位应当予以配合。

10. 事故隐患治理效果验证

隐患排查治理应符合"闭环管理"，对隐患治理的效果进行验证和跟踪，按照隐患等级明确效果验证责任部门和验证程序要求。对已按照要求整改的隐患及时销号，对未按期和按要求整改的隐患应督促整改并实施考核。

11. 事故隐患排查治理体系运行记录

煤矿应建立健全事故隐患排查与治理档案，建立健全各类隐患排查与治理记录。

第三节　煤矿双机制建设总体要求

一、总体思路

以安全风险辨识和分级管控为基础，以隐患排查和治理为手段，把风险控制挺在隐患前面，从源头系统识别风险、控制风险，并通过隐患排查，及时寻找出风险控制过程可能出现的缺失、漏洞及风险控制失效环节，把隐患消灭在事故发生之前。

全面辨识和排查岗位、班组、区队、矿井安全风险和隐患，采用科学方法进行评估与分级，建立安全风险与事故隐患信息管理系统，重点关注重大风险和重大隐患，采取工程、技术、管理等措施有效管控风险和治理隐患。

构建形成点、线、面有机结合，持续改进的安全风险分级管控和隐患排查治理双重预防性工作机制，推进事故预防工作科学化、智能化，切实提高防范和遏制重特大事故的能力和水平。

二、基本原则

（1）突出风险，实施分级管控

以风险管控为主线，运用现代风险管理和事故预防理论，构建基于风险、系统化、规范化的双重预防机制，规范具体工作程序和方法，紧盯重大风险和重大隐患，牢牢抓住遏制重特大事故的重点行业领域和环节。

（2）持续改进，实现动态管理

通过辨识风险，排查隐患，并落实风险管控和隐患治理责任，实现安全风险辨识评估、分级、管控和事故隐患排查、整改、消除的闭环管理。风险分级管控和隐患排查治理在闭环管理中不断完善、持续改进。

（3）整合资源，实现体系融合

要把风险分级管控、隐患排查治理和安全生产标准化等工作有机结合。通过全面辨识风险，夯实标准化工作基础；通过风险分级管控，消除或减少隐患；通过强化隐患排查治理，降低事故风险；通过标准化体系规范运行，促进双重预防机制有效实施。

（4）试点先行，循序推进建设

各地区要积极探索创新，抓住重点地区、重点行业领域、重点单位和因素，针对构建双重预防性工作机制的各个环节，采取工程、技术和管理等措施，确定一批试点地区和企业，先行先试，尽快形成一批可复制、可借鉴的经验做法，分地区分行业循序推进双重预防机制建设。

三、基本目标与要求

1. 工作目标

煤矿构建双重预防机制至少要实现以下工作目标：

（1）建立安全风险清单和数据库；

（2）制定重大安全风险管控措施；

（3）设置重大安全风险公告栏；

（4）制作岗位安全风险告知卡；

（5）绘制煤矿安全风险四色分布图；

（6）绘制煤矿作业安全风险比较图；

（7）建立安全风险分级管控制度；

（8）建立隐患排查治理制度；

（9）建立隐患排查治理台账或数据库；

（10）制定重大隐患治理实施方案；

（11）建立安全风险与隐患排查信息管理系统。

2. 工作机构与制度

煤矿应有专门负责双重预防机制建设的工作机构，该机构不应是一个临时性的机构，其主要职责是牵头组织各部门分岗位、分工种全面开展风险辨识和隐患排查，并在企业内部逐步建立风险管控与隐患排查治理工作体系。

煤矿应制定或完善本企业双重预防机制建设的相关工作制度和工作方案，明确工作目标、实施内容、责任部门、保障措施、工作进度和工作要求等相关内容。工作制度和工作方案应具体、有针对性，职责明确，便于实施。

双重预防机制建设不是"另起炉灶"，是基于风险，对煤矿现有安全生产管理体系，特别是隐患排查治理体系和安全生产标准化体系的完善与补充，是安全管理制度系统性、针对性、实用性的提升过程。

　　构建双重预防机制需要掌握科学的方法与手段,尤其是风险辨识评估等工作,企业应配备相应的专业人员。在煤矿自身技术力量或人员能力暂时不足的情况下,可聘请外部机构或专家帮助开展相关工作。

　　3.工作程序

　　煤矿企业可参照图2-3所示的基本程序,逐步推进本煤矿双重预防机制建设。

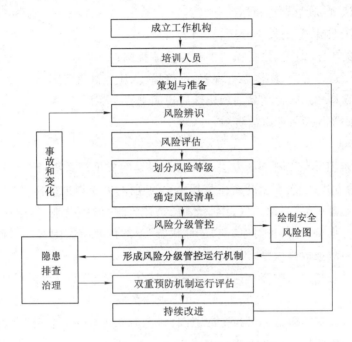

图 2-3　煤矿双重预防机制建设基本程序

四、人员培训

　　构建双重预防机制涉及煤矿全体员工,为确保构建工作顺利、高效开展,确保双重预防机制建立后有效运转,必须强化对全体员工的培训,强化对专业技术人员的培训。要使专业技术人员首先具备双重预防机制建设所需的相关知识和能力,再通过他们将相关知识和理念传播给全体员工,带领全体员工以正确的方法工作,确保双重预防机制建设工作顺利开展。

　　通过培训提升全体员工的风险意识。对于大部分煤矿来说,安全风险分级管控是个新鲜事物,目前绝大部分煤矿员工并不了解风险为何物。因此,要通过各种形式向全体员工宣传风险管理的理念,使员工充分认识安全风险分级管控对于保障员工安全的重要作用,真正树立起风险意识。

　　组织对全体员工开展有针对性的培训。要组织对全体员工开展关于风险管理理论、风险辨识评估方法和双重预防机制建设的技巧与方法等内容的培训,使全体员工掌握双重预防机制建设相关知识,尤其是具备参与风险辨识、评估和管控的能力,为双重预防机制建设奠定坚实的基础。

五、风险辨识与评估

1. 信息收集与准备

煤矿应精心组织、策划,收集、处理风险辨识评估相关资源与信息,确保风险辨识评估全面、充分。

在开展风险辨识与评估前,要做好前期的信息收集与准备,至少包括:

(1) 相关法规、政策规定和标准;

(2) 相关工艺、设施的安全分析报告;

(3) 详细的工艺、装置、设备说明书和工艺流程图;

(4) 设备试运行方案、操作运行规程、维修措施、应急处置措施;

(5) 工艺物料或危险化学品的理化性质说明书;

(6) 本煤矿及相关行业事故资料。

2. 风险辨识

煤矿风险辨识必须以科学的方法,全面、详细地剖析生产系统,确定危险有害因素存在的部位、存在的方式、事故发生的途径及其变化的规律,并予以准确描述。

煤矿应从地理区域、自然条件、作业环境、工艺流程、设备设施、作业任务等各个方面进行辨识。充分考虑分析"三种时态"和"三种状态"下的危险有害因素,分析危害出现的条件和可能发生的事故或故障模型。

"三种时态"是指过去时态、现在时态、将来时态。过去时态主要是评估以往残余风险的影响程度,并确定这种影响程度是否属于可接受的范围;现在时态主要是评估现有的风险控制措施是否可以使风险降低到可接受的范围;将来时态主要是评估计划实施的生产活动可能带来的风险影响程度是否在可接受的范围。

"三种状态"是指人员行为和生产设施的正常状态、异常状态、紧急状态。人员行为和生产设施的正常状态即正常生产活动,异常状态是指人的不安全行为和生产设施故障,紧急状态是指将要发生或正在发生的重大危险,如设备被迫停运、火灾爆炸事故等。

可采用《生产过程危险和有害因素分类与代码》(GB/T 13861—2009)分析生产过程的危险有害因素,包括人的因素,如心理和生理性因素、行为性因素;物的因素,如物理性、化学性、生物性因素;环境因素,如室内外作业环境、地下作业环境等因素;管理因素,如安全管理机构、责任制、规章制度等因素。

也可采用《企业职工伤亡事故分类》(GB 6441—1986)对危险因素进行分类,可划分为物体打击、车辆伤害、机械伤害、起重伤害、触电、淹溺、灼烫、火灾、高处坠落、坍塌、冒顶片帮、透水、爆破、火药爆炸、瓦斯爆炸、锅炉爆炸、容器爆炸、其他爆炸、中毒和窒息以及其他伤害等 20 类。

3. 风险评估

风险评估是在风险辨识的基础上,通过确定风险导致事故的条件、事故发生的可能性和事故后果严重程度,进而确定风险大小和等级的过程。

风险评估方法很多,总体上可分为两类,一类为定量的,一类为定性的。企业可以根据自身实际情况选用适当的风险评估方法。表 2-1 列出了一些常用的评估方法及其适用范围。

表 2-1 　　　　　　　　　　常用风险评估方法

序号	评估方法	评估目的	适用范围	定性/定量	可提供的评估结果			
					事故原因	事故频率/概率	事故后果	风险分级
1	安全检查表法	危害分析 安全等级	设备设施 管理活动	定性	不能	不能	不能	不能
2	头脑风暴法	危害分析 事故原因	设备设施 管理活动	定性	提供	不能	提供	不能
3	因果分析图法（鱼刺图法）	危害分析 事故原因	设备设施 管理活动	定性	提供	不能	提供	不能
4	情景分析法	危害分析 事故原因	设备设施 管理活动	定性	提供	不能	提供	不能
5	预先危险性分析法	危害分析 风险等级	项目的初期阶段、维修、改扩建、变更	定性	提供	不能	提供	提供
6	事故树分析法	事故原因 事故概率	已发生的和可能发生的事故、事件	定量	提供	提供	不能	概率分级
7	故障类型及影响分析法	故障原因 影响程度 风险等级	设备设施系统	定性	提供	提供	提供	事故后果分级
8	危险与可操作性研究法	偏离原因 后果及其对系统的影响	复杂工艺系统	定性	提供	提供	提供	事故后果分级
9	风险矩阵法	风险等级	设备管理及人员管理	半定量	不能	提供	提供	提供
10	作业活动风险评估法	风险等级	作业活动	半定量	提供	提供	提供	提供
11	作业条件危险性分析法	风险等级	作业活动	半定量	不能	提供	提供	提供
12	人员可靠性分析法	人员失误	人员行为	定量	提供	提供	不能	不能
13	危险度评价法	风险等级	装置单元和设备	定量	不能	不能	不能	提供

续表 2-1

序号	评估方法	评估目的	适用范围	定性/定量	可提供的评估结果			
					事故原因	事故频率/概率	事故后果	风险分级
14	道化学公司火灾、爆炸危险指数评价法	火灾爆炸、毒性及系统整体分析等级	化工类工艺过程	定量	不能	不能	提供	提供
15	ICI公司蒙德火灾、爆炸、毒性指标法	火灾爆炸、毒性及系统整体分析等级	化工类工艺过程	定量	不能	不能	提供	提供
16	易燃易爆有毒重大危险源评价法	火灾爆炸、毒性及系统整体分析等级	化工类工艺过程	定量	不能	不能	提供	提供
17	事故后果模拟分析法	事故后果	区域及设施	定量	不能	提供	提供	提供

选取风险评估方法时应根据评估的特点、具体条件和需要,针对评估对象的实际情况和评估目标,经认真分析比较后选用。必要时,可选用几种评估方法对同一评估对象进行评估,互相补充、互为验证,以提高评估结果的准确性。

六、风险分级与管控

1. 风险分级

企业可根据自身实际情况,选择适用的风险评估方法,依据统一标准对本企业的安全风险进行有效的分级。

为使企业风险分级工作相对统一,便于各级政府和有关部门掌握辖区内重大风险分布,对存在重大风险的煤矿进行重点监管,切实落实遏制重特大事故的目标任务,按照重点关注事故后果的基本工作思路,推荐采用风险判定矩阵(见表 2-2)确定安全风险等级,从高到低依次划分为重大风险、较大风险、一般风险和低风险四级,分别采用红、橙、黄、蓝四种颜色标示。

需要指出的是,判定事故发生的可能性和事故后果严重程度,需要选择适用的定性或定量风险评估方法进行科学判定。如对事故发生的可能性,可采用事故统计分析方法、事件树分析等分析方法来判定;对于事故后果的严重程度,可采用事故统计分析和事故后果定量模拟计算等方法来判定。一般推荐优选矩阵法和LEC法,分级比较见表 2-2。

表 2-2　　　　　　风险矩阵分析法(LS)与作业条件危险性分析法(LEC)比较表

级别		颜色	$R=L \cdot S$	$D=L \cdot E \cdot C$		
一级风险	重大风险	红	30～36	$D \geqslant 320$	$D \geqslant 270$	$D \geqslant 140$
二级风险	较大风险	橙	18～25	$160 \leqslant D < 320$	$140 \leqslant D < 270$	$70 \leqslant D < 140$
三级风险	一般风险	黄	9～16	$70 \leqslant D < 160$	$70 \leqslant D < 140$	$20 \leqslant D < 70$
四级风险	低风险	蓝	1～8	$D < 70$	$D < 70$	$D < 20$

鉴于煤矿企业类型千差万别,煤矿企业风险管理水平各不相同,特别是对于一些风险较低的企业,虽然按照统一标准没有构成重大风险,仍然要按照风险管理的原则,坚持问题导向,抓住影响本企业安全生产的突出问题和关键环节,研究确定本煤矿可接受的风险程度。

2.风险清单

企业在风险辨识评估和分级之后,应建立风险清单。风险清单应至少包括风险名称、风险位置、风险类别、风险等级、管控主体、管控措施等内容。

企业应将重大风险进行汇总,登记造册,并对重大风险存在的作业场所或作业活动、工艺技术条件、技术保障措施、管理措施、应急处置措施、责任部门及工作职责等进行详细说明。

对于重大风险,企业应及时上报属地负有安全生产监督管理职责的部门。

3.分级管控

企业安全风险分级管控应遵循"分类、分级、分层、分专业"的方法,按照风险分级管控基本原则开展。

企业应对安全风险进行分级管控。要建立安全风险分级管控工作制度,制定工作方案,明确安全风险分级管控原则和责任主体,分别落实领导层、管理层、员工层的风险管控职责和风险管控清单,分类别、分专业明确部门、车间、班组、岗位的安全风险管理措施。

企业应在醒目位置和重点区域设置重大风险公告栏,制作岗位安全风险告知卡,标明主要安全风险、可能引发事故隐患类别、事故后果、管控措施、应急措施及报告方式等内容。同时,企业应以岗位安全风险及防控措施、应急处置方法为重点,强化风险教育和技能培训。

企业应对重大风险重点管控,制定有效的管理控制措施。

企业应根据自身组织机构特点,按照分级管控要求,做到事故应急的机构、编制、人员、经费、装备"五落实"。建立重大风险监测预警系统,开展重大风险分级预警和事故应急响应,做到风险预警准确,事故应急响应及时。

七、绘制企业安全风险图

企业在确定安全风险清单、制定安全风险管控措施之后,应建立安全风险数据库并至少绘制两张企业安全风险图。

(1)安全风险四色分布图

企业应使用红、橙、黄、蓝四种颜色,将生产设施、作业场所等区域存在的不同等级风险,标示在总平面布置图或地理坐标图中。

(2)作业安全风险比较图

部分作业活动、生产工序、关键任务,例如动火作业、受限空间作业、危化品运输等,由于其风险等级难以在平面布置图、地理坐标图中标示,应利用统计分析的方法,采取柱状图、曲线图或饼状图等,将不同作业的风险按照从高到低的顺序标示出来,实现对重点环节的重点管控。

企业应利用信息化技术,建立安全风险信息管理系统,形成电子化的安全风险图。安全风险信息管理系统可以与隐患排查治理等相关信息管理系统相融合,并将企业基本情况、风险信息、管控职责和管控措施等内容纳入其中。

八、完善企业隐患排查治理体系

自《安全生产隐患排查治理暂行规定》(国家安全监管总局令第16号)发布实施以来,隐患排查治理工作积累了丰富的经验,各类企业基本建立了相对完整的工作体系。构建双重预防机制还需在完善隐患排查治理制度、强化闭环管理、提高信息化水平以及与安全风险分管控体系相融合等方面进一步加强。

1. 完善运行制度

完善隐患排查治理责任制,明确主要负责人、分管负责人、部门和岗位人员隐患排查治理的职责范围和工作任务;完善符合企业实际的隐患排查治理清单,明确和细化隐患排查的事项、内容和频次;完善资金投入和使用制度;完善事故隐患排查治理激励约束机制,鼓励从业人员发现、报告事故隐患;完善事故隐患的排查、治理、评估、核销全过程的信息档案管理制度等。

2. 强化闭环管理

隐患排查治理的关键是要形成闭环的运行机制,从而保证各类安全隐患得到有效治理。企业要建立健全事故隐患闭环管理制度,对现有的隐患排查治理工作流程进行持续改进,实现隐患排查、登记、评估、治理、报告、销账等持续改进的闭环管理,制定并实施严格的隐患治理方案,做到责任、措施、资金、时限和预案"五落实"。

3. 提高信息化水平

进一步完善企业隐患排查信息化管理平台建设。对已建成信息管理平台的企业,进一步强化信息系统实际应用水平,做好安全隐患信息的登记、分类分级、整改、跟踪等工作,并将统计数据及时上报负有安全生产监督管理职责的部门。对尚未建立信息管理平台的企业,要按照《国家安全监管总局办公厅关于印发安全生产信息化领域 10 项技术规范的通知》(安监总厅规划〔2016〕63 号)的要求抓紧建设。

九、形成企业常态化的双重预防机制

企业安全风险分级管控体系和隐患排查治理体系不是两个平行的体系,更不是互相割裂的"两张皮",两者着力点不同、目标一致,侧重点不同、方向一致,两个体系相互关联、相互支撑、相互促进。在构建双重预防机制过程中,要特别注重将安全风险分级管控体系和隐患排查治理体系有机融合,充分发挥双重预防机制的作用。

通过强化安全风险辨识和分级管控,从源头上避免和消除事故隐患,进而降低事故发生的可能性;通过隐患排查,针对反复多次出现的同类型隐患,分析其规律特点,相应查找风险辨识的遗漏与缺失,查找风险管控措施的薄弱环节,进而完善风险分级管控制度;强化重大隐患的治理,切实落实治理主体和责任,防范重大隐患演变为重大事故。

充分发挥安全生产标准化体系的作用,通过标准化体系的规范运行,强化风险分级管控,突出符合性审查;强化隐患排查治理,突出 PDCA 循环,促进双重预防机制有效实施。通过全面辨识风险,分级管控风险,夯实标准化工作的基础,确保标准化建设始终植根于危险源辨识的基础之上,运行于风险管理的主线之中。

双重预防机制建设不是临时性、阶段性的工作任务,而是规范企业安全生产管理的常态化工作系统。要定期组织对双重预防机制运行情况进行评估,及时修正发现问题和偏差,不断循环往复,促进和提高双重预防机制的实效性。

要制定企业安全风险清单、事故隐患清单和安全风险图定期更新制度,制定双重预防机制相关制度文件定期评估制度,确保双重预防机制不断完善,持续保持有效运行。凡是企业生产工艺流程和关键设备设施发生变更,一律要重新开展全面的风险辨识,完善风险分级管控措施;凡是企业组织机构发生变化,一律要评估、改进风险分级管控和隐患排查治理的制度措施,落实责任主体,确保风险可控、隐患可查;凡是企业发生伤亡事故,一律要对风险分级管控和隐患排查治理的运行情况进行重新评估,针对事故全链条修正完善双重预防机制各个环节。

第四节　煤矿双机制建设主体内容

煤矿是安全风险分级管控和事故隐患排查治理的责任主体,必须建立煤矿主要负责人全面负责、分管负责人对分管范围负责的安全风险分级管控和事故隐患排查治理的责任体系,健全完善安全风险分级管控和隐患排查治理制度,专门成立安全风险分级管控和事故隐患排查治理双重预防机制建设办公室,组织制订双重预防机制建设管理制度和考核标准,负责双重预防机制建设工作的组织协调、业务指导和监督考核。

煤矿安全风险是指煤矿生产安全事故或健康损害事件发生的可能性和将造成的人员伤害、经济损失的严重程度的组合;是煤矿危险源存在潜在危险性、存在条件和触发因素三个要素下的组合。煤矿事故隐患是指煤矿企业违反安全生产法律、法规、规章、标准、规程和安全生产管理制度的规定,或者因其他因素在生产活动中存在可能导致事故发生的物的危险状态、人的不安全行为和管理上的缺陷。安全风险管控不到位则转化为事故隐患。

煤矿要建立和完善安全风险管控和隐患排查治理培训制度,加强知识教育和技能培训,确保管理层和每名员工都掌握安全风险管控和隐患排查治理的基本情况及防范、应急措施。安全培训内容包括年度和专项安全风险辨识、评估结果、与本岗位相关的重大安全风险管控和隐患排查治理措施,做到有计划、有考试、有档案,培训效果有反馈。

负有安全监管职责的煤炭管理部门要按照安全监管职责权限加强对煤矿安全风险分级管控和隐患排查治理工作的监督管理,健全完善煤矿安全风险分级管控和隐患排查治理工作监督管理体系,并督促所辖管煤矿建立安全生产"双重预防"信息管理系统,采用信息化管理手段实现安全风险管控、隐患治理的跟踪、统计、分析,并与现场相符。

一、安全风险和事故隐患分级原则及标准

煤矿安全风险和事故隐患根据专业性质及危险源的类别分为:顶板、冲击地压、通风、瓦斯、煤尘、爆破、火灾、水灾、机电、提升、运输和其他。

1. 安全风险分级原则及标准

煤矿安全风险评估是指通过采用科学、合理方法,对危险源所伴随的潜在危险性、存在条件和触发因素及可能产生的后果(人、机、环、管)进行定性、定量评估,划分风险等级。按照从高到低的原则划分为重大风险、较大风险、一般风险和低风险,对应Ⅰ级、Ⅱ级、Ⅲ级和Ⅳ级风险,分别用红、橙、黄、蓝四种颜色标示。风险点的风险等级由各类危险源最高风险确定。

有下列情形之一的,列为煤矿重大安全风险:

(1) 未进行安全生产法律、法规及国家强制性标准识别的。

(2) 发生过死亡、3人及以上重伤、群体性职业病或重大侥幸涉险事故的。

(3) 涉及重大危险源,具有冲击地压、瓦斯爆炸、煤尘爆炸、火灾、水灾等危险的场所,作业人员在10人以上的。

① 在受冲击地压威胁严重或顶板极难管理的区域进行采掘生产活动的;

② 在受水害威胁严重或水害不明的区域进行采掘生产活动的;

③ 通风系统复杂,容易出现系统不稳定、不可靠及不合理通风状况的;

④ 高、突矿井和存在瓦斯涌出异常区的矿井的;

⑤ 煤尘爆炸性强的矿井;

⑥ 井下爆破,存在特殊爆破或非正规爆破的;

⑦ 煤矿在容易自燃煤层生产的;

⑧ 其他可能导致煤矿重大事故的危险性因素。

(4)经风险评估确定为最高级别风险的。

2.事故隐患分级原则及标准

安全风险管控不到位形成事故隐患。事故隐患分为重大事故隐患和一般事故隐患。煤矿重大事故隐患是指危害程度高、整改难度大、整改时间长,应当全部或者局部停产停业治理方能排除的隐患,或者因外部因素影响致使生产经营单位自身难以排除的隐患,以及其他性质严重可能造成重大社会影响的隐患。

一般事故隐患,是指危害较小,在采取有效安全措施后可以边治理边生产的隐患,按严重程度、解决难易、工程量大小等分为 A、B、C 三级:

A 级:危害较轻,治理难度及工程量大,须由煤矿上级管理部门协调解决的事故隐患。

B 级:危害较轻,治理难度及工程量较大,须由煤矿限期解决的事故隐患。

C 级:危害轻,治理难度和工程量较小,煤矿区(队)、业务部门能够解决的事故隐患。

(1)煤矿重大事故隐患界定

重大安全风险中的任意一项或几项管控措施不到位,以及违反《煤矿重大生产安全事故隐患判定标准》(国家安全监管总局令第 85 号)所列内容及下列情况的,列为煤矿重大事故隐患。

① 未按规定足额提取和使用安全生产费用的;

② 未制定或者未严格执行井下劳动定员制度的;

③ 未分别配备矿长和分管安全的副矿长的;

④ 将煤矿承包或者托管给没有合法有效煤矿生产证照的单位或者个人的;

⑤ 煤矿实行承包(托管)但未签订安全生产管理协议,或者未约定双方安全生产管理职责合同而进行生产的;承包方(承托方)未按规定变更安全生产许可证进行生产的;承包方(承托方)再次将煤矿承包(托管)给其他单位或者个人的;

⑥ 煤矿将井下采掘工作面或者井巷维修作业作为独立工程承包(托管)给其他企业或者个人的;

⑦ 改制煤矿在改制期间,未明确安全生产责任人而进行生产的,或者未健全安全生产管理机构和配备安全管理人员进行生产的;完成改制后,未重新取得或者变更采矿许可证、安全生产许可证、营业执照而进行生产的。

(2)A、B 级以上一般隐患界定

列为较大风险或一般风险中的任意一项或几项管控措施不到位或有下列情形之一的,列为 A、B 级以上一般隐患:

① 在受冲击地压威胁或顶板难以管理区域进行采掘生产活动的;

② 在受水害威胁区域生产需要进一步探查分析或完善措施的；

③ 矿井通风状况不良，需要进一步调整优化的；

④ 高、突矿井和存在瓦斯涌出异常区的矿井，有可能出现瓦斯涌出异常情况或措施不落实的；

⑤ 煤尘爆炸性中等的矿井；

⑥ 煤矿在自燃煤层生产的；

⑦ 存在机电设备设施老化或提升运输非正常物件设备设施的；

⑧ 其他可能导致煤矿事故的危险性因素。

煤矿企业应根据风险分级管控的基本原则，结合本单位机构设置情况，合理确定各级风险的管控层级。风险分级管控应遵循风险越高管控层级越高的原则，对于操作难度大、技术含量高、风险等级高、可能导致严重后果的作业活动应重点进行管控。上一级负责管控的风险，下一级必须同时负责管控，并逐级落实具体措施。对评估出的重大风险要编制重大安全风险清单，制定专项管控措施。

二、安全风险分级管控和事故隐患排查治理流程

煤矿企业和煤矿要按照安全风险分级管控和事故隐患排查治理相关规定要求，认真组织开展年度和专项安全风险辨识评估工作，编制事故隐患年度排查计划。

1. 安全风险分级管控的原则和流程

风险分级管控基本原则是风险越大，管控级别越高；上级负责管控的风险，下级必须负责管控。风险辨识应遵循大小适中、便于分类、功能独立、易于管理、范围清晰的原则，涵盖生产全过程所有常规和非常规状态的作业活动。按照以下流程开展辨识：

（1）划分风险点

① 组织对生产全过程进行风险点辨识，形成风险点清单，包括风险点名称、所在位置、可能导致事故类型、风险等内容的基本信息。

② 按生产（工作）流程的阶段、场所、装置、设施、作业活动或上述几种方式的结合进行风险点排查。

③ 对风险点内存在的危险源进行辨识，辨识应覆盖风险点内全部的设备设施和作业活动，并充分考虑不同状态和不同环境带来的影响。

（2）风险辨识

煤矿安全风险辨识以煤矿整体和井上下所有生产系统、环节、区域、工作地点、设备设施、岗位等为单位，以煤矿危险源辨识为基础，依据《煤矿安全规程》《煤矿安全生产标准化基本要求及评分方法（试行）》和国家相关法律、法规、标准及其他要求，以及企业相关规章制度、作业规程、操作规程、安全技术措施等开展安全风险辨识工作。

风险辨识分为年度辨识、专项辨识和岗位辨识三类。

① 年度辨识评估。每年年底矿长组织各分管负责人和相关业务科室、区队进行年度安全风险辨识评估；重点对煤矿瓦斯、水、火、粉尘、顶板、冲击地压及机电、提升运输系统和职业危害等容易导致群死群伤事故的危险因素开展安全风险辨识。年度安全风险辨识评估要有记录，参加人员要签字；内容明确，针对性强。编制年度安全风险辨识评估报告，建立重大安全风险清单，制定相应的管控措施。辨识评估结果用于确定下一年度安全生产工作重点，指导和完善下一年度生产计划、灾害预防和处理计划、应急救援预案。

② 专项辨识。以下情况,应按要求进行专项安全风险辨识评估:

a. 新水平、新采(盘)区、新工作面设计前;该专项辨识由总工程师组织有关业务科室人员进行;辨识地质条件和重大灾害因素等方面存在的安全风险。专项辨识要有记录,参加人员要签字;内容明确,针对性强。编制专项安全风险辨识评估报告,完善重大安全风险清单,并制定相应管控措施;辨识评估结果用于完善设计方案,指导生产工艺选择、生产系统布置、设备选型、劳动组织确定。

b. 生产系统、生产工艺、主要设施设备、重大灾害因素等发生重大变化时进行辨识;该专项辨识由分管负责人组织有关业务科室人员进行;专项辨识要有记录,参加人员要签字,内容明确,针对性强。及时编制专项安全风险辨识评估报告,完善重大安全风险清单,并制定相应管控措施,与实际相符。辨识评估结果用于指导重新编制或修订完善作业规程、操作规程和安全技术措施。

c. 启封火区、排放瓦斯、突出矿井过构造带及石门揭煤等高危作业实施前,新技术、新材料试验或推广应用前,连续停工停产1个月以上的煤矿复工复产前进行辨识,该专项辨识由分管负责人组织有关业务科室和生产组织单位进行;专项辨识要有记录,参加人员要签字;内容明确,具有针对性。及时编制专项安全风险辨识评估报告,完善重大安全风险清单并制定相应管控措施,与实际相符。辨识评估结果用于指导编制安全技术措施。

d. 本矿发生死亡事故或涉险事故、出现重大事故隐患,或所在省份煤矿发生重特大事故后进行辨识。该专项辨识由矿长组织分管负责人和业务科室进行;重点辨识原安全风险辨识结果及管控措施是否存在漏洞、盲区。专项辨识要有记录,参加人员要签字;内容明确;编制专项安全风险辨识评估报告,补充和完善重大安全风险清单,并制定相应管控措施,与实际相符。辨识评估结果用于指导修订完善设计方案、作业规程、操作规程、灾害预防与处理计划、应急救援预案以及安全技术措施等技术文件。

③ 岗位辨识。建立岗位安全风险清单,落实具体的管理对象、主要责任人、直接管理人员、主要监管部门、主要监管人员,进一步落实各岗位安全生产责任。依据岗位安全风险清单的条款和内容,制作岗位安全风险辨识评估卡,发到每个岗位员工手中,并保证在工作过程中随身携带。

(3)风险分级

煤矿要分专业组织专家和技术人员对危险因素(人、机、环、管)进行综合风险评估,选用风险矩阵评估法、危险性定性评估法、专家评估法等简便实用方法进行定性、定量评估,确定风险等级。依据安全风险类别和等级建立煤矿安全风险数据库,绘制红橙黄蓝四色安全风险空间分布图。

(4)分级管控

煤矿要根据风险等级实施分级管控,根据安全风险转变为事故的所有因素和影响条件制定管控措施,层层落实管控责任,煤矿安全风险辨识管控表见表2-3。风险管控措施类别包括工程技术措施、管理措施、安全设备设施、培训教育措施、个体防护、应急处置措施等。在选择风险管控措施时应考虑:可行性、安全性、可靠性,重点突出人的因素。

① 煤矿每一轮风险辨识评估后,要编制或补充完善矿井重大风险清单和矿井风险分级管控清单,并按规定及时更新。重大风险清单中所列的重大安全风险的管控措施要由

矿长组织实施,并针对每一项重大风险制定具体实施方案,明确措施实施负责人和保障资金。

② 矿长每月至少组织分管负责人及安全、生产、技术等业务科室、生产组织单位(区队)开展一次覆盖生产各系统和各岗位的对重大安全风险管控措施落实情况的检查以及覆盖各生产系统、各岗位的事故隐患排查,合并召开月度安全风险管控和隐患排查治理会议,分析管控效果和事故隐患产生原因,调整完善风险管控措施,部署风险管控重点和隐患治理措施。

③ 分管负责人每旬组织对分管范围内月度安全风险管控重点实施情况进行检查和分管领域事故隐患排查,改进风险管控措施,强化隐患整改。

④ 领导干部带班下井要跟踪重大风险管控措施落实情况,发现隐患立即组织整改。

⑤ 区队、班组、岗位要依据相应风险管控措施,开展区域安全风险评估、重点工序安全风险评估、岗位安全风险评估,排查事故隐患,立即组织整改。

2. 隐患分级治理的原则与流程

事故隐患治理应坚持及时有效、先急后缓、先重点后一般、先安全后生产的原则,必须做到不安全不生产。事故隐患治理前无法保证安全或事故隐患治理过程中出现险情时,应撤离危险区域作业人员,并设置警示标志;事故隐患治理过程中,必须由可靠的安全措施,不得冒险作业和施工,严防事故发生。

严格隐患分级治理和挂牌督办。煤矿是隐患治理的责任主体,必须认真制定隐患治理方案,严格做到治理责任、措施、资金、期限、应急预案、监控措施"六落实",煤矿事故隐患排查治理表见表 2-4。重大事故隐患按监管权限由省级煤炭管理部门及市级煤炭管理部门负责挂牌督办。A 级事故隐患的治理由煤矿上一级煤炭管理部门负责挂牌督办;B 级事故隐患的治理由煤矿企业挂牌督办。C 级事故隐患的治理,由煤矿区(队)、业务部门治理监控,煤矿安监部门挂牌督办。

(1) 对煤矿企业报告的重大事故隐患、煤炭管理部门在监督检查中发现的重大事故隐患、举报并经查实的重大事故隐患、其他移交并经核实的重大事故隐患,一经具有安全监管权限的煤炭管理部门确认后,必须及时向隐患治理单位下达重大事故隐患治理督办通知书。督办通知书应当包括以下内容:

① 重大事故隐患基本情况;

② 治理方案报送期限;

③ 治理进度定期报告要求;

④ 治理完成期限;

⑤ 停产区域和治理期间的安全要求;

⑥ 督办销号程序。

(2) 事故隐患治理完成后,严格进行分级验收。重大事故隐患治理由煤矿上一级煤炭管理部门组织初步验收后向负责挂牌督办部门提出验收申请,挂牌督办部门负责组织或委托验收。A 级事故隐患治理由煤矿上一级挂牌督办部门负责组织验收,B 级和 C 级事故隐患治理由煤矿企业负责组织验收。验收合格后解除督办、予以销号。

(3) 对于短期内无法彻底治理的 A 级事故隐患,必须组织专家对其危险程度和影响范围进行评估,根据评估结果采取相应的安全监控和防护措施,确保安全。

（4）对不能在规定期限内完成治理重大事故隐患，煤矿企业要在规定的治理期限内向负有督办职责的煤炭管理部门提交重大事故隐患治理延期说明。

延期说明应当包括以下内容：

① 申请延期的原因；

② 已完成的治理工作情况；

③ 申请延期期限及采取的安全措施。

（5）煤矿每月要向上一级煤炭管理部门书面报告一般隐患排查治理情况和重大事故隐患治理进展情况，书面报告必须由单位负责人签字确认，并及时输入煤矿安全生产综合监管信息平台。

3. 重大安全风险和重大事故隐患上报

煤矿必须向负有安全生产监督管理职责的部门报告重大安全风险和重大事故隐患。

（1）上报的安全风险应当包括以下内容：

① 风险点的基本情况；

② 危险源及危险因素的类别；

③ 风险级别和描述；

④ 风险管控措施；

⑤ 风险分级管控责任落实。

（2）上报的重大事故隐患信息应当包括以下内容：

① 隐患的基本情况和产生原因；

② 隐患危害程度、波及范围和治理难易程度；

③ 需要停产治理的区域；

④ 发现隐患后采取的安全措施。

4. 重大风险和隐患公告警示

强化重大风险和隐患公告警示。在井口采用电子屏或牌板等形式公示，在采掘工作面等作业场所采用牌板公示重大安全风险、重点隐患相关信息。公示内容包括风险描述、管控措施、管控单位和管控责任人；重大隐患的地点、主要内容、治理时限、责任人员和停产停工范围。明确存在重大安全风险的采掘工作面和其他作业场所，限定作业人数，并在采掘工作面显著位置挂牌公示。

表 2-3

煤矿安全风险辨识管控表

序号	风险点	风险名称	风险等级	风险影响范围	风险影响因素	风险管控措施	落实资金/万元	矿井责任人	科室责任人	区队责任人	班组责任人	岗位责任人
1												
2												
3												
4												
…												

填表人：　　　　　　　　　　　　审核人：　　　　　　　　　　　　填表日期：　　年　　月　　日

填表说明：1. 风险点：风险存在的地点、部位、场所或设备设施。

2. 风险名称：按风险分类填写。

3. 风险等级：按重大、较大、一般、低填写。

4. 风险影响范围：按矿井、水平、采区、工作面、井筒、巷道、硐室或系统、环节、区域等填写。

5. 风险影响因素：即安全风险转变为事故的所有因素和影响条件。

6. 风险管控措施：即根据风险影响因素采取的所有办法和措施。

7. 责任人：按分专业、分单位、分岗位填写。

表 2-4

煤矿安全事故隐患排查治理表

序号	隐患地点	隐患名称	隐患描述	隐患等级	隐患防治措施	应急预案	整改期限	落实资金/万元	矿井责任人	科室责任人	区队责任人	班组责任人	岗位责任人
1													
2													
3													
4													
…													

填表人：　　　　　　　　　　　审核人：　　　　　　　　　填表日期：　　年　　月　　日

填表说明：1. 隐患地点：即隐患存在的地点、部位、场所或设备设施。

2. 隐患名称：按隐患分类填写。

3. 隐患描述：按风险管控措施中任一项或多项措施未落实到位填写。

4. 隐患等级：按重大、A、B、C 级填写。

5. 隐患防治措施：按风险管控措施中未落实到位的完善、补充措施填写。

6. 应急预案：填写综合预案、专项预案和现场处置方案及是否停产撤人等要求。

7. 责任人：按分级、分专业、分单位、分岗位填写。

第三章　煤矿安全风险分级管控体系的建设

安全风险分级管控的关键在于能够提前控制可能发生的风险,因此企业必须对所有可能发生的风险都有清楚的了解。一个没有被辨识的风险是无法有效防范的。风险辨识的基本要求就是能够实现对企业所有存在的风险的全覆盖,包含企业每一个部门、岗位、操作流程。对于煤矿企业而言,风险种类众多、数量庞大,如何有效、准确地辨识出所有的风险,是建设安全风险分级管控管理体系之初需要首先解决的关键问题。

第一节　安全风险分级管控体系的建立

一、成立安全风险分级管控组织机构

为确保安全风险分级管控工作的顺利开展,煤矿应成立由主要负责人、分管负责人和各职能部门负责人以及安全、生产、技术、设备等各类专业技术人员组成的风险分级管控领导小组。主要负责人负责组织风险分级管控工作,对企业安全风险分级管控工作全面负责,为安全风险分级管控工作的开展提供必要的人力、物力、财力支持,分管负责人应负责分管范围内的风险分级管控工作。

建立符合企业实际条件的安全风险分级管控工作责任体系,制定工作方案。在责任体系中将企业领导小组的组成构架进行明确。

组长:矿长。

副组长:生产矿长、党委副书记、纪委书记、经营矿长、工会主席、掘进矿长、机电矿长、总工程师、安全矿长、财务总监等。

成员:各专业副总工程师,安监处、生产技术科、地质测量科、井上下各单位主要负责人等。

领导小组下设安全风险分级管控办公室,根据企业实际情况,可以成立专门的部门,也可以根据各部门的职责分工,指定部门负责安全风险分级管控工作,如安监处等职能部门。确定安全风险分级管控办公室成员,一般企业主要负责人担任组长,副组长由组长进行任命,一般由分管安全的副矿长进行担任,确定安全风险分级管控办公室工作成员,保证安全风险分级管控工作的有序推进。

因安全风险分级管控工作不是一个人、一个部门、一个专业就能完成的,需要企业各个部门、各个专业进行协调配合,所以就需要根据企业的实际情况进行专业分组,确定专业组长,各专业人员在专业组长的领导下完成安全风险分级管控工作,如:

通风管控工作小组:

组长:总工程师。副组长:通防副总。

地质灾害防治与测量管控工作小组:

组长:总工程师。副组长:防治水副总。

采煤管控工作小组:

组长:生产矿长。副组长:采煤副总。

掘进管控工作小组:

组长:掘进矿长。副组长:掘进副总。

机电管控工作小组:

组长:机电矿长。副组长:机电副总。

运输管控工作小组:

组长:机电矿长。副组长:机电副总。

职业卫生管控工作小组:

组长:安全矿长。副组长:职业卫生办公室主任。

安全培训和应急管理管控工作小组:

组长:党委副书记。副组长:安全培训办公室主任。

调度和地面设施管控工作小组:

组长:生产矿长。副组长:调度室主任。

二、明确职责分工

确定了领导小组、专业小组,我们就需要明确安全风险分级管控各级工作人员的工作职责,可以直接将《煤矿安全风险分级管控标准化管理评分表》进行责任分解,确定各级领导所需要负责的工作,制定并下发文件。如××××煤矿有限公司,根据企业实际情况及各职能职责分工,编制了责任分工表(表 3-1),有效杜绝了各部门之间的推诿扯皮,提高了安全风险分级管控办公室的工作效率,同时也便于进行责任追究。

表 3-1   煤矿安全风险分级管控责任分工表

项目	项目内容	基本要求	标准分值	评分方法	责任部门	责任人	负责人
一、工作机制(10 分)	职责分工	1. 建立安全风险分级管控工作责任体系,矿长全面负责,分管负责人负责分管范围内的安全风险分级管控工作	4	查资料和现场。未建立责任体系不得分,随机抽查,矿领导 1 人不清楚职责扣 1 分	安全风险分级管控办公室	安监处主任工程师	矿长、安全矿长
		2. 有负责安全风险分级管控工作的管理部门	2	查资料。未明确管理部门不得分	安全风险分级管控办公室	安监处主任工程师	矿长、安全矿长
	制度建设	建立安全风险分级管控工作制度,明确安全风险的辨识范围、方法和安全风险的辨识、评估、管控工作流程	4	查资料。未建立制度不得分,辨识范围、方法或工作流程 1 处不明确扣 2 分	安全风险分级管控办公室	安监处主任工程师	矿长、安全矿长

项目	项目内容	基本要求	标准分值	评分方法	责任部门	责任人	负责人
二、安全风险辨识评估（40分）	年度辨识评估	每年底矿长组织各分管负责人和相关业务科室、区队进行年度安全风险辨识,重点对井工煤矿瓦斯、水、火、煤尘、顶板、冲击地压及提升运输系统,露天煤矿边坡、爆破、机电运输等容易导致群死群伤事故的危险因素开展安全风险辨识;及时编制年度安全风险辨识评估报告,建立可能引发重特大事故的重大安全风险清单,并制定相应的管控措施;将辨识评估结果应用于确定下一年度安全生产工作重点,并指导和完善下一年度生产计划、灾害预防和处理计划、应急救援预案	10	查资料。未开展辨识或辨识组织者不符合要求不得分,辨识内容(危险因素不存在的除外)缺 1 项扣 2分,评估报告、风险清单、管控措施缺 1 项扣 2 分,辨识成果未体现缺 1 项扣 1 分	各单位各专业	矿班子成员	矿长、安全矿长
	专项辨识评估	新水平、新采(盘)区、新工作面设计前,开展 1 次专项辨识: 1. 专项辨识由总工程师组织有关业务科室进行; 2. 重点辨识地质条件和重大灾害因素等方面存在的安全风险; 3. 补充完善重大安全风险清单并制定相应管控措施; 4. 辨识评估结果用于完善设计方案,指导生产工艺选择、生产系统布置、设备选型、劳动组织确定等	8	查资料和现场。未开展辨识不得分,辨识组织者不符合要求扣2 分,辨识内容缺 1项扣 2 分,风险清单、管控措施、辨识成果未在应用中体现缺 1项扣 1 分	各专业	矿长助理、专业副总	总工程师
	专项辨识评估	生产系统、生产工艺、主要设施设备、重大灾害因素(露天煤矿爆破参数、边坡参数)等发生重大变化时,开展 1 次专项辨识: 1. 专项辨识由分管负责人组织有关业务科室进行; 2. 重点辨识作业环境、生产过程、重大灾害因素和设施设备运行等方面存在的安全风险; 3. 补充完善重大安全风险清单并制定相应的管控措施; 4. 辨识评估结果用于指导重新编制或修订完善作业规程、操作规程	8	查资料和现场。未开展辨识不得分,辨识组织者不符合要求扣2 分,辨识内容缺 1项扣 2 分,风险清单、管控措施、辨识成果未在应用中体现缺 1项扣 1 分	各专业	矿长助理、专业副总	生产矿长、掘进矿长、总工程师、机电矿长

项目	项目内容	基本要求	标准分值	评分方法	责任部门	责任人	负责人
二、安全风险辨识评估（40分）	专项辨识评估	启封火区、排放瓦斯、突出矿井过构造带及石门揭煤等高危作业实施前，新技术、新材料试验或推广应用前，连续停工停产 1 个月以上的煤矿复工复产前，开展 1 次专项辨识： 1. 专项辨识由分管负责人组织有关业务科室、生产组织单位（区队）进行； 2. 重点辨识作业环境、工程技术、设备设施、现场操作等方面存在的安全风险； 3. 补充完善重大安全风险清单并制定相应的管控措施； 4. 辨识评估结果作为编制安全技术措施依据	8	查资料和现场。未开展辨识不得分，辨识组织者不符合要求扣 2 分，辨识内容缺 1 项扣 2 分，风险清单、管控措施、辨识成果未在应用中体现缺 1 项扣 1 分	技术科（通防组）通防工区	专业副总	总工程师
		本矿发生死亡事故或涉险事故、出现重大事故隐患或所在省份发生重特大事故后，开展 1 次针对性的专项辨识： 1. 专项辨识由矿长组织分管负责人和业务科室进行； 2. 识别安全风险辨识结果及管控措施是否存在漏洞、盲区； 3. 补充完善重大安全风险清单并制定相应的管控措施； 4. 辨识评估结果用于指导修订完善设计方案、作业规程、操作规程、安全技术措施等技术文件	6	查资料和现场。未开展辨识不得分，辨识组织者不符合要求扣 2 分，辨识内容缺 1 项扣 2 分，风险清单、管控措施、辨识成果未在应用中体现缺 1 项扣 1 分	各专业	矿班子成员	矿长、安全矿长

项目	项目内容	基本要求	标准分值	评分方法	责任部门	责任人	负责人
三、安全风险管控(35分)	管控措施	1. 重大安全风险管控措施由矿长组织实施,有具体工作方案,人员、技术、资金有保障	5	查资料。组织者不符合要求、未制定方案不得分,人员、技术、资金不明确、不到位1项扣1分	各专业	专业副总	矿长、安全矿长
		2. 在划定的重大安全风险区域设定作业人数上限	4	查资料和现场。未设定人数上限不得分,超1人扣0.5分	各专业	专业副总	矿长、安全矿长
	定期检查	1. 矿长每月组织对重大安全风险管控措施落实情况和管控效果进行一次检查分析,针对管控过程中出现的问题调整完善管控措施,并结合年度和专项安全风险辨识评估结果,布置月度安全风险管控重点,明确责任分工	8	查资料。未组织分析评估不得分,分析评估周期不符合要求,每缺1次扣3分,管控措施不做相应调整或月度管控重点不明确1处扣2分,责任不明确1处扣1分	安监处	矿班子成员、各专业副总	矿长、安全矿长
		2. 分管负责人每旬组织对分管范围内月度安全风险管控重点实施情况进行一次检查分析,检查管控措施落实情况,改进完善管控措施	8	查资料。未组织分析评估不得分,分析评估周期不符合要求,每缺1次扣3分,管控措施不做相应调整1处扣2分	各专业	专业副总	生产矿长、掘进矿长、总工程师、机电矿长、纪委书记
	现场检查	按照《煤矿领导班下井及安全监督检查规定》,执行煤矿领导带班制度,跟踪重大安全风险管控措施落实情况,发现问题及时整改	6	查资料和现场。未执行领导带班制度不得分,未跟踪管控措施落实情况或发现问题未及时整改1处扣2分	安监处	安监处常务副处长	安全矿长
	公告警示	在井口(露天煤矿交接班室)或存在重大安全风险区域的显著位置,公告存在的重大安全风险、管控责任人和主要管控措施	4	查现场。未公示不得分,公告内容和位置不符合要求1处扣1分	安监处	安监处常务副处长	矿长、安全矿长

项目	项目内容	基本要求	标准分值	评分方法	责任部门	责任人	负责人
四、保障措施（15分）	信息管理	采用信息化管理手段,实现对安全风险记录、跟踪、统计、分析、上报等全过程的信息化管理	4	查现场。未实现信息化管理不得分,功能每缺1项扣1分	安监处	安监处常务副处长	安全矿长
	教育培训	1.入井(坑)人员和地面关键岗位人员安全培训内容包括年度和专项安全风险辨识评估结果、与本岗位相关的重大安全风险管控措施	6	查资料。培训内容不符合要求1处扣1分	安全培训办公室	安全培训办公室主任	安全矿长、纪委书记
		2.每年至少组织参与安全风险辨识评估工作的人员学习1次安全风险辨识评估技术	5	查资料和现场。未组织学习不得分,现场询问相关学习人员,1人未参加学习扣1分	安全培训办公室	安全培训办公室主任	矿长、纪委书记、安全矿长

三、补充完善岗位职责

由于安全风险分级管控工作对于煤矿而言是一项全新的工作,企业早先的岗位责任制中未对安全风险分级管控进行明确,企业可以下发一个文件,明确各级领导、工作人员、职能部门关于安全风险分级管控工作的岗位责任制,在下一年修订岗位责任制时将内容进行补充完善,形成企业完整的岗位责任制文件。

1. 矿长主要职责

（1）对矿井安全生产分级管控工作全面负责,每年底组织一次由相关煤矿安全管理人员、工程技术人员和员工参加的安全生产分级管控工作例会。

（2）负责组织矿井年度安全风险辨识评估,每年底开展下一年度的安全风险辨识和评估工作。

（3）负责每月组织一次专项会议,对矿井重大安全风险管控措施落实情况和管控效果进行检查分析,针对管控过程中出现的问题调整完善管控措施。

（4）负责在本矿发生死亡或涉险事故、出现重大事故隐患或所在省份发生重特大事故后,组织分管负责人和业务科室进行一次针对性的专项辨识。

2. 生产矿长主要职责

（1）按照"管生产必须管安全,谁主管谁负责"的原则,生产矿长对本矿安全生产负主要责任,是全矿安全生产直接管理第一责任者,对安全风险分级管控工作负直接领导责任。负责领导全矿井安全风险分级管控方案、措施的制定与实施。

（2）参与矿井年度安全风险辨识的编制工作。

（3）每旬组织采煤专业相关人员对分管范围内月度安全风险管控重点实施情况进行一次检查分析,检查管控措施落实情况,改进完善管控措施。

（4）负责在生产系统、生产工艺、主要设施设备、重大灾害因素等发生重大变化时,组织有关业务科室进行一次专项辨识。

（5）带班过程中跟踪重大安全风险管控措施落实情况。

3.党委副书记（纪委书记）主要职责

（1）参与矿井年度安全风险辨识的编制工作。

（2）负责组织矿各级管理人员对安全风险分级管控进行学习培训。

（3）负责组织矿安全风险分级管控工作的宣传工作。

（4）每旬组织地面专业相关人员对分管范围内月度安全风险管控重点实施情况进行一次检查分析，检查管控措施落实情况，改进完善管控措施。

（5）带班过程中跟踪重大安全风险管控措施落实情况。

4.经营矿长主要职责

（1）参与矿井年度安全风险辨识的编制工作。

（2）负责落实矿井重大安全风险专项资金。

（3）带班过程中跟踪重大安全风险管控措施落实情况。

5.工会主席主要职责

（1）参与矿井年度安全风险辨识的编制工作。

（2）协助纪委书记抓好矿各级管理人员对安全风险分级管控的学习培训。

（3）协助纪委书记做好矿安全风险分级管控工作的宣传工作。

（4）带班过程中跟踪重大安全风险管控措施落实情况。

6.掘进矿长主要职责

（1）参与矿井年度安全风险辨识的编制工作。

（2）每旬组织掘进专业相关人员对分管范围内月度安全风险管控重点实施情况进行一次检查分析，检查管控措施落实情况，改进完善管控措施。

（3）负责在生产系统、生产工艺、主要设施设备、重大灾害因素等发生重大变化时，组织有关业务科室进行一次专项辨识。

（4）带班过程中跟踪重大安全风险管控措施落实情况。

7.机电矿长主要职责

（1）参与矿井年度安全风险辨识的编制工作。

（2）定期组织进行机电、运输系统的风险辨识、评估工作，对辨识出的安全风险，要保证项目、措施、资金、设备材料、责任、进度、督查"七落实"。

（3）每旬组织机电、运输专业相关人员对分管范围内月度安全风险管控重点实施情况进行一次检查分析，检查管控措施落实情况，改进完善管控措施。

（4）负责在生产系统、生产工艺、主要设施设备、重大灾害因素等发生重大变化时，组织有关业务科室进行一次专项辨识。

（5）带班过程中跟踪重大安全风险管控措施落实情况。

8.总工程师主要职责

（1）参与矿井年度安全风险辨识的编制、审核工作。

（2）协助矿长负责全矿井的安全风险分级管控的辨识、评估、管控工作。对辨识出的重大风险，负责管控方案和管控措施的编制工作，确保对重大风险的管控力度。

（3）负责矿井新水平、新采（盘）区、新工作面、新掘进迎头设计前，组织有关业务科室进行一次专项辨识。

（4）负责在排放瓦斯等高危作业前，新技术、新材料试验或推广应用前，组织有关业务科室、区队进行一次专项辨识。

（5）每旬组织通风、地质灾害与测量专业相关人员对分管范围内月度安全风险管控重点实施情况进行一次检查分析，检查管控措施落实情况，改进完善管控措施。

（6）带班过程中跟踪重大安全风险管控措施落实情况。

9. 安全矿长主要职责

（1）参与矿井年度安全风险辨识的编制、审核工作。

（2）牵头矿井安全风险分级管控工作。

（3）监督检查矿井辨识出的风险管控措施的落实。

（4）带班过程中跟踪重大安全风险管控措施落实情况。

10. 财务总监主要职责

（1）参与矿井年度安全风险辨识的编制工作。

（2）监督重大安全风险专项资金的落实。

（3）带班过程中跟踪重大安全风险管控措施落实情况。

11. 副总工程师主要职责

（1）参与矿井年度安全风险辨识的编制工作。

（2）组织制定本专业的安全风险分级管控制度，包括本专业安全风险的辨识范围、方法和安全风险的辨识、评估、管控工作流程等工作，指导本专业的风险预控工作。

（3）组织本专业安全风险分级管控业务知识培训。

（4）负责组织本专业分管单位开展安全风险分级管控工作，负责现场风险管控的沟通与协调。

（5）协助本专业分管单位进行安全生产风险的决策与控制，及时了解安全生产风险现状，发现安全生产风险事故征兆。

（6）督促与监督本专业分管单位安全生产风险管控落实情况，定期进行考核，配合各方实现动态安全生产风险管控。

（7）汇总本专业各级风险管控信息和记录，建立健全各级风险管控档案，根据相关要求进行上报。

（8）带班过程中跟踪重大安全风险管控措施落实情况。

12. 安监处副总工程师主要职责

（1）参与矿井年度安全风险辨识的编制工作。

（2）协助安监处长抓好矿井安全风险分级管控工作的监督检查。

（3）带班过程中跟踪重大安全风险管控措施落实情况。

13. 各部门主要职责

（1）生产科室主要负责人、分管责任人参与年度安全风险辨识的编制工作。

（2）安监处负责矿井安全风险分级管控工作的统计、汇总，对风险管控措施落实情况进行监督检查。

（3）生产技术科负责矿井安全风险分级管控工作采煤、掘进、通风专业风险点的辨识、评估、控制措施的制定、风险汇总、上报，对风险管控措施落实情况进行监督检查。

（4）地质测量科负责矿井安全风险分级管控工作地质灾害防治与测量专业风险点的辨识、评估、控制措施的制定、风险汇总、上报，对风险管控措施落实情况进行监督检查。

（5）调度室负责矿井安全风险分级管控工作调度和地面设施专业中调度基础工作、调度管理、调度信息化等风险点的辨识、评估、控制措施的制定、风险汇总、上报，对风险管控措施落实情况进行监督检查。

（6）安监处（地面检查科）负责矿井安全风险分级管控工作调度和地面设施专业中地面设施、岗位规范、文明生产等风险点的辨识、评估、控制措施的制定、风险汇总、上报，对风险管控措施落实情况进行监督检查。

（7）安监处（职业卫生办公室）负责矿井安全风险分级管控工作职业卫生专业风险点的辨识、评估、控制措施的制定、风险汇总、上报，对风险管控措施落实情况进行监督检查。

（8）安监处（安全培训办公室）负责矿井安全风险分级管控工作安全培训和应急管理中安全培训、班组安全建设等风险点的辨识、评估、控制措施的制定、风险汇总、上报，对风险管控措施落实情况进行监督检查。

（9）安监处（应急救援办公室）负责矿井安全风险分级管控工作安全培训和应急管理中应急管理等风险点的辨识、评估、控制措施的制定、风险汇总、上报，对风险管控措施落实情况进行监督检查。

（10）机电科：具体负责矿井安全风险分级管控工作机电、运输专业风险点的辨识、评估、控制措施的制定、风险汇总、上报，对风险管控措施落实情况进行监督检查。

（11）各生产、辅助、服务单位负责各自的施工作业地点和分管区域风险管控措施的落实。

第二节　企业风险的排查与辨识

一、风险点排查原则与内容

1. 风险点

风险点是指伴随风险的部位、设施、场所和区域，以及在特定部位、设施、场所和区域实施的伴随风险的作业过程，或以上两者的组合。例如，可以将采煤工作面、掘进工作面、井下中央变电所、中央水泵房等作业区域作为风险点，也可以将带式输送机、刮板输送机等作业设备作为风险点。风险点是危险源进行辨识的基本单元，同时也是编制"一矿一册"的基本信息。

划分风险点是风险管控的基础。对风险点内的不同危险源或危险有害因素（与风险点相关联的人、物、场所及管理等因素）进行识别、评价，并根据评价结果、风险判定标准认定风险等级，采取不同控制措施，是安全风险分级管控的核心。

2. 风险点划分原则

（1）设施、部位、场所、区域。风险点划分应当遵循"大小适中、便于分类、功能独立、易于管理、范围清晰"的原则。

（2）操作及作业活动。应当涵盖生产经营全过程所有常规和非常规状态的作业活动。

3. 风险点清单的内容

煤矿应组织对生产经营全过程进行风险点辨识，形成风险点名称、所在位置、可能导致事故类型、风险等级等内容的基本信息,一点一表,编制风险点清单(表3-2)。

表 3-2   **煤矿安全风险点清单**

单位名称			
风险点名称			
风险点等级		诱发事故类型	
风险管控 责任部门		责任人	
采取管控 措施情况			
应急处置 主要措施			
县(区)煤炭局 意见		单位负责人:(章)	
市煤炭局(集团 公司)意见		单位负责人:(章)	

4. 风险点级别的确定

按风险点所有危险源评价出的最高风险级别作为该风险点的级别。

二、常见的风险点排查方法

1. 按事故类型排查

企业按事故类型进行风险点排查任务划分时,可按照对口单位负责的方式指派其负责企业内部所有与该类型事故相关的风险点排查任务,也可以由相关单位自行按照标准进行本单位业务范围内各种事故类型的对应填报工作。这种方式管理相对简单,任务明确,且辨识的结果重复少、重点突出,便于企业将精力集中在主要风险点上。但这种方法的缺点也非常明显:首先是对于员工而言,针对性不强,员工不太理解每一个风险对自身的意义;其次,排查出的风险点与组织机构的对应性一般,不易落实整改。

2. 按专业工种排查

按专业工种排查是将所有排查任务与岗位结合起来,每种岗位由若干个专家或资深业务人员共同完成排查任务。显然,这种排查逻辑思路是将企业所有的工作进行统计,然后对任务进行统一分配。其优点是识别相对详细、准确,任务完成质量高,能够在较短时间内建立起一个较为完整、规范的风险数据库,且增、改、删都非常方便,便于管理。其不足则主要表现在排查工作中对于员工的教育程度不足;有些相互衔接的工作,风险或责任不易界定;相同的工种,在不同的部门可能面临的问题不同,结合到部门责任明确时,个性化风险数据库建立、维护的工作稍复杂。该方法是当前大多数企业进行风险点排查的主导性方法,排查任务的计划、组织、控制都能够有所保障。

3. 按业务流程排查

按业务流程排查的特点是以业务操作过程为线索,辅以动作分析等方法,详细分析每一步工作中可能伴随的风险点。其优点是能够非常细致地发现企业中存在的各种风险;由于其面向流程的特征,故排查过程必然涉及每一个和流程有关的员工,使风险点排查和培训合为一体;在对员工的宣贯和企业安全文化的建立方面,效果最好;风险点与员工结合紧密,所有员工的责任清晰;一旦出现隐患,整改迅速。然而,由于企业中的业务流程往往是跨组织部门的,因此与流程紧密结合的风险排查方法的局限性也非常的明显,其典型的问题包括:针对某一工作任务和某一工作岗位,系统性风险点的排查有遗漏;由于流程不同,类似的风险点在不同流程中排查后得到的结果往往并不相同,故其排查的风险点数量最为庞大,且重复比例高。

4. 按部门或场所排查

按部门或场所排查的思路是沿企业组织结构或空间布局来划分排查任务,从而明确所有排查工作的责任。在操作过程中,该方法先划分小区、工作场所,确定辨识单元,再从"人、机、环、管"四个方面查找风险。这种划分方式较易实现企业所有风险点的全覆盖,也容易明确各单位的责任。该方法的优点是排查工作责任划分方便,容易开展,亦容易控制,只要企业的组织机构设置合理,最终形成的风险数据库与组织机构的结合非常紧密。该方法的缺点主要是排查过程仍存在诸多的重复现象,且业务操作过程结合度不足。

5. 按相关标准排查

按企业所在行业需要遵循的相关安全标准进行排查,如《煤矿安全规程》或《煤矿安全生产标准化基本要求及评分方法(试行)》,依次将标准中所有条目转换成日常工作中的风险。该方法在操作过程中可以先将标准或规程中的条目按专业进行划分,布置给对应的专业人员去排查。这种排查方法所涉及的人员是最少的,而且时间比较快,规范性非常好,能与企业贯标很好地结合起来。其缺点主要表现为风险覆盖面差,可以说是几种方法中最差的一种,很多一般性的风险点并不会在标准和规程中明确规定,导致后期的风险数据库存在遗漏。此外,这种方法在排查过程中,对每一个规章条目的具体分解往往会较为复杂,且偏宏观、不易落实在日常工作中的内容相对其他方法较多。

每一种风险点排查方法都有优缺点,企业在排查时可以根据自身的特点和安全管理的规划等进行选择。这几种排查方法彼此并不是完全排斥的,也可以在具体排查过程中以某一种方法为主体,同时灵活采用多种不同的方法,以最有效地达到全面、准确排查风险点的目标。

三、煤矿安全风险辨识方法

1. 煤矿安全风险辨识的思路

风险辨识是安全风险管控管理的基础,各级管理者要高度重视风险辨识工作,在人员、时间和其他资源上给予支持和保证。必须由懂专业、有经验的人员组成工作组,按专业分成采煤、掘进、机电、运输、地测防治水等风险辨识小组,小组成员可由各级管理人员、技术骨干、业务骨干、安监员等组成。

煤矿在安全管理和企业内部管理上都有自身的特色,也取得了良好的效果,因此在风险辨识和管理中也需要和企业的安全管理方法紧密结合,确保体系和安全管理方法能够有效运行。

煤矿企业应结合自身的特点,牢固树立"红线意识""担当意识"和"精益意识",坚持以安全风险管控等方法夯实安全根基,以精准创新助推安全发展、以精益管理提升安全保障,通过不断探索、实践和持续改进,凝练《现场安全检查菜单》。各级管理人员随身携带《现场安全检查菜单》,对照检查菜单上的检查内容和标准填写落实表。通过"三大员"自查、科室管理人员检查、矿领导督查相结合的方式,一级抓一级、一级严一级、一级报一级,形成相互制约、相互监督、相互补充的安全生产管理格局,达到全面排查隐患、迅速整改问题、彻底消除盲点的目的。

标准化作业是现场生产中安全施工、管控风险的基础。各煤矿企业应从标准化作业入手,梳理分析现有作业流程,结合岗位描述、手指口述等内容,采用流程程序分析、动作分析等技术,对现有流程进行改善和优化,对一切活动与流程存在的风险进行有效的管控。

2. 煤矿常用的安全风险辨识方法

在具体的安全风险辨识上,煤矿常用的辨识方法如下:

(1)询问交谈:找有丰富工作经验的人,请其直接指出其工作中的危害,可以初步分析工作中存在的风险。

(2)现场观察:需要有一定的安全技术知识和掌握较全面的安全生产法律、法规、标准的工程技术人员进行现场检查剖析。

(3)查阅有关记录:查阅曾经发生的事故(包括未遂)档案、职业病记录等。

(4)获取外部信息:查阅系统内兄弟单位的现有文献资料,吸取兄弟单位的事故教训等。

(5)工作任务分析:分析每个工作岗位中所涉及的危害。需要有较高的综合安全素质和丰富的实践经验。

(6)安全检查表:运用已编制好的安全检查表,对组织进行系统的安全检查,可辨识出存在的风险。

风险辨识注意事项:风险辨识要防止遗漏,要分析两种活动时的危险因素,充分考虑三种时态和三种状态下潜在的各种危险,分析在约束失效,设备、装置破坏及操作失误后可能产生后果的风险。

两种活动:正常活动和非正常活动。

三种时态:过去、现在、将来。

三种状态:正常、异常、紧急。

七种职业健康安全危害：机械、电气、化学、辐射、热能、生物、人机工程。

七种环境因素：大气、水体、土壤、噪声、废物、资源和能源、其他。

3. 风险类型的确定

确定风险类型时，要根据风险产生的原因进行判断确定，包括"人、机、环、管"四种类型，具体参考表 3-3。

表 3-3　　　　　　　　　　　　　　　　　风险类型确认对应表

风险类型	具体项目
人	1. 操作不安全性（误操作、不规范操作、违章操作）
	2. 现场指挥的不安全性（指挥失误、违章指挥）
	3. 失职（不认真履行本职工作任务）
	4. 决策失误
	5. 身体状况不佳的情况下工作（带病工作、酒后工作、疲劳工作等）
	6. 工作中心理异常（过度兴奋或紧张、焦虑、冒险心理等）
	7. 人员的其他不安全因素
机	1. 没有按规定配备必需的设备、材料、工具
	2. 设备、工具选型不符合要求
	3. 设备安装不符合规定
	4. 设备、设施、工具等维护保养不到位
	5. 设备保护不齐全、有效
	6. 设施、工具不齐全、完好
	7. 设备警示标志不齐全、清晰、正确，设置位置不合理
	8. 机的其他不安全因素
环	1. 瓦斯威胁
	2. 水的威胁
	3. 火的威胁
	4. 粉尘威胁
	5. 顶、底、帮的威胁
	6. 其他自然灾害威胁
	7. 工作地点温度、湿度、粉尘、噪声、有毒气体浓度等超过规定
	8. 工作地点照明不足
	9. 工作地点风量（风速）不符合规定
	10. 作业现场存在设计缺陷（包括井下巷道布局不合理、空间不符合规程、规范要求）
	11. 施工质量不符合要求
	12. 巷道路面质量差，标志不齐全、不正确
	13. 供电线路布置不合理
	14. 作业区域警示标志及避灾线路设置位置不齐全、不合理
	15. 其他工作环境的不安全因素

续表 3-3

风险类型	具体项目
管	1. 组织结构不合理
	2. 组织机构不完备,机构职责不明确
	3. 规章制度制定程序不合理、不符合实际情况
	4. 安全管理规章制度不完善
	5. 文件、各类记录、操作规程不齐全,管理混乱
	6. 作业规程的编制、审批不符合规定,贯彻不到位
	7. 工程设计不符合规程、规范要求
	8. 安全措施、应急预案不完善、不合理
	9. 岗位设置不齐全、不合理
	10. 岗位职责不明确
	11. 岗位工作人员配备不足
	12. 职工安全教育、岗位培训不到位
	13. 其他管理的不安全因素

在确定风险类型时,同一风险因其存在的原因不同,其所属的风险类型也不同。如果某一风险同时存在多种风险类型,则应进一步予以分析,分别加以考虑。一个风险必须明确一个管理对象,因此当管理对象不同时,也应分析。

4. 管控措施的确定

管控措施是指达到管理标准的具体方法、手段。管控措施是指通过什么方法能让风险达到这种程度(标准)。管控措施要写清楚谁应该干什么、怎么干、何时何地干才能达到管理标准。具体表述规范见表 3-4。

表 3-4	管控措施
人	(主要责任人的管理、监督人员采取的行为)包括监督检查、激励机制、安全培训以及挂警示牌提醒等消除人的不安全行为的具体方法和手段
机	(主要责任人、监管人员采取的行为)采取什么手段才能使管理人员做出符合管理标准要求的行为
环	(主要责任人、监管人员采取的行为)对环境对象的监测,以及环境对象不符合管理标准时应采取哪些措施,保证不在不安全的环境中作业
管	(主要责任人的管理、监督人员采取的行为)对现有管理标准与管理措施进行完善的方法和手段

第三节　安全风险的评估与分级

风险是产生危险的根源或状态,需要企业对其全面掌握,并及时予以监控。由于风险数量众多和资源的有限性,对于所有的风险进行同样重视的管理显然不是安全管理的正确方法。对于更加容易产生事故、产生事故后果更为严重的风险,企业应该投入更大的精力,以求取得安全管理的理想效果。这就需要对风险进行分级管理,即:产生事故和后果风险水平越小的风险,应由越基层的单位负责;相应的,产生事故和后果风险水平越大的风险,则应由越高层的单位负责,如矿领导、集团公司安监领导等。为了对风险进行合理分级,就应首先对其按照一定的标准进行风险评估。风险辨识后需要对风险进行科学评估,以确定管理的重点。显然,对风险的评估是风险分级管控的基础,也是安全管理资源优化配置的依据。

一、风险评估与分级的意义

风险的常见定义一般有两种类型:一种定义强调了风险表现为不确定性;而另一种定义则强调风险表现为损失的不确定性。安全风险是这两方面的有机结合。

风险评估主要是针对发生事故概率和事故发生后果大小两方面的权衡。在受控状态下,风险非常低,可以接受。而一旦失去控制,其风险就会迅速升高,从而成为隐患,隐患则产生了事故发生的风险,因而必须及时采取措施,使该风险处于受控状态。

显然,安全风险分级管控所指的风险是危险源的两个类型:风险Ⅰ(第一类危险源)和风险Ⅱ(第二类危险源)的集合。这两类风险的防范措施是不一样的。对于风险Ⅱ的防控而言,更多的是从系统、技术防范角度出发,侧重于事前的物理手段防控,使得隐患即使发生,造成事故的风险也有所下降,如安全防护隔板、栅栏等。而风险Ⅰ防控则是确保隐患不会发生或降低其发生概率的防控措施,更多的是从管理角度出发。显然,安全风险管控体系的主要目标是控制风险Ⅰ,这也符合 2016 年 10 月《国务院安委会办公室关于实施遏制重特大事故工作指南构建双重预防机制的意见》中"把风险控制在隐患形成之前"的要求。

风险评估是为了分级,为了对风险进行分级管控。因此,风险评估与分级的意义突出表现在以下几方面:

(1) 风险评估有利于在全员中贯彻风险管理的意识。

安全风险管控的基础在于将风险信息和风险管理意识有效传递到企业的每一个员工。只有每一个员工明确自己岗位、工作中存在的风险,具有自觉的风险管理意识,才可能真正实现安全风险管控。风险辨识是发现、明确岗位、工作中存在的风险,而风险评估则是明确每一个风险的危害。

(2) 风险分级管控有利于安全管理效率的最大化发挥。

企业面临的风险数量众多,每一条风险发生失控的概率不同,失控后发生事故的概率和事故可能造成的后果也不同。因此,企业需要科学分配自身的安全管理力量,使重点风险得到重点管理,从而最大化地发挥企业的安全管理效率和水平。

(3) 风险的评估有利于企业掌握当前安全管理的重点,提高安全监管的效率,严防重特大事故的发生。

对于企业管理人员和集团公司而言,重特大事故是严防死守的重点。通过风险评估可以有效明确风险最大的危害,从而在安全监管方面更加有针对性,解决安全监控的有效性问题。

(4) 风险评估的动态变化有利于企业安全管理的不断提升。

风险是客观存在的,但其风险水平却是在动态变化的。风险评估是一个定期或不定期动态进行的过程。企业根据前一段时间安全管理的实践,对现有风险的风险水平进行重新评估,可确保企业安全管理工作与当前风险的实际情况吻合,推动企业安全管理水平的不断提升。

风险评估的意义非常重大,但由于数据量的不足,对评估人员的经验、责任心等的依赖性较强。因此,为了保证整个风险评估结果的可靠性,企业必须在评估前制定相关的评估规范、涵盖风险的等级以及不同等级间的阈值、遇到不同意见时的解决机制等。

二、煤矿安全风险评估与分级的方法

风险的含义不同,评估的方法也有所不同。一般而言,最常见的、比较易操作的风险评估方法是风险矩阵法和作业条件危险性分析法(LEC)。

1. 风险矩阵法(LS)

风险矩阵评估法,是由风险可能造成事故的后果(损失)和风险导致事故发生的可能性(概率)来综合评判。计算公式为:

$$R = L \times S$$

式中　R——危险源风险值;

　　　L——发生事故的可能性;

　　　S——发生事故的后果严重性。

影响危险有害因素的危险性的两个因素分别为发生事故的可能性(L)和发生事故的后果严重性(S)。

由于涉及人的判断,因此不能仅以某一个人的观点为准,而应该调动每一个有经验员工的积极性,群策群力,一起进行风险的评估工作。集体评估有三个方面的好处:第一,能够汇集集体的经验和智慧,提高风险评估的准确性;第二,能够使每一个员工理解、接受风险评估的结果,更加便于在日常生产中自觉执行风险管控体系;第三,再次梳理风险,确保风险辨识的质量,同时也使风险管控更加深入人心。

集体评估的人员包括各部门风险管控小组成员和有经验的职工。当各评估人员对风险可能性和可能造成的损失意见不一致时,可取多数人赞成的结果。如果出现不同人评估结果相差极大时,需要由各方说明自身评估的依据,然后再次做出评估。

依据上述原则,在风险评估过程中,煤矿要分三步有序展开实施,建立起静态和动态相结合的常态化风险评估分级工作运行机制。

第一步,精选人员。坚持"有专业技术特长,安全管理经验丰富,工作实践能力较强"的内部评估选人用人原则,成立由矿领导、副总、技能大师、技术骨干、区队管理人员、班组长、安监员组成的风险评估小组,充分发挥评估人员各自的优势,以提高风险评估的准确性和科学性。对重大风险,可聘请有资质的专业机构到矿评估,以保证评估的权威性和可靠性。

第二步,依规分级。采用《煤矿安全风险预控管理体系规范》(AQ/T 1093—2011)中推荐的风险矩阵法,按照风险发生的概率、特征、损害程度等技术指标,对排查出的风险进行评估,由风险发生的可能性和可能造成的损失评定分数,进而确定相应的风险等级。风险具体等级的划分一方面参考企业现有的划分标准,另一方面遵循国家最新文件的要求。最终的风险共分为四级:低风险、一般风险、较大风险和重大风险。在分数的具体评估中,应充分调动员工的积极性和主动性,依靠基层员工共同评估,对各方评估值取平均,最终确定该风险源的风险值,从而避免人为因素对风险评估的影响。例如白庄煤矿 2017 年排查的 26 933条风险源,按照分值划分,低风险有 8 020 条,占 29.77%;一般风险有 17 388 条,占 64.56%;较大风险有 1 480 条,占 5.49%;重大风险有 45 条,占 0.18%。

第三步,分级管控。低风险级别的实施蓝色预警,由班组或者岗位个人进行盯靠管控,整改不过班;一般风险级别的实施黄色预警,由责任单位进行盯靠管控,整改不过天;较大风险级别的实施橙色预警,由专业领导负责管控;重大风险级别的实施红色预警,由矿井主要负责人亲自监督管控措施的落实与管控效果。

表 3-5 中将损失分为 6 类(即 A~F),依次递减赋值为 6~1;事故发生的可能性也分为6 类(即 G~L),依次递减赋值为 6~1。

风险矩阵图使用时应注意:

首先评估该风险发生的可能性。可能性是指风险带来事故的可能性,考虑可能性大小时,应根据企业对此风险的管理程度和以往事故统计或经验进行综合模糊判断。从 1~6 中进行打分,1 表示本企业几乎不会发生这种情况,6 表示时常会发生。不好确定时,可以对照表格给定值集体讨论确定。若企业不存在此风险,则对应的可能性为 1。对不能直接导致事故,但可扩大事故损失程度的风险的可能性赋值可统一为 3,赋值后,可倒推风险大小,根据矿井实际管控状况和接受程度,重新判断赋值合理性。

其次评估该风险可能造成的损失,也是从 1~6 打分,具体分值可以参考表 3-5。对"可能造成的损失"的确定需要建立在假设的基础之上,即假设在事故实际发生的情况下,估计会造成什么样的损失。事故发生后可能造成的后果若是多个,按照风险管理的要求,取各种后果中最为严重的一个来确定"可能造成的损失"。

表 3-5 风险矩阵及风险等级划分表

风险矩阵	一般风险(Ⅲ级)	较大风险(Ⅱ级)		重大风险(Ⅰ级)		有效类别	赋值	可能造成的损失	
								人员伤害程度及范围	由于伤害估算的损失/元
6	12	18	24	30	36	A	6	多人死亡	500万以下
5	10	15	20	25	30	B	5	一人死亡	100万到500万之间
4	8	12	16	20	24	C	4	多人受严重伤害	4万到100万
3	6	9	12	15	18	D	3	一人受严重伤害	1万到4万
2	4	6	8	10	12	E	2	一人受到伤害,需要急救;或多人受轻微伤害	2 000到1万
1	2	3	4	5	6	F	1	一人受轻微伤害	0到2 000
1	2	3	4	5	6	赋值			
L	K	J	I	H	G	有效类别			
不能	很少	低可能	可能发生	能发生	有时发生	发生的可能性			

左侧纵向标注:低风险(Ⅳ级)

风险等级划分

风险值	风险等级	备注
30~36	重大风险	Ⅰ级
18~25	较大风险	Ⅱ级
9~16	一般风险	Ⅲ级
1~8	低风险	Ⅳ级

2. 作业条件危险性分析法(LEC)

LEC 评价法是对具有潜在危险性作业环境中的风险进行半定量分析的安全评价方法,用于评价操作人员在具有潜在危险性环境中作业时的危险性、危害性。

LEC 评价法是用与系统风险有关的三种因素指标值的乘积(D)来评价操作人员伤亡风险大小,这三种因素分别是:发生事故或危险事件的可能性(L)、人体暴露于危险环境的频率(E)、一旦发生事故可能产生的后果(C),即:

$$D = L \times E \times C$$

根据以往经验和估计，分别对 L、E、C 和 D 划分不同的等级，并赋值，具体如表 3-6～表 3-9 所列。

表 3-6　　　　　　　　　　　　　　LEC 法中 L 的取值

分数值	事故发生的可能性
10	完全可以预料
6	相当可能
3	可能，但不经常
1	可能性小，完全意外
0.5	很不可能，可以设想
0.2	极不可能
0.1	实际不可能

表 3-7　　　　　　　　　　　　　　LEC 法中 E 的取值

分数值	暴露于危险环境的频繁程度
10	连续暴露
6	每天工作时间内暴露
3	每月一次或偶然暴露
2	每月一次暴露
1	每年一次暴露
0.5	非常罕见暴露

表 3-8　　　　　　　　　　　　　　LEC 法中 C 的取值

分数值	发生事故产生的后果
100	10 人以上死亡
40	3～9 人死亡
15	1～2 人死亡
7	严重
3	重大，伤残
1	引人注意

表 3-9　　　　　　　　　　　　　　LEC 法中 D 的取值

D 值	危险程度
$D \geqslant 270$	极其危险，不能继续作业
$140 \leqslant D < 270$	高度危险，要立即整改
$70 \leqslant D < 140$	显著危险，需要整改
$20 \leqslant D < 70$	一般危险，需要注意
$D < 20$	稍有危险，可以接受

风险矩阵分析法(LS)与作业条件危险性分析法(LEC)的比较见表 3-10。

表 3-10　　　　　　　　　　　　　风险分级表

风险等级		颜色	矩阵法	LEC 法
一级风险	重大风险	红	30～36	$D \geqslant 270$
二级风险	较大风险	橙	18～25	$140 \leqslant D < 270$
三级风险	一般风险	黄	9～16	$70 \leqslant D < 140$
四级风险	低风险	蓝	1～8	$D < 70$

第四节　年度辨识评估报告的编制

年度专项辨识是企业年度安全风险分级管控的重中之重,是下一年度安全生产工作的基础。每年底由矿长组织各分管负责人和相关业务科室、区队进行年度安全风险辨识,重点对瓦斯、水、火、煤尘、顶板、冲击地压及提升运输系统等容易造成群死群伤事故的危险因素开展安全风险辨识。辨识结束后及时编制年度安全风险辨识评估报告,建立可能引发重特大事故的重大安全风险清单,并制定相应的管控措施。要将年度辨识评估的结果应用于确定下一年度安全生产工作重点,指导和完善下一年度生产计划、灾害预防和处理计划、应急救援预案中。现在以国家应急管理部网站的模板为例,进行年度辨识报告的编制。结合××××煤矿有限公司实际情况对模板进行补充完善,形成可以指导企业下一年度安全生产的辨识评估报告。

第一部分　矿井危险因素

第一节　概　　述

填写内容为矿井地理位置、井田走向长度、倾斜宽度、井田面积、开采深度、投产时间、设计生产能力、核定生产能力、开拓方式、通风方式、矿井开采水平、开采煤层、开采方式、开采工艺等矿井基本概况。

××××煤矿有限公司位于××市城西北约 20 km,行政区划隶属××市湖屯镇。井田走向长约 4.0 km,倾斜宽约 3.9 km,井田面积 15.670 5 km²,开采深度＋71～－700 m。1979 年 1 月建成投产,矿井设计生产能力达到 120 万 t/a。2006 年矿井核定生产能力 140 万 t/a。

矿井采用立井多水平分区式开拓。矿井通风方式为中央边界抽出式,其中新、老副井进风,南、北风井回风,主井、老副井、新副井位于工业广场内。井田划分为三个水平。第一水平为－150 m 水平,已回撤完成,无采掘活动。－250 m 水平主要开采煤层为 3 层煤。－430 m 水平为延深水平,主要开采下组煤 7、8、9、10_2 层煤。采区采用前进式、工作面采用后退式开采方式,走向长壁采煤法,综采或高档普采采煤工艺,全部陷落法管理顶板。

第二节　矿井潜在的危险因素

根据《生产过程危险和有害因素分类与代码》(GB/T 13861—2009)定义,危险因素包括人的因素、物的因素、环境因素和管理因素。

结合煤炭行业特点，根据矿井《安全现状评估报告》《重大危险源评估报告》《煤尘爆炸性检测报告》《煤层自燃倾向性检测报告》《瓦斯等级鉴定报告》《矿井水文地质报告》《矿井地质报告》《隐蔽致灾地质因素普查报告》《冲击倾向性鉴定报告》以及各类设备检测检验报告等，参考矿井采掘接续计划，综合判断，矿井潜在的危险因素包括：采掘工艺设计、冒顶、片帮（底鼓）、冲击地压、采空塌陷区域、通风系统、瓦斯、火、煤尘、爆破、火药爆炸、井下水（淹溺）、供电系统（触电、雷电、静电）、运输提升、设备配套及可靠性、物体打击、车辆伤害、机械伤害、起重伤害、高处坠落、中毒、窒息、地面设施布局等。

对矿井各危险因素进行描述，保证危险因素的全面性和有效性。

一、顶板

开采煤层的顶板情况如下：

（1）×层煤：基本顶中砂岩，厚度 6.7～11.3 m，灰白色，致密，钙质胶结，以石英长石为主，裂隙发育；直接顶粉砂岩为主，厚度 1.1～2.1 m，深灰色，致密，泥质胶结，具水平层理，富含植物叶痕化石；直接底泥质粉砂岩，厚度 0～1.25 m，浅灰色，团块状构造，富含大量植物根茎化石，局部存在，向下渐变为粉砂岩；基本底粉砂岩，厚度 1.15～4.9 m，深灰色，泥质胶结，顶部致细，下部微含砂质，性脆，垂直裂隙发育厚度变化较大，局部含煤线，富含植物根茎化石。

（2）×层煤：基本顶细砂岩，厚度 3.2～8.5 m，灰白色，颗粒呈半滚圆状，分选较差，性脆易碎；直接顶深灰色粉砂岩，厚度 8 m，深灰色，性脆，含黄铁矿、菱铁矿结核及植物化石，具方解石脉，下部致细，硬度 3～4；直接底泥质细砂岩，厚度 0.2～1.0 m，绿色，分选较好，具擦痕及灰黑色粉砂条带，硬度 3～4；基本底细砂岩，厚度 1.2～3.5 m，灰绿色，泥质胶结，石英长石及黑色矿物，含煤线及植物化石，具方解石岩脉。

（3）×层煤：基本顶粉砂岩，厚度 4.3～5.36 m，深灰色，性脆、质细，无层理、团块状结构，致密均一，近灰岩处颗粒小，含瘤状黄铁矿结核；直接顶四灰，厚度 3.8～6.6 m，灰色，顶底部质不纯，性脆，致密，分选好，无层理，富含蜓科及植物化石，裂隙发育，硬度为 8.0；直接底黏土岩，厚度 0～0.2 m，浅灰色，含粉砂质，无层理，富含植物根茎化石；基本底粉砂岩，厚度 6.5 m，深灰色，致密均一，由上至下颗粒逐渐变细。

（4）×层煤：基本顶粉砂岩，厚度 4.8～7.9 m，深灰色，致密均一，向下颗粒渐变细；直接顶泥灰岩，厚度 0.0～1.8 m，灰褐色，内含密集的蜓科化石，局部存在；直接底粉砂岩，平均厚度 1.75 m，深灰色，含泥质，性脆，致密均一，分选好，无层理，顶部富含植物根茎化石。

二、采空塌陷区域

地面塌陷区情况及地表河流、水库等基本情况如下：

（1）地面采矿塌陷：井田范围内现有塌陷坑一处，常年积水，积水面积为×××××m²，积水深度最大××m，积水量为×××m³。

（2）地面河流：井田内发育有 2 条季节性小河，即：×××河和××河，近 10 年雨季期间大雨时有少量流水，其他季节干枯无水。

本区河流历史最高洪水位为××××m，各井口标高均高于历史最高洪水位。井田范围内所有与井下相通的排水孔、电缆孔、送料孔及水文观测孔，孔口均实施加盖、封口。

（3）水库：井田外东北部山区的较高位置有××座串联小型水库，仅雨季期间有少量积水。

三、通风系统

矿井通风情况:矿井通风方式为中央边界抽出式。新、老副井进风,南、北风井回风,各水平、采区实现分区通风。为通风容易矿井。

四、瓦斯

矿井瓦斯鉴定情况:历年鉴定为低瓦斯矿,××××年鉴定数据:瓦斯绝对涌出量××××m³/min,瓦斯相对涌出量×××m³/t;二氧化碳绝对涌出量×××m³/min,二氧化碳相对涌出量×××m³/t;掘进工作面瓦斯最大绝对涌出量××××m³/min,采煤工作面瓦斯最大绝对涌出量××××m³/min。低瓦斯矿井。

五、火

矿井各回采煤层自然发火情况:矿井回采煤层为×××煤层。×××煤层属于Ⅲ类不易自燃煤层;×××煤层属于Ⅱ类自燃煤层。矿井投产以来未发生过自然发火。

六、煤尘

矿井各回采煤层煤尘爆炸情况:×煤层有煤尘爆炸性。×煤层煤尘爆炸指数为××。

七、爆破

矿井火药使用情况:矿井×个综采、普采工作面,×个综掘工作面,×个炮掘工作面。

八、火药爆炸

矿井火药存放及运送情况:在井下×××m水平和×××m水平各设一个爆炸物品库,形式为壁槽式,支护方式为砌碹形式。爆炸物品由集团公司火药总库运输至××矿门口,由保卫科押运员运至副井口,期间由供应站安全员、保卫科安全员押运看护,通防区库管员接收,再运送至×××m水平和××m水平炸药库,由通防工区库管员负责运送。

爆炸物品由专职爆破工由爆炸物品库人力背至起爆地点,设有专用爆炸材料放置点。

九、井下水(淹溺)

矿井老空水、断层导水等情况如下:

(1)老空积水:截至2017年12月,矿井存有老空积水区××处,现开采区域远离老空积水区。

(2)相邻矿井水:位于本矿西南的××矿业有限责任公司北翼采区积水量预计×××万m³,通过四灰或裂隙流入矿井×××m水平采空区的水量稳定在×××m³/h。

(3)××煤层顶板砂岩裂隙水以静储存量为主,易于疏干。现××煤层对大巷、采区煤柱进行回收,对矿井生产无影响。

(4)四灰岩溶裂隙承压水:四灰为×煤直接顶板,初次揭露四灰含水层时,对矿井生产影响较大。现已大面积揭露,四灰水已基本疏干。×煤层巷道掘进时,四灰以少量淋水形式出现。

(5)五灰岩溶裂隙承压水:五灰富水性中等,与奥灰水力联系密切。井下钻孔揭露,单孔水量为××× m³/h,突水量为××× m³/h。

(6)奥灰岩溶裂隙承压水:奥灰巨厚层状,在盆地南部山区有广泛出露,直接接受大气降水的补给,动水量十分丰富。

(7)地面钻孔:地面钻孔共有×××个,其中封闭不良钻孔×××个,封闭不良钻孔中××个钻孔揭露或穿过五灰含水层。

（8）导水断层：××煤层巷道掘进时，揭露断层×××，该断层为导水断层。现开采范围远离该导水断层。

（9）井下各储水点：包括采掘工作面低洼处水窝、局部积水巷道、采区水仓入口、采区泵房吸水井、水平水仓入口、水平泵房吸水井等。

（10）矿井涌水量：矿井正常涌水量××× m^3/h，最大涌水量×××× m^3/h。水文地质条件上组煤为中等，下组煤为极复杂，矿井主要受底板水威胁。

十、供电系统（触电、雷电、静电）

矿井供电情况（井下、井上）如下。

（一）矿井供电电源

矿井采用双回路35 kV供电电源，一回路引自××××，另一回路引自×××。两回路供电线路均未分接其他负荷。

（二）地面变电所

矿井地面建有35 kV变电所××座，35 kV设备室外布置，6 kV设备室内布置，接线方式采用单母线分段接线，变电所继电器保护系统采用W×H-822型综合自动化微机保护监控装置。

（三）井下供电与保护配置

下井电缆：采用6 kV电源下井，十一路供电，电源分别引自地面35 kV变电所和地面6 kV配电所的6 kV不同母线段，分别沿老副井井筒、新副井井筒和钻孔敷设。35 kV变电所下井六回路电缆，其中二回路沿新副井井筒直供−250 m水平中央变电所，一回路沿新副井井筒直供−430 m暗斜井变电所，三回路沿钻孔直供××× m扩排变电所；6 kV配电所下井五回路电缆，其中两回路沿老副井井筒直供×××m中央变电所，三回路经北风井配电所沿钻孔直供×××中央变电所。

井下设：××× m、××× m、××× m水平中央变电所，××× m扩排变电所、××× m暗斜井变电所、北风井井底变电所。

各采区变电所可实现对馈出线的选择性漏电、过负荷、短路、低电压等保护。

（四）防雷设施

防止雷击装置检验项合格，防雷电感应、雷电波侵入所检项目×××处接地电阻均合格。

（五）井下接地网

井下供电是由下井电缆供电，在中央泵房主、副水仓设有主接地极，通过铠装电缆金属护套、橡套电缆的接地芯线等与所属供电的分区主接地极接通，组成接地网。

井下已形成总接地网，井下变电所、机电硐室、泵房、配电点、工作面等场所均安装局部接地极。井下接地电阻每季度都按规定进行测试，所测定的接地电阻符合规定。

十一、提升运输、压风

矿井提升运输（人员、煤炭、矸石）和压风情况如下。

1. 提升系统

（1）主井提升采用2JK-3.5/15.5E-FB型单绳缠绕式提升机，配备JGY6.5型箕斗。采用钢轨罐道，选用6×25TS(12/12/1)BR(6/1)+FC型提升钢丝绳，绳径41 mm。安设过卷、过放、超速、闸瓦间隙、错向等保护及防撞梁和托罐装置。

（2）副井提升采用 JKM-2.84(I)E-FC 型塔式多绳摩擦提升机,配一对双层四车罐笼,矿车规格为 1 t 标准 U 型矿车,自重 600 kg,容矸重 1 800 kg;电机型号为 YR400-12/1180,功率为 400 kW,上海电机厂制造;最大提升速度为 6.25 m/s,提升高度为 334.67 m;现主要负担－250 m 水平及－430 m 水平矸石的提升,物料、设备的下放及人员的升降任务。

2.运输系统

（1）煤炭运输系统

井下各采煤工作面、掘进(迎头)原煤通过运输石门、平巷、运输巷由带式输送机搭接运输至采区煤仓,采区煤仓经各翼主运运输皮带运至井底煤仓,井底煤仓原煤经主井提升至地面,即:

采煤工作面→转载机→运输巷胶带机→采区运输胶带机→各翼集中运输胶带机→井底煤仓→主井→地面

掘进工作面→转载胶带机→采区运输胶带机→各翼集中运输胶带机→井底煤仓→主井→地面

（2）矸石运输系统

掘进工作面经刮板输送机、带式输送机运输→采区轨道绞车运输(接仓时不再用绞车运输,直接进入水平大巷)→大巷架线电机车运输→副井底车场→地面→矸石山

（3）辅助运输系统

××煤矿井下×××个水平生产,分别为×××水平、×××水平。

×××大巷采用架线电机车轨道运输,轨型为 30 kg/m。该水平采用 3 部 10 t ZK10-6/550 型架线式电机车,额定电压为直流 550 V,牵引电动机功率为 2×21 kW;2 部 7 t ZK7-6/550 型架线式电机车,额定电压为直流 550 V,牵引电动机功率为 2×24 kW;1 t 固定矿车(300 辆)运输,矿车型号为 MGC1.1-6 型;采用 PRC-12 型平巷人车(35 辆)运人,每节乘人 12 人。

×××大巷采用架线电机车轨道运输,轨型为 30 kg/m。该水平采用 2 部 7 t ZK7-6/550 型架线式电机车,额定电压为直流 550 V,牵引电动机功率为 2×24 kW;1 t 固定矿车(170 辆)运输;PRC-12 平巷人车(4 辆)运输,每节乘人 12 人。

（4）斜巷提升系统

斜巷轨道采用斜巷绞车提升。矿井有 8 部主要斜巷绞车。

（5）人员运输系统

人员运输分为平巷人车和斜巷架空乘人装置。

井下平巷人车:××煤矿井下平巷采用 PRC-12 型平巷人车运送人员,全矿共有×××节平巷人车,其中×××m 水平××节,×××m 水平××节。

矿井有×部架空乘人装置。×部 RJKY45-25/1500 型架空乘人装置,布置在×××采区辅助轨道巷,其技术参数为:最大运输能力 452 人/h,驱动轮直径 2 000 mm,输送距离 1 100 m,运行速度 1.7 m/s,配套功率 45 kW,额定牵引力 9.57 kN,倾角 25°,钢丝绳直径 20 mm,安全制动方式为电动液压轮边制动器;另××部 RJY55-18/728 型架空乘人装置,布置在×××暗斜井轨道上山,其技术参数为:最大运输能力 400 人/h,驱动轮直径 1 600 mm,输送距离 728 m,运行速度 1.2 m/s,配套功率 55 kW,额定牵引力 27 kN,倾角 18°,钢丝绳直径 22 mm,安全制动方式为电动液压轮边制动器。

3. 压风系统

地面安装××台空压机,其中矿工广内安装×××台 SA250A-6K 型空压机,北风井安装××台 SA250A-6K 型空压机,空压机安设了超压、超温、断油等保护。

十二、物体打击

矿井物体打击情况:井下各类钢管、运输设施等悬挂装置;大坡度工作面及巷道存有散落矸石和物料。

十三、车辆伤害

矿井车辆运行情况:现有厂内各类车辆×××辆,主要运行在机修车间、木厂、选煤厂、煤场区域;商品煤主要经汽车外运销售,煤场区域发运任务重,通行重型车辆较多,作业空间小,不同煤种同时装车,车流量大。

十四、机械伤害

矿井使用机械情况:生产中使用采煤机、综掘机、耙装机、水泵、通风机、空压机、提升机、提升绞车、刮板运输机、胶带运输机等机械设备。

十五、高处坠落

矿井高处坠落情况:矿井的主井、新副井、老副井和南、北风井×××个出口均为立井,新副井、北风井设有上下人员的梯子间;立井井筒、井架、煤仓及地面建筑均有高处作业。

十六、起重伤害

矿井起重机械使用情况:矿机修中心支柱维修车间、机修车间等处安装 10 t 行车×××台、5 t 行车××台,承担大型设备、材料的起吊、装卸、搬运、安装、撤除等工作。

十七、地面设施布局

地面工业广场分为生产区、辅助生产区和非生产区。

生产区布置于工业广场北部和西部,主要布置主井、副井、压风机房、原煤系统、选煤厂、矸石山等。

辅助生产区布置于工业广场中部和东部,主要布置生产办公楼、机修车间、变电所、木厂、浴室、矿灯房等。

非生产区布置于工业广场南部,主要布置行政办公楼、职工安全培训中心、调度楼、招待所等。

十八、中毒、窒息

矿井有害气体情况如下。

(一)中毒

(1)采掘生产活动中产生或释出的有毒有害气体主要有一氧化碳、一氧化氮、二氧化氮、二氧化硫、硫化氢。

(2)矿井存在有毒有害气体的工作场所主要分布在井下采煤掘进工作面以及近工作面巷道回风流。锰及其无机化合物存在于地面电焊作业场所。

(二)窒息

矿井作业场所易出现甲烷积聚、二氧化碳积聚等缺氧的环境主要是盲巷、密闭以及井下水仓等其他通风不良区域。目前井下分布 5 个水仓,分别是××水仓、××水仓、××水仓、××水仓和××水仓。

第二部分 风险辨识范围

风险辨识范围主要包括矿井各大生产系统、工艺、煤矿井田与周边区域及全年采掘范围。根据矿井五年生产接续规划,2018年采掘布局采取上组煤×层煤和下组煤×层煤合理配采,以××采区为主要生产采区。

一、各大生产系统

（一）开拓、开采系统

2018年安排×个采煤队生产,共回采×个工作面,其中×层煤工作面×个,×层煤工作面×个,×层煤工作面×个。2018年计划原煤产量××万t,其中回采产量××万t,掘进煤××万t。

1. 风险辨识范围

包括矿井各配电所、立井提升系统、斜巷提升绞车场所、井下各采区主排水系统及矿井主排水系统、压风机、主要通风机、各采区原煤主运系统及各采煤工作面及平巷、掘进工作面。

2. 安全风险辨识分类

（1）从开采煤层的自然条件方面对存在的潜在风险进行辨识:包括地质及水文地质条件、断层、陷落柱、火成岩、煤层和顶底板条件、瓦斯、煤尘、煤层自燃条件。

（2）从生产和辅助生产系统方面存在的潜在风险进行辨识:包括矿井开拓系统、提升与运输系统、通风系统、排水系统、供电系统,以及涉及安全防范的防瓦斯、煤尘、水灾、火灾、顶板、安全监测监控等系统的完善性和可靠性等。

（3）从设施、设备、器材的技术性能方面存在的潜在风险进行辨识:包括设施、设备、使用器材是否符合煤矿安全要求,是否是国家淘汰、禁用产品,保护装置是否齐全、有效等。

（4）从生产工艺方面存在的潜在风险进行辨识:包括采煤、掘进、提升、运输、"一通三防"等生产和辅助生产环节的操作规程和安全措施是否完善等。

（二）通风系统

2018年接续生产的采煤工作面均采用U型全风压通风;掘进工作面均采用压入式通风。采掘接续不发生串联通风现象。

（三）瓦斯防治系统

主要防治区域:① ×××面;② 各采区煤仓、井底煤仓顶部;③ 井下密闭墙。

（四）矿井防灭火系统

主要防治区域和措施:① 开采自燃煤层必须有自然发火采区设计和回采、掘进工作面的作业规程,必须有预防煤层自然发火的措施,经矿总工程师批准后方可施工。② 工作面在安装前,必须完善好通风、防灭火系统。③ 矿井安设了束管监测系统,型号为Kss-200煤矿火灾束管监测系统(亦称Kss-200火灾预报系统),实施24 h在线监控。通过已敷设的束管连续不断地抽至井上气相色谱仪中进行精确分析,实现对CO、CO_2、CH_4、C_2H_2、C_2H_4、C_2H_6、O_2、N_2等气体含量的在线时时监测,直接输出分析报告和谱图。在不进行束管监测时,可由人工取样进行一般的气体分析,通过对矿井设置的检测点,能够及时有效地对煤炭自燃趋势跟踪预报,提高了煤层自燃预测预报能力。建立每周一次的自然发火预测预报制度。在采煤工作面回风切顶线位置安设束管,实现时时在线监测。至少每周对采空区气体成分检测分析一次,所有采煤工作面回风隅角以里2.0 m位置气体成分每周检测一次。严格落实防火观测制度,开展自然发火的预测预报工作。④ 采煤工作面上下平巷分别构筑一道应急防火门墙,并在现场备齐防火插板等材料。⑤ 采煤工作面回采结束后及时进行防灭火注浆。⑥ 瓦斯检查员在采、掘工作面检查瓦斯的同时必须检查CO。⑦ 采面结束后45 d内必须回撤完毕进行封闭。

(五)粉尘防治系统

主要防治区域和措施:

(1)矿井所开采煤层均具有爆炸危险性,在生产过程中采煤工作面机组落煤、皮带转载点是第一产尘源,都产生大量的煤尘,若综合防尘制度执行不严格,防尘设施使用不正常,当浮游煤尘达到爆炸浓度界限时,遇到火源就有可能会发生爆炸。综采、综掘工作面,因单产、单进的提高,煤尘产尘量大幅增加,如不能严格执行综合防尘制度,将会增加发生事故的可能性。① 回风流中至少设置两道自动净化水幕;② 综掘工作面必须安装使用机组内、外喷雾,使用由除尘风机和净化喷雾组成的封闭控尘系统;③ 爆破使用水炮泥,并有水炮泥存放处;④ 隔爆设施标准化,巷道内每隔200 m内安设一组隔爆水袋,首列隔爆水袋距工作面距离不得小于60 m,不得大于200 m;⑤ 现场施工人员配备3M或DR型高效防尘口罩;⑥ 全煤与半煤岩掘进巷道严格执行煤层短壁注水制度;⑦ 掘进工作面必须使用风钻湿式打眼。

(2)采煤机、掘进机割煤及运输设备的各转载点。

(3)炮掘工作面。

(4)各采区煤仓、井底煤仓放煤口。

(六)顶板管理系统

主要防治区域:① ××面;② 各胶带机巷、运输路线、回风巷道;③ 各硐室。

(七)防治水系统

无重大变化。

(八)电气系统

无重大变化。

(九)运输提升及压风系统

上半年—250 m水平3900采区安装一部伸缩式带式输送机,长度960 m,巷道坡度20°。

(十)地面生产系统

无重大变化。

(十一)爆炸物品储存、运输及使用系统

通过矿井接续计划分析,2018年有×个高档普采工作面,主要爆破作业将集中在掘进工作面。

1. 火工品的装卸与运输环节

(1)装卸和运送爆破器材的人员必须经过安全技术学习,考核合格,凭证就任本职工作并每年复训一次。

(2)相抵触的爆破器材禁止同车运输和同车装卸。不准倒装、立装、倾放,装载高度不准超过车辆上档。

（3）运输爆破器材按《煤矿安全规程》执行，要有押运人员坐在车厢内押运，其他人员不得任意搭车，用车篷布盖严封牢，消防器材、危险标志齐全好用。严格遵守公安、交通部门对危险品运输的规定，禁止酒后开车、高速开车、擅自开车和随意在人员稠密的地方停车。

（4）火工品运输到矿后，门卫人员要做好入矿登记，武装保卫部、物资供应站押运员要将运输车辆安全押运到井口，通防工区设专人盯靠现场，武装保卫部要派出警力加强警戒与看护。

（5）装卸车辆附近和装卸现场禁止有明火，装卸火工品要轻拿轻放，防止冲击和剧烈震动。

（6）向井下运输火工品，必须使用火工品专用矿车，雷管与炸药分车装载；装有炸药与装有电雷管的车辆之间，以及装有炸药或电雷管的车辆与机车之间，必须用空车分别隔开，隔开长度不得小于 3 m；硝化甘油类炸药和电雷管，只准放一层爆炸材料箱，矿车必须加盖、加垫，车厢内以软质垫物塞紧，防止震动和撞击。

（7）从地面往井下运送爆破器材要及时通知绞车司机和井上下把钩工，做好充分准备。运输爆破器材要使用专罐，炸药、雷管分罐下井，罐笼升降速度，运送硝化甘油类炸药或电雷管时，不得超过 2 m/s；运送其他类爆炸材料时，不得超过 4 m/s。司机在启动和停绞车时，应保证罐笼或吊桶不震动。罐笼内除井下爆炸材料库负责人或经过专门训练的护送人员外，其他人员不准乘坐。严禁在交接班或人员上下井时运送爆破器材。

（8）火工品严禁在井口房内存放，运搬工区要优先安排下井，到井底车场后，应立即运往炸药库，不准在井底车场和其他巷道停留或存放。

（9）药库到井口整个运输过程必须由专职押运人员押运，直到全部爆破器材下到井底后，方可离开。在井筒内和井下运按《煤矿安全规程》执行，由分管部门负责。向工作面运输，电雷管必须由爆破工亲自运送，炸药应当由爆破工或在爆破工监护下由熟悉《煤矿安全规程》的人员运送。

2. 火工品的储存与保管环节

（1）库管员必须经过专业培训，经过考试合格后取得相关证书，凭证就任本职工作。

（2）炸药库必须符合安全要求，搞好防火、防潮、防水、防盗、防爆、防鼠及照明工作；做到 24 h 有人值班，设施完好，措施有效，使用方便，保持良好的卫生和工作环境。

（3）相抵触的爆破器材必须分库分壁槽存放，并加设防爆和隔离设施，性质相同的爆破材料必须按品种、规格分别存放保管，做到离开壁槽 100 mm，包装完好，封绳完整无缺，防止压坏。

（4）库内爆破器材必须做到账、卡、物完全相符，账目清楚、手续健全；所有表格、台账、票据、记录无涂改、无差错，保存完整。

（5）火工品库房必须严格按照公安机关核定的容量，及药品分类存放，严禁超量储存及混放，遇到特殊情况需要超储时，必须制定安全措施，经安监、保卫部门批准方可适量超储。

（6）待报废的爆破器材必须单独记账和分别保管，严禁混淆。

（7）存药硐室不存放无关物品，库内使用的矿灯必须加防爆套。库房干湿温度必须符合要求，经常调整风窗，库内最高温度不准超过 35 ℃。

（8）加强对库房消防器械的维护和保养，隔爆设施要定期检查，确保安全可靠。

（9）井下库房要采用防爆灯，严禁将矿灯带入库房。

（10）爆破工由药库向工作地点运送爆破物品时，必须使用专门器具，没有专门器具的，库管员有权停发火药雷管。

（11）爆破工要分箱分别装运雷管、炸药，炸药箱需在爆破工监护下由他人运送，雷管箱需爆破工亲自运送，且两人不得同行，距离至少保持在 10 m 以上。严禁将爆炸材料装在衣袋内，携带雷管火药不准乘坐人车、猴车，要直接送到工作地点，严禁中途逗留，运送到工作面后，所有雷管、炸药由爆破工看管，严禁私自交换、销毁雷管、火药。

（12）雷管、火药箱要保持时时上锁。工作地点，雷管箱及炸药箱必须存放在顶板完好、支护完整、避开电气设备的地方，两箱保持安全距离，间距不得低于 5 m。每次爆破都必须把炸药、雷管放在警戒线以外的安全地点。

3. 火工品的使用环节

（1）采煤工作面爆破时，必须由当班工长、安监员检查定炮情况后方可进行，不符合规定不准爆破，爆破时工长、安监员必须在发爆器旁监护；掘进迎头定炮可由组长协助爆破工，但连线、查炮、放线必须由爆破工个人进行，爆破时必须由组长监护。

（2）采掘工作面爆破工严格执行爆破距离的规定，采煤工作面爆破设岗距离不少于 50 m；掘进爆破时直线设岗不少于 100 m，并有掩体，曲线不少于 75 m。

（3）加强火工品现场使用管理，班组长负责验收爆破工领取雷管数量并在三联单上注明，每次爆破结束要注明实耗并签字，领退火工品过程严禁代签，爆破工将每次爆破用炸药、雷管数量和进尺、循环（米数）填写在三联单背面，当班班长、掘进迎头组长签字核实。

（4）安监员对各自所盯作业地点使用的炸药量、雷管数及爆破次数（遍）逐一核实并填写在个人写实记录上，上井后将炸药、雷管实耗数量、爆破次数、进尺填写在安监处当班炸药、雷管进尺统计表上。

二、工艺

（一）采煤工艺

2018 年采用综采工艺的采煤工作面：×××面；采用高档普采工艺的采煤工作面：××××面。

矿井采煤工作面采用综采或高档普采工艺，走向长壁后退式采煤，全部垮落法管理顶板。

（二）掘进工艺

（1）2018 年采用炮掘工艺的掘进工作面：×××采区轨道巷。

（2）2018 年采用综掘工艺的掘进工作面：××××轨道平巷。

掘进工作面采用综掘或炮掘工艺，吊环式前探梁作为临时支护，锚网喷、浇筑或架棚、锚网、锚网索带作为永久支护。

（三）洗选工艺

选煤厂采用跳汰、重介双工艺流程，无重大变化。

三、固定场所

（一）井上固定场所

（二）井下固定场所

四、煤矿井田与周边区域

(一)煤矿井田

矿井面积×××km²,回采影响范围内有××个村庄,已搬迁×个,不影响2018年度生产。

(二)周边区域

××矿业、××矿业相继闭坑,其他无重大变化。

第三部分　风险辨识与评估

第一节　工作组织

2017年11月21日,矿长组织各分管负责人和相关业务科室、区队专业技术人员(名单详见签字表),布置安全生产风险辨识评估工作,进行专业分组、职责分工,并由安全矿长组织了风险辨识评估知识培训。

21～28日,各专业小组分头收集资料,针对矿井全方位开展安全生产风险辨识评估,制订风险管控措施计划,形成风险辨识评估报告初稿;29日,由安监处组织对风险辨识评估报告初审,重点围绕风险管控措施针对性、符合性、合理性进行讨论、分析,由总工程师复审,形成风险辨识评估报告送审稿报矿长审阅,并组织会审。

第二节　风险辨识

通过经验判断法和作业条件危险性分析法,重点对辨识范围内顶板、冲击地压、瓦斯、水、火、煤尘、提升运输与压风系统、工艺、煤矿井田与周边区域等容易导致群死群伤事故的危险因素开展安全风险辨识,具体如下:

一、顶板

(1)×××工作面回采过程中需要过老巷,老巷处围岩破碎,存在冒顶的风险。

……

二、通风

(1)主要通风机可能因供电线路故障、通风机设备故障、反风系统故障突然停止运转,造成全矿或局部区域停风。

(2)防爆盖检修不到位,不能自动开启,发生爆炸时可能摧毁主通风机及其附属装置。

……

三、水害

(1)与本矿相邻的××矿业有限责任公司北翼采区积水量预计××万m³,通过四灰或裂隙流入××煤矿××水平采空区的水量稳定在××m³/h。水量增大或泄水通道堵塞,易造成溃水事故。

……

四、火灾

(1)根据煤炭科学研究总院抚顺分院提供的××煤的自燃倾向性鉴定结果,××煤属于Ⅱ类自燃。

(2)密闭墙内注浆封堵不严漏风,采煤工作面进风巷、回风巷和停采线遗煤,破裂的煤壁,存在煤层发生火灾风险。

......

五、瓦斯

(1)临近采空区的工作面回采期间,采空区内的有害气体容易通过采动裂隙逸入相邻的巷道内。

......

六、煤尘

(1)工作面割煤移架造成煤尘飞扬,运输巷带式输送机机头转载处可能出现煤尘积聚,可能发生煤尘爆炸。

(2)掘进机割煤及运输设备的各转载点产生大量煤尘,有煤尘爆炸风险。

......

七、运输提升压风

(1)×××综采工作面运输平巷带式输送机运输距离长,存在胶带跑偏、断带伤人风险。

(2)×××水平轨道大巷人员乘车场信号区间可能发生闭锁故障,导致其他车辆进入乘车场,有发生人员上下车时段伤人风险。

(3)地面空压机运转不平衡,摩擦、振动和撞击产生的噪声未加控制,导致操作人员听觉疲劳,精神烦躁,精力不集中,有造成误操作和设备损毁的风险。

......

八、供电系统

(1)地面高压供电系统出现电源线路倒杆、断线、雷击、树木倒伏,可能造成全矿或局部区域停电。

(2)井下供电系统如果出现欠压、过压、防爆电气设备失爆、三大保护(漏电、接地、过流)失效、电缆过载等,可能造成人员伤害、火灾、设备损坏或瓦斯、煤尘爆炸事故。

......

九、爆炸物品的储存、运输及使用

(一)爆炸物品的储存保管

(1)爆炸物品储存的数量可能超过规定。

(2)爆炸物品库储存变质、过期炸药,未及时清除、销毁,可能导致拒爆或早爆。

(3)电雷管没有逐个进行全电阻检查,并将脚线扭结成短路,可能导致早爆。

(二)爆炸物品的运送

爆破工不亲自运送爆炸物品,或者其他人运送爆炸物品无爆破工监护,易造成爆炸物品丢失,进而引发次生事故。

(三)爆炸物品的使用

(1)使用过期、报废或不符合煤矿使用要求的炸药、雷管。

(2)爆破器材(发爆器、爆破母线)不合格,导致拒爆或早爆。

(3)爆破工将雷管、炸药一并存放,火药箱存放在顶板有落石危险地点,距离机械、电气设备地点太近,易导致爆炸事故。

(4)不按规定对瓦斯实行"一炮三检制度"及起爆地点的瓦斯检查和"三人连锁爆破制

度",可能导致瓦斯爆炸事故。

(5)爆破警戒地点设置不当,警戒人员不负责任,可能造成人员误入,导致伤亡事故。

(6)爆破后未检查瞎炮、残炮,瞎炮、残炮处理违反规定,可能造成爆破伤人事故。

......

十、安全监测监控

安全监控系统数据传输速率低和冗余差,极易发生数据传输中断,可能造成气体超限,不能及时发现,引发事故。

......

十一、紧急避险与应急救援

如果兼职救护队队员组成缺少生产一线班组长或业务骨干,兼职救护队队员基本装备缺少或失修,导致应急救援不及时,造成事故扩大。

......

十二、物体打击

(1)井下巷道和采掘工作面中的悬挂装置固定不牢可能坠落。

(2)大坡度采掘工作面及巷道危石、物料易滚落。

(3)设备安装、拆解,易导致砸伤。

......

十三、车辆伤害

(1)车辆维护修理不及时,可能造成安全装置不齐全、工作装置不可靠、安全防护装置失效、车辆带"病"行驶。

(2)驾驶员疲劳驾车、酒后驾车、超速行驶、争道抢行、违章超车和装载等,可能造成人员伤亡、车辆损坏。

(3)车辆装载过满、装载中心偏差,有翻车失控风险。

(4)交通信号、标志、设施缺陷等,可能造成车辆伤害。

......

十四、高处坠落

(1)井架、井筒检查维修等高处作业时,安全防护设施的材质强度不够、安装不良、磨损老化等,可能造成作业人员高处坠落。

(2)高处作业人员的安全帽、安全带、安全绳、防滑鞋等用品因内在缺陷而破损、断裂,失去防护功能,有高处坠落风险。

(3)不具备高处作业资格(条件)的人员擅自从事高处作业、不按劳动纪律规定穿戴好个人劳动防护用品(安全帽、安全带、防滑鞋)等,有高处坠落风险。

......

十五、起重伤害

(1)起吊机械、绳索、扣环选择不当,固定不牢,有断绳、起重物坠落风险。

(2)起重作业人员可能未经过培训、考核合格并持有特种作业操作证。

(3)起重机械安全防护装置可能失效。

......

十六、工艺(开拓开采)

(1) 如果采掘作业规程中保证作业人员安全的技术措施和组织措施不全面或落实不到位,并在情况变化时未及时予以修改和补充,可能造成安全生产事故。

(2) 如果采区行人的安全出口和采煤工作面安全出口清理维护不及时,造成安全出口不畅通。

......

十七、煤矿井田与周边区域

如果设计规定保留的矿柱、岩柱在规定的期限内被开采或者毁坏,将造成越界违法生产,影响矿井安全生产。

......

十八、地面设施布局

(1) 如果安全疏散通道、安全出口堵塞,消防通道封闭或占用,会造成火灾救援不及时。

(2) 消防设施及消防设备可能未定期进行维修保养和技术检测,丢失或损坏。

(3) 防火门、消防安全疏散指示标志、应急照明等设施可能损坏,不齐全完好。

(4) 暴雨降水量大或天气寒冷,矸石山山体含水量增大,山体稳定性差,可能导致山体滑坡。

......

第三节　风险评估

一、风险评估方法

常用的安全风险评估方法有作业条件危险性评估法、风险矩阵法、因果分析图法、事故树分析法、故障模式与影响分析法等,本次采用风险矩阵法,对辨识出的安全风险进行逐项评估。

(1) 风险矩阵评估法,是由风险可能造成事故的后果(损失)和风险导致事故发生的可能性(概率)来综合评判。

(2) 使用风险矩阵及风险等级划分表(见P55页表3-10),其中危险源风险值(R)取值在"1~8"范围内的为"低风险";危险源风险值(R)取值在"9~16"范围内的为"一般风险";危险源风险值(R)取值在"18~25"范围内的为"较大风险";危险源风险值(R)取值在"30~36"范围内的为"重大风险"。

计算公式:

$$R = L \times S$$

式中　R——危险源风险值;

　　　L——发生事故的可能性;

　　　S——发生事故的后果严重性。

影响危险有害因素的危险性的两个因素,分别为发生事故的可能性(L)和发生事故的后果严重性(S)。

二、风险评估

共辨识出 R 值不小于30的重大风险3项,详见下表。

安全风险评估表

序号	风险地点	风险描述	风险类型	风险评估			
				可能性	损失	风险值	风险等级
1		受五灰、奥灰岩溶裂隙承压水威胁,存在突水风险	水害	5	6	30	重大风险
2		生产过程中的煤尘达到一定浓度,遇高温火源有引起煤尘爆炸的风险	煤尘爆炸	5	6	30	重大风险
3		生产过程中的煤尘达到一定浓度,遇高温火源有引起煤尘爆炸的风险	煤尘爆炸	5	6	30	重大风险
...							
...							

第四部分　风险管控措施与成果应用

一、风险管控措施

建立了以矿长为首的安全风险分级管控体系,建立了重大安全风险分级管控的管理机构和安全监察机构,配齐相关人员;建立了矿井领导下井带班等制度,制定了矿井各级人员、部门、各工种的安全生产责任制,实行经济与责任挂钩,责任到位;落实了安全管理目标,消除重大安全风险。

针对辨识评估出的重大安全风险,采用技术和管理的手段降低和控制风险,技术措施主要有煤尘控制、自然发火控制、工作面初放、过断层、大断面掘进施工等专项技术措施,对措施落实情况和管控效果进行检查分析,针对管控过程中出现的问题调整完善管控措施,并结合年度和专项安全风险辨识评估结果,布置月度安全风险管控重点,明确责任分工。按照排查的风险由责任单位制定相应防范措施,排查的风险及制定的防范措施必须传达到风险范围内涉及的所有人员,现场管理及作业人员负责落实。

二、成果应用

(1) 评估结果适用时间:2018 年 1 月～2018 年 12 月 31 日。

(2) 依据辨识评估成果,我矿确定安全生产工作重点:需加强对煤层顶板、瓦斯、水害、煤尘及提升运输的安全风险管控,并指导和完善生产计划、灾害预防和处理计划、应急救援预案编制等,具体如下。

1. 顶板管理

(1) 工作面初次放顶需制定专项安全技术措施,根据矿压显现规律,合理确定支护形式及参数,采用小进尺多循环作业方式,加快工作面推进度,面后悬顶超过 10 m² 时要及时进行人工强制放顶。

(2) 综采工作面、普采工作面在其回采过程中要在过老巷前制定专项措施,提前对老巷施工矸石垛或采用单体支柱配合金属铰接顶梁进行支护。

(3) 综采工作面、普采工作面在过断层前要编制专项措施,要拉好超前架,使用好伸缩梁和护帮板,及时支护顶板;及时打眼爆破,严禁机组硬割。对于顶板已冒落地点,需在采煤机通过该地点前采取措施及时维护顶板。

(4)综采和普采工作面,在撤面前编制专项回撤措施,加强回撤三角区的支护质量,及时对三角区进行维护。支架前移过程中,在被撤支架尾部及时架设单体点柱,维护顶板,保证扇形带的宽度。综采工作面撤除时,加强工作面撤除准备支护,顶板支护强度、宽度、高度、三岔门等支护合理;撤除期间使用好掩护支架,被撤支架斜下方区域支护齐全,撤除区域支护强度满足撤除需要。

(5)掘进过断层、过地质构造带、预透老巷期间,制定专项措施,现场严格按措施施工,执行好敲帮问顶制度,用好前探支架,缩小循环进尺及支护排距,锚索加密支护。

(6)掘进工作面三岔门等大跨度施工,编制大断面施工专门安全技术措施,合理计算巷道支护参数,满足顶板支护需要;采取小循环施工,支护完后方可进行下一个施工循环。

(7)沿×层煤顶板掘进时,加强二合顶的管理。二合顶厚度小于 300 mm 时,及时找掉;大于 300 mm 且顶板完整时采取锚杆支护,顶板破碎,锚网支护无法满足巷道支护需求时,采取架棚支护。

(8)大坡度上山掘进过高应力区,施工过程中制定防片帮和迎头折帮、煤矸滚落安全措施。

2. 防治水

(1)对×××工作面底板五灰、奥灰顶部同时进行注浆改造。

(2)工作面底板注浆改造后,采用物探及钻孔探进行效果校验。

(3)每个工作面施工专用五灰或奥灰放水钻孔,确保奥灰突水系数小于 0.06 MPa/m。

(4)工作面排水能力满足设计要求,采区和水平泵房排水设施供电可靠、运转正常。

(5)−430 m 水平四道防水闸门做好日常维护,确保灵敏可靠。

(6)编制受水威胁工作面突水事故的现场处理方案并进行演练,保证避水灾路线畅通。

(7)留足 BF68-1、BF66、BF68、BF121、FN6 等断层防水煤柱。

(8)综采工作面每班作业人数不得超过 26 人,普采工作面每班作业人数不得超过 29 人。

(9)工作面悬顶不超过 (2×5)m², 超前支护使用 ϕ380 mm 铁鞋并采取防支柱钻底措施,现场防水道木数量不少于 12 个木垛料(240 块)。

(10)每月组织专业人员进行防治水专项安全检查。

(11)根据工作面实际推采情况,做好水情水害隐患排查及月度(临时)水害预测预报。

3. 粉尘防治

所有采掘工作面必须采取综合防尘措施,凡厚度 1.0 m 以上的煤层必须实行煤体注水,做到逢采必注,不注不采。所有的煤及半煤岩巷掘进工作面必须实行煤层短壁注水技术。采煤机组内外喷雾必须灵敏可靠,并正常使用。必须做到先开水,后开机。掘进工作面使用水射流除尘风机、综掘工作面搞好综掘机内外喷雾,使用电动除尘风机、转载点洒水灭尘等综合防尘措施。

(1)目前矿井配备防治粉尘设备和日常采用防范措施:

① 各主要大巷供水系统采用 ϕ108 mm 的防尘管路,各采区上下山、综采、综掘工作面都安设了 ϕ108 mm 的防尘管路,其他地点安设了 ϕ50 mm 的防尘管路,三通阀门数量要符

合规定,并保证水压、水量满足要求。

② 所有煤仓放煤口、溜煤眼放煤口、运输机(巷)转载点、卸载点全部设置洒水喷雾装置。采区和采煤工作面胶带运输巷转载点、溜煤眼上口卸载点全部安设封闭式控尘罩,喷雾实现自动化。

③ 定期对井下各产尘点进行粉尘测定,每半年进行一次游离二氧化硅和粉尘分散度的化验分析,并有记录备查。采掘工作面每3个月进行一次个体呼吸性粉尘测定,其他地点每6个月一次。

④ 每月修改下发一次防尘区域划分,各区域分别建立防尘区域牌板及防尘洒水记录,做到了制度化、定期化,消灭了煤尘积聚现象。

⑤ 采煤工作面进、回风巷至少设置两道净化水幕。进风巷在距工作面50 m范围内安设一道净化水幕,100 m范围内安设一道自动控制净化水幕;回风巷在距工作面50 m范围内安设一道自动控制净化水幕,并与采煤机联动,100 m范围内安设一道覆盖全断面的捕尘网。

⑥ 综采工作面安装使用机组内、外喷雾,雾化效果好,覆盖滚筒,内喷压力不得小于2 MPa,外喷压力不得小于4 MPa,无水或喷雾装置损坏或雾化不好必须停机。工作面安装使用大流量高压喷雾泵。

⑦ 综采工作面液压支架和出煤口,必须安装自动喷雾装置,降柱、移架时同步喷雾;破碎机必须安装防尘罩和喷雾装置。

⑧ 隔爆设施标准化,巷道内每隔200 m内安设一组隔爆水袋;首列隔爆水袋距工作面距离不得小于60 m,不得大于200 m。

⑨ 综掘工作面使用由除尘风机和净化喷雾组成的封闭控尘系统。综掘工作面综掘机内、外喷雾必须正常使用,并实现水电联动。

⑩ 锚喷巷道采取潮料喷浆,使用除尘装置,锚喷支护作业时,距离锚喷作业点下风流方向50 m以内和喷浆机下风侧30 m以内各设置一道净化水幕。

⑪ 在距工作面迎头30 m范围内安设一道自动控制净化水幕。在50～100 m范围内安设一道自动控制的捕尘网,上风侧安设水幕喷雾装置。炮掘工作面距迎头10～15 m范围内安设一道炮区喷雾。

⑫ 采取湿式打眼,定炮必须使用水炮泥,爆破前后对距工作面迎头30 m范围内巷道周边进行冲刷防尘。

⑬ 井下所有接尘人员配备防尘口罩。

⑭ 施工地点悬挂粉尘职业健康管理牌板,进回风大巷安装净化水幕等。

⑮ 采掘工作面严格执行长短壁注水制度,长壁注水由通防工区注水队施工,长壁注水孔施工完毕后交采煤区队静压补水,短壁注水由掘进区队使用短壁注水器进行注水。

(2) 采煤工作面粉尘治理:

① 进、回风巷至少设置两道净化水幕。进风巷在距工作面50 m范围内安设一道净化水幕,100 m范围内安设一道自动控制净化水幕;回风巷在距工作面50 m范围内安设一道自动控制净化水幕,并与采煤机联动,100 m范围内安设一道覆盖全断面的捕尘网。

② 综采工作面必须安装使用机组内、外喷雾,雾化效果好,覆盖滚筒,内喷压力不得小于2 MPa,外喷压力不得小于4 MPa,无水或喷雾装置损坏或雾化不好必须停机。工作面安

装使用大流量高压喷雾泵。

③ 综采工作面液压支架和采煤工作面出煤口安装自动喷雾装置，降柱、移架时同步喷雾；破碎机必须安装防尘罩和喷雾装置。

④ 爆破使用水炮泥，并有水炮泥存放箱。

⑤ 隔爆设施标准化，巷道内每隔 200 m 内安设一组隔爆水袋；首列隔爆水袋距工作面距离不得小于 60 m，不得大于 200 m。

⑥ 所有综采工作面采煤机内外喷雾装置齐全有效，并加设附加喷雾装置，支架移降架喷雾齐全、雾化良好，割煤、运煤时正常使用。

⑦ 现场施工人员配备 3M 或 DR 型高效防尘口罩。

⑧ 工作面超前开采进度 1 个月进行高压长壁注水。

（3）掘进工作面粉尘治理：

① 在距工作面迎头 30 m 范围内安设一道自动控制净化水幕。在 50～100 m 范围内安设一道自动控制的捕尘网，上风侧安设水幕喷雾装置。炮掘工作面在迎头增设一道压气喷雾实行爆破喷雾，雾幕覆盖全断面。定炮必须使用水炮泥，爆破前后，对距工作面迎头 30 m 范围内巷道周边进行冲刷防尘。

② 综掘工作面使用由除尘风机和净化喷雾组成的封闭控尘系统。内喷雾水压不得小于 3 MPa，外喷雾水压不得小于 1.5 MPa，内、外喷雾雾化好。如果内喷雾的水压小于 3 MPa，则必须增加外喷数量。掘进机必须实现水电联动，无水或喷雾装置损坏或雾化不好必须停机。

③ 锚喷巷道采取潮料喷浆，使用除尘装置，锚喷支护作业时，距离锚喷作业点下风流方向 50 m 以内和喷浆机下风侧 30 m 以内各设置一道净化水幕。

④ 全煤与半煤岩巷道严格执行煤层短壁注水制度。

⑤ 巷道内每隔 200 m 安设一组隔爆水袋，首列隔爆水棚距工作面的距离在 60～200 m 之间。

⑥ 掘进工作面必须使用风钻湿式打眼。

⑦ 现场施工人员配备 3M 或 DR 型高效防尘口罩。

4. 防灭火

（1）目前矿井配备防灭火设备和日常采用防火措施：

① 开采自燃煤层必须有自然发火采区设计和回采、掘进工作面的作业规程，必须有预防煤层自然发火的措施，经矿总工程师批准后方可施工。

② 工作面在安装前，必须完善好通风、防灭火系统。

③ 矿井安设了束管监测系统，型号为 Kss-200 煤矿火灾束管监测系统（亦称 Kss-200 火灾预报系统），实施 24 h 在线监控。通过已敷设的束管连续不断地抽至井上气相色谱仪中进行精确分析，实现对 CO、CO_2、CH_4、C_2H_2、C_2H_4、C_2H_6、O_2、N_2 等气体含量的在线时时监测，直接输出分析报告和谱图。在不进行束管监测时，可由人工取样进行一般的气体分析，通过对矿井设置的检测点，能够及时有效地对煤炭自燃趋势跟踪预报，提高了煤层自燃预测预报能力。建立每周一次的自然发火预测预报制度。在采煤工作面回风切顶线位置安设束管，实现时时在线监测。至少每周对采空区气体成分检测分析一次，所有采煤工作面回风隅角以里 2.0 m 位置气体成分每周检测一次。严格落实防火观测制度，开展自然发火的

预测预报工作。

④ 采煤工作面上下平巷分别构筑一道应急防火门墙,并在现场备齐封堵材料。

⑤ 采煤工作面回采结束后及时进行防灭火注浆。

⑥ 瓦斯检查员在采、掘工作面检查瓦斯的同时必须检查 CO。

⑦ 采面结束后 45 d 内必须回撤完毕进行封闭。

⑧ 所有开采自然发火煤层的掘进工作面必须安设双风机双电源,并能自动切换,保证风机正常运转。

⑨ 巷道高冒区、断层附近施工不得使用木垛。

(2) 采煤工作面过断层防灭火措施:

① 加强有害气体监测,实现时时在线监测,确保数据准确无误。

② 生产技术科通防专业要时刻观察防火工作治理情况,内容包括防火措施的落实情况、工作进度、现场气体检查、巷道支护情况等,有权对现场防火工作提出指导性的意见,根据现场实际情况和防火形势做出行之有效的防火预案。

(3) 采煤工作面末采期间的防灭火措施:

① 加强开采过程浮煤的清理,不得任意留设未经设计的煤柱,不得留有顶煤及底煤,采煤工作面采到停采线时,必须采取措施,使顶板冒落严实,防止采空区漏风导致煤层自燃。

② 加强有害气体监测,确保数据准确无误。

③ 通防工区在回撤前必须将建造防火墙的材料转运到位,若 CO 气体超限异常不能处理时,及时建筑防火墙进行密封。

④ 生产技术科通防专业要时刻观察防火工作治理情况,内容包括防火措施的落实情况、工作进度、现场气体检查、巷道支护情况等,有权对现场防火工作提出指导性的意见,根据现场实际情况和防火形势做出行之有效的防火预案。

(4) 采煤工作面停采期间预防煤层自燃技术措施:

① 采用束管监测、人工检测、安全监测和色谱分析相结合的方法对工作面进行自燃监测及预报。每天形成气体分析报表。

② 分别在上、下平巷距停采线 30 m、60 m 处各引出一路束管至停采线外,每班检测两次,并进行取样进行色谱分析,进行气体分析。

③ 每班安设防火观测工,每隔 10 个支架设 1 个测点,主要检测 CO、O_2、CO_2、CH_4 浓度和温度等参数,每班检测 2 次。

④ 在工作面回风隅角、回风流、采空区束管、支架后部用气囊采集气样,送至地面进行色谱分析。

⑤ 加强工作面关联巷道气体检测和沿空侧小煤柱气体检测,每天进行取样分析。

⑥ 工作面采用局部通风机供风撤除设备及物料时,必须安设甲烷传感器,传感器安设位置必须符合企业标准规定:回撤点甲烷传感器其报警、断电浓度 $T \geqslant 0.8\% CH_4$,复电浓度 $T < 0.8\% CH_4$;回风片口甲烷传感器报警、断电浓度 $T \geqslant 0.5\% CH_4$,复电浓度 $T < 0.5\% CH_4$。断电范围:断电范围为面及回风巷内全部非本质安全型电气设备,并按规定检查安全监控设备及电缆是否正常,并进行调试、校正,保证探头灵敏可靠,不间断监测工作面的瓦斯涌出情况。

5. 瓦斯

进一步完善监测监控系统功能,传感器的设置要符合《煤矿安全规程》和相关标准规范的要求,加强系统维护管理,确保系统正常运行。防止瓦斯积聚超限的技术措施为:

(1) 优化通风设计,合理分配风量,保持通风系统的稳定性。各作业地点、硐室的风量、风速、温度符合《煤矿安全规程》的要求。

(2) 采掘工作面都应采取独立通风,确需串联通风时,要符合《煤矿安全规程》规定。

(3) 完善通风设施,并加强维护,不得损坏或随意拆除。

(4) 杜绝无计划停电、停风,防止瓦斯积聚。停风必须撤出巷道内所有人员,并切断巷道内一切电源,严禁在停风或瓦斯超限的区域内作业。

(5) 严格执行通防管理规定,临时停工地点不得停风,否则必须切断电源,设置栅栏,揭示警标,禁止人员进入,并向矿调度室报告。

(6) 掘进工作面风筒出风口到迎头距离:除尘风机未开时,煤巷、半煤岩巷不大于 10 m,岩巷不大于 15 m;除尘风机开启时,煤巷、半煤岩巷不大于 25 m,岩巷不大于 30 m。

(7) 临时停风地点恢复通风前必须检查瓦斯,并严格按照《煤矿安全规程》规定执行。

(8) 停风时间超过 24 h 的独头巷道或独头巷道内瓦斯浓度超过规定,必须在 24 h 内封闭独头巷道。工作面停采后 45 d 内完成永久封闭。

(9) 启封密闭必须制定排放瓦斯的专门措施,报矿总工程师批准,由救护队执行。

(10) 掘进工作面必须实现"双风机双电源";风机能自动切换,自动分风;采掘工作面按规定安装安全监控系统,实现瓦斯电、风电闭锁。

(11) 要正确合理调配工作面风量,用好挡风帘等,防止回风隅角瓦斯积聚。

(12) 巷道贯通必须制定贯通安全施工措施,贯通后及时调整通风系统。掘进巷道初次揭露煤层、可能揭露小硐室及采空区、可能揭露老巷时,必须按照巷道贯通执行,边探边掘。

6. 其他

(1) 保持电气设备的防爆性能,防止出现电气设备失爆现象,选用非可燃性材料,避免产生摩擦火花,输送带、风筒、电缆等必须具有阻燃、抗静电性能,采用阻化剂、凝胶防止煤柱、采空区残留煤发生自燃。

(2) 井下主要带式输送机必须保护齐全,安装张紧力下降保护装置、防撕裂保护装置和沿线保护急停装置,机头和机尾设有防止人员与驱动滚筒和导向滚筒等转动部位相接触的防护栏,驱动滚筒设有防滑保护、堆煤保护、防跑偏装置、温度保护、烟雾保护、超温自动洒水装置,巷道安装洒水管,行人跨越处均设有过桥。有阻燃性和抗静电性试验检验报告,符合规定要求。

(3) 斜巷提升系统使用前进行专项评价、验收,安全保护装置和安全设施齐全可靠,提升钢丝绳的使用符合《煤矿安全规程》的规定。制定管理制度、管理措施和操作规程,符合有关法律法规和技术标准,符合《煤矿安全规程》的规定。

附件：

××××× (单位名称)
××××年 1 月至 12 月 31 日重大安全风险清单

编制单位：××××

××××年 12 月

××××重大安全风险管控清单

序号	风险地点	风险描述	风险类型	风险评估(风险矩阵法)				管控措施	责任单位及责任人
				可能性	损失	风险值	风险等级		

第五节　专项辨识评估报告的编制

煤矿安全风险分级管控是以年度辨识评估报告为基础,以发生变化时的专项辨识为补充,因此就需要严格四个专项辨识的落实,补充完善重大安全风险清单。

一、专项辨识的基本要求

(1) 新水平、新采(盘)区、新工作面设计前,开展一次专项辨识。

① 专项辨识由总工程师组织有关业务科室进行。

② 重点辨识地质条件和重大灾害因素等方面存在的安全风险。

③ 及时编制专项安全风险辨识评估报告,补充完善重大安全风险清单并制定相应的管控措施;重大安全风险清单和相应管控措施针对性强,与实际相符。

④ 辨识评估结果用于完善设计方案,指导生产工艺选择、生产系统布置、设备选型、劳动组织确定等。

⑤ 辨识评估结果在设计方案、生产工艺选择、生产系统布置、设备选型、劳动组织确定等中有体现。

⑥ 专项辨识要有记录,参加人员签字;内容明确,针对性强。

(2) 生产系统、生产工艺、主要设施设备、重大灾害因素等发生重大变化时,开展一次专项辨识。

① 专项辨识由分管负责人组织有关业务科室进行。

② 重点辨识作业环境、生产过程、重大灾害因素和设施设备运行等方面存在的安全风险。

③ 及时编制专项安全风险辨识评估报告,补充完善重大安全风险清单并制定相应的管控措施;重大安全风险清单和相应管控措施针对性强,与实际相符。

④ 辨识评估结果用于指导重新编制或修订完善作业规程、操作规程和安全技术措施。

⑤ 辨识评估结果在作业规程、操作规程和安全技术措施中有体现。

⑥ 专项辨识要有记录,参加人员签字;内容明确,针对性强。

(3) 启封火区、排放瓦斯、过构造带及石门揭煤前,新技术、新材料试验或推广应用前,开展一次专项辨识。

① 专项辨识由分管负责人组织有关业务科室进行。

② 重点辨识作业环境、工程技术、设备设施、现场操作等方面存在的安全风险。

③ 及时编制专项安全风险辨识评估报告,补充完善重大安全风险清单并制定相应的管控措施;重大安全风险清单和相应管控措施针对性强,与实际相符。

④ 辨识评估结果用于指导编制安全技术措施。

⑤ 辨识评估结果在安全技术措施中有体现。

⑥ 专项辨识要有记录,参加人员签字;内容明确,针对性强。

(4) 本矿发生死亡事故或涉险事故、出现重大事故隐患,或所在省份煤矿发生重特大事故后,开展一次专项辨识。

① 专项辨识由矿长组织分管负责人和有关业务科室进行。

② 重点辨识原安全风险辨识结果及管控措施是否存在漏洞、盲区。

③ 及时编制专项安全风险辨识评估报告，补充完善重大安全风险清单并制定相应的管控措施；重大安全风险清单和相应管控措施针对性强，与实际相符。

④ 辨识评估结果用于指导修订完善设计方案、作业规程、操作规程、灾害预防与处理计划、应急救援预案以及安全技术措施等技术文件。

⑤ 辨识评估结果在设计方案、作业规程、操作规程、灾害预防与处理计划、应急救援预案以及安全技术措施等技术文件中有体现。

⑥ 专项辨识要有记录，参加人员签字；内容明确，针对性强。

二、专项辨识报告的编制

专项辨识要有专门的会议纪要和专项辨识评估报告。进行专项辨识的主管单位及安全风险分级管控的主管单位要进行留存。

专项辨识的会议纪要要写明时间、地点、主持人、参会人员（签字表），会议内容要简明扼要，写明辨识评估结果，如新工作面设计前的专项辨识会议纪要中，要重点突出新工作面在掘进或推采过程中应该考虑的部分，方便辨识成果的应用。

新工作面设计前专项辨识的辨识评估报告，要重点对地质条件和重大灾害因素等方面存在的安全风险进行辨识评估，辨识评估的结果用于完善工作面设计方案，指导生产工艺选择、生产系统布置、设备选型、劳动组织确定等。现提供××煤矿新工作面设计前的专项辨识会议纪要及辨识评估报告以供大家参考、借鉴。

安全风险专项辨识评估会议纪要

会议时间：

会议地点：

主持人：

参会人员：

风险辨识环节：××工作面设计前

会议内容：

201×年×月×日，在×××会议室，总工程师组织相关专业人员对××工作面设计前进行专项风险辨识，针对××工作面开展了安全风险专项辨识评估，相关内容如下：

（1）该面受五灰、奥灰水威胁，虽计划注浆改造，但在回采过程中受采动影响，对工作面底板具有一定破坏，回采过程中在断层带和其他隔水薄弱带仍有突水可能。

（2）根据以往×层煤工作面回采经验表明，×煤层中多见正、逆断层，构造较复杂，工作面在掘进和回采过程中可能揭露其他隐伏构造，断层带围岩破碎，可能冒顶。

（3）煤层直接顶为四灰岩石，该岩石坚硬、裂隙发育，局部存在二合顶，存在顶板冒落的风险。

（4）生产过程中的煤尘，达到一定浓度，遇高温火源容易引起煤尘爆炸。

针对地质条件的变化，经过充分讨论，共辨识重大安全风险2项，具体详见附表"×××工作面设计前专项辨识评估"。

根据辨识评估结果，××工作面掘进过程和开采过程中应当考虑：

（1）加强工作面回采期间水文观测，发现工作面有突水征兆或其他异常情况，应及时采取措施并汇报调度室。

（2）过断层时，严格按要求编制过断层专项措施，控制好顶板，掘进巷道时使用好前探梁，背实顶板，开采过程中拉好超前架，超前控制顶板，确保安全生产。

（3）工作面回采期间严格按措施加强顶板管理，当悬顶超规定时（10 m²），应及时进行人工强制放顶。

（4）工作面回采前，要加强对相关排水地点、排水设备日常检修工作，确保设备正常运转。

（5）建立完善的工作面防尘洒水管路系统，轨道平巷及运输平巷铺设 ϕ89 mm 供水管路，保证水量供应。

（6）按规定设置隔爆水棚。在工作面轨道平巷及运输平巷按规定距离设置辅助隔爆水棚，总水量不低于 1 500 L。

（7）对容易积存煤尘的工作面及回采巷道应定期进行清扫和冲洗。工作面每班清洗一次，防止煤尘堆积。

（8）掘进巷道开门、贯通、预透，工作面初采、过断层等特殊地质条件时必须由相关领导组织会审，并要求相关施工区队编制专项措施严格落实。

××煤矿安全风险专项辨识评估报告
××工作面

第一章　专项辨识评估对象概况

1.1　工作面概况

1.1.1　工作面位置、周边关系及开采情况

工作面位于×××水平东翼×××采区，FN6 断层北东，BF63 断层以西，×××工作面以东。四邻采掘情况：上覆×××工作面正在掘进施工，西邻×××工作面正在掘进施工。

1.1.2　地形地物

工作面相对地面位置：位于北风井北东，有三条小路通过，为一片向北东方向缓抬升的农田。地面标高×××× m，工作面标高×××× m。

1.1.3　工作面参数、开采技术条件及煤层赋存特征

（1）工作面几何参数

该工作面长××× m，推进长度××× m，工作面面积×××××m²。

（2）工作面煤层赋存特征

本面所采煤层为×煤层，为肥煤，厚度×××× m，平均厚××× m，为稳定的×××煤层；煤层结构复杂，在煤层上部有一层碳质粉砂岩夹石，厚度为 0.10～0.30 m，平均 0.20 m。煤层普氏硬度系数 $f=3.0$；夹石普氏硬度系数 $f=5.0～6.0$。

1.2　地质构造

该区域煤岩层整体呈向斜构造。向斜轴向北东方向仰起，工作面位于向斜轴南翼，走向在 36°～70°之间，倾向约在 306°～340°之间，煤层倾角较平缓，约在 0°～4°之间，平均 2°。根据×××水平××××、××××工作面实际揭露资料，煤层顶板四灰凹凸不平，裂隙发育，

也常见"二合顶"构造,预计施工过程中,将揭露两条断层,落差在 1.4~1.8 m,在施工过程中可能存在其他隐伏构造将会对巷道支护造成不同程度的影响。

本区域内尚未发现火成岩侵入、陷落柱和古河床冲刷等地质构造。

第二章　专项辨识评估责任体系

××××年×月××日在××会议室,成立专项辨识评估领导小组,组长×××,成员见表1,对××工作面进行了设计前的专项辨识评估。

表 1　　　　　　　　　　××工作面开采前安全风险专项辨识人员名单

主持人(总工程师):				
参加人员				
专业	单位	姓名	职务	签字
采煤				
掘进				
防治水				
通防				
安全管理				

第三章　安全风险辨识、评估

3.1　风险点划分

遵循大小适中、便于分类、功能独立、易于管理、范围清晰的原则,现将××工作面作为一个风险点排查。

3.2　危险源辨识

3.2.1　危险源辨识

对××综采工作面风险点危险源辨识如下:

环境因素:水、火、瓦斯、煤尘、顶板、爆破等危险源。

物的因素(设备设施):耙装机、采煤机、刮板输送机、带式输送机、液压支架、单体液压支柱、乳化液泵站、移动变电站、操作锚杆机等。

人的因素(作业活动):开耙装机、开采煤机、开刮板输送机、开带式输送机、操作泵站、操作支架、打设支柱、检修设备等。

按照煤矿安全生产标准化安全风险分级管控标准要求,只对能造成重大事故的危险源进行辨识评估,以下只对水、火、瓦斯、煤尘、顶板、地表陷落危险源进行分析、评估。

3.2.2　危险有害因素分析

(1)水:本工作面为受水威胁工作面,预计掘进过程中最大涌水量××× m³/h。

(2)地压:地压显现明显,巷道易出现底鼓、片帮现象。

(3)瓦斯:××煤矿为低瓦斯矿井。矿井瓦斯相对涌出量:××× m³/t,小于×××m³/t;矿井二氧化碳相对涌出量:5.22 m³/t。矿井瓦斯绝对涌出量:0.04 m³/min,小于 40 m³/min;矿井二氧化碳绝对涌出量:0.24 m³/min。根据《煤矿瓦斯等级鉴定办法》(煤安监技装〔2018〕9 号）及《煤矿安全规程》规定，确定××煤矿为低瓦斯矿井。

（4）火焰长度＞400 mm，抑制煤尘爆炸的最低岩粉量为 80％，挥发分为 40.99％，煤尘具有爆炸危险性。

（5）地温：约 18 ℃，属低温正常区。

（6）普氏硬度：见表 2。

表 2 普氏硬度系数表

普氏硬度 f	煤层	直接顶	夹石	直接底
	3.0～4.0	8.0	5.0～6.0	3.0～4.0

3.2.3 水文地质及水害评估

经过水文地质分析，含水层主要有四灰、五灰、奥灰。

四灰：根据××运输、轨道平巷钻孔揭露资料，四灰厚 5.5～6.0 m，平均 5.8 m，为×煤层直接顶板，上部含大量泥质，下部质较纯，致密坚硬，多含燧石，垂向裂隙和顺层裂隙均较发育，偶见洞穴，常为方解石所充填。

五灰：根据××运输、轨道平巷钻孔揭露资料，五灰厚 1.02～9.17 m，平均厚 5.73 m，质纯，致密坚硬，裂隙发育，下距奥灰平均 4.9 m。根据－430 m 水平实际揭露资料，目前区域内五灰放水前最高水位为－132.9 m。

奥灰：巨厚层，厚度 800 m 左右，奥陶系灰岩在盆地周围山区有广泛出露，直接接受大气降水的补给，目前奥灰水位为＋28.68 m。

该工作面主要受奥灰含水层的影响，为直接充水含水层。掘进期间正常涌水量约×m³/h，最大涌水量×× m³/h。

3.3 风险等级评估

3.3.1 风险等级评估方法

风险等级评估是通过科学、合理的方法对危险源所伴随的风险进行定性或定量评价，根据评价结果划分等级。

本专项报告对风险点、危险源和危险有害因素进行风险分级。

——风险点风险等级：风险点内各危险源评价出的最高风险级别作为该风险点的级别。

——危险源风险等级：危险源内各危险有害因素评价出的最高风险级别作为该危险源的级别。

——危险有害因素风险等级：本报告选用风险短阵法（LS）进行评估。

3.3.2 重大风险确定标准

——经风险评估确定为重大风险的风险点、危险源、危险有害因素。

——违反法律、法规及国家标准中强制性条款的。

——符合《煤矿重大生产安全事故隐患判定标准》第十五条规定的。

——发生过死亡、重伤、职业病、重大财产损失事故，或三次及以上轻伤、一般财产损失事故，且现在发生事故的条件依然存在的。

——涉及重大危险源的。

——具有中毒、爆炸、火灾等危险的场所，作业人员在 10 人以上的。

3.3.3　风险评估结果

通过上述分析,结合 2017 年××××煤矿有限公司安全评估报告综合判定×××项重大危险源。本工作面涉及上述×项重大危险源。根据重大风险确定标准,确定××工作面有×项重大风险。

第四章　安全风险分级管控

4.1　防治煤尘爆炸措施

4.1.1　通风措施

(1) 依据《煤矿安全规程》规定的矿井风量计算办法进行综合计算和验算,确保合理安全的配风量,营造井下良好的气候条件,确保职工身心健康和安全。

(2) 现场工作人员必须熟知通风线路,保证通风设备、设施正常工作。

(3) 各风门必须设置好闭锁装置和遥信装置,加强巷道维护,及时清理巷道障碍,保证风路畅通。

4.1.2　综合防尘措施

(1) 建立完善的工作面防尘洒水管路系统,轨道平巷及运输平巷铺设 ϕ89 mm 供水管路,保证水量供应。

(2) 工作面采用动压注水,湿润煤体,增加水分,减少原生和次生煤尘。

(3) 喷雾降尘。按有关规定完善综放工作面采煤机内外喷雾、架间喷雾、放煤口喷雾、进回风流净化水幕及各转载点洒水喷雾装置等降尘设施。

(4) 对容易积存煤尘的工作面及回采巷道应定期进行清扫和冲洗。工作面每班清洗一次,防止煤尘堆积。

(5) 加强个体防护。工作面采煤机司机、移架工以及在工作面和回风巷工作的其他人员均佩戴自吸过滤式防尘口罩。

(6) 按规定设置隔爆水棚。在工作面轨道平巷及运输平巷按规定距离设置辅助隔爆水棚,总水量不低于 1 500 L。

4.2　防治水害措施

(1) 减少回采期间矿压对底板的破坏,特别是工作面初压期间。一是采取工作面初压期间切眼及上、下两巷断顶技术;二是回采过程中严格执行强制放顶措施,确保面后悬顶不超规定。

(2) 加强水压、水量观测,发现异常,及时分析,采取措施。

(3) 防止支柱钻底。工作面上、下两巷、中间巷超前及工作面推采至距联络巷 20 m 前联络巷内支柱垫支大铁鞋,大铁鞋直径不小于 380 mm。

(4) 疏通泄水通道,完善排水系统。回采前对工作面至−430 m 水仓泄水路线进行清挖,确保泄水畅通;对工作面、−430 m 泵房、−250 m 泵房排水设施进行检查,确保排水设施完好。

(5) 防水隔离设施灵敏可靠。按规定期限对−430 m 东翼防水隔离设施进行检查维护,确保转动部位灵活可靠。

(6) 备足应急防水木垛料。现场备足防水道木(200 块)。

(7) 加强工作面水情观测。工作面出现集中渗水点,水量大于 5 m^3/h 时要立即汇报。

(8)严格按规定留足 f(1)、f(2)断层防隔水煤柱,确保安全回采。

第五章　安全风险分级管控清单

因年度重大安全风险管控清单包含煤尘爆炸、受水威胁重大风险,所以不用修订矿井年度重大风险清单。××工作面专项辨识重大风险清单如下:

……

第六章　结论与建议

××工作面专项辨识评估确定了×项重大风险,分别是……并制定了相应的管控措施。生产技术科要根据辨识评估报告所列措施在工作面设计方案中有体现。

第六节　安全风险的管控

安全风险分级管控,是坚守生命红线、有效遏制各类事故发生、促进安全生产形势持续稳定好转的需要,是保证和促进企业更好更快更安全发展、维护企业和谐稳定的需要。

一、风险分级管控的基本原则

风险越大,管控级别越高;上级负责管控的风险,下级必须负责管控。如:

一级(重大)风险由企业主要负责人进行管控,专业分管领导同时负责进行管控,风险点所在区队进行总体管控,班组、岗位负责责任范围内的危险源管控。

二级(较大)风险由专业管理领导进行管控,风险点所在区队进行总体管控,班组、岗位负责责任范围内的危险源管控。

三级(一般)风险由区队、单位、车间、科室进行管控,班组、岗位负责责任范围内的危险源管控。

四级(低)风险由班组或岗位进行管控,或因风险较小可直接忽略。

二、重大风险管控

由于安全风险分级管控对煤矿而言是一项全新工作,缺乏应有的工作基础,现阶段难以全面推广,所以安全生产标准化在设置内容时将重点放在防范和遏制重特大事故方面,突出对瓦斯、水、火、煤尘、顶板、冲击地压及提升运输系统等容易引发重特大事故的危险因素进行辨识和管控。同时"5+2"危险因素引发的事故也是企业难以接受和承担的,所以就需要企业严抓重大风险的管控。

1. 企业重大风险的确定

究竟什么是重大风险呢? 总结起来以下情形需要定为重大风险:

(1)违反法律、法规及国家标准中强制性条款的。

(2)发生过死亡、重伤、职业病、重大财产损失事故,或三次及以上轻伤、一般财产损失事故,且现在发生事故的条件依然存在的。

(3)涉及重大危险源的。

(4)具有中毒、爆炸、火灾等危险的场所,作业人员在 10 人以上的。

(5)经风险评估确定为最高级别风险的。

企业需根据下一年度的生产接续计划在进行年度辨识的时候确定下一年度矿井存在的重大风险。风险是客观存在的,在作业环境、生产系统和技术装备等没有发生重大变化时,是不需要进行频繁辨识评估的,但在发生变化时,就需要进行专项辨识来对年度辨识进行补充,补充重大风险或对重大风险的管控措施进行调整。

在这里需要对重大风险说明一下,重大风险并不可怕,企业存在重大风险只是说明这一危险源在本企业有造成重特大事故的可能,或者说是这一危险源发生事故以后企业无法承受、接受不了。当然不同级别的企业、部门对事故的接受程度也是不同的,如煤矿企业因顶板事故出现一人死亡或多人重伤,这是企业无法承受的,所以企业就可以将顶板这一危险源作为重大风险来进行重点管控。有些企业的管理人员认为,是不是我们辨识出的重大风险多了,说明我们平时的管理不行啊?其实不然,企业重大风险多,并不能对企业领导的管理水平及管理效果进行否定,只是反映出企业进行重点管控的危险源是什么,并不能体现出其他方面。

2. 重大风险管控责任人的确定

确定了重大风险,接下来就是要确定重大风险的管控责任人。根据安全生产标准化要求,重大风险的管控责任人为矿长,安全风险分级管控的原则告诉我们"上级负责管控的风险,下级必须负责管控",所以重大风险管控的主要负责人为矿长,分管副矿长、分管副总、责任科室、责任单位及责任范围内的班组及岗位,这些人员就组成了重大风险的管控责任人。

3. 重大风险管控措施的制定

确定了重大风险,明确了重大风险的管控责任人,就需要制定重大风险的管控措施,对重大风险进行有效的管控。管控措施要采取设计、替代、转移、隔离等技术、工程手段来进行制定,制定的管控措施要符合相关规定。如××煤矿下组煤水文地质条件属于极复杂类型,在工作面推采过程中受底板五灰、奥灰承压水威胁,有发生突水的风险。这是××煤矿辨识评估出的一项重大风险,所制定的管控措施为:

(1) 工作面面长设计不超过 120 m。

(2) 工作面底板注浆改造,利用物探、钻探相结合的手段进行验证,确保注浆效果达到设计要求。

(3) 编制工作面水文地质条件分析报告,通过山东省水害研究中心审批;编制工作面回采地质说明书,通过集团公司审批。

(4) 工作面回采前通过集团公司验收,具备安全回采条件。

(5) 工作面划分为重大安全风险区域,综采工作面每班作业人数不得超过 26 人,普采工作面每班作业人数不得超过 29 人。

(6) 工作面面后悬顶不超过 $(2×5)$ m^2。

(7) 工作面施工专用放水孔进行疏水降压,确保突水系数不超过 0.06 MPa/m。

(8) 工作面正常情况下,超前支护使用 ϕ380 mm 铁鞋;若支柱严重钻底,采取防支柱钻底措施。

(9) 工作面低洼处安设相应排水能力的排水设施,排水泵实现自动吸水功能。

(10) 工作面加强水文观测,出现集中渗水点,及时上报,水位观测仪实现数据上传,实时观测。

(11) 工作面排水沟及时清挖,确保泄水畅通。

(12) 现场防水道木数量不少于 12 个木垛料(240 块)。

(13) —430 m 泵房、—250 m 泵房排水设施供电可靠、运转正常。

(14) 防隔水设施按照时间节点进行检修,确保紧急情况下正常关闭。

(15) 严格留足断层保护煤柱。

……

重大风险的管控责任人明确了,管控措施也确定了,接下来就需要列出矿井重大风险清单,如表 3-11 所列。

4. 重大风险管控工作方案的确定

根据《煤矿安全生产标准化基本要求及评分方法(试行)》要求,重大安全风险管控措施由矿长组织实施,有具体工作方案,人员、技术、资金有保障。

××××煤矿有限公司重大安全风险
管控工作方案

为实现水害重大风险超前预控,有效防范水害事故发生,依据《煤矿安全生产标准化基本要求及评分方法(试行)》有关规定,结合××××煤矿实际,制订本方案。

一、成立组织机构

为保证该项工作有效开展,并落到实处,特成立水害重大风险管控工作小组。

组　　长:矿长

副组长:生产矿长、机电矿长、总工程师、安全矿长、防治水副总

成　　员:地质测量科防治水专业人员及相关施工区队负责人、技术员

领导小组下设办公室,办公室设在地质测量科,地测科长任办公室主任,负责日常具体工作。

二、指导思想

深入贯彻落实科学发展观,坚持"安全第一,预防为主,综合治理"的科学方针,牢固树立以人为本、安全发展的理念,以治理隐患、防止大事故为目标,以落实责任为重点,全面排查治理隐患,建立健全隐患排查治理及重大危险源监控的长效机制,强化煤矿安全生产基础,提高安全生产管理水平,实现对安全生产风险超前预控,规范安全风险,有效防范和遏制重大事故的发生。

三、任务目标

通过危险源安全风险评估、预警防控,使水害隐患始终处于受控状态,减少煤矿一般事故,防范较大事故,杜绝和遏制重特大事故。

四、工作内容

(1) 建立领导机构并根据人员变动情况及时调整。明确领导机构成员及职责,严格落实。

(2) 水害岗位责任制建立和各项管理制度制定及落实情况。明确各岗位工作任务,明确各岗位安全管理职责,明确各岗位安全行为标准。

(3) 水害重大安全风险排查与治理情况。对检查出来的安全隐患按"五定"原则,落实整改措施、资金、时限和责任人及验收人。

表 3-11

重大风险管控清单

序号	风险辨识		风险评估（风险矩阵法）				风险管控		责任单位及责任人
	风险地点	风险描述	风险类型	可能性	损失	风险值	风险等级	管控措施	
1	8504 面	工作面底板受五灰、奥灰承压水威胁，存在突水风险。	水害	5	6	30	重大风险	1. 工作面面长设计不超过 120 m。 2. 工作面底板注浆改造，利用物探、钻探相结合的手段进行验证，确保注浆效果达到设计要求。 3. 编制工作面水文地质条件分析报告，通过山东省水害研究中心审批；编制工作面回采地质说明书，通过集团公司审批。 4. 工作面回采前通过集团公司验收，具备安全回采条件。 5. 工作面划分为重大安全风险区域，综采工作面每班作业人数不得超过 26 人，普采工作面每班作业人数不得超过 29 人。 6. 工作面面后悬顶不超过（2×5）m²。 7. 工作面施工专用放水孔进行疏水降压，确保突水系数不超过 0.06 MPa/m。 8. 工作面正常情况下，超前支护使用 φ380 mm 铁棍；若支柱严重钻底，采取防支柱钻底措施。 9. 工作面底注处安设相应排水能力的排水设施、排水实现自动吸水功能。 10. 工作面加强水文观测，出现集中涌水点，及时上报，水位观测仪实现数据上传，实时观测。 11. 工作面排水沟及时清挖，确保泄水畅通。 12. 现场防水道木数量不少于 12 个块料（210 块）。 13. 一430 m 采房、一250 m 采房排水设施供电可靠，运转正常。 14. 防隔水设施按照时间节点进行检修，确保紧急情况下正常关闭。 15. 严格留足断层保护煤柱。 ……	生产单位主要负责人、生产技术科总工程师、生产矿长、矿长

（4）及时掌握本矿和周边矿井的水系情况，坚持做到"预测预报、有疑必探、先探后掘、先治后采"的十六字方针，并编制年度防治水计划，制定"防、堵、疏、排、截"的综合防治措施。

（5）防治水装备的完好状况及日常管理维护、保养情况，救灾应急物资的配备和使用。建立完善的应急管理体系，每年组织一次水害演练并要有计划、方案和总结报告，设立兼职救护队。

五、水害重大风险辨识管控

根据××××煤矿《二〇一八年度安全风险辨识评估报告》，共有×个采煤工作面存在水害重大风险，以×××受水威胁工作面为例，具体如下。

风险描述：工作面标高 $-425.1 \sim -451.0$ m，五灰最大突水系数 0.12 MPa/m，奥灰最大突水系数 0.17 MPa/m，工作面受五灰、奥灰承压水威胁，存在突水风险。

地质构造：工作面煤岩层整体呈单斜构造，向南东方向仰起，走向约在 $63° \sim 115°$ 之间，倾向约在 $35° \sim 25°$ 之间；工作面回采范围内煤岩层倾角平缓，在 $1° \sim 6°$ 之间，平均 $4°$。-430 m 水平 8 层煤工作面推采经验表明，8 煤层中多见正、逆断层，构造较复杂，可采范围内可能揭露断层，对回采及巷道支护影响严重；煤层顶板四灰发育"二合顶"，对回采期间顶板管理带来一定困难。

管控措施：

（1）落实专项资金××万元，用于风险管控措施的落实。

责任人：　　　　时间：

（2）工作面面长设计不超过 120 m。

责任人：　　　　时间：

（3）编制工作面水文地质条件分析报告，通过山东省水害研究中心审批；编制工作面回采地质说明书，通过集团公司审批。

责任人：　　　　时间：

（4）工作面回采前通过集团公司验收，具备安全回采条件。

责任人：　　　　时间：

（5）工作面划分为重大安全风险区域，综采工作面每班作业人数不得超过 26 人，普采工作面每班作业人数不得超过 29 人。

责任人：　　　　时间：

（6）工作面面后悬顶不超过 (2×5) m^2。

责任人：　　　　时间：

（7）工作面施工专用放水孔进行疏水降压，确保突水系数不超过 0.06 MPa/m。

责任人：　　　　时间：

（8）工作面正常情况下，超前支护使用 $\phi 380$ mm 铁鞋；若支柱严重钻底，采取防支柱钻底措施。

责任人：　　　　时间：

（9）工作面低洼处安设相应排水能力的排水设施，排水泵实现自动吸水功能。

责任人：　　　　时间：

（10）工作面加强水文观测，出现集中渗水点，及时上报，水位观测仪实现数据上传，实时观测。

责任人： 时间：

（11）工作面排水沟及时清挖，确保泄水畅通。

责任人： 时间：

（12）现场防水道木数量不少于 12 个木垛料（240 块）。

责任人： 时间：

（13）—430 m 泵房、—250 m 泵房排水设施供电可靠、运转正常。

责任人： 时间：

（14）防隔水设施按照时间节点进行检修，确保紧急情况下正常关闭。

责任人： 时间：

（15）严格留足断层保护煤柱。

责任人： 时间：

形成一个完整的工作方案，明确了各条管控措施的负责人及管控措施的实施时间，也明确了此项重大风险所需要的资金。

5. 重大风险管控的资金落实

为了重大风险的管控措施能够有效地落实，而不是落实在纸面上、口头上，这就需要对落实管控措施所需的资金进行明确，有计划有完成。如××煤矿存在水害这一项重大风险，管控措施中需要对工作面底板进行注浆改造，这就需要钻机，××煤矿在安全费用中专门划出一块用来标示重大风险所需要的资金，其中包括 2018 年计划钻机几台，计划资金是多少。待钻机购买完毕，保存好购买发票，形成资金使用的闭环管理。

6. 重大风险区域划定

矿井已经确定了存在的重大风险，就要划分重大安全风险区域，那么怎样进行划分呢？

我们可以根据这项重大风险发生事故后影响范围来进行划分，如矿井存在顶板的重大风险，发生顶板事故后影响的范围是一个采煤工作面或一个掘进工作面，就可以将这个采煤或掘进工作面划定为一个重大安全风险区域；如矿井存在瓦斯爆炸的重大风险，发生瓦斯爆炸事故后影响的范围是一个采区，就可以将这个采区划定为一个重大安全风险区域。划定完区域后企业可以自行确定区域内的作业人数上限，可以根据企业定员的文件，也可以根据上级单位的相关要求，这个没有明确规定。

7. 重大风险管控的定期检查

矿长是企业安全生产的第一责任人，也是重大风险管控的第一责任人，重大风险管控措施落实得是否到位，现有的管控措施能否有效地对重大风险进行管控，这就需要矿长每月组织一次对重大安全风险管控措施落实情况和管控效果的检查分析，同时要布置月度安全风险管控重点。

怎样发现重大风险管控措施是否落实到位呢？正所谓口说无凭，我们都知道，安全风险管控措施落实不到位就形成隐患，这就需要矿长组织一次矿井全覆盖的安全大检查，也可以叫作隐患大排查，检查矿井存在的隐患，通过发现的隐患倒推风险管控措施落实不到位的地方。

在检查分工时，明确专业组，明确各专业组的负责人，明确各专业组的检查重点。检查结束后，由矿长组织各专业组负责人、各单位主要负责人、检查人员进行检查问题的反馈，根据检查的问题分析原因,如果是管控措施制定有问题,那就对管控措施进行调整,如果是管控措施落实过程中出现的问题,那就需要对落实管控措施的责任人进行适当的要求,可以通过考核,也可以制定相关的规章制度来对责任人进行约束。总之是要通过各种手段来保证管控措施的有效落实,保证管控效果。

矿长可以在反馈会结束后,结合年度和专项安全风险辨识评估结果,布置月度安全风险管控重点。安排各专业的月度安全风险管控重点,明确管控责任人,确保矿井风险管控重点得到有效落实和有效管控,杜绝安全事故的发生。如××煤矿月度安全风险检查分析会议纪要。

××煤矿 2018 年 1 月安全风险分级管控
会议纪要

会议时间:2018 年 1 月××日

组织人:×××

主要内容:

一、1 月重大安全风险管控措施落实情况和管控效果

(一)管控措施落实情况

1 月存在重大风险×项,分别为×××工作面回采过程中存在出水风险、采煤工作面在施工过程中存在煤尘爆炸的风险及煤巷与半煤巷掘进工作面在施工过程中存在煤尘爆炸的风险。针对这三项重大安全风险分别制定了管控措施,相关施工单位在现场进行严格落实。

(二)管控效果

1 月风险管控效果良好,矿井存的三项重大风险得到有效管控,实现了安全生产,但通过现场检查发现现场仍有管控措施落实不到位的地方。

1 月×日,矿长组织专业人员进行安全大检查,本次排查共××人参加,检查井下各施工地点、外围辅助及地面岗点,共查出问题(隐患)×××条。典型问题为:

(1)……

(2)……

(3)……

(4)……

上述四条典型问题,通过分析发现,现场施工单位防治水措施落实情况较好,但防尘措施落实情况不理想,针对这一情况,决定加大各地点防尘措施考核力度,将现场防尘设施完好情况及使用情况与现场盯班干部进行挂钩,联责考核。

要求各单位举一反三,吸取教训,矿专业管理上加强考核力度,加强责任追究力度,严把重大风险管控措施的落实,责任单位的主要负责人要加强日常的监督检查,以自查自改为主。

二、2 月重大安全风险管控重点工作安排

(一)采煤专业

采煤专业在推采过程中严格落实有关水害和煤尘爆炸的管控措施。

（1）所有采煤工作面在推采过程中加强对煤尘的管控,现场严格管控措施的落实减少扬尘,推采过程中所有喷雾设施正常施工,煤层注水严格落实。

（2）×××工作面加强对工作面面后放顶效果的管控,保证炮眼的深度、装药量和封孔质量等一系列措施的严格落实,将放顶情况和盯班干部进行联责。

负责人：

（二）掘进专业

（1）所有掘进迎头要加强对现场防尘设施的管理,首先要保证防尘设施的完好,再保证防尘设施的效果,现场防尘设施不全、不完好的地点一律不准作业,安监员现场做好监督检查,严格进行把关。

（2）加强现场短壁煤层注水的管理,所有管理人员下井必须检查现场短壁煤层注水的情况,凡不正常使用的地点,对责任单位的主要负责人进行严肃考核。

负责人：

（三）地测专业

加强现场的监督检查,主要是检查重大安全风险管控措施在现场的落实情况,积极进行专业指导,严格进行专业把关。

负责人：

（四）通风专业

（1）加强对现场防尘管理的监督检查,严格进行专业把关。

（2）将现场防尘设施使用及完好情况与对现场管理人员的考核进行挂钩,明确现场盯班干部为现场防尘设施管理及防尘措施落实的第一责任人,加强管理力度及监督检查力度。

负责人：

三、2 月月度安全风险管控重点

2 月共安排月度安全风险管控重点××项。

（一）采煤专业

（1）×××工作面顶板为中砂岩不易垮落,易造成大面积悬顶。

（2）×××工作面过二合期间存在二合顶掉落伤人的风险。

（3）×××工作面顶板为中砂岩不易垮落,易造成大面积悬顶。

（4）×××工作面顶板为中砂岩不易垮落,易造成大面积悬顶。

　……

负责人：

（二）掘进专业

（1）×××轨道平巷施工过程中二合顶存在冒落的风险。

（2）×××轨道平巷,进入下分层掘进,顶板为人工假顶,存在顶板冒落伤人风险。

（3）×××采区轨道全岩开拓,顶板破碎,存在顶板冒落伤人风险。

　……

负责人：

（三）机电专业

（1）地面高压供电电源线路倒杆、断线、雷击、树木倒伏,可能造成全矿或局部区域停电。

（2）×××泵房设备出现欠压、过压、漏电、接地等，可能造成人员伤害、火灾、设备损坏等事故。

（3）主井新罐道运行期间紧固不到位，未做到周期巡检紧固，可能造成罐道接口间隙超限，罐道不稳固，造成箕斗运行不稳，损害罐道。

（4）北风井2#风机轴温升高，故障率将上升，影响设备运行安全，需要更换电机。

……

负责人：

（四）运输专业

（1）×××铁路质量的安全管理。

（2）×××无极绳轨道运输"四超"物价的管理。

……

负责人：

（五）通风专业

（1）采煤工作面生产过程中产生的煤尘，如不及时处理容易引起煤尘爆炸。

（2）掘进工作面生产过程中产生的煤尘，如不及时处理容易引起煤尘爆炸。

（3）所采×煤层属自燃煤层，如果面后遗煤多，增加发火自燃可能性，防火措施不到位，容易引起煤炭自燃。

负责人：

（六）地测防治水专业

（1）×××工作面推采过程中存在水灾的风险。

（2）相邻××矿老空水沿四灰、×煤顶板砂岩裂隙渗入××井田，造成威胁。

负责人：

（七）调度和地面设施

（1）选煤厂大检修维修更换设备伤人风险。

（2）选煤厂登高作业伤人风险。

（3）机修厂行车坠物伤人风险。

负责人：

附表：

（1）1月安全大检查计划表

（2）1月安全大检查问题统计表

（3）2月检查计划

（4）2月月度安全风险管控重点清单

×× 煤矿有限公司

二〇一八年一月 ×× 日

附表(1)　　　　　　　　　**1月安全大检查计划表**

检查方式	安全大检查	组织人		检查时间	

检查重点内容
各作业岗点顶板、水、火、瓦斯、煤尘、机电、冲击地压、提升运输等内容及作业环节中各项安全风险管控措施的落实情况

检查范围	采掘作业地点、辅助施工地点、井下硐室、地面厂网点等

检查人员及分工								
序号	地点	检查人	序号	地点	检查人	序号	地点	检查人
1			7			13		
2			8			14		
3			9			15		
4			10					
5			11					
6			12					

附表(2)　　　　　　　　　**1月安全大检查问题统计表**

序号	检查人	单位地点	检查问题	要求完成时间	整改人
1					
2					
3					
4					
5					
6					
7					
8					
9					

附表(3)　　　　　　　　　**2月检查计划**

时间	专业	组织人	参加人员
	机电专业	专业分管负责人	机电专业人员
	掘进专业	专业分管负责人	掘进专业人员
	"一通三防"	专业分管负责人	"一通三防"专业人员
	采煤专业	专业分管负责人	采煤专业人员
	地测防治水	专业分管负责人	地测防治水专业人员
	运输专业	专业分管负责人	运输专业人员
	掘进专业	专业分管负责人	掘进专业人员
	安全大检查	矿长	政工科室全体人员
	地测防治水	专业分管负责人	地测防治水专业人员
	"一通三防"	专业分管负责人	"一通三防"专业人员

时间	专业	组织人	参加人员
	采煤专业	专业分管负责人	采煤专业人员
	机电专业	专业分管负责人	机电专业人员
	运输专业	专业分管负责人	运输专业人员
	运输专业	专业分管负责人	运输专业人员
	"一通三防"	专业分管负责人	"一通三防"专业人员
	采煤专业	专业分管负责人	采煤专业人员
	地测防治水	专业分管负责人	地测防治水专业人员
	掘进专业	专业分管负责人	掘进专业人员
	机电专业	专业分管负责人	机电专业人员

8. 带班领导跟踪重大风险

根据《煤矿领导带班下井及安全监督检查规定》,煤矿领导必须执行带班制度,在带班过程中跟踪重大风险管控措施落实情况,发现问题及时安排人员进行整改。

带班领导要在交接班记录上写明带班检查的问题,如当班对重大风险跟踪情况、带班过程中是否发现重大风险管控落实不到位的地方、是否已经安排人员进行整改、整改情况如何等都要在带班交接班记录上写明,方便接班领导在带班过程中对问题进行复查,确保检查问题的闭环。

矿井可以根据领导带班跟踪重大风险的情况形成一个表格(表3-12),将带班领导对重大风险管控措施落实情况的检查问题进行整理,可以在矿长月度组织检查分析会上进行通报,与月度检查的问题一同进行分析,不断调整完善重大风险的管控措施。

9. 重大风险公告警示

在井口或存在重大安全风险区域的显著位置,公告存在的重大安全风险、管控责任人和主要管控措施。

公告地点:井口、存在重大安全风险区域的显著位置。

(1)井口:可以在井口使用电子屏幕对重大风险进行公告警示,要公告存在重大风险的区域、管控责任人和主要管控措施。

(2)存在重大安全风险区域:需要制作重大风险公告警示牌板,如采煤工作面存在重大安全风险,可以将重大风险与工作面其他牌板安设在一起。

三、专业日常风险管控

风险的管控不是一个人完成的,也不是一个部门完成的,需要整个企业的各个部门、各位管理人员进行协同配合,所以专业日常的风险管控就显得非常重要。

专业的风险管控,不需要像矿长组织的月度检查分析一样,进行全矿井覆盖,但需要专业分管负责人(副矿长)组织本专业人员对分管范围内月度安全风险管控重点实施情况进行一次检查分析,检查管控措施落实情况,改进完善管控措施。如××煤矿专业旬检查分析。

附表（4）

2月月度安全风险管控重点清单

序号	地点	类别	风险级别	风险描述	管控措施	责任人
1	×××工作面	冒顶	一般风险	工作面顶板为中砂岩不易垮落，易造成大面积悬顶有发生冒顶的风险	1.工作面要编制强制放顶措施。2.盯班干部和班组长要及时了解工作面后悬顶情况，当面后悬顶超规定要及时进行强制放顶。3.现场要配备齐全放顶的工具，严格执行爆破管理规定，爆破前后要酒水降尘	
2	×××工作面	冒顶	一般风险	工作面过二合顶期间存在二合顶掉人的风险	1.严格按规程要求加强工作面过二合顶期间顶板管理，能找掉的顶板要及时找掉，找不掉的要加强支护。2.人员进入面前要执行好敲帮问顶制度，在有效支护下作业	
3	×××工作面	冒顶	一般风险	工作面顶板为中砂岩不易垮落，易造成大面积悬顶有发生冒顶的风险	1.工作面要编制强制放顶措施。2.盯班干部和班组长要及时了解工作面后悬顶情况，当面后悬顶超规定要及时进行强制放顶。3.现场要配备齐全放顶的工具，严格执行爆破管理规定，爆破前后要酒水降尘	
4	×××面	冒顶	一般风险	工作面顶板为中砂岩不易垮落，易造成大面积悬顶有发生冒顶的风险	1.工作面要编制强制放顶措施。2.盯班干部和班组长要及时了解工作面后悬顶情况，当面后悬顶超规定要及时进行强制放顶。3.现场要配备齐全放顶的工具，严格执行爆破管理规定，爆破前后要酒水降尘	

表 3-12 带班领导跟踪重大安全风险管控措施落实情况检查记录

年　月　日　班

地点	重大安全风险措施落实存在问题及隐患	解决单位	责任人	整改期限	复查结果	复查时间	复查人

备注

检查人：

××煤矿有限责任公司
采煤专业安全风险管控旬会议纪要

会议时间:2017 年 3 月 10 日 14:30

会议地点:

主持人:

参加人员:

会议内容:

一、总结 3 月上旬安全风险管控情况

2018 年 3 月上旬采煤专业重点管控安全风险点 4 处:×××综采工作面、×××综采工作面、×××综采工作面以及×××综采工作面,重点管控风险及管控措施如下。

1. ×××综采工作面

工作面回撤期间,顶板控制不好易冒顶。管控措施:制定专项措施;使用 JSDB 型绞车远距离操作,回撤、拖运支架时绳道内严禁有人工作或逗留;人员必须在有效支护掩护下操作,严禁空顶作业。该工作面于 3 月×日回撤完毕,该风险管控结束,管控效果良好。

2. ×××综采工作面

(1) 初次来压前悬顶距离过大,有可能突然大面积垮落。管控措施:① 制定专项安全技术措施;② 切眼提前施工放顶眼,进行初次放顶;③ 正常生产期间在两巷进行强制放顶;④ 初采期间进行矿压观测。

(2) 工作面为复合顶板,推采过程中,面前顶板控制不好,易发生冒顶事故。管控措施:工作面所有支架必须处于完好状态,回采时加强工作面面前维护,端面距超过规定及时拉超前架或挑支前探板梁棚进行维护,并落实好专人补液,确保支架初撑力达到要求。

该工作面于 3 月×日×班开始生产,以上两项风险正在管控中,管控措施落实较好,现场处于可控状态。

3. ×××综采工作面

(1) 运输平巷临近采空区,压力大,易发生冒顶事故。管控措施:加强观测与监测,如出现压力显现时,加强运输平巷强度与长度,超前支护长度不得小于 50 m,距面 30 m 范围内人行道两侧顶梁棚确保一梁两柱。

(2) 过中间巷,老巷顶板破碎,易冒顶。管控措施:① 制定专项安全技术措施;② 根据综采工作面来压时间、来压步距,合理确定过老巷时间;③ 过老巷时,适当降低工作面采高;④ 确保支架初撑力符合要求,并加强端头及超前支护;⑤ 超前对老巷进行加固支护。

(3) 工作面过落差为 1.0~1.4 m 断层,过断层期间围岩破碎,易发生事故。管控措施:① 采煤机前滚筒割煤后立即移架;② 采用少降快移带压擦顶的方式拉架;③ 接顶不实的范围,要使用木料进行刹顶,确保支架接实顶板;④ 对于顶板已经冒落的地点,需及时维护顶板;⑤ 处理冒顶时,必须保证后退路畅通,并设专人观察顶板变化情况。

以上 3 项风险正在管控中,管控效果较好,现场处于可控状态。

4. ×××综采工作面

(1) 运输平巷临近采空区,压力大,易发生冒顶事故。管控措施:加强观测与监测,如出现压力显现时,加强运输平巷强度与长度,超前支护长度不得小于 50 m,距面 30 m 范围内人行道两侧顶梁棚确保一梁两柱。

(2) 过×××煤柱轨巷、×××轨道上山等老巷,老巷顶板破碎易冒顶。管控措施:① 制定专项安全技术措施;② 根据综采工作面来压时间、来压步距,合理确定过老巷时间;③ 过老巷时,适当降低工作面采高;④ 确保支架初撑力符合要求,并加强端头及超前支护;⑤ 超前对老巷进行加固支护。

(3) 工作面过落差为 0.4~1.7 m 的断层,过断层期间围岩破碎,易发生事故。管控措施:① 采煤机前滚筒割煤后立即移架;② 采用少降快移带压擦顶的方式拉架;③ 接顶不实的范围,要使用木料进行刹顶,确保支架接实顶板;④ 对于顶板已经冒落的地点,需及时维护顶板;⑤ 处理冒顶时,必须保证后退路畅通,并设专人观察顶板变化情况。

(4) 工作面缩面期间,顶板控制不好易发生冒顶事故。管控措施:① 编制专项措施,加强缩面期间顶板管理;② 回撤支架时,需采用稳车托运支架时,绳道严禁有人工作或逗留;③ 人员必须在牢固支架下操作,严禁空顶作业;④ 缩面期间施工人员相互协调。

(5) 停采创撤面条件,撤面切眼跨度大,易发生冒顶事故。管控措施:撤面切眼内,降架前,需保证被撤支架撤面道前方支护齐全,支架前移过程中,在被撤支架底座前及时架设单体液压点柱,维护顶板,保证撤面道的宽度。

该工作面于 3 月×日中班停采,以上 5 项风险管控结束,管控效果较好。

二、存在问题及完善措施

2018 年 3 月×日,××组织×××、×××、×××对采煤专业所分管的×××综采工作面、×××综采工作面、×××综采工作面三处风险点进行检查。本次检查共发现问题×××条,现场已安排整改完毕,合计罚款×××元。上井后×××组织三处风险点存在的问题进行分析。通过检查分析,三处风险点安全风险管控到位,现场处于可控状态,重大风险管控措施落实到位,施工区队重视程度比较高,但也存在不少问题,具体表现如下。

(一)存在问题

1. ×××工作面

(1) 下回头老空冒落不充分。

(2) 工作面 22#、24# 架初撑力不足。

(3) 工作面 11#、14# 支架管路漏液。

(4) 工作面 13#、14# 架接顶不实。

(5) 工作面 31#、32# 架间距超规定。

(6) 工作面 49#、50# 架错荏超规定。

(7) 工作面 60~64 节架间煤粉多。

2. ×××工作面

(1) ×××轨巷底车场有 1 车物料封车不合格。

(2) 第四部绞车路供水管路 1 处漏水。

(3) 工作面输送机机尾处积水未排净。

(4) 轨道平巷超前支护 5 m 外顶板压力大,未及时加强支护。

(5) 工作面 19#、20# 支架错荏超规定。

(6) 工作面 16#~18# 架老硐范围顶板破碎,维护不及时。

（7）工作面 1#、2# 支架咬架。

（8）运输平巷停采线以外挑支的长钢梁棚棚距过大，背顶不实。

（9）××皮带上山一组风门变形，修复不及时。

3.×××工作面

（1）工作面 10#、27# 架初撑力不足。

（2）工作面 32# 架液压管路漏液。

（3）运输平巷超前支护失效支柱 2 棵。

（4）第一部绞车排绳不整齐。

（5）运输平巷电缆吊挂乱。

（二）完善措施

（1）落实好采煤工作面专人巡回检查和二次补液制度，确保支架初撑力达到要求和监测正常。及时对两巷支护质量进行整改，确保两巷支护到位。

（2）加强采煤工作面支架管理，拉架前及时调整好支架受力状态，确保支架不挤、不咬，无明显错茬，架间隙符合规定，管路无漏液，保证支架有效支护顶板。

（3）加强×××综采工作面水害管理，两回头及时打眼强放，严禁出现悬顶超规定现象；断层及老巷范围加强观察，保证支架及支柱初撑力，发现异常及时汇报调度室及地测科水文组；加强煤粉清理，确保煤粉不进入采空区，确保工作面泄水畅通。

（4）加强×××综采工作面停采前后的管理，两巷及时加强支护，工作面维护到位及撤面道畅通，确保工作面顺利回撤。

（5）加强运输管理，上下井车辆必须按规定封好车，绞车排绳必须整齐。

（6）加强通风设施管理，发现问题及时处理，确保采区通风正常。

（7）加强采煤工作面文明生产管理，做到巷道无积水、浮煤、浮矸，管线吊挂整齐。

……

以上完善措施由各施工区队抓好落实整改完善，由现场安监员抓好监督检查。矿长×××要求采煤专业人员及施工区队抓好问题的整改与责任追究，确实安全风险管控到位，以良好的质量促进现场安全生产和迎接好国家局一级安全生产标准化矿井的验收。

三、布置 2018 年 3 月中旬安全风险预控工作

2018 年 3 月中旬采煤专业将管控安全风险点×处：×××综采工作面。×××综采工作面。重点管控风险及管控措施如下。

1.×××综采工作面

（1）初次来压前悬顶距离过大，有可能突然大面积垮落。管控措施：① 制定专项安全技术措施；② 切眼提前施工放顶眼，进行初次放顶；③ 正常生产期间在两巷进行强制放顶；④ 初采期间进行矿压观测。

（2）工作面为复合顶板，推采过程中，面前顶板控制不好，易发生冒顶事故。管控措施：工作面所有支架必须处于完好状态，回采时加强工作面面前维护，端面距超过规定及时拉超前架或挑支前探板梁棚进行维护，并落实好专人补液，确保支架初撑力达到要求。

分管领导：

管控科室：

管控单位：

单位负责人：

2. ×××综采工作面

（1）运输平巷临近采空区，压力大，易发生冒顶事故。管控措施：加强观测与监测，如出现压力显现时，加强运输平巷强度与长度，超前支护长度不得小于 50 m，距面 30 m 范围内人行道两侧顶梁棚确保一梁两柱。

（2）过中间巷，老巷顶板破碎易冒顶。管控措施：① 制定专项安全技术措施；② 根据综采工作面来压时间、来压步距，合理确定过老巷时间；③ 过老巷时，适当降低工作面采高；④ 确保支架初撑力符合要求，并加强端头及超前支护；⑤ 超前对老巷进行加固支护。

（3）工作面过落差为 1.0～1.4 m 断层，过断层期间围岩破碎，易发生事故。管控措施：① 采煤机前滚筒割煤后立即移架；② 采用少降快移带压擦顶的方式拉架；③ 接顶不实的范围，要使用木料进行刹顶，确保支架接实顶板；④ 对于顶板已经冒落的地点，需及时维护顶板；⑤ 处理冒顶时，必须保证后退路畅通，并设专人观察顶板变化情况。

分管领导：

管控科室：

管控单位：

单位负责人：

具体详见：

附表 1：采煤专业 2018 年 3 月上旬安全风险管控清单；

附表 2：采煤专业 2018 年 3 月中旬安全风险预控清单。

第七节　安全风险信息化管理

因安全风险辨识评估、管控等涉及内容、环节、人员多，采用信息化管理手段能够有效提高工作效率，有效实现统计分析、信息传递等功能。

企业可与其他单位配合开发新的安全风险管控信息系统，也可在原有信息系统中增加安全风险管控模块。××煤矿所在的××集团目前就是与中国矿业大学进行合作，形成了具有煤矿特色的"双重预防机制"管理信息系统。

一、系统建设目标

建设具有××煤矿集团特色的双重预防机制信息系统，即把安全标准化和国家双重预防机制的要求与××煤矿安全管理实践相结合，建成适用于××煤矿集团生产实践要求的双重预防机制信息化平台。

建设高度集成化的××煤矿集团安全统一管理平台，即在建设双重预防机制信息系统的同时，逐步集成现有安全管理系统的功能，构建日常安全管理的统一化平台。日常安全管理工作只需登录该系统就可以完成，避免使用多系统带来的资源浪费、效率下降和信息孤岛。

以双重预防机制建设为契机，努力把××煤矿集团双重预防信息化系统打造成全国领先的安全管理平台。主要侧重于安全风险的全面辨识、隐患的全面排查治理、数据的建模分析、风险的预警与预测、安全管理考核等，从而实现安全管理关口前移，提升安全管理水平。

附表 1　采煤专业 2018 年 3 月上旬安全风险管控清单

风险地点	序号	风险描述	风险类型	风险级别	管控措施	施工区队	管控部门	管控专业	区队负责人	分管负责人	主要负责人	监督人	状态
×××综采工作面	1	初次来压前悬顶距离过大,有可能突然大面积垮落	顶板	较大	1.制定专项安全技术措施;2.切眼跟进行初次放顶;3.正常生产期间在两巷进行强制放顶;4.初采期间进行矿压观测								
×××综采工作面	2	工作面为复合顶板,推采过程中,面前顶板控制不好,易发生冒顶事故	顶板	低	工作面所有支架必须处于完好状态,回采时加强工作面前面维护,端面距超前过规定及时拉超前架或架棚支前采棚进行维护,并落实好专人补液及架初撑力达到要求								
×××综采工作面	3	工作面回撤期间,顶板控制不好易冒顶	顶板	一般	1.制定专项措施;2.使用 JSDB 型铰车远距离操作,回撤、拖运支架时巷道内严禁有人工作或逗留;3.人员必须在有效支护下操作,严禁空顶作业								
×××综采工作面	4	运输平巷临近采空区,压力大,易发生冒顶事故	顶板	低	1.加强巷道巡查,及时挑棚维护,顶板破碎处用木料背实顶板,及时对支柱进行二次注液,确保支柱初撑力达到 90 kg;2.加强超前支护长度不得小于 50 m,距工作面 30 m 范围内人行道两侧采棚确保一采两柱								
×××综采工作面	5	过××中间巷,过老巷间顶板破碎易冒顶	顶板	一般	1.制定专项安全技术措施;2.根据采面来压时间,来压步距,合理确定过老巷时间;3.过老巷时,适当降低工作面采高;4.确保支架初撑力符合要求,并加强对老巷进行加固支护;5.超前对老巷端头及超前支护								

续附表 1

风险地点	序号	风险描述	风险类型	风险级别	管控措施	施工区队	管控部门	管控专业	区队负责人	分管负责人	主要负责人	监督人	状态
×××综采工作面	6	过落差 1.0~1.4 m 断层,断层带围岩破碎,易冒顶	顶板	一般	1.采煤机前滚筒割煤后立即移架;2.采用少降快移带前压擦顶的方式拉架;3.接顶不实的范围,要使用木料进行刹顶,确保接顶接实;4.对于顶板已经冒顶的地点,必须冒顶时维护顶板;5.处理冒顶时,需及时退锚喇叭畅通,并设专人观察顶板变化情况								
	7	过×××煤柱带机巷、×××机道上山等老巷、过老巷期间顶板破碎易冒顶	顶板	一般	1.制定专项安全技术措施;2.根据综采工作面来压时间,来压步距,合理确定老巷过老巷时间;3.过老巷时,适当降低工作面采高;4.确保支架初撑力符合要求,并加强端头及超前支护;5.超前对老巷进行加固支护								
	8	过落差 0.4~1.7 m 断层,断层带围岩破碎,易冒顶	顶板	一般	1.采煤机前滚筒割煤后立即移架;2.采用少降快移带前压擦顶的方式拉架;3.接顶不实的范围,要使用木料进行刹顶,确保接顶接实;4.对于顶板已经冒顶的地点,必须冒顶时维护顶板;5.处理冒顶时,需及时退锚喇叭畅通,并设专人观察顶板变化情况								
	9	运输平巷临近采空区,压力大,易发生冒顶事故	顶板	低	1.加强巷道巡查,及时挑棚维护,顶板破碎处用木料背实顶板,及时对支柱进行二次注液与监测,如出现压力显现时,加强超前支护;2.距工作面 50 m,距超前支护面 30 m 范围内人行道两侧顶梁棚确保一采两柱								

续附表 1

风险地点	序号	风险描述	风险类型	风险级别	管控措施	施工区队	管控部门	管控专业	区队负责人	分管负责人	主要负责人	监督人	状态
×××综采工作面	10	工作面缩面期间，顶板控制不好易发生冒顶事故	顶板	低	1.编制专项措施，加强缩面期间顶板管理；2.回撤支架用稳车托运支架时，绳道严禁有人工作或逗留；3.人员必须在车固支架下操作，严禁空顶作业；4.缩面期间施工人员相互协调								
	11	撤面切眼巷道跨度大，应力集中，易冒顶	顶板	一般	1.降架前，在撤形区支护的斜下方局形成五排"一梁三柱"走向支棚维护顶板；2.支架前移过程中，在被撤支架尾部及时架设单体液压支柱，维护顶板，保证局形带的宽度；3.遇到有碍支架调向的支柱时，必须先打替换支柱，方可撤除防碍支柱								

附表 2

采煤专业 2018 年 3 月中旬安全风险预控清单

风险地点	序号	风险描述	风险类型	风险级别	管控措施	施工区队	管控部门	管控专业	区队负责人	分管负责人	主要负责人	监督人	状态
×××综采工作面	1	初次来压前悬顶距离过大，有可能突然大面积垮落	顶板	较大	1.制定专项安全技术措施；2.切眼提前施工放顶眼，进行初次放顶；3.正常生产期间在两巷进行强制放顶；4.初采期间进行矿压观测								
	2	工作面为复合顶板，推进过程中、面前顶板控制不好，易发生冒顶	顶板	低	工作面所有支架必须处于完好状态，回采时加强工作面面前维护，端面距超过规定及时拉超前架或挑支前抓板采棚进行维护，并落实好专人补液，确保采架初撑力达到要求								

续附表 2

风险地点	序号	风险描述	风险类型	风险级别	管控措施	施工区队	管控部门	管控专业	区队负责人	分管负责人	主要负责人	监督人	状态
×××综采工作面	3	运输平巷临近采空区,压力大,易发生冒顶事故	顶板	低	1.加强巷道巡查,及时挑棚维护,顶板破碎处用木料背实顶板,及时对支柱进行二次注液,确保支柱初撑力达到90 kN;2.加强观测与监测,如出现压力显现时,加强前支护长度不得小于50 m,距工作面30 m范围内人行道两侧顶梁棚确保一梁两柱								
	4	过9703中间巷,过老巷期间顶板破碎易冒顶	顶板	一般	1.制定专项安全技术措施;2.根据综采工作面来压时间,来压步距,合理确定确保工作面过老巷时间;3.过空巷时,适当降低工作面采高;4.确保支架初撑力符合要求,并加强端头及超前支护;5.超前对老巷进行加固支护								
	5	过落差1.0～1.4 m断层,断层围岩带围岩破碎,易冒顶	顶板	一般	1.采煤机前滚简割煤后立即移架;2.采用少降快移带压擦顶移架的方式进行刹顶,接顶不实的范围;4.对于顶板已经冒落的地点,需及时维护顶板;5.处理冒顶时,必须专人观察顶板变化情况,并设专人观察顶板变化情况,退路畅通								

二、系统建设原则

1. 系统的兼容性

鉴于集团已经在成熟使用本质安全保障平台和安全闭环管理系统,双重预防机制信息系统需要保障与原有系统功能的兼容性,即保留原有系统的部分功能,并在此基础上进行升级扩展。

2. 系统的可扩展性

系统应该具有良好的扩展性,保障在需求发生变化或者新增需求,或与其他系统进行集成时具备快速开发和部署的能力。

3. 系统的安全性

系统的关键数据应根据重要程度进行不同级别的加密,网络尽可能采取内网部署,部署环境应安装各种信息安全保障软件以保障关键数据和系统运行的安全性。

4. 系统的便捷性和可操作性

系统使用者为煤矿基层生产和管理人员,系统中的各项功能应尽可能操作简单便利,人机界面友好,满足一线安全管理的需要。

三、系统软件功能

1. 安全信息上报功能

本功能实现对煤矿重大风险、隐患的上报功能,并能够与上级双重预防机制管理系统无缝对接。

2. 标准化自评功能

本功能实现对煤矿安全生产标准化所有项目的对标自评,并提供查看、修改、导出等功能,便于煤矿编制安全生产标准化自评报告。

3. 提供煤矿通用风险数据库

风险数据库包含煤矿常见的重大风险源,降低煤矿应用系统的复杂度。煤矿也可根据自身情况,对数据库进行完善,实现数据库的个性化。

4. 风险辨识功能

年度辨识评估,列出新增和调整的记录。主要是容易造成群死群伤的重要风险点的安全风险辨识评估,列出清单和措施。

专项评估包括《煤矿安全生产标准化考核定级办法(试行)》所明确列出的所有项目:

(1) 新工作评估:新水平、新采(盘)区、新工作面设计前。

(2) 变化评估:生产系统、生产工艺、主要设施设备、重大灾害因素等发生重大变化时。

(3) 高风险作业前评估:启封火区、排放瓦斯、突出矿井过构造带及石门揭煤等高危作业实施前,新技术、新材料试验或推广应用前,连续停工停产 1 个月以上的煤矿复工复产前。

(4) 问题及事故后评估:本矿发生死亡事故或涉险事故、出现重大事故隐患,或所在省份煤矿发生特重大事故后。

5. 风险管理功能

根据科学地分析定义和单位类型,同时实现风险评估,对辨识出的风险按照国家和行业相应分级标准进行分级管理,同时建立与管理标准和管理措施的对应关系,实现风险库的建立。支持对危险源相关信息进行多维度的统计分析,并实现导入导出功能。

6. 风险宣贯功能

系统提供风险宣讲的计划、实施、总结功能,并根据宣讲情况自动生成相关统计分析报表,使风险的学习与日常工作紧密结合,有助于提高员工安全操作意识。

7. 风险分级管控功能

该子系统包括风险管控措施管理、风险定期检查管理和风险公告。

风险管控措施包括对各个重大风险的管控措施档案管理,如管控措施查看、修改、导入、导出等;风险定期检查支持矿长和各个分管负责人的月度、旬度风险管控检查,如风险管控计划、风险管控检查、风险管控落实管理等;风险公告提供对重大风险的系统桌面推送功能,提醒风险存在。

第八节　安全风险的培训

煤矿生产由于生产环境的特殊性和高风险等特征,对生产经营的管理人员和操作人员进行培训十分重要,这对防止和减少伤亡事故也十分必要。

安全风险分级管控对于煤矿而言是一项新工作,缺乏应有的工作基础和培训基础,所以在安全培训方面要针对不同人员,对全员开展安全风险辨识评估成果的学习培训,对参与风险辨识评估工作的有关人员开展风险辨识评估技术方法的培训。

一、安全风险培训的原则

(1) 符合性原则。培训管理及培训内容应符合国家最新安全生产法律法规等相关规定。

(2) 适宜性原则。要从本矿人员素质结构、安全管理水平、技术管理水平、培训需求、管理资源等因素的实际出发,统筹策划,因地制宜,确保培训的适宜性和可操作性。

(3) 完整性原则。安全培训要覆盖本矿的各要素、各程序、各环节、各层次、各岗位等。

二、安全风险培训的对象

(1) 煤矿主要负责人及高管层。

(2) 煤矿不同层次的管理人员。

(3) 特种作业工种人员。

(4) 煤矿从事采煤、掘进、机电、运输、通风、地测工作的班组长。

(5) 入矿新员工。

(6) 调换岗位的员工。

(7) 从业人员调整工作岗位或者离开本岗位 1 年以上(含 1 年)重新上岗。

(8) 首次采用或使用新工艺、新技术、新材料、新设备的相关人员。

(9) 一般生产作业(操作)人员。

(10) 其他人员(劳务派遣员工、临时工、合同工、轮换工、协议工等)。

三、培训学时的确定

(1) 要符合《生产经营单位安全培训规定》(国家安监总局令第 3 号)、《煤矿安全培训规定》(国家安监总局令第 92 号)等规章制度。

(2) 培训学时需要在煤矿年度培训计划中进行明确。

(3) 安全培训学时符合程度如何,应考虑在自行进尺时、迎接上级达标验收时的可操作性,如何提供有效证据以证明培训学时做到了符合性。

四、安全风险培训的针对性

(1) 针对不同的培训对象,依法依规并结合现场需求安排培训内容。

(2) 针对不同的培训内容,选用适宜的培训方式、方法。

(3) 针对安全管理的薄弱环节或管理需求,实施相关的培训。

(4) 针对工作范围内或管理范围内存在重大安全风险的,实施相关培训。

(5) 针对新增专项辨识涉及范围内的管理人员及操作人员,实施相关培训。

五、年度安全风险培训计划范例

为认真贯彻"安全第一、预防为主、综合治理"方针,落实安全生产责任,强化煤矿安全监督和管理,对矿井安全风险进行有效管控,防止和减少隐患的出现,根据《煤矿安全生产标准化基本要求及评分方法(试行)》(煤安监行管〔2017〕5号)等有关法律、法规、上级有关规定,结合我矿实际,特制订本计划。

(一)指导思想

以科学发展观为指导,始终坚持"安全第一、预防为主、综合治理"的安全生产方针,牢固树立"红线"意识,建立安全风险分级管控培训机制,及时、有序、有效地管控工作中存在的安全风险,强化职工的职责意识,提升职工的自主保安意识,使职工掌握风险管控能力,同时与事故隐患排查相结合构建双重预防体制,落实好安全风险分级管控体系建设主体责任。

(二)工作原则

(1) 以人为本,安全第一

把保障职工群众的生命财产安全作为首要任务,最大限度地对安全风险进行管控,减少隐患的出现,从而最大限度地预防和减少安全生产事故造成的人员伤亡和财产损失。

(2) 建立健全完善的安全风险分级管控体系

在××煤矿培训领导小组的统一领导下,分级负责。分科室、区队、班组进行培训,分级管理,以块为主,条块结合,各司其职。

(3) 依靠科学,依法规范

采用先进的技术和装备,充分发挥领导、教师的作用,做好安全风险分级管控知识培训工作。

(三)培训领导机构

为确保2018年度安全风险分级管控培训计划的完成,提升培训工作的管理水平,加强对安全风险分级管控培训工作的领导,矿成立安全风险分级管控培训工作领导小组,领导小组下设办公室,办公室设在安监处安全培训办公室,办公室主任由安监处安全培训办公室主任兼任,具体负责安全风险分级管控培训工作的组织牵头、协调管理和检查考核等工作。

(1) 安全风险分级管控培训工作领导小组

组长:矿长。

副组长:其他矿领导班子成员。

成员:安监处安全培训办公室、生产技术部、调度室、综合办、各科室区队主要负责人。

(2) 领导小组职责

组长：全面负责指导××煤矿安全风险分级管控培训工作，审批决定矿井安全风险分级管控培训工作的重大事项。

副组长：全面协调监督××煤矿安全风险分级管控培训工作，确保培训工作顺利进行。

小组成员：具体负责实施培训计划，贯彻执行矿井相关培训内容，对本单位职工进行培训。安监处安全培训办公室、生产技术部、调度室、综合办为培训的责任科室，其中安监处安全培训办公室为培训工作事宜的主体科室。与培训有关的所有机构、组织事宜统一受培训领导小组组长指挥，各科室区队执行培训的具体事宜，培训领导小组成员协调全矿的培训工作，负责对全矿职工进行安全风险分级管控相关知识的学习，确保职工充分掌握，提高职工安全意识，进一步推动矿井安全风险分级管控培训工作规范化、制度化建设。

（四）培训对象

全体管理人员、一线员工。

（五）培训日期、课时安排、培训内容

严格按照《2018年度员工安全培训工作意见》计划执行。

（六）培训方式

（1）理论学习。

（2）专题讲座。

（七）培训工作具体实施细则

（1）创建学习型队伍，通过理论学习与专家培训相结合的方式对专业管理人员进行培训（见附表），掌握风险辨识方法、安全风险措施。

（2）每月根据矿年度员工安全培训意见和专业培训计划，结合矿井实际，组织管理人员和一线员工学习相关的安全风险分级管控文件及规章制度、安全风险分级管控知识、本岗位职责的宣传教育，增强安全意识，提高安全风险分级管控的能力。

（3）各科室、作业区队负责人，是安全风险分级管控培训学习的具体负责人，负责指导本区队人员的培训工作，确保培训内容贯彻、落实。

（4）培训工作人员、培训教师严格遵守教师职业道德，忠于职守，爱岗敬业，认真准备，认真备课，认真完成培训计划。

（5）在矿井培训的基础上，鼓励职工广泛开展对安全风险的辨识、评估、管控常识的宣传教育，利用周一安全活动日、安全会、班前会、安全学习等活动形式，组织职工进行集中培训，各科室、区队、班组负责人负责，分科室、区队、班组排定课程表，对职工进行集中强化培训学习，不断提高自主保安能力。

（八）监督检查

矿井安全生产委员会负责对本培训计划的实施情况进行监督检查，确保各项培训工作落实到位。

附表：2018年安全风险分级管控专业管理人员培训教育计划表

2018 年安全风险分级管控专业管理人员培训教育计划表

序号	培训时间	培训内容	培训讲师
1	2018.2	2018 年年度风险辨识评估报告，××煤矿 2018 年重大安全风险管控方案，如何建设安全风险分级管控专业学习型队伍	
2	2018.5	安全质量标准化安全风险分级管控专业评分标准	
3	2018.6	安全风险分级管控专业学习型队伍再学习	
4	2018.8	使用安全风险分级管控培训 PPT 学习	
5	2018.11	好的经验做法总结、交流	
6	全年	不定期邀请专家进行讲座	

第九节　安全风险分级管控工作制度建设

煤矿想要安全风险分级管控可以正常落地，并取得良好效果，必须要有相关的规章制度进行约束，既要对操作员工进行约束管理，也要对管理人员进行约束管理。现将××××煤矿有限公司安全风险分级管控工作制度列出，以供参考、借鉴。

××××煤矿有限公司
安全风险分级管控工作例会制度

第一条　为切实加强安全风险分级管控工作，提高安全管理水平，及时指导和解决安全风险分级管控工作中存在的问题，增强矿井安全工作的主动性、预见性和针对性，确保矿井安全生产，特制定本制度。

第二条　矿长每年底组织一次安全风险分级管控年度评估工作例会，每月组织一次安全风险分级管控月度工作例会。

第三条　参加人员：矿级领导，各专业副总，安监处、生产技术部、地质测量科、各采掘辅助区队、机修厂、选煤厂等单位负责人及其他安全风险分级管控管理人员。

第四条　安全风险工作例会，应当包括以下内容：

（一）组织学习上级有关安全风险分级管控的法律法规，传达上级有关文件、会议精神，并制定措施，明确责任，狠抓落实。

（二）研究制定矿有关安全风险分级管控的规章、制度、规划。

（三）各相关基层单位安全风险分级管控工作进行汇报。

（四）通报矿井安全风险分级管控工作存在的问题。

（五）对存在的重大风险研究制定措施，落实责任，加强管控。

（六）研究制订安全风险分级管控工作的培训、教育计划和有关安全技措资金的投入、使用计划。

（七）对当年安全风险分级管控工作进行总结，对下一年安全风险分级管控工作做出具体安排部署。

第五条　会议由矿长主持，凡因故不能参加者必须向矿长请假。

第六条　会议由安监处负责点名并进行记录,整理会议纪要,及时按规定上报或下发。

第七条　各分管领导、业务部室及有关人员认真落实会议精神,切实落实岗位责任制。

第八条　各专业分管领导根据月度工作例会的工作安排,每旬组织本专业相关人员对月度会议所布置的工作进行研究落实,旬会议纪要每月2日、12日、22日前上报安监处留存。

第九条　会议纪要要有记录,参加人员签字;内容明确,针对性强。

第十条　本制度从下发之日起执行。

××××煤矿有限公司
安全风险分级管控宣传教育制度

第一条　为强化和规范安全风险分级管控宣传教育工作,提高全矿员工风险意识,使全矿员工知风险、明措施、保安全,结合本矿实际,制定本制度。

第二条　成立以矿长为组长,以党委副书记、生产矿长、总工程师、机电矿长、安监处长为副组长,以综合办公室、矿工会、矿团委、安培中心等部门负责人及各基层单位党支部书记(或主要负责人)为成员的宣教工作领导小组,全面领导宣教工作。

第三条　坚持"分级负责、形式多样、注重实效"的原则。

第四条　采取"风险管控宣传周、风险管控讲座、知识竞赛、发放宣传单、设立宣传栏、观看宣传片、应急演练"等多种形式开展应急宣教工作。

第五条　矿每年至少组织一次全矿的安全风险分级管控知识的宣传活动。

第六条　各部门进行安全风险分级管控知识宣传教育活动,要采取多种多样的形式,每年不少于2次;各基层单位组织安全风险分级管控宣传教育活动每年不少于4次。

第七条　宣教对象为全矿员工。

第八条　应急宣传教育,应包括以下内容:

(一)安全风险分级管控管理相关法律法规和规范性文件;

(二)本矿本单位所辨识出的风险及管控措施;

(三)当前安全风险分级管控形势、安全风险分级管控管理工作的措施和要求;

(四)安全风险分级管控管理工作的基本知识。

第九条　按照年度宣教计划,制订具体宣教方案,包括:宣传时间、地点、内容、对象等。上报矿领导审批。

第十条　宣教准备应包括以下内容:

(一)宣传场地、宣传资料、影像、车辆以及宣传方案、宣传通知、协调会方案、宣传总结等。

(二)下发通知。内容包括:时间、地点、内容、对象及形式等。

(三)组织实施。按宣教实施方案组织实施。

(四)宣教总结。宣教结束后,及时进行总结,整理相关宣传资料,并整理归档。

第十一条　安全风险分级管控宣传教育必须坚持以正面宣传教育为主,结合实际,突出重点,突出主题,普及安全风险分级管控管理的法律、法规,推动各单位安全风险分级管控管理责任制的落实,促进全矿的安全生产工作。

第十二条　要大力宣传有关安全生产管理、事故预防、风险辨识、安全自救、事故救援、现场应急知识;组织从业人员认真学习有关安全生产的规章制度、操作规程等。

第十三条　各单位要结合自己的实际,利用各种形式,通过各种渠道,开展丰富多彩的活动。如发放安全风险分级管控宣传资料、举办安全风险知识咨询等活动。宣传教育活动要有自己的特色,并能吸引广大干部、职工自觉参与。

第十四条　安全风险分级管控宣传教育活动要讲求实效。要把安全风险分级管控宣传教育活动与开展安全生产大检查相结合,特别是认真检查安全生产责任制建立健全和落实情况,查找安全隐患,提出改进和加强安全生产工作的各项措施。

第十五条　各单位要高度重视安全风险分级管控宣传教育工作。要加强领导,把安全风险分级管控宣传教育工作列入议事日程,并在人、财、物等方面给予支持。做到工作有计划、有布置、有检查、有总结。通过开展安全风险分级管控宣传教育活动,进一步增强全体员工对安全生产重要性的认识,最大限度地管控身边的事故风险,预防和减少各类事故的发生。

第十六条　本制度自下发之日起执行。

××××煤矿有限公司
安全风险分级管控辨识评估制度

根据《××××煤矿有限公司安全风险分级管控工作责任体系建设实施方案》(××矿发〔2017〕72号)要求,为规范统一××××煤矿各专业组的安全风险辨识,特制定本制度。

第一条　辨识范围为全矿井。

第二条　辨识组织

(一)由矿长负责在每年底组织各分管负责人和相关业务科室、区队进行年度安全风险辨识。

(二)由矿长负责在本矿发生死亡事故或涉险事故、出现重大事故隐患或所在省份发生重特大事故后,组织分管负责人和相关业务科室进行一次针对性的专项辨识。

(三)由工程师负责在新水平、新采区、新工作面设计前,组织相关业务科室进行一次专项辨识。

(四)由分管负责人负责在生产系统、生产工艺、主要设施设备、重大灾害因素等发生重大变化时,组织相关业务科室进行一次专项辨识。

(五)由分管负责人负责在排放瓦斯,新技术、新材料试验或推广应用前,组织有关业务科室、生产组织单位进行一次专项辨识。

第三条　辨识评估方法

矿井辨识出的所有风险统一采用风险矩阵法进行评估。

风险矩阵评估法,是由风险可能造成事故的后果(损失)和风险导致事故发生的可能性(概率)来综合评判。

使用风险矩阵及风险等级划分表(见表1),其中危险源风险值(R)取值在"1~8"范围内的为"低风险";危险源风险值(R)取值在"9~16"范围内的为"一般风险";危险源风险值(R)取值在"18~25"范围内的为"较大风险";危险源风险值(R)取值在"30~36"范围内的为"重大风险"。

表1　　　　　　　　　　　　　风险矩阵及风险等级划分表

风险矩阵	一般风险（Ⅲ级）	较大风险（Ⅱ级）		重大风险（Ⅰ级）		有效类别	赋值	可能造成的损失	
								人员伤害程度及范围	由于伤害估算的损失/元
低风险（Ⅳ级） 6	12	18	24	30	36	A	6	多人死亡	500万以下
5	10	15	20	25	30	B	5	一人死亡	100万到500万之间
4	8	12	16	20	24	C	4	多人受严重伤害	4万到100万
3	6	9	12	15	18	D	3	一人受严重伤害	1万到4万
2	4	6	8	10	12	E	2	一人受到伤害，需要急救；或多人受轻微伤害	2 000到1万
1	2	3	4	5	6	F	1	一人受轻微伤害	0到2 000
1	2	3	4	5	6	赋值			
L	K	J	I	H	G	有效类别			
不能	很少	低可能	可能发生	能发生	有时发生	发生的可能性			

风险等级划分

风险值	风险等级	备注
30～36	重大风险	Ⅰ级
18～25	较大风险	Ⅱ级
9～16	一般风险	Ⅲ级
1～8	低风险	Ⅳ级

计算公式：

$$R = L \times S$$

式中　R——危险源风险值；

　　　L——发生事故的可能性；

　　　S——发生事故的后果严重性。

影响危险有害因素的危险性的两个因素,分别为发生事故的可能性(L)和发生事故的后果严重性(S)。

第四条　安监处是安全风险评估管理工作的牵头部门,负责组织制订××××煤矿安全风险分级管控制度和考核标准,定期协调组织相关业务职能部门对各单位安全风险管控工作进行监督检查和考核。各业务职能部门是安全风险管控工作专业管理部门,负责本专业范围内安全风险评估、管控工作的组织协调、业务指导和检查督导。

第五条　要组织全体员工,采取有效措施,全方位、全过程辨识生产工艺、设备设施、作业环境、人员行为和管理体系等方面存在的安全风险,做到系统、全面、无遗漏,并持续更新完善。

第六条　安全风险管控

重大安全风险管控措施由矿长组织实施,有具体工作方案,人员、资金有保障。

第七条　及时公告重大安全风险

在井口或存在重大安全风险区域的显著位置,公告存在的重大安全风险、管控责任人和主要管控措施。

第八条　信息管理

采用信息化管理手段,实现对安全风险记录、跟踪、统计、分析等全过程的信息化管理。

第九条　教育培训

(一)入井人员安全培训内容包括年度和专项安全风险辨识评估结果、与本岗位相关的重大安全风险管控措施。

(二)每半年至少组织参与安全风险辨识评估工作的人员学习1次安全风险辨识评估技术。

第十条　风险控制措施

安全生产风险控制措施主要包括:

1. 工程技术措施

主要包括消除、预防、降低、隔离和警告的各种硬件设施改造、技术手段与工程措施等。

(1)消除。采用本质安全设计和科学的管理,尽可能从根本上清除有害因素,如采用无害工艺技术、生产中以无害工艺代替有害工艺等。

(2)预防。当消除危险有害因素困难时,可采用预防性技术措施,预防危害发生,使用各类安全保护设施等。

(3)减弱。在无法消除危险有害因素和难以预防的情况下,应减弱危害的程度,如局部通风排除有害气体、减震装置、降噪装置等。

(4)隔离。在无法消除、预防、减弱的情况下,应将人员与危险有害因素隔开,如遥控作业、安全罩、防护屏、隔离操作室、安全距离、事故发生时的自救装置(如自救器、各类防护面具)等。

(5)警告。在易发生故障和危险性较大的地方,设置醒目的安全色、安全标志,必要时设置声、光或声光组合报警装置。

2. 管理措施

通过建立健全相关规章制度、对人员进行全面及有效培训、制订工作计划并落实、加强监督检查和整改、统计分析和总结有关数据、加强应急准备等管理手段,控制和降低风险程度。

(1)每月月底根据现场进行安全生产风险排查,对排查出的风险点按照危险性确定风险等级,并采取相应的风险管控措施。

(2)采用开展安全生产标准化达标、建立和运行各种安全生产方面的管理体系等方法全面提升安全管理水平。

(3)安全生产风险控制措施确定后,明确相关人员负责规划及实施,并定期追踪其执行状况。

(4)措施落实完成后,对效果进行评估,对于管控效果未达到预期效果的,重新进行管控,确定是否降低风险级别,如果不能立即整改,则采取相应的日常监测技术手段。

第十一条　建立完善安全风险动态监控体系

对已辨识出的风险进行实时、定期和动态的检查、监测,并及时反馈风险动态信息的管理过程。

第十二条　风险分级上报

重大风险上报至矿安全风险分级管控领导小组直接领导管控;较大风险上报至专业级直接领导管控;一般风险上报至科室级、区队级直接领导管控;低风险由各班组级或岗位自行管控。

第十三条 本制度从下发之日起执行。

附图：××××煤矿有限公司安全风险分级管控工作流程图

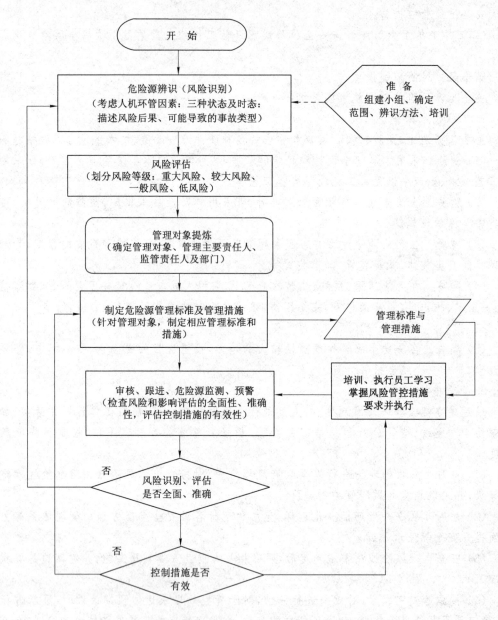

附图　××××煤矿有限公司安全风险分级管控工作流程图

××××煤矿有限公司
安全风险分级管控专项辨识工作制度

第一条 为强化安全风险分级管控专项辨识相关工作,规范矿井专项辨识工作,落实领导干部及专业人员工作责任,制定本制度。

第二条 新水平、新采(盘)区、新工作面设计前,进行一次专项辨识。

(一)专项辨识由总工程师组织有关业务科室进行。

(二)重点辨识地质条件和重大灾害因素等方面存在的安全风险。

(三)及时编制专项安全风险辨识评估报告,补充完善重大安全风险清单并制定相应的管控措施;重大安全风险清单和相应管控措施针对性强,与实际相符。

(四)辨识评估结果用于完善设计方案,指导生产工艺选择、生产系统布置、设备选型、劳动组织确定等。

(五)辨识评估结果在设计方案、生产工艺选择、生产系统布置、设备选型、劳动组织确定等中有体现。

(六)专项辨识要有记录,参加人员签字;内容明确,针对性强。

第三条 生产系统、生产工艺、主要设施设备、重大灾害因素等发生重大变化时,进行一次专项辨识。

(一)专项辨识由分管负责人组织有关业务科室进行。

(二)重点辨识作业环境、生产过程、重大灾害因素和设施设备运行等方面存在的安全风险。

(三)及时编制专项安全风险辨识评估报告,补充完善重大安全风险清单并制定相应的管控措施;重大安全风险清单和相应管控措施针对性强,与实际相符。

(四)辨识评估结果用于指导重新编制或修订完善作业规程、操作规程和安全技术措施。

(五)辨识评估结果在作业规程、操作规程和安全技术措施中有体现。

(六)专项辨识要有记录,参加人员签字;内容明确,针对性强。

第四条 启封火区、排放瓦斯、过构造带及石门揭煤前,新技术、新材料试验或推广应用前,进行一次专项辨识。

(一)专项辨识由分管负责人组织有关业务科室进行。

(二)重点辨识作业环境、工程技术、设备设施、现场操作等方面存在的安全风险。

(三)及时编制专项安全风险辨识评估报告,补充完善重大安全风险清单并制定相应的管控措施;重大安全风险清单和相应管控措施针对性强,与实际相符。

(四)辨识评估结果用于指导编制安全技术措施。

(五)辨识评估结果在安全技术措施中有体现。

(六)专项辨识要有记录,参加人员签字;内容明确,针对性强。

第五条 本矿发生死亡事故或涉险事故、出现重大事故隐患,或所在省份煤矿发生重特大事故后,进行一次专项辨识。

(一)专项辨识由矿长组织分管负责人和有关业务科室进行。

(二)重点辨识原安全风险辨识结果及管控措施是否存在漏洞、盲区。

(三)及时编制专项安全风险辨识评估报告,补充完善重大安全风险清单并制定相应的管控措施;重大安全风险清单和相应管控措施针对性强,与实际相符。

(四)辨识评估结果用于指导修订完善设计方案、作业规程、操作规程、灾害预防与处理计划、应急救援预案以及安全技术措施等技术文件。

(五)辨识评估结果在设计方案、作业规程、操作规程、灾害预防与处理计划、应急救援预案以及安全技术措施等技术文件中有体现。

（六）专项辨识要有记录，参加人员签字；内容明确，针对性强。

第六条 组织专项辨识后形成的相关资料在 3 日内上报安监处留存。

第七条 本制度从下发之日起执行。

××××煤矿有限公司
安全风险分级管控定期检查分析工作制度

第一条 为进一步规范安全风险分级管控工作，落实、完善管控措施，提高现场管控效果，特制定本制度。

第二条 重大安全风险管控措施由矿长组织实施，要有具体的工作方案，人员、资金有保障。要采取设计、替代、转移、隔离等技术、工程手段。

第三条 矿长每月组织一次工作例会，对重大安全风险管控措施落实情况和管控效果进行一次检查分析，针对管控过程中出现的问题调整完善管控措施。

第四条 制定重大安全风险管控工作方案，明确人员和资金保障；制定重大安全风险的管控措施，措施针对性强，现场落实到位并有相关的资料和记录。

第五条 高度关注生产状况和危险源变化后的风险状况，动态评估、调整风险等级和管控措施，确保安全风险始终处于受控范围内。

第六条 在划定的重大安全风险区域设定作业人员上限。

第七条 分管负责人每月组织对分管范围内月度安全风险管控重点实施情况进行一次检查分析，检查管控措施落实情况，改进完善管控措施。

第八条 本制度自下发之日起执行。

××××煤矿有限公司
安全风险分级管控制度

第一条 根据安全风险评估，针对安全风险类型和等级，从高到低，分为"矿井、专业、科室（区队）、班组（岗位）"四级进行管控，逐级分解落实到每级责任人，确保每一项风险都有人管理，有人监控，有人负责。

（一）重大风险必须由矿长直接领导管控，对预控措施按立项要求制订管控方案和具体实施计划，明确相应的责任、时间和具体措施，保证相应的资源投入，综合运用工程技术和管理等措施，将预控措施纳入相应的安全操作规程，全面整改降低风险级别。不能立即整改的，必须制定相应的日常监测技术手段。

（二）较大风险由矿井专业领导管控，矿井级提供支持。制订管控计划，明确相应的责任、时间和具体措施，保证相应的资源投入，优先运用工程技术措施，同时采取管理措施，视需要将预控措施纳入相应的安全操作规程，降低风险级别。不能立即整改的，必须制定相应的日常监测技术手段。

（三）一般风险主要由科室级、区队级（车间级）管控，提出管控要求，明确相应的责任、时间和具体措施，保证相应的资源投入，视需要运用工程技术措施，主要采取管理措施，对相关人员进行培训,对措施的落实情况进行监督检查,对人员的管控能力进行考核。

(四)低风险由各班组级或岗位管控,明确具体措施并落实,相关人员应了解风险源和管控情况。

第二条　针对重大安全风险,采取设计、替代、转移、隔离等技术、工程、管理手段,制定管控措施和工作方案,人员、资金要有保障,并在划定的重大安全风险区域设定作业人数上限。

第三条　每月由矿长对评估出的重大安全风险管控措施落实情况和管控效果进行检查分析,识别安全风险辨识结果及管控措施是否存在漏洞、盲区,针对管控过程中出现的问题调整完善管控措施,并结合月度安全风险辨识评估结果,布置阶段性安全风险管控重点。

第四条　每旬各分管负责人针对本专业存在的每一项安全风险,从制度、管理、措施、装备、应急、责任、考核等方面逐一落实管控措施;组织对月度安全风险重点管控区域措施实施情况进行一次检查分析,落实管控措施是否符合现场实际,不断完善改进管控措施。

第五条　由安监处负责严格对照每一项安全风险的管控措施,抓好日常监督检查,确保管控措施严格落实到位。

第六条　各专业部室要突出管控重点,对重大危险源和存在重大安全风险的生产系统、生产区域、岗位实行重点管控,有针对性地开展监督检查等日常管控工作。

第七条　实时动态调整,高度关注生产状况和危险源变化后的风险状况,动态评估、调整风险等级和管控措施,实时分析风险的管控能力变化,准确掌握实际存在的风险状况等级,并随着风险变化而随时升降等级,防止出现评级"终身制",确保安全风险始终处于受控范围内。

第八条　本制度从下发之日起执行。

××××煤矿有限公司
安全风险分级管控公告制度

第一条　为加强安全风险分级管控工作,对矿安全风险进行宣传告知,全面提高风险管控水平,有效利用矿现有资源,为我矿的安全发展提供有效保障,特制定本制度。

第二条　利用井口大屏对煤矿重大安全风险进行公示,公示时间为每月1日、11日、21日,标明可能引发的事故隐患类别、事故后果、管控措施、应急措施及报告方式等相关内容。

第三条　井下在重大安全风险区域设置重大安全风险公告板,采煤工作面设置在上超前外20 m范围内,掘进迎头设置在迎头后100 m范围内。

第四条　重大安全风险公示内容由风险所属专业向安监处提交,提交时间为每月的9日、19日、29日。

第五条　安监处信息办负责在每月规定时间使用井口大屏对重大安全风险进行公示。

第六条　各采掘辅助单位对本单位施工地点的安全风险进行辨识,打印成册,传达给区队所有职工进行学习,确保本单位所有职工知道本单位存在的安全风险并掌握管控措施。

第七条　本制度自下发之日起执行。

××××煤矿有限公司
安全风险分级管控培训制度

第一条 为促进煤矿安全风险培训工作有序开展,提高安全风险工作人员的政治素质、业务素质和工作能力,普及安全风险知识,促进安全风险管理培训工作科学化、规范化和制度化,根据国家和集团公司的有关规定以及安全风险管理工作发展的需要,制定本制度。

第二条 安全风险教育培训工作应当遵循下列原则:

(一)坚持理论联系实际、学以致用的原则;

(二)坚持分级负责、分类管理的原则;

(三)坚持集中培训与在岗自学相结合的原则;

(四)坚持以人为本、按需施教的原则;

(五)坚持教学结合、保证质量的原则;

(六)坚持与时俱进、改革创新的原则。

第三条 安监处安培中心负责全矿安全风险培训工作的组织、管理和考核工作。

第四条 安全风险培训的主要对象是:矿级领导和单位、部门负责人、安全风险工作人员、培训教员、各基层单位班组长、兼职救护队队员。

第五条 在编制年度安全教育培训计划时,一并制订本年度安全风险培训计划。

第六条 所有安全风险专职工作人员每年必须接受培训。

第七条 培训对象在参加上级组织的集中脱产培训期间,享受在岗同等待遇。

第八条 安全风险培训的主要内容包括:

(一)有关安全风险的法律、法规和规章;

(二)安全风险相关制度;

(三)安全风险基本知识和基本理论;

(四)重大安全风险管控措施;

(五)应急通信联络方法;

(六)应急救援案例。

第九条 各单位有关人员除参加矿或上级组织的集中脱产培训外,还应采取多种形式开展安全风险培训。

(一)以岗代培。通过参加工作实践和接受指导,提高安全风险管理水平。

(二)以学代培。大力倡导和鼓励工作人员自行组织学习,通过自学不断更新观念、强化内在素质,提高安全风险工作能力。

(三)以研代培。组织各种安全风险研讨活动,安排有关人员参与,提高安全风险工作水平。

(四)以会代培。有计划有层次地组织工作人员参加矿内外各级各类学术研讨会、专题报告会、经验交流会等,通过交流实践经验、探索方法、交流成果,提高各级安全风险人员的积极性和创造精神。

(五)以察代培。有计划有目的地分期分批组织有关人员外出学习、考察,开阔眼界,通过学习、比较,提出本单位今后安全风险工作发展的意见、建议、思路和方法。

第十条 安培中心要认真制定具体的实施意见,编写培训大纲,积极准备培训教材,严密组织培训工作,确保培训工作的顺利开展。

第十一条 应重视培训师资的培养,建立相应的培训师资档案。采取请进来、送出去等多种方式培养培训教师,还可采取聘请集团公司及省内外专家授课等方式,解决培训师资问题。

第十二条 保证培训工作经费的及时足额到位。

第十三条 加强培训的管理,安培中心必须建立和完善培训工作档案,如实记载培训工作和受训人员情况,对不按时参加培训和参加培训不积极、不认真、考试不及格人员进行严格的考核。

第十四条 本制度自下发之日起执行。

××××煤矿有限公司
重大安全风险区域作业人数上限管理制度

为进一步优化矿井生产布局和劳动组织,控制重大危险区域作业人数,最大限度控制安全风险,严防超强度、超能力、超定员生产,结合煤矿安全生产实际,制定本制度。

第一条 ××××煤矿重大风险有煤尘爆炸、水害两项重大风险,风险分布在采煤工作面和掘进工作面。将采煤工作面、掘进工作面划定为重大安全风险区域。

第二条 采掘工作面的界定:采煤工作面是从工作面进风平巷的第一个进风口到回风口的区域;掘进工作面是指局部通风机以里局部通风巷道。采掘工作面限员对象是上述工作面区域范围内工作的作业人员。

各工作场所的每班出勤定员人数,必须依据先进合理的劳动定员标准确定。每班实际出勤人数,不得超过定员人数上限。

第三条 本制度适用于××××煤矿。井下各生产区队要根据本制度和本单位实际情况,在不超过现场定员人数的情况下合理安排人员组织生产。

第四条 各职能科室及井下生产区队要根据核定生产能力优化生产布局,优化生产工艺,优化劳动组织,坚持正规循环作业,均衡组织生产。

第五条 生产技术部要按照安全高效的原则,控制生产采区和采掘工作面个数:

(一)生产采区个数按上级有关规定执行。

(二)在一个采区内同一煤层的一翼最多只能布置1个采煤工作面和2个掘进工作面同时作业;一个采区内同一煤层双翼开采或多煤层开采的,该采区最多只能布置2个采煤工作面和4个掘进工作面同时作业。

第六条 每个采区每小班同时作业的采掘人员不超过100人。

第七条 根据采掘工艺不同,控制采掘工作面每班实际出勤人数:

(一)综采工作面每小班出勤人数不得超过××人;

(二)普采工作面每小班出勤人数不得超过××人;

(三)综掘工作面每小班出勤人数不得超过××人;

(四)普掘工作面每小班出勤人数不得超过××人。

第八条 当同一采区采掘工作面每班同时作业人数或每小班出勤人数大于本制度第六条、第七条规定人数时,按照第六条、第七条规定人数控制;反之,按照出勤定员人数控制。

第九条　人力资源部根据核定生产能力、采掘工作面布置和生产流程,进行劳动组织优化和岗位优化。在严格岗位设置的基础上,会同安监处,采用适当的定员方法,逐一对井下各区(队)、各工种(岗位)、各班次进行定员。

第十条　煤矿各级组织要对井下实行限员高度重视,充分认识限员的重要意义,坚持"以人为本"的原则,加大安全生产宣传工作力度,把各项安全生产规定落到实处。

第十一条　人力资源部根据生产条件、技术装备水平和劳动定员标准,认真编制修订劳动定员,做到"限员"管理与劳动定员管理紧密结合。

第十二条　批准的"限员"人数,是井下作业地点出勤人数的最高限,必须严加控制,不得突破,各生产班(组)在生产安排上,要严格按照限员组织生产,不得擅自增加入井人数,不得超员安排人员入井作业。

第十三条　各职能部门要加强"限员"的监督检查,做好日常动态管理:

(一)人力资源科、安全监察处、调度室,要运用考勤、现场核查等手段,对井下、各采区、各采掘工作面实际出勤人数进行统计,并与出勤定员人数对比,一旦发现实际出勤超过定员人数,要立即报告矿调度室及值班领导,将超员人数及时升井,否则追究有关人员的责任。

(二)对于井下作业人数最多的班次,跟班安监员要跟踪加强管理,严禁两班交叉作业,有效监控交接班期间出现的井下人流高峰。采掘工作面除带班人员、要害岗位、特殊工种人员必须在现场交接班以外,严禁其他人员在限员区域内交接班。

第十四条　调度室和人力资源部要充分利用井口考勤与井下人员定位系统,及时准确掌握入井人数和入井人员的工作区域。

第十五条　有下列情况之一的,由生产技术部提出安全技术措施,人力资源科、安全监察处按照规定临时调整出勤定员,等工作完成后恢复定员人数:

(一)矿井发生突发事件,急需增加人员处理时;

(二)矿井受地质条件影响等,致使临时改变生产组织形式,需要增加作业人员时;

(三)外部来宾下井必须由矿安全监察处审核,矿值班领导审批后方可入井,并在井口信息站登记,且全部纳入人员定位系统监控范围。

第十六条　因支援外部资源开发进行人力资源储备或培训人员,在不超过出勤定员的前提下,可以酌情安排人员入井工作。

第十七条　有关部门要各司其职,不断完善井下人员定位监控系统,掌握井下"限员"动态信息。

第十八条　生产技术部、机电工区、地测测量科等部门负有矿井优化生产布局的职责;人力资源部负有定编定员、配置人员的职责;安全监察处、调度室中心负有井下"限员"监督检查职责。各责任部门要制定相应的监督、检查、考核管理办法,切实发挥"限员"作用,促进矿井安全生产。

第十九条　安全监察处、各职能科室要将"限员"纳入安全考核重要内容,加强监督检查和考核,特别要加大对重点岗位、重点区域、重点环节"限员"的监督检查力度,对不符合本制度规定的,对直接责任人和单位主要负责人进行责任追究和经济处罚。

第二十条　本制度自印发之日起执行。

××××煤矿有限公司
领导带班下井及安全监督检查管理制度

第一条　为认真贯彻落实《国务院关于进一步加强企业安全生产工作的通知》(国发〔2010〕23 号)、《煤矿领导带班下井及安全监督检查规定》(国家安全生产监督管理总局第 33 号令)的规定精神,以及《集团公司领导干部下井规定》,落实安全生产主体责任,督促各级领导深入现场了解安全生产实际情况,跟踪重大安全风险管控措施的落实情况,及时发现和消除事故隐患,有效制止违章违纪现象,结合煤矿的实际情况,特制定本制度。

第二条　一般规定:

(1)带班人员范围:矿长、党委书记、生产矿长、安监处长、总工程师、机电矿长、经营矿长、工会主席、总会计师、党委副书记、副总工程师。

(2)带班次数:矿长、党委书记每月带班下井不得少于 5 次,其余副矿级领导(班子成员)每月带班下井不得少于 7 次,副总工程师每月带班下井不得少于 8 次,具体按《领导干部值班带班表》执行。

(3)带班人员必须严格执行下井带班工作计划的安排,特殊情况不能带班的,必须提前与其他带班人员协商调换,确保每班至少有一名领导带班。如果长时间外出学习或长时间请假,矿统一安排。

(4)带班人员入井时间:早班 6:30、中班 14:30、夜班 22:30,分别在井口大屏公示,与当班员工一同入井。

(5)带班人员在井下进行交接班,并认真填写交接班记录。

(6)每月 25 日由安监处信息办制订《公司领导带班下井计划》,对带班人员的带班日期、班次进行安排,并发给每一个带班人员,以便带班人员安排好日常工作。

第三条　带班人员职责:

(1)带班人员必须熟知本矿存在的重大安全风险,并掌握重大风险的管控措施。

(2)带班人员在带班过程中若对存在重大安全风险的地点进行检查巡视时,必须跟踪现场重大风险管控措施的落实情况,并在检查表中进行体现。

(3)带班人员必须掌握当班的安全生产状况,即人员到岗情况、设备情况、生产(作业环境)安全情况、生产任务(产量)完成情况等,对当班的安全生产负领导责任。

(4)带班人员必须做到"两同时、三不过"。"两同时"即与工人同下同上;"四不放过"即重大安全风险管控措施不落实不放过、隐患和不安全行为不放过、对安全隐患找不出原因不放过、安全隐患得不到处理不放过。

(5)带班人员必须坚守岗位,加强对重点部位、关键环节的检查巡视,及时发现并组织消除事故隐患和险情,及时制止违章、违纪行为,严禁违章指挥,严禁超能力组织生产。

(6)关口前移,重点加大对生产中各重点环节的检查和巡视,必要时,重点工作、关键环节及重大隐患的处理必须盯靠把关,杜绝现场安全管理的失控。

(7)认真检查各作业点的工作人员是否按操作规程执行,有无违章作业现象,协调所在区域的区队之间、各环节的关系,维护安全生产秩序。

(8)发生危及职工生命安全的重大隐患和严重问题时,带班人员必须立即组织采取停产、撤人、排除隐患等紧急处置措施,并及时向矿调度室汇报。

第四条 带班人员在井下现场交接班,上一班人员要将本班安全生产情况、存在的问题及处理情况、需要注意的事项以及对下一班的建议详细说明,并认真做好交接班记录。

第五条 下井带班档案管理:

(1)带班人员下井前必须在安监处信息办进行登记,升井后要将下井的时间、地点、经过路线、发现问题及处理意见等有关情况认真填写,如有下一班需要处理的问题必须填写隐患整改通知单,由信息办值班人员及时送达各单位。资料由安监处指定专人负责保存在专用资料柜中,保存期3年。

(2)井下交接班记录由信息办值班人员负责,月底由信息办负责收起放到资料柜中。资料由安监处指定专人负责保存在专用资料柜中,保存期3年。

(3)安监处信息办要对领导下井查出的问题及时登记汇总,落实整改,做好跟踪督促,确保整改到位。

第六条 公示规定:

安监处信息办负责每月26日前对领导本月度下井带班情况进行公示,包括带班完成情况、考核情况。

第七条 设立群众举报电话,一经查实弄虚作假者,从重加倍处罚,同时奖励举报者100元。

第八条 本制度从下发之日起执行。

××××煤矿有限公司
安全风险分级管控辨识结果应用制度

第一条 为进一步规范安全风险分级管控工作,使辨识结果得到有效的应用,特制定本制度。

第二条 矿长每年底组织各分管负责人和相关业务科室、区队进行年度安全风险辨识,重点对瓦斯、水、火、煤尘、顶板、冲击地压及提升运输系统等容易导致群死群伤事故的危险因素开展年度安全风险辨识。

第三条 年度辨识结果应用于确定下一年度安全生产工作重点,指导和完善下一年度生产计划、灾害预防和处理计划、应急预案。

第四条 年度安全风险专项辨识评估的结果在下一年度生产计划、灾害预防和处理计划、应急预案中要有体现。

第五条 矿长每月组织对重大安全风险管控措施落实情况和管控效果进行一次检查分析,针对管控过程中出现的问题调整完善管控措施,结合年度和专项安全风险辨识评估结果,布置月度安全风险管控重点,明确责任分工。

第六条 新水平、新采(盘)区、新工作面设计前,由总工程师组织有关业务科室进行一次专项辨识。

(一)辨识评估结果用于完善设计方案,指导生产工艺选择、生产系统布置、设备选型、劳动组织确定等。

(二)辨识评估结果在设计方案、生产工艺选择、生产系统布置、设备选型、劳动组织确定等中有体现。

第七条 生产系统、生产工艺、主要设施设备、重大灾害因素等发生重大变化时,由分管负责人组织有关业务科室进行一次专项辨识。

(一)辨识评估结果用于指导重新编制或修订完善作业规程、操作规程和安全技术措施。

(二)辨识评估结果在作业规程、操作规程和安全技术措施中有体现。

第八条 启封火区、排放瓦斯、过构造带及石门揭煤前,新技术、新材料试验或推广应用前,由分管负责人组织有关业务科室进行一次专项辨识。

(一)辨识评估结果用于指导编制安全技术措施。

(二)辨识评估结果在安全技术措施中有体现。

第九条 本矿发生死亡事故或涉险事故、出现重大事故隐患,或所在省份煤矿发生重特大事故后,由矿长组织分管负责人和有关业务科室进行一次专项辨识。

(一)辨识评估结果用于指导修订完善设计方案、作业规程、操作规程、灾害预防与处理计划、应急救援预案以及安全技术措施等技术文件。

(二)辨识评估结果在设计方案、作业规程、操作规程、灾害预防与处理计划、应急救援预案以及安全技术措施等技术文件中有体现。

第十条 分管负责人每月组织对分管范围内月度安全风险管控重点实施情况进行一次检查分析,检查管控措施落实情况,改进完善管控措施。

第十一条 本制度自下发之日起执行。

××××煤矿有限公司
安全风险分级管控资料档案管理制度

第一条 为加强我矿安全风险分级管控工作,充分发挥档案作用,全面提高档案管理水平,有效地保护和利用档案,为煤矿的安全发展提供有效保障,特制定本制度。

第二条 安全风险分级管控材料的收集管理。

(一)必须保证安全风险分级管控材料的完整性、延续性、真实性。

(二)安全风险分级管控资料室设在安监处,由安监处设专人统一管理,对有关资料及时整理归档。

第三条 归档范围。

(一)重要会议材料,包括会议的通知、报告、决议、总结、典型发言、会议记录等。

(二)上级或本矿有关安全风险分级管控的文件、会议纪要等。

(三)其他有必要归档管理的资料。

第四条 立卷归档要求。

(一)安监处应及时做好档案归档分类保管工作。每月结束5日内,各有关部门应将上月资料办理完毕、需归档的材料整理、立卷,向安全风险分级管控资料室提交备份。如有些材料还需使用,应先立卷归档后再办理借阅手续。责任部门必须严格遵守归档制度,不得无故延期或不交应归档备份的资料。

(二)建档部门向安全风险分级管控资料室提交备份档案时,要严格履行移交手续,按文件材料分类造册,随移交备份档案提供两联清单,注明移交人,待档案管理员签收后各备存一联清单备查。

（三）归档案卷的总体要求：遵循文件材料的形成规律和特点，保持文件之间的有机联系，区别不同价值，便于保管和利用。具体应做到以下几点：

1. 归档的文件材料种类、份数以及每份文件的页数均应齐全完整。

2. 卷内文件材料应区别不同情况进行排列，密不可分的文件材料应排序排列在一起，即批复在前、请示在后，正件在前、附件在后，印件在前、定稿在后。

3. 卷内文件材料应按排列排序依次编写页号或件号。图表和声像材料等也应在图表上或声像材料的背面编号。

4. 案卷必须以规定的格式逐件填写卷内文件目录，对文件材料的题名不得随意更改和简化；没有题名应拟写题名，有的虽有题名无实质内容的也应重新拟写；没有责任者、年、月、日的文件材料要考证清楚，填入有关项内；卷内文件目录放在卷首。

第五条 档案保管期限。安全风险分级管控的相关记录应当定期保存。

第六条 电子资料档案特殊管理规定。

（一）安全风险分级管控电子文件档案应按制度严格要求，妥善管理，确保其不散失、不损毁、不失真，从而保证电子文件的完整、真实和有效利用。

（二）安全风险分级管控电子文件由安监处设专人，实行集中统一管理。安全风险分级管控资料室要配备与业务部门兼容的计算机系统，使归档的电子文件能有效机读。档案人员应忠于职守，熟练地掌握计算机系统的使用技能，组织编制归档电子文件的各种检索工具，积极主动提供服务，充分发挥归档电子文件的作用。

（三）电子文件的归档方式。

1. 电子文件的归档方式主要包括逻辑归档和物理归档，根据工作实际，现强调物理归档。

2. 各部门根据归档要求，在应归档电子文件产生时打上相应的标记；把经办过程中的情况随时记录在相应的文件中；办理完毕的电子文件应在规定期限内进行物理归档，把带有归档标识的电子文件进行分类（信息类和环境类）组盘。填写必要著录项目，编制机读记录和要存放载体的编号。

3. 归档的电子文件要编制简要检索工具，其基本著录项目为：序号、题名、责任者、文号、每份文件机读时间及位置、密级、保管期限、硬件和软件环境等著录内容，归档电子文件的著录应符合国家档案著录规则基本要求。

（四）电子文件的移交与保管。

1. 电子文件移交时做到数据完整、内容准确、利用安全、编目规范、账目一致、手续清楚、移交清单一式两份，交接双方签字后各执一份。

2. 安全风险分级管控资料室负责安全风险分级管控电子文件归档前的监督、指导工作，以及归档检查验收和接收后的统一编目、保管、开发利用；做到外观完好、整洁无损；记录的字节数、检索条目等著录项目与登记一致，确保上机测试无病毒和百分之百的准确率。

3. 入库的电子档案，每 2 年要机读抽查一次，发现问题及时补救。

4. 随着计算机技术和设备的更新、发展，对库存电子档案进行同步更新复制，旧版或有问题的载体仍需保存三年。

（五）电子文件的提供和利用。

1. 封存的电子档案不外借,利用时使用复制件,联网利用要有安全保密防范措施和可靠的监管保障。

2. 销毁电子档案,需经本单位档案鉴定小组、分管领导批准,编制销毁清册,监销人、销毁人签名盖章。

第七条　风险管理涉密的图纸、资料、档案管理规定。

(一)安全风险分级管控资料室应由专人管理,其他人未征得管理人员同意,不得随意进入。

(二)档案管理人员要认真贯彻执行矿有关制度,严禁泄露档案材料中的秘密。

(三)借阅档案必须登记,外单位人员查阅本单位档案必须持组织介绍信。无特殊原因,档案一般不外借。

(四)经鉴定,批准销毁的档案材料,应按规定程序销毁,不得当废品处理。

(五)档案管理员要严守岗位,外出时须保存好档案资料,关好档案室门窗。

(六)档案管理员一旦发现档案丢失,应及时向领导和有关部门报告,及时采取措施,并追究有关人员责任。

第八条　资料发放。所有涉及安全风险分级管控的文件和资料应及时发放至有关部门。

第九条　档案的鉴定与销毁。

(一)定期对所保存的安全风险分级管控管理档案进行鉴定,对于保存期限已满的档案材料,按规定进行销毁。

(二)安全风险分级管控档案鉴定工作由安监处主持,有关部门参加,组成档案鉴定小组,对被鉴定的档案进行逐件审查,提出存毁意见。

(三)档案材料鉴定小组审定,并经矿主要负责人批准后,方可销毁。

(四)销毁档案材料,要由二人以上并在指定地点进行监销,监销人要在销毁清册上签字。

第十条　本制度自下发之日起执行。

××××煤矿有限公司
安全风险分级管控责任追究和奖惩制度

第一条　为进一步加强安全风险分级管控管理,强化各单位部门负责人、专业人员的风险管控责任意识,预防和减少各类生产安全事故的发生,保障人民群众生命和财产安全,特制定本制度。

第二条　安全风险分级管控管理工作实行分级管理、分级考核、分级奖惩,由安监处具体落实。

第三条　责任追究:

(一)专业无故延期或不交重大安全风险公告内容的,一经发现,限期上交,经催交仍拖拉不交的,除责令其文件部门负责人和单位领导写出书面检查外,一次考核200元,并予以通报批评。

(二)未按规定时间在井口进行公告的,对信息办负责人每次考核100元。

（三）故意损坏、涂鸦井下公告板的，对责任人考核500元。

（四）加强培训的管理，建立和完善培训工作档案，如实记载培训工作和受训人员情况，对不按时参加培训和参加培训不积极、不认真、考试不及格人员每人次考核100元。

（五）无故不参加工作例会的每次考核100元，迟到考核50元；对落实会议精神不及时、不认真的单位负责人一次考核100元；会议纪要不按时上报安监处的，对负责人每次考核100元。

（六）不按规定组织专项辨识的，对分管负责人考核200元。

（七）专项辨识不符合规定的，对分管负责人考核200元。

（八）专业人员不按规定参加专项辨识的，对专业人员每次考核100元。

（九）不按时上报专项辨识相关资料的，对专业实施小组人员每次考核100元。

（十）带班领导擅离职守，一次考核500元；无故未完成带班次数的，每次考核100元。

（十一）带班领导未按要求跟踪重大安全风险管控措施落实情况的，每次考核100元。

（十二）带班领导未当班与员工同进同出的，一律按违章论处，并视其情节轻重，必要时给予相应的行政处分；发生事故的按相关规定，严肃处理。未填写带班记录、交接班记录的，每次考核50元。

（十三）安监处信息办没有及时公示的，对安监处常务副处长考核100元，信息办负责人100元。

（十四）无故延期或不交应归档的备份文件材料的，一经发现，限期上交，经催交仍拖拉不交的，除责令其文件部门负责人和单位领导写出书面检查外，各考核200元，并予以通报批评。

（十五）凡涂改、拆散或擅自转借、复印或携带档案外出的，视具体情况，对其部门领导和当事人各考核500元，并予以通报批评；如造成恶劣后果者，视情况严重程度追究其法律责任。

（十六）不按借阅期限归还的，限期归还并责令当事人写出书面检查。

（十七）遗失档案的，应立即报告，如因遗失档案，造成恶劣后果者，视情况严重程度追究其相关责任。

（十八）档案管理员丢失或违反档案调阅流程擅自向他人提供档案的，应根据情节轻重，给予纪律处分及相应经济处罚。

（十九）不按规定存放电子档案，不按规定接受检查者给予相应的纪律处分及经济处罚。

第四条　本制度自下发之日起执行。

第四章 煤矿安全风险分级管控安全标准

第一节 掘进工作面安全标准

一、基本规定

（1）一个采区内同一煤层的一翼最多只能布置两个掘进工作面同时作业；一个采区内同一煤层双翼开采或多煤层开采的，该采区最多只能布置四个掘进工作面同时作业。

（2）掘进工作面应实行独立通风，特殊条件下，在制定措施后可采用串联通风，但串联通风的次数不得超过 1 次。

（3）掘进工作面应悬挂规范的巷道布置图，施工断面图、炮眼布置图、爆破说明书（断面截割轨迹图）、设备布置图、临时支护图、监测监控系统图、供电系统图、通风系统图、避灾路线图等说明牌板。必须有探放水钻孔设计图和允许掘进施工进度记录牌板。

（4）掘进巷道必须安设两台同等能力的局部通风机，实现"三专两闭锁"和"双风机、双电源"自动切换。

（5）局部通风机必须安装开停传感器，且与监测系统联网；局部通风机要实行专人、挂牌管理，不得出现无计划停风，有计划停风的必须有专项通风安全措施。

（6）掘进工作面的进风和回风不得经过采空区或冒顶区。

（7）掘进斜巷时，必须在斜巷的上口设置防止跑车装置，在掘进工作面的上方设置坚固的跑车防护装置。跑车防护装置与掘进工作面的距离必须在施工组织设计或作业规程中规定。

（8）巷道掘进时必须采取前探支护措施，严禁空顶作业。前探梁必须用 10♯ 以上槽钢制作，长度不得小于 4 m。机掘巷道应积极推广使用机载前探临时支护。

二、掘进工作面设备

1. 掘进机

（1）掘进机前后照明灯齐全明亮；机载瓦斯断电仪显示正常，功能可靠。

（2）掘进机必须装有只准以专用工具开、闭的电气控制回路开关，专用工具必须由专职司机保管。

（3）在掘进机非操作侧，必须装有能紧急停止运转的按钮，按钮动作可靠并有常闭功能。

（4）截割头无裂纹、开焊，截齿完整，短缺数不超过总数的 5%；截割臂伸缩、上下摆动，均匀灵活。

（5）履带板无裂纹，不碰其他机件，松紧适宜，松弛度为 30～50 mm。

（6）耙爪转动灵活，伸出时能超出铲煤板；刮板齐全，弯曲不超过 15 mm；链条松紧适宜,链轮磨损不超过原齿厚的 25%,运转时不跳压。

(7) 喷雾管路穿排正确,喷雾状态良好成雾状,喷雾齐全无损坏;内喷雾装置的使用水压不得小于 3 MPa,外喷雾装置的使用水压不得小于 1.5 MPa;如果内喷雾装置的使用水压小于 3 MPa 或无内喷雾装置,则必须使用外喷雾装置和除尘器。

(8) 各液压管路排列固定整齐,使用标准 U 形卡连接良好,管路无挤压、扭曲变形,液压元件无漏油、漏水现象。

(9) 减速箱油位淹没最上端轴承的 1/3～1/2,液压箱油位到达油位指示正常位置、各润滑脂注满油腔。

(10) 电机、冷却器冷却效果良好,电机无异响,长时间运行外壳温度不超过 65 ℃,轴承端部温度无异常。

(11) 掘进机各连接部位齐全紧固。电控箱固定可靠,接触器和隔离开关及各种保护功能齐全,动作灵活准确,防爆部位符合规定,接线紧固无毛刺,螺栓垫圈齐全,报警器齐全响亮。

(12) 各开关手把齐全,灵活可靠;各种保护调整符合要求,动作灵敏;接线工艺符合要求完好无失爆;盖板齐全不变形,盖板螺栓齐全紧固不松动。

2. 耙装机

(1) 高瓦斯区域、煤与瓦斯突出危险区域煤巷掘进工作面,严禁使用钢丝绳牵引的耙装机。

(2) 耙装机作业时必须照明齐全;刹车装置必须完整、可靠。

(3) 耙装机绞车的牵引绞车滚筒无裂纹,制丝绳固定牢靠,留在滚筒上至少有 3 圈。制动闸动作灵活可靠,闸带无断裂,磨损余厚不小于 3 mm。导绳滚完整齐全,转动灵活,磨损深度不超过导绳滚壁厚的 2/3。

(4) 必须装有封闭式金属挡绳栏和防耙斗出槽的护栏;在拐弯巷道装岩(煤)时,必须使用可靠的双向辅助导向轮,并有专人指挥和信号联系。

(5) 耙装作业开始前,甲烷断电仪的传感器,必须悬挂在耙斗作业段的上方。

(6) 固定钢丝绳滑轮的锚桩及其孔深与牢固程度,必须根据岩性条件在作业规程中做出明确规定。

(7) 在装岩(煤)前,必须将机身和尾轮固定牢靠;在倾斜巷道使用耗装机时,必须有防止机身下滑的措施;上下山使用耙斗机时,必须有防跑车的保险装置,在司机前方必须打护身柱或设护板。

(8) 耙装机作业时,其与掘进工作面的最大和最小允许距离必须在作业规程中明确规定。

(9) 不得使用接力耙斗,耙斗绞车距工作面的最大距离不得超过 30 m。如果因为工艺工序的不同,需要超过 30 m,必须经集团公司批准。

3. 带式输送机

(1) 必须使用阻燃输送带,并具有适合规定的宽度,保证输送机在所有正常工作条件下的稳定性和强度。

(2) 整个输送机线路上,特别是在装载、卸载或转载点,设防止煤炭溢出的装置,并采取降尘措施。

（3）与输送机配套的电动机、电控及保护设备必须具有防爆合格证明。

（4）输送机任何零部件的表面最高温度不得超过 150 ℃。机械摩擦制动时,不得出现火花现象。

（5）输送机长度超过 100 m 时,应在输送机人行道一侧设置沿线紧急停车装置。

（6）输送机电控系统应具有启动预告（声响或灯光信号）、启动、停止、紧急停机、系统联锁及沿线通信等功能,其他功能宜按输送机的设计要求执行。

（7）在输送机运动部件（如联轴器、输送带与托辊、滚筒等）易咬入或挤夹的部位,尤其是人员易于接近的地方,都应加以防护。

（8）输送机巷道内禁止烧焊,输送机机头、机尾前后 10 m 的巷道支护应用非燃性材料支护。

（9）输送机巷道内应敷设消防水管,机头、机尾和巷道每 50 m 处应设有消火栓,并配备水龙头和足够的灭火器。

（10）机架、托辊齐全完好,胶带不跑偏。严禁输送机乘人、跨越输送机或从设备下面通过,需要行人跨越处必须设过桥。

（11）矿用安全型和限矩型偶合器不允许使用可燃性传动介质。调速型液力偶合器使用油介质时必须确保良好的外循环系统和完善的超温保护措施。

（12）带式输送机需安装防滑、堆煤、防跑偏、温度、烟雾、自动洒水、沿线紧停等七大保护。

4. 煤电钻

（1）煤电钻必须装有防爆插销和使用合格的电煤钻综合保护装置。

（2）电钻壳无裂纹,风罩合格,各部螺丝紧固,主轴回转方向正确,操作手把和后盖绝缘良好,接线及密封合格,电缆护套无破损。

（3）接触器绝缘无损伤,触头接触良好,触头开距为 3.4～4.1 mm,消弧装置齐全完整,接触器吸合无噪声。

（4）过载、短路、漏电保护装置齐全,整定合格,动作灵敏可靠;熔断管完整无损伤,固定牢靠,熔体选用合适。

（5）接头无松脱现象,接地良好。每班对煤电钻开关综合保护装置进行一次测试。

（6）机械、电气闭锁齐全可靠,隔爆性能应符合有关规定。

三、局部通风

（1）掘进巷道在施工前必须由通风区编制局部通风设计,巷道的通风方式、局部通风机型号、局部通风机供电方式、风筒规格、安装和使用要求等,都应在掘进作业规程中明确规定。

（2）掘进巷道必须安设两台同等能力的局部通风机,实现"三专两闭锁"和"双风机、双电源"自动切换。每天进行主、备局部通风机自动切换试验和风电闭锁试验,并留有记录。

（3）局部通风机的安装或迁移实行三联单申请制,使用队组提出申请,由矿通风副总、开拓副总以及通风、机电部门审签。安装或迁移具体位置由通风区长或通风技术主管现场指定。

（4）局部通风机由所在掘进或施工队长指定专人负责,实行挂牌管理。局部通风机管理牌板必须标明风机型号、功率、通风距离、风筒直径、看管风机责任人姓名以及风机所在位置巷道通过的风量、测定日期等。

（5）掘进工作面供风量必须充足，不得出现不符合规定的串联通风，严禁吸循环风。

（6）无人工作、临时停工地点，不得停风，局部通风机由矿明确单位负责管理，且必须进行正常的瓦斯检查、排水和顶板支护巡查工作。

（7）严禁采用三台（含三台）以上局部通风机为一个掘进工作面供风；严禁一台局部通风机同时为两个掘进工作面供风。采用两台风机同时为一个掘进工作面供风时，必须制定专项通风管理措施，且两台局部通风机必须同时实现风电闭锁。

（8）必须使用抗静电、阻燃风筒，风筒直径要一致，转弯处必须设弯头，不得拐死弯。

（9）风筒吊挂必须平直，逢环必挂；风筒接头必须采用正反压边，且使用风筒抱箍；风筒出风口距工作面不得大于 10 m。

（10）压入式局部通风机及其启动装置必须安设在进风巷道中，距掘进巷道回风口不得小于 10 m。

（11）掘进工作面主风机发生故障停止运转，副风机运转期间，工作面必须停止作业，撤出人员。

（12）调节前 5 m 范围内必须无杂物，且调节内不得堆放杂物；回风绕道内不得有浮煤堆积，且必须有避灾路线台阶。

四、监测监控

（1）掘进工作面必须设置甲烷传感器，位置设在距工作面不大于 5 m 处无风筒一侧。报警浓度≥0.8%，断电浓度≥1.2%，复电浓度＜0.8%，断电范围是掘进巷道内全部非本质安全型电气设备。

（2）高瓦斯矿井或瓦斯矿井瓦斯异常涌出的掘进工作面巷道长度超过 1 000 m 时，巷道中部必须设置甲烷传感器，且随掘进进度及时调整传感器位置。报警浓度≥0.8%，断电浓度≥0.8%，复电浓度＜0.8%，断电范围是掘进巷道内全部非本质安全型电气设备。

（3）巷道内所有传感器必须每 10 天进行一次调试、效验；各类传感器的吊挂，距顶板不得大于 300 mm，距帮不得小于 200 mm。

（4）主、备局部通风机的每级电机必须安装设备开停传感器；当主风机停止运转，切断供风区域内全部非本质安全型电气设备的电源并闭锁；当主风机恢复正常工作时自动解锁。

（5）掘进工作面风筒末端必须设置风筒传感器，风筒传感器应安装在距风筒末端 50 m 范围内；当风筒风量低于规定值时，声光报警，切断供风区域的全部非本质安全型电气设备的电源并闭锁；当风筒恢复正常工作时自动解锁。

（6）采用串联通风时，被串联的掘进工作面局部通风机前 3～5 m 范围必须设置甲烷传感器。报警浓度≥0.5%，断电浓度≥0.5%，复电浓度＜0.5%，断电范围是被串掘进巷道内全部非本质安全型电气设备。当甲烷瓦斯浓度≥1.2%时，同时还要切断被串局部通风机的电源，复电浓度＜0.5%。

（7）掘进机必须设置机载式甲烷断电仪，报警浓度≥0.8%，断电浓度≥1.2%，复电浓度＜0.8%，断电范围是掘进机电源。

五、顶板管理

（1）掘进工作面巷道开口、过断层、过空巷、处理冒顶、掘进劈帮卧底、挑顶等特殊地点施工,要提出针对性安全技术措施。

(2)帮顶支护和支架稳固、防止冒顶均应制定切实可行的安全技术措施。若地质、围岩条件发生变化,应及时补充、修改支护设计。

(3)根据巷道围岩的性质、松动圈、有关矿压观测资料,针对井下现场实际情况选择支护形式、材料、规格等。

(4)掘进工作面已掘巷道每 100 m 必须装设顶板离层仪,专人定期观察,并就近设记录牌板。

(5)掘进工作面在作业规程中要明确规定最大、最小控顶距离。炮掘和机掘工作面的最小控顶距不得超过一个支护间距。炮掘工作面的最大控顶距为最小控顶距加一个循环进度,机掘工作面最大控顶距为最小控顶距加一个支护间距。

(6)掘进工作面在永久支护之前,必须使用安全可靠的临时支护。其临时支护形式在作业规程中有明确规定。

(7)前探梁必须用 10♯ 以上槽钢制作,长度不得小于 4 m。机掘巷道应积极推广使用机载前探临时支护。

(8)锚杆支护的矩形断面顶板每排锚杆必须布置 1 根前探梁;锚杆支护的拱形断面拱顶部分每排锚杆必须布置 1 根前探梁;工字钢梁架棚支护的梯形断面沿顶梁每米必须布置 1 根前探梁;U 型钢梁支护的拱形巷道拱顶部分必须布置 3 根前探梁。

(9)前探梁必须与顶板刹紧背牢,每根前探梁的刹顶木不得少于两根。

(10)侏罗系煤层巷道锚杆预紧扭矩不得小于 120 N·m,石炭系煤层巷道锚杆预紧扭矩不得小于 150 N·m;锚索预紧力必须符合设计要求,不得小于 70 kN。

(11)锚喷支护的巷道要及时初喷跟迎头,混凝土喷射前必须冲洗岩帮,喷射后要养护。初喷的厚度要达到 30 mm 以上。复喷达到设计厚度,滞后的距离必须在作业规程中明确规定。

六、探放水及排水设施

1. 探放水

(1)受水害威胁区域进行巷道掘进前,应当采用钻探、物探和化探等方法查清水文地质条件。地测机构提出水文地质情况分析报告,制定水害防范措施,经审查批准后方可进行施工。

(2)掘进工作面遇到下列情况之一的,应当进行探放水:

① 接近水文地质情况不清或水文地质条件复杂的区域;

② 接近水淹或者可能积水的井巷、老空或矿井;

③ 接近承压水、含水层、导水构造、暗河、溶洞;

④ 接近有积水的灌浆区、有出水可能的钻孔、其他可能突水的区域;

⑤ 接近可能与河流、湖泊、水库、蓄水池、水井等相通的断层破碎带。

(3)采掘工作面探水前,应当编制探放水设计,确定探水警戒线,并将探水线绘制在采掘工程平面图上。

(4)布置探放水钻孔应当遵循下列规定:

① 探放老空水、陷落柱和钻孔水时,探水钻孔成组布设,并在巷道前方的水平面和竖直面内呈扇形。钻孔终孔位置以满足平距 3 m 为准,厚煤层内各孔终孔的垂距不得超过

1.5 m。

② 探放断裂构造水、岩溶水等时,探水钻孔沿掘进方向的前方及下方布置。底板方向的钻孔不得少于 2 个。

③ 原则上禁止探放水压高于 1 MPa 的充水断层水、含水层水及陷落柱水等。如确实需要的,可以先建筑防水闸墙,并在闸墙外向内探放水。

④ 井下探放水应当使用专用的探放水钻机。严禁使用煤电钻探放水。

(5)安装钻机进行探水前,应当符合下列规定:

① 加强钻孔附近的巷道支护并在工作面迎头打好坚固的立柱和拦板。

② 清理巷道,挖好排水沟。探水钻孔位于巷道低洼处时,配备与探放水量相适应的排水设备。

③ 在打钻地点或其附近安设专用电话。

④ 依据设计确定主要探水孔位置时,由测量人员进行标定。负责探放水工作的人员亲临现场,共同确定钻孔的方位、倾角、深度和钻孔数量。

⑤ 在预计水压大于 0.1 MPa 的地点探水时,预先固结套管。套关口安装闸阀,套管深度在探放水设计中规定。预先开掘安全躲避洞,制定包括撤人的避灾路线等安全措施,并使每个作业人员了解和掌握。

⑥ 钻孔内水压大于 1.5 MPa 时,采用反压和有防喷装置的方法钻进,并制定防止孔口管和煤(岩)壁突然鼓出的措施。

(6)探放老空水的超前钻距,根据水压、煤(岩)层厚度和强度及安全措施等情况确定,但最小水平钻距不得小于 30 m,止水套管长度不得小于 10 m。

(7)在探水钻进时,发现煤岩层松软、片帮、来压或者钻眼中水压、水量突然增大和顶钻等透水征兆时应立即停止钻进,但不得拔出钻杆。发现情况危急,应当立即撤出所有受水害威胁地区人员到安全地点。

(8)探放老空水前,应当首先分析查明老空水体的空间位置、积水量和水压。探放水应当钻入老空水体,并监视防水全过程,核对放水量,直到老空水放完为止。当钻孔接近老空时,预计可能发生瓦斯或者其他有害气体涌出的,应当设有瓦斯检查员或者矿山救护队员在场值班,随时检查空气成分。如果瓦斯或者其他有害气体浓度超过有关规定,应当立即停止钻进,切断电源,撤出人员,并报告调度室,及时处理。

(9)钻孔放水前,应当估计积水量,并根据矿井排水能力和水仓容量,放水流量,防止淹井;放水时,应当设有专人监测钻孔出水情况,测定水量和水压,做好记录。如果水量突然变化,应当及时处理,并立即报告矿调度室。

2.排水设施

(1)未形成可靠的排水系统前,严禁掘进工作面施工。

(2)掘进工作面必须按照作业规程要求配备足够能力的排水设备,水患严重的工作面至少配备一趟 4 in(1 in＝2.54 m)管路和一台 45 kW 水泵,并有备用水泵,水泵开关要置于安全地方,提供可靠的电源保障,进行排水试验,确保排水系统正常。

(3)每隔 300 m 设水泵窝,混凝土砌筑。

(4)高瓦斯矿井及高瓦斯区域应利用风泵排水。

七、避险系统

（1）掘进工作面入口必须设置人员定位系统读卡器，并能满足监测携卡所有人员进、出工作面的要求。

（2）避灾路线上均需安装压风管路，并设置供气阀门，间距不大于 200 m。压风管路及阀门安装高度距底板应大于 0.3 m。

（3）压风出口压力在 0.1～0.3 MPa 之间，供风量不低于 0.3 m³/(min·人)，连续噪声不大于 70 dB。

（4）供水施救系统管路必须铺设到工作面。供水管路间隔不大于 200 m 安设一个三通阀门，并与供气阀门间距不大于 10 m。

（5）距工作面 25～40 m 的巷道内、爆破地点、撤离人员与警戒人员所在的位置等地点应至少设置一组压风自救装置和供水施救装置。

（6）供水点前后 2 m 范围无材料、杂物、积水现象。供水管道阀门高度：距巷道底板一般 1.2～1.5 m 以上。

（7）距工作面两端 10～20 m 范围内，应分别安设电话，掘进工作面的巷道长度大于 1 000 m 时，在巷道中部应安设电话。

第二节　综采工作面安全标准

一、基本规定

（1）一个采区内同一煤层的一翼最多只能布置 1 个采煤工作面；一个采区内同一煤层双翼最多只能布置 2 个采煤工作面。

（2）采煤工作面不得破坏工业场地、矿界、防水和井巷等安全煤柱；未经审批，不得进行"三下"开采。

（3）高瓦斯矿井、低瓦斯矿井高瓦斯区域的采煤工作面，不得采用前进式采煤方法。

（4）采煤工作面范围内及周边区域水文地质条件不清楚的严禁进行回采作业。

（5）孤岛开采、均压开采、近距离煤层开采、煤柱下覆开采、冲击地压区域开采、放顶煤开采、采用炮采工艺开采，必须按规定履行审批程序，落实好各项安全技术措施。

（6）巷道净高不低于 1.8 m，有 2 个畅通的安全出口，人行道宽度符合规定。

（7）工作面及两巷顶板支护完好，在压力集中或顶板破碎区采取可靠的加强支护措施。

（8）端头支护、超前支护符合规定，有采用刚性连接的防倒、防坠装置。

（9）严禁在采煤工作面范围内再布置另一采煤工作面同时作业。严禁在综采工作面布置前切巷。

（10）查清同层、上部采空积水及小窑破坏区积水、顶底板砂岩含水层和下部奥灰水承压情况，科学制定探放水设计，认真实施。

（11）水患严重的工作面两巷至少各配备一趟 4 in 管路和一台 45 kW 水泵，并有备用水泵，水泵开关置于安全地点，并提供可靠的电源保障，工作面回采前要进行排水系统运转试验，确保排水系统正常。

（12）无瓦斯超限或积聚，瓦斯检查设点、检查次数、牌板符合要求，无假检漏检，记录无误。

（13）安装瓦斯抽放的工作面,使用、维护符合方案、措施要求。

（14）有经审批的设计及合格的作业规程和管理制度,作业规程已贯彻。

（15）井下有四图及其他牌板,悬挂位置合理;两平巷每20 m一个进度牌。

（16）必须对新开综采工作面进行预验收,预验收存在的问题正式验收前完成整改,并出具预验收报告。

（17）无国家明令淘汰、禁止使用的危及生产安全的设备,设备能力匹配、系统无制约因素。

二、采煤工作面设备

1.带式输送机

（1）必须使用阻燃输送带,并具有适合规定的的宽度,保证输送机在所有正常工作条件下的稳定性和强度。

（2）整个输送机线路上,特别是在装载、卸载或转载点,设防止煤炭溢出的装置,并采取降尘措施。

（3）与输送机配套的电动机、电控及保护设备必须具有防爆合格证明。

（4）输送机任何零部件的表面最高温度不得超过150 ℃。机械摩擦制动时,不得出现火花现象。

（5）输送机长度超过100 m时,应在输送机人行道一侧设置沿线紧急停车装置。

（6）输送机电控系统应具有启动预告(声响或灯光信号)、启动、停止、紧急停机、系统联锁及沿线通信等功能,其他功能宜按输送机的设计要求执行。

（7）在输送机运动部件(如联轴器、输送带与托辊、滚筒等)易咬入或挤夹的部位,尤其是人员易于接近的地方,都应加以防护。

（8）输送机巷道内禁止烧焊,输送机机头、机尾前后10 m的巷道支护应用非燃性材料支护。

（9）输送机巷道内应敷设消防水管,机头、机尾和巷道每50 m处应设有消火栓,并配备水龙头和足够的灭火器。

（10）机架、托辊齐全完好,胶带不跑偏。严禁输送机乘人、跨越输送机或从设备下面通过,需要行人跨越处必须设过桥。

（11）矿用安全型和限矩型偶合器不允许使用可燃性传动介质。调速型液力偶合器使用油介质时必须确保良好的外循环系统和完善的超温保护措施。

（12）带式输送机需安装的保护及安装位置:

① 防滑保护装置。

磁铁式:防滑保护装置应将磁铁安装在从动滚筒的侧面,速度传感器要安装在与磁铁相对应的支架上;

滚轮式防滑保护:传感器安装在下胶带上面或者上胶带下面。

② 堆煤保护装置。

一种是安装在煤仓上口,堆煤保护传感器的安装高度,应在低于机头下胶带200 mm水平以下,其平面位置应在煤仓口范围之内;另一种是安装在两部带式输送机搭接处,安装高度应在后部输送机机头滚筒轴线水平以下,其平面位置应在前部带式输送机的煤流方向,且距离应在前部带式输送机机架侧向200～300 mm。

③ 防跑偏保护装置。

机头和机尾均安装一组跑偏保护传感器；中间部分安装自动纠偏装置。

④ 温度保护。

安装在带式输送机的主动滚筒附近，温度探头应安设在带式输送机的主动滚筒和胶带接触面的 5～10 mm 处。

⑤ 烟雾保护。

悬挂于胶带张紧段，距上胶带上方 0.6～0.8 m，同时在风流下行方向距驱动滚筒 5 m 内的下风口处。

⑥ 自动洒水装置。

安装在输送机驱动装置两侧，洒水时能起到对驱动胶带和驱动滚筒同时灭火降温的效果，其水源的阀门应是常开。

⑦ 沿线紧停保护装置。

输送机巷道内每隔 100 m 要安装一个紧停开关，在装载点、人行过桥处、机头、机尾均应设有紧停开关，开关信号要接入带式输送机控制系统。

2. 采煤机

（1）采煤机上必须装有能停止工作面刮板输送机运行的闭锁装置，不得私自甩掉，并接线完好，防爆面胶圈合格。

（2）工作面倾角在 15°以上时，必须有可靠的防滑装置。滑靴与销轨啮合正常，整机行走平稳。滑靴全部采用加强型，且完好无损。

（3）机身固定，机壳、盖板无裂纹，接合面严密，不漏油，连接螺栓无松动、缺失，必须使用原机配置螺栓或同型号等强度的螺栓代替使用。

（4）操作把手、按钮、旋钮完整，动作灵活可靠，位置正确。

（5）液压油按原机设计要求正确使用，电机冷却水路畅通，不漏水，电机外壳温度不超过 65 ℃。水管、油管接头使用标准 U 形卡牢固，截止阀灵活、过滤器不堵塞，油、水路畅通、不漏。

（6）滚筒叶片无变形、裂纹或开焊现象，固定滚筒用的螺栓不松动，螺旋叶磨损度不超过内喷雾的螺纹，无内喷雾的螺旋叶，磨损度不超过原厚度 1/3，截齿齐全、锋利，安装牢固，方向正确。

（7）牵引部运行无杂响，油位适当，调速均匀准确。在倾斜工作位置，齿轮能带油，满足润滑要求。

（8）摇臂升降灵活，不自动下降，油封不漏油。摇臂千斤顶无损伤，不漏油。

（9）采煤机本身电气系统按规定接线，控制性能达说明书要求，动作无异常。变频系统工作正常，显示正确。采煤机变频器的维护及检修必须按照电牵引采煤机说明书要求执行。

（10）电缆齐全牢靠不出槽，电缆不受拉力，中间无接线盒，绝缘两天遥测一次。

（11）电缆、水管、电缆拖移装置的连接正常，无破损、变形、被卡现象，挡煤板槽内无浮煤、浮矸。电缆与冷却水管长度符合要求，固定段必须放置于电缆槽下层，折曲段在电缆槽上层且绑扎牢固合理，电缆夹齐全牢固，不出槽。

（12）采煤机必须安装内、外喷雾装置。截煤时必须喷雾降尘，内喷雾压力不得小于 2 MPa，外喷雾压力不得小于 1.5 MPa，喷雾流量应与机型相匹配。如果内喷雾装置不能正常喷雾,外喷雾压力不得小于 4 MPa,无水或喷雾装置损坏时必须停机。

(13)采煤机必须装设机载瓦斯断电仪。采煤机隔离开关、离合器操作灵活可靠。

(14)司机持证上岗,现场口试合格,应知应会,并能说出常用设备性能,注重安全操作要求。

(15)过断层时,司机必须严格遵守作业规程,震动炮效果检验达不到机组过断层需要,司机必须停止作业。

(16)机组设备每天有检修记录,有检修专用工具,有更换配件记录,有交接班需要说明情况记录。

3. 刮板输送机

(1)采煤工作面刮板输送机必须安设能发出停止和启动信号的装置,发出信号点的间距不得超过 15 m。

(2)各紧固连接螺栓必须齐全紧固、符合要求,连接件齐全良好,紧固连接可靠。各部结合必须紧密无缝隙,各部销轴穿连、锁固良好,无松动退脱现象,严禁使用非标准件。

(3)刮板机链条连接环不变形,满负荷时,链子在机头链轮处的下垂度不得超过两个链环的距离。刮板弯曲变形数不超过总数的 3%,缺少数不超过总数的 2%,并不得连续出现。

(4)刮板螺栓齐全紧固压紧链条、不缺弹簧垫(防松螺帽除外),链条长度合适。刮板链张紧合适,开动行走平稳正常,无刮卡、跳链现象、无异响。

(5)刮板输送机必须保持直线,中部槽对接良好,错差不超过 5 mm。倾角大于 25°时,必须有防止煤(矸)窜出刮板输送机伤人的措施。

(6)刮板输送机的液力偶合器,必须按所传递的功率大小,注入规定量的难燃液,并经常检查有无漏失。易熔合金塞必须符合标准,并设专人检查、清除塞内污物。

(7)减速机试运行声音正常,无异响,无漏油、漏水现象,长时间运行油温不超过70 ℃,轴承端部温度无异常。减速机一轴油位淹没最上端轴的一半,减速机油位淹没最上端轴承的 1/3~1/2。

(8)喷雾、冷却管路穿排正确,先经电机后经过减速机,压力保证 2~4 MPa。喷雾状态良好成雾状,喷雾嘴上齐全、良好无损坏。电机冷却效果良好,电机无异响,长时间运行外壳温度不超过 65 ℃,轴承端部温度无异常。

(9)电气控制正常,各开关手把、按钮齐全,灵活可靠,刮板机急停灵敏有效,各种保护调整符合要求,动作灵敏可靠,接线工艺符合要求,完好无失爆。

(10)机头机尾电机,接线合格,停止按钮可靠、无失爆。线长不超过 3 m、吊挂正确、无破损。连接筒盖板、机尾安全护罩等安全防护设施无松动、缺螺栓现象。机头处电缆使用胶皮包扎捆绑保护,管路、电缆吊挂良好。

(11)运输机头和平巷机尾搭接良好,机头滚筒高度与平巷机尾面槽的相对高度不得小于 500 mm,以防回煤。

(12)刮板输送机严禁乘人。用刮板输送机运送物料时,必须有防止顶人和顶倒支架的安全措施。

4. 液压支架

(1)运送、安装和拆除液压支架时,必须有安全措施,明确规定运送方式、安装质量、拆装工艺和控制顶板的措施。

（2）处理倒架、歪架、压架以及更换支架和拆修顶梁、支柱、座箱等大型部件时，必须有安全措施。

（3）严禁采高大于支架的最大支护高度。当煤层变薄时，采高不得小于支架的最小支护高度。当采高超过 3 m 或片帮严重时，液压支架必须有护帮板。

（4）工作面两端必须使用端头支架或增设其他形式的支护。

（5）端面距应根据具体情况在作业规程中明确规定，超过规定距离或发生冒顶、片帮时，必须停止采煤。

（6）工作面爆破时，必须有保护液压支架和其他设备的安全措施。

（7）支架要排成一条直线，其偏差不得超过±50 mm。中心距按作业规程要求，偏差不超过±100 mm。相邻支架间不能有明显错差，不超过顶梁侧护板高的 2/3，支架不挤、不咬、架间空隙不超过 200 mm。

（8）液压支架的初撑力不低于泵站额定值的 80％，工作面支架必须安装压力表。液压支架必须接顶。在处理液压支架上方冒顶时，必须制定安全措施。

（9）各连接件齐全良好，不缺件，连接件紧固连接可靠。各焊接点、焊接缝不开焊不裂缝，侧护板不变形或变形程度不影响侧护板的正常开合。

（10）支架不漏液、不窜液、不卸载。对各类阀组要定期检查，单体液压支柱的单向阀、卸载阀性能良好，安全阀必须在井上调试。

（11）高压胶管必须是四层网，入井前必须进行压力试验，合格后方可入井。各液压管路排列固定整齐，使用标准 U 形卡连接良好，管路无挤压、扭曲变形，液压元件无漏液现象，支架进回液管连接好并吊挂整齐。

（12）喷雾管路穿排正确，喷雾压力保证 2～4 MPa，喷雾状态良好成雾状，喷雾嘴上齐全、良好无损坏。

（13）支架与刮板输送机使用原配置连接件连接可靠，错差不超过 100 mm，支架安装垂直于煤壁。

（14）单体液压支柱柱顶盖不缺爪，无严重变形，回撤的支柱应竖放，不得倒放在底板上。

（15）支架全部编号管理，牌号清晰。

5. 乳化液泵

（1）各紧固连接螺栓必须齐全紧固符合要求，连接件齐全良好，不缺件，连接件紧固连接可靠，设备摆放平稳，距巷道帮不小于 500 mm。

（2）曲轴箱油位淹没 1/3～1/2 达到油标显示红绿线之间，灯芯油加满，油脂干净无杂质，活塞、滑块完好紧固，密封完好不窜液、窜水，运行时注塞、滑块必须覆油膜。

（3）各部结合必须紧密无缝隙，各部销轴穿连、锁固良好，无松动退脱现象。对轮胶套完好，压紧牢固，对轮护罩紧固不变形。

（4）供回液管路排列固定整齐，使用标准 U 形卡连接良好，管路无挤压、扭曲变形，液压元件无漏油、漏水现象，过滤器必须安设使用，

（5）使用自动配液装置，用肉眼观察乳化液清洁，乳化液的配制、水质、配比等必须符合有关要求。泵箱应设自动给液装置，防止吸空。

（6）乳化液浓度在 3％～5％之间，压力表调整显示正常，压力满足使用要求（为单体液

压支柱供液的应不小于 18 MPa,为综采液压支架供液的应不小于 30 MPa)。

(7)液压元件运行平稳无噪声,试运行齿轮箱、曲轴箱运行声音正常,无异响,无漏油、漏水现象,长时间运行油温不超过 80 ℃,各轴承端部温度无异常。

(8)各类阀组的调定压力必须符合液泵使用说明书的要求。

6.破碎机

(1)检修或处理故障,必须将破碎机和转载机的开关打到零位,并必须将上一级的移变输出端断电,挂"有人工作,禁止送电"牌或设专人看守停电开关和移变。

(2)破碎机处必须安装急停按钮、远红外线探头、拉线开关和防护链综合防护装置,以便情况紧急时能够及时停止破碎机。破碎机进料口必须安装全封闭装置。

(3)破碎机进出料口必须吊挂"门帘",出料处上封板必须封闭严密,防止溅出碎屑射伤人员。

(4)破碎机前后必须安装喷雾装置,保证正常使用。

(5)破碎机应安装在转载机落平段的前端,与转载机的对接平整无台阶,错差不得超过 5 mm,破碎机前后转载机的封顶板不少于 5 m,固定稳固。

(6)各部结合必须紧密无缝隙,各部销轴穿连、锁固良好,无松动退脱现象。与转载机落地段侧挡板连接件紧固连接可靠。

(7)喷雾、冷却管路穿排正确,压力保证 2~4 MPa,喷雾状态良好成雾状,喷雾嘴上齐全、良好无损坏。

(8)胶带轮装配牢固可靠,压板紧固,胶带张紧适当,胶带轮错差不得大于 2 mm,电机、滚筒轴平行度不得大于 0.15%。

(9)运行声音正常,无异响、无强烈震动,无漏油、漏水现象,轴承端部温度无异常。

(10)电机冷却效果良好,电机无异响,长时间运行外壳温度不超过 65 ℃,轴承端部温度无异常。

(11)电机风叶、风叶罩、胶带轮的安全护罩等安全防护设施必须上好,不得有松动、缺螺栓现象。

(12)电气控制正常,开停信号灵敏可靠,接线工艺符合要求完好无失爆。

7.转载机

(1)机头部、抬高段紧固连接螺栓必须齐全紧固符合要求,落地段侧挡板、封底板、封顶板连接件齐全良好,不缺件,连接件紧固连接可靠。

(2)减速机一轴油位淹没轴的一半,减速机油位淹没大齿轮的 1/3~1/2,液力连轴节必须完好,使用水介质必须加注 5% 以上的乳化液,连轴节对轮间隙 3~5 mm、不窜动,缓冲胶套齐全完好。

(3)各部结合必须紧密无缝隙,各部销轴穿连、锁固良好,无松动退脱现象。

(4)刮板输送机平、直,溜槽对接良好,错差不超过 5 mm。与胶带搭接良好,挡煤板安设保证接料状态良好。

(5)喷雾、冷却管路穿排正确,先经电机后经过减速机,压力保证 2~4 MPa,喷雾状态良好成雾状,喷雾嘴上齐全、良好无损坏。

(6)各油缸不得有偏移、阻卡现象,伸缩灵活,液压管路排列固定整齐,操作阀手把齐全灵活,无漏水、卸液现象。

（7）减速机试运行声音正常，无异响，无漏油、漏水现象，长时间运行油温不超过70 ℃，轴承端部温度无异常。

（8）电机冷却效果良好，电机无异响，长时间运行外壳温度不超过 65 ℃，轴承端部温度无异常。

（9）刮板输送机链条连接环不变形，打齐连接环涨销。刮板上齐，刮板螺栓齐全紧固压紧链条、不缺弹簧垫（防松螺帽除外），链条长度合适，开动行走平稳正常，无刮卡现象、无异响。

（10）电气控制正常，各开关手把、按钮齐全，灵活可靠，开停信号灵敏可靠，各种保护调整符合要求，动作灵敏，接线工艺符合要求完好无失爆。

（11）机头、机尾护板、护板架、分链叉紧固不松动、不变形，连接筒盖板、机尾安全护罩、挡煤板等安全防护设施，不得有松动、缺螺栓现象。

（12）转载机上电缆、管路必须分离，整齐排放于电缆架内，转载机上安设的设备摆放整齐，局部接地极与转载机外壳连接，辅助接地极按要求打接良好。

8. 电气列车

（1）不得带电检修、搬迁电气设备、电缆和电线。检修或搬迁前，必须切断电源，检查瓦斯，在其巷道风流中瓦斯浓度低于 1.0%时，再用与电源电压相适应的验电笔检验；检验无电后，方可进行导体对地放电。

（2）所有开关的闭锁装置必须能可靠地防止擅自送电，防止擅自开盖操作，开关把手在切断电源时必须闭锁，并悬挂"有人工作，不准送电"字样的警示牌，只有执行这项工作的人员才有权取下此牌送电。

（3）低压供电系统，必须装设检漏保护或有选择性的漏电保护。40 kW 及以上电机应使用真空电磁起动器控制，并使用电动机综合保护。127 V 供电系统（包括信号照明、煤电钻等）使用综合保护。

（4）移动电气设备全上架，五小件（电铃、按钮、打点器、三通、四通）上板、有标志牌，防爆电气设备和五小件贴入井合格证。

（5）容易碰到的、裸露的带电体及机械外露的转动和传动部分必须加装护罩或遮拦等防护设施。

（6）接地保护符合《煤矿井下保护接地装置的安装、检查、测定工作细则》的要求。

（7）高、低压电力电缆敷设在巷道同一侧时，高、低压电缆之间的距离应大于 0.1 m。高压电缆之间、低压电缆之间的距离不得小于 50 mm。

（8）电气设备的检查、维护和调整，必须有电气维修工进行。高压电气设备的修理和调整工作，应有工作票和施工措施。

（9）轨道铺设质量符合规定，小绞车等辅助运输设备安设符合规定，信号齐全。

三、"一通三防"设施

1. 通风

（1）实现分区通风，风量符合配风标准。通风系统稳定可靠，两道风门不能同时打开。控风设施的设置要合理，所有调节风窗，必须按标准规定构筑两道，不得以木杠风帘或墙上开孔等方式代替。尽可能减少风门、密闭、风桥等通风设施漏风。

（2）通风设施 5 m 范围内，要求支护完好，无片帮、冒顶，无杂物、积水和淤泥，墙求平直,光滑不漏风。各采掘队组的回风绕道必须清理干净,无杂物堆积。

(3) 密闭前严禁稳设机电、电气设备。

(4) 风门能自动关闭,风门至少两道,风门设报警讯号,或安装闭锁。

(5) 工作面必须在构成全风压通风系统以后,方可进行回采和准备,不准在掘进或停掘供风期间进行回采准备工作。

(6) 设计实施抽放的工作面,瓦斯抽放系统、抽放管路安装到位,且经过调试和试运转具备抽放条件,并组织验收。

(7) 设计施工顶回风巷或顶板高抽巷的工作面,顶回风巷或顶板高抽巷必须到位。

(8) 井下所有使用的煤仓和溜煤眼都必须保持一定的存煤,不得放空。溜煤眼不得兼做风眼使用,不准使用穿层煤眼,现使用的穿层煤眼要逐层锁口。

(9) 采煤工作面开采结束前一个月,由技术科填写停采通知单,报通风、安监和矿(公司)领导签批。停采线的划定位置要求能满足采空区封闭要求,封闭有发火危险的采空区,必须留有足够的距离砌筑气室密闭。

(10) 均压通风工作面有经矿总工程师组织审查的专项安全技术措施。

2. 防灭火

(1) 存在发火隐患工作面严格按设计要求采取注氮、阻化、灌浆专项防治自然发火措施,并达到设计指标要求。

(2) 预防性灌浆系统要尽可能采用集中式灌浆,钻孔的布置要进行技术性分析。

(3) 加强对灌浆防灭火系统的维护管理,要充分发挥其防灭火作用,认真填写灌浆记录,单孔的日灌浆量不得少于 100 m³。

(4) 对一氧化碳涌出区域灌浆时,必须保证灌浆的连续性(包括冬季),严禁灌灌停停。

(5) 实施注氮的工作面必须配套安装火灾束管检测系统,束管系统必须 24 小时连续、稳定运行。

(6) 当检测点的有毒有害气体成分超过《煤矿安全规程》的规定时,要自动报警提示。

(7) 采用均压通风的工作面,必须编制均压通风安全技术组织措施,经矿总工程师组织会审签字后,于投产前一个月报上一级公司审批。

(8) 在每一采区新的煤层开采前,必须对该煤层的煤样进行自燃倾向性鉴定。

(9) 在开采有自燃倾向性的煤层时,采区设计应采用后退式,工作面要选择丢煤少、漏风小、速度快的采煤方法。在开采厚及特厚煤层时,必须有专项防灭火设计。凡是一次不能采全高,必须沿顶开采,不能留顶煤。

(10) 采用放顶煤采煤法开采容易自燃和自燃的厚及特厚煤层时,必须编制专项防止采空区自然发火措施,报矿(公司)总工程师审批。

(11) 井下不得进行焊接、气割和喷灯烘烤等工作,因特殊情况确需在井下主要进风巷和主要硐室进行焊接工作时,必须编制安全技术措施,并报矿长(经理)审批。

(12) 井下消防管路系统要完善(可与防尘管路系统共用),水源总控阀门应接在进风巷,在井下各硐室进风口前后 10 m 范围设置三通阀门,主要硐室要配备消防器材,并定期检修、维护。

3. 防尘

(1) 实施煤体注水,水幕、转载点洒水、采煤机喷雾、架间喷雾、隔爆等设施种类、数量安装齐全,能正常使用,并确保无煤尘堆积。

(2)采煤机必须安装内、外喷雾装置,割煤时必须喷雾降尘,内喷雾压力不得小于3 MPa,外喷雾压力不得小于2 MPa,喷雾流量应与机型相匹配。如果内喷雾不能正常使用,外喷雾压力不得小于4 MPa,无水或喷雾装置损坏时必须停机。

(3)综采工作面应安装使用移架喷雾装置,每个工作面不少于20组,综采放顶煤工作面必须在放煤口安装使用喷雾装置,降柱、移架或放煤时同步喷雾。破碎机必须安装防尘罩或除尘器。

(4)凡在井下采用综合防尘措施后空气中的粉尘浓度仍然达不到国家卫生标准时均要佩带防尘口罩。

(5)必须集中布置安装隔爆水棚,建立隔爆设施管理台账。隔爆设施设置地点及要求:

① 水棚应设在巷道的直线段内,与巷道的交叉口、转弯处距离不得小于50 m。

② 采煤工作面运输巷和回风巷位置设在距工作面60～200 m范围内。

③ 水棚的用水量按巷道断面积计算,不少于200 L/m²。

④ 水棚的排间距应为1.2～3.0 m,棚区长不少于20 m。

⑤ 水棚挂钩位置要对正,相向布置(钩尖与钩尖相对)挂钩角度为60°±5°,钩尖长度为25 mm。

⑥ 水棚之间的间隙与水棚同支架或巷壁之间的间隙之和不得大于1.5 m,棚边与巷壁之间的距离不得小于0.1 m,水棚距巷道轨面不应小于1.8 m,棚区内各排水棚的安装高度应保持一致,棚区巷道需挑顶时,其断面积和形状应与其前后各20 m长度的巷道保持一致。

(6)必须开展工班个体呼吸性粉尘监测工作。每3个月测定1次,1个班次内至少采集2个有效样品,先后采集的有效样品不得少于4个。

四、监测监控

(1)安装安全监测系统,传感器安装种类、数量、位置,监测电缆敷设、说明牌板符合要求。传感器声光报警,风电、瓦电、故障闭锁符合要求。

(2)监控系统正确接入电源,设备完好,正常运行。传感器声光报警,风电、瓦电、故障闭锁符合要求。

(3)必须在工作面和回风流设置甲烷传感器。工作面回风巷长度大于1 000 m时,必须在回风巷中部增设一台甲烷传感器。

(4)工作面甲烷传感器设在距工作面回风口不大于10 m处,工作面上隅角甲烷传感器安设在切顶线对应的煤帮处。

(5)工作面回风流的甲烷传感器安设在距回风绕道口10～15 m的回风流中。

(6)排瓦斯尾巷距回风绕道口10～15 m的排瓦斯风流中和混合回风流处必须安设甲烷传感器。

(7)采煤机必须设置机载式甲烷断电仪或便携式甲烷检测报警仪。

(8)开采容易自燃、自燃煤层的矿井,在工作面上隅角必须设置一氧化碳传感器,报警浓度为0.002 4%。

(9)采用均压开采的工作面上隅角和有自然发火隐患的地点必须安设一氧化碳传感器,报警浓度为0.002 4%。

（10）开采容易自燃、自燃煤层的矿井，采煤工作面应设置温度传感器。温度传感器的报警值≥30 ℃。

（11）风门必须设置风门开关传感器，当两道风门同时打开时能发出声光报警信号。

（12）被控设备开关的负荷侧必须设置馈电状态传感器。

五、顶板管理

（1）工作面回采前必须按规程要求施工探煤厚钻孔和探顶钻孔，掌握顶板岩性变化和煤厚变化情况。

（2）采空区顶板冒落情况不小于 1.5～2 倍采高。

（3）工作面长度大于 150 m 时按五区九线进行布置测点；工作面长度小于 150 m 时按三区五线布置测点，设备或仪器要按要求布置规范。

（4）采用顶板离层指示仪监测顶板。顶板离层指示仪安设在巷道中部。

（5）双基点顶板离层指示仪浅基点应固定在锚杆端部位置，深基点一般应固定在锚杆上方稳定岩层 300～500 mm，若无稳定岩层，深基点在顶板中的深度不小于 7 m。

（6）所有存在缺陷、表面模糊不清的离层指示仪应立即更换，新安装指示仪安装在同一孔和同一高度上。如果不可能安装在同一钻孔中，应靠近原位置钻一新孔，原指示仪更换后，要记录其读值，并标明其已被更换。

（7）支架完好率达到 100％，接顶严实。

六、探放水及排水设施

（1）要有经地质处审批的采区地质说明书，工作面回采地质说明书。

（2）工作面四邻和井上下存在的水患要采前排除，杜绝顶水采煤，并对探放水工作进行总结。

（3）掌握邻近工作面 100 m 范围内的采掘情况和积水情况，需要边采边探的工作面要编制相应措施。

（4）采煤工作面必须按照作业规程要求配备足够能力的排水设备，水患严重的工作面两巷至少各配备一趟 4 in 管路和一台 45 kW 水泵，并有备用水泵，水泵开关要置于安全地方，并提供可靠的电源保障，工作面回采前要进行排水试验，确保排水系统正常。

（5）存在水患的工作面要在明显地段悬挂牌板，说明积水危险和有突水征兆时采取避灾措施，并绘有透水避灾路线图、排水系统图、探放水设计图。

（6）工作面回采前必须按规程要求施工探煤厚钻孔和探顶钻孔，掌握顶板岩性变化和煤厚变化情况。

（7）工作面回采前对所有作业人员要进行矿井防治水安全知识培训，并有考试记录。

七、避险系统

（1）综采工作面出、入口必须设置人员定位系统读卡器，并能满足监测携卡人员进、出工作面的要求。

（2）工作面运输巷、回风巷避灾路线上均需安装压风管路，并设置供气阀门，间距不大于 200 m。压风管路及阀门安装高度距底板应大于 0.3 m。

（3）距工作面 25～40 m 的巷道内、爆破地点、撤离人员与警戒人员所在的位置、回风巷有人作业等地点应至少设置一组压风自救装置。

（4）压风出口压力在 0.1～0.3 MPa 之间，供风量不低于 0.3 m³/(min·人)，连续噪声不大于 70 dB。

（5）供水施救系统管路必须铺设到采煤工作面。供水管路间隔不大于 200 m 安设一个三通阀门，并与供气阀门间距不大于 10 m。

（6）供水点前后 2 m 范围无材料、杂物、积水现象。供水管道阀门高度：距巷道底板一般 1.2～1.5 m 以上。

（7）距采煤工作面两端 10～20 m 范围内，应分别安设电话，采掘工作面的巷道长度大于 1 000 m 时，在巷道中部应安设电话。

第三节　井上、下供配电系统安全标准

一、基本规定

（1）供配电系统采用的设备和器材，必须符合国家或行业的产品技术标准，并应优先选用技术先进、经济适用和节能的成套设备和定型产品。

（2）矿井必须实现两回路电源线路。当任何一回路发生故障停止供电时，另一回路应能担负矿井全部负荷。

（3）两回路电源线路上都不得分接任何负荷。

（4）矿井供电电源应取自电力网中两个不同区域的变电所或发电厂，确有困难则必须分别取自同一区域变电所或发电厂的不同母线段。

（5）一级负荷必须由两回路电源线路供电。当任一回路停止供电时，另一回路应能担负全部负荷。两回路电源线路上均不应分接任何负荷。

（6）二级负荷宜由两回路线路供电，且接于不同的母线段上；当条件不允许时，另一电源可引自其他配电点。

（7）三级负荷采用一回路供电。

（8）矿井变电所的主变压器不应少于 2 台，当 1 台停止运行时，其余变压器的容量应保证一级和二级负荷用电。

（9）井下主变电所应有两回及以上电缆供电，并应引自地面变电所的不同母线段。任一回路停止供电时，其余回路仍可保证全部负荷用电。

（10）井上、下必须装设防雷电装置，并遵守现行《煤矿安全规程》的有关规定。

二、电源

（1）矿井应有两回路电源线路。当任何一回发生故障停止供电时，另一回路应能担负矿井全部负荷。两回路电源线路上都不得分接任何负荷。矿井供电电源应取自电力网中两个不同区域的变电所或发电厂，确有困难则必须分别取自同一区域变电所或发电厂的不同母线段。

（2）供电电源应符合下列规定：

1）一级负荷必须由两回路电源线路供电。当任一回路停止供电时，另一回路应能担负全部负荷，两回路电源线路上均不应分接任何负荷。一级负荷及设备包括：

① 主要通风机；

② 井下主排水设备（包括作主排水的煤水泵）、下山车开采的采区排水设备；

③ 升降人员的立井提升机；

④ 抽放瓦斯设备(包括井下移动抽放泵站设备)。

2) 二级负荷宜由两回路线路供电,且接于不同的母线段上;当条件不允许时,另一电源可引自其他配电点。二级负荷及设备包括:

① 主提升机(包括主提升带式输送机及煤水泵);

② 经常升降人员的斜井提升设备、副井进口及井底操车设备;

③ 主要空气压缩机;

④ 配有备用泵的消防泵、无事故排出口的矿井污水泵;

⑤ 地面生产系统、生产流程中的照明设备、铁路装车设备;

⑥ 矿灯充电设备、矿井行政通信及高度通信设备;

⑦ 单台蒸发量为 4 t/h 以上的锅炉;

⑧ 井筒保温及其供热设备、有热害矿井的制冷站设备;

⑨ 综合机械化采煤及其运输设备、有热害矿井的制冷站设备;

⑩ 主井装卸载设备、大巷带式输送机、井下主要电机车运输设备;

⑪ 井下运输信号系统、矿井信息系统、安全监测及生产监控设备。

3) 三级负荷采用一回路供电。三级负荷及设备包括:不属于一级和二级的用电负荷。

(3) 电源线路导线截面应按经济电流选择,并应保证当一回路停止送电时,其余线路在电流不超过安全载流量、电压降不超过允许的事故压降的条件下,能担负矿井的全部用电负荷。

(4) 10 kV 及其以下的矿井架空电源线路不得共杆架设。

(5) 矿井电源线路上严禁装设负荷定量器。

三、地面供配电

(1) 矿井地面变电所、开闭所地址标高宜在 50 年一遇高水位之上,否则应有可靠的防洪措施或与地区(工业企业)的防洪标准相一致,但仍应高于内涝水位。

(2) 宜设置不低于 2.2 m 高的实体围墙。为满足消防要求的主要道路宽度应为 3.5 m。

(3) 装有两台及以上主变压器的变电所,当断开一台时,其余主变压器的容量不应小于 60% 的全部负荷,并应保证用户的一、二级负荷。

(4) 在有一、二级负荷的变电所中宜装设两台主变压器,当技术经济比较合理时,可装设两台以上主变压器。如变电所可由中、低压侧电力网取得足够容量的备用电源时,可装设一台主变压器。

(5) 具有三种电压的变电所,如通过主变压器各侧线圈的功率均达到该变压器容量的 15% 以上,主变压器宜采用三线圈变压器。

(6) 变电所的主接线,应根据变电所在电力网中的地位、出线回路数、设备特点及负荷性质等条件确定。

(7) 当能满足运行要求时,变电所高压侧宜采用断路器较少或不用断路器的接线。

(8) 当变电所装有两台主变压器时,6~10 kV 侧宜采用分段单母线。线路为 2 回及以上时,亦可采用双母线。当不允许停电检修断路器时,可设置旁路设施。当 6~35 kV 配电装置采用手车式高压开关柜时,不宜设置旁路设施。

(9) 主控制室及通信室的夏季室温不宜超过 35 ℃;继电器室、电力电容器室、蓄电池室及屋内配电装置室的夏季室温不宜超过 40 ℃;油浸变压器室的夏季室温不宜超过 45 ℃;电抗器室的夏季室温不宜超过 55 ℃。

（10）屋内配电装置室及采用全封闭防酸隔爆式蓄电池的蓄电池室和调酸室,每小时通风换气次数均不应低于 6 次。蓄电池室的风机,应采用防爆式。

（11）变电所与所外的建筑物、堆场、储罐之间的防火净距,应符合现行国家标准《建筑设计防火规范》的规定。

（12）主控制室等设有精密仪器、仪表设备的房间,应在房间内或附近走廊内配置灭火后不会引起污损的灭火器。

（13）屋外油浸变压器之间,当防火净距小于规定值时,应设置防火隔墙,墙应高出油枕顶,墙长应大于贮油坑两侧各 0.5 m。屋外油浸变压器与油量在 600 kg 以上的本回路充油电气设备之间的防火净距不应小于 5 m。

（14）主变压器等充油电气设备,当单个油箱的油量在 1 000 kg 及以上时,应同时设置贮油坑及总事故油池,其容量分别不小于单台设备油量的 20% 及最大单台设备油量的60%。贮油坑的长宽尺寸宜较设备外廓尺寸每边大 1 m,总事故油池应有油水分离的功能,其出口应引至安全处所。

（15）电缆从室外进入室内的入口处、电缆竖井的出入口处及主控制室与电缆层之间,应采取防止电缆火灾蔓延的阻燃及分隔措施。

四、井下供配电

1. 井下主变电所

（1）井下主变电所应有两回及以上电缆供电,并应引自地面变电所的不同母线段。

（2）主变电所内的动力变压器不应少于 2 台。当 1 台停止运行时,其余变压器应保证一、二级负荷用电。

（3）井下主(中央)变电所位置,宜设置在靠近副井的井底车场范围内,并应符合下列规定:

① 经钻孔向井下供电的井下主(中央)变电所,钻孔宜靠近主(中央)变电所。

② 井下主(中央)变电所可与主排水泵房、牵引变流室联合布置,亦可单独设置硐室。当为联合硐室时,应有单独通至井底车场或大巷的通道;

③ 井下主(中央)变电所不应与空气压缩机站硐室联合或毗连。

（4）井下主(中央)变电所硐室,应满足下列要求:

① 不得有渗水、滴水现象。

② 硐室门的两侧及顶端,预埋穿电缆的钢管。钢管内径不应小于电缆外径的 1.5 倍。

③ 电缆沟应设有盖板,宜采用花纹钢盖板。

④ 硐室的地面应比其出口处井底车场或大巷的底板高出 0.5 m。

⑤ 硐室通道上必须装设向外开的栅栏防火两用铁门。

⑥ 硐室内应设置固定照明及灭火器材。

（5）主(中央)变电所硐室尺寸应按设备最大数量及布置方式确定,并应满足下列要求:

① 高压配电设备的备用位置,按设计最大数量的 20% 考虑,且不少于 2 台;当前期设备较少,后期设备较多时,宜按后期需要预留备用位置。

② 低压配电的备用回路,按最多馈出回路数的 20% 计算。

③ 主变压器为 2 台及 2 台以上时,不预留备用位置;当为 1 台时,预留 1 台备用位置。

④ 主(中央)变电所内设备布置时,其通道尺寸不宜小于有关规定。

（6）主（中央）变电所应在硐室的两端各设一个出口。

（7）主（中央）变电所不应选用带油电气设备，设备选型应按现行《煤矿安全规程》的有关规定执行。

（8）井下主（中央）变电所的高压进线和母线分段开关应采用断路器。

（9）井下主（中央）变电所直接控制高压电动机时，宜采用高压真空接触器或能频繁操作的断路器。

（10）主（中央）变电所高压母线接线及运行方式，宜与相对应的地面变电所母线接线及运行方式相适应。高压母线应采用单母线分段接线方式，并应设置分段联络开关，正常情况下分列运行，且高压母线分段数应与下井电缆回路数相协调。

（11）各类高压负荷宜均衡地分接于各段母线上，但同一用电设备的多台驱动电机应接在同一段母线上。

2. 井下采区变电所

（1）严禁选用带油电气设备，设备选型应按现行《煤矿安全规程》的有关规定执行。

（2）采区变电所的位置选择，应符合下列规定：

① 采区变电所宜设在采区上（下）山的运输斜巷与回风斜巷之间的联络巷内，或在甩车场附近的巷道内；

② 在多煤层的采区中，各分层是否分别设置或集中设置变电所，应经过技术经济比较后择优选择；

③ 当采用集中设置变电所时，应将变电所设置在稳定的岩（煤）层中。

（3）采区变电所硐室的长度大于 6 m 时，应在硐室的两端各设一个出口，并必须有独立的通风系统。

（4）采区变电所硐室，应符合下列规定：

① 硐室尺寸应按设备数量及布置方式确定，一般不预留设备的备用位置；

② 硐室必须用不燃性材料支护；

③ 硐室通道必须装设向外开的防火铁门，铁门上应装设便于关严的通风孔；

④ 硐室内不宜设电缆沟，高低压电缆宜吊挂在墙壁上；

⑤ 变压器宜与高低压电气设备布置于同一硐室内，不应设专用变压器室；

⑥ 硐室门的两侧及顶端应预埋穿电缆的钢管，钢管内径不应小于电缆外径的 1.5 倍；

⑦ 硐室内应设置固定照明及灭火器。

（5）单电源进线的采区变电所，当变压器不超过 2 台且无高压出线时，可不设置电源进线开关。当变压器超过 2 台或有高压出线时，应设置进线开关。

（6）双电源进线的采区变电所，应设置电源进线开关。当其正常为一回路供电、另一回路备用时，母线可不分段；当两回路电源同时供电时，母线应分段并设联络开关，正常情况下应分列运行。

（7）由井下主（中央）变电所向采区供电的单回电缆供电线路上串接的采区变电所数不应超过 3 个。

3. 井下移动变电站供电

（1）当附近变电所不能满足大巷掘进供电要求时，可利用大巷的联络巷设置掘进变电所。当大巷为单巷且无联络巷利用时，可采用移动变电站供电。

（2）下列情况宜采用移动变电站供电：

① 综采及综掘工作面的供电；

② 由采区固定变电所供电困难或不经济时；

③ 独头大巷掘进、附近无变电所可利用时。

（3）向采煤工作面供电的移动变电站及设备列车宜布置在进风巷内，且距工作面的距离宜为 $100\sim150$ m。

（4）由采区变电所向移动变电站供电的单回电缆供电线路上，串接的移动变电站数不宜超过 3 个。不同工作面的移动变电站不应共用电源电缆。

五、电缆

1. 电缆类型选择

（1）下井电缆必须选用有煤矿矿用产品安全标志的阻燃电缆。电缆应采用铜芯，严禁采用铝包电缆。

（2）在立井井筒、钻孔套管或倾角为 45°及以上井巷中敷设的下井电缆，应采用聚氯乙烯绝缘粗钢丝铠装聚氯乙烯护套电力电缆、交联聚乙烯绝缘粗钢丝铠装聚氯乙烯护套电缆。

（3）在水平巷道或倾角在 45°以下井巷中敷设的电缆，应采用聚氯乙烯绝缘钢带或细钢丝铠装聚氯乙烯护套电力电缆、交联聚乙烯绝缘钢带或细钢丝铠装聚氯乙烯护套电缆。

（4）移动变电站的电源电缆，应采用高柔性和高强度的矿用监视型屏蔽橡套电缆。

（5）井底车场及大巷的电缆选择，必须符合国家现行标准《煤矿用电缆》的规定。

（6）采区低压电缆选型，应符合下列规定：

① $1\,140$ V 设备使用的电缆，应采用带有煤矿矿用产品安全标志的分相屏蔽橡胶绝缘软电缆。

② 660 V 或 380 V 设备有条件时应使用带有煤矿矿用产品安全标志的分相屏蔽的橡胶绝缘软电缆。固定敷设时可采用铠装聚氯乙烯绝缘铜芯电缆或矿用橡套电缆。

③ 移动式和手持式电气设备，应使用专用的矿用橡套电缆。

④ 采区低压电缆严禁采用铝芯。

2. 电缆安装及长度

（1）在总回风巷和专用回风巷中不应敷设电缆。在有机械提升的进风斜巷（不包括带式输送机上、下山）和使用木支架的立井井筒中敷设电缆时，必须有可靠的安全保护措施。溜放煤、矸、材料的溜道中严禁敷设电缆。

（2）无轨胶轮车运输的井筒和巷道内不宜敷设电缆。当需要敷设时，电缆应敷设在高于运输设备的井筒和巷道的上部。

（3）下井电缆宜敷设在刮立井井筒内，并应安装在维修方便的位置。斜井及平硐应敷设在人行道侧。

当条件限制必须由主井敷设电缆时，在箕斗提升的立井中的电缆水平段应有防止箕斗落煤砸伤电缆的措施，垂直段可不设置防护装置。

（4）立井下井电缆在井口井径处应预留电缆沟（洞），并应有防止地面水从电缆沟（洞）灌入井下的措施。

（5）安装下井电缆用的固定支架或电缆挂钩，应按前后期两者中电缆的最多根数考虑，并宜留有 $1\sim2$ 回路备用位置。

（6）立井下井电缆支架，宜固定在井壁上，支架间距不应超过 6 m。斜井、平硐及大巷中的电缆悬挂点的间距不应超过 3 m。

（7）电缆在立井井筒中不应有接头。若井筒太深必须有接头时，应将接头设在地面或井下中间水平巷道内（或井筒壁龛内），且不应使接头受力。每一接头处宜留 8～10 m 的余量。

（8）沿钻孔敷设的电缆必须绑紧在受力的钢丝绳上，钻孔内必须加装套管，套管内径不应小于电缆外径的 2 倍。

（9）风管或水管上不应悬挂电缆，不得遭受淋水。电缆上严禁悬挂任何物体。电缆与压风管、水管在巷道同一侧敷设时，电缆必须敷设在风管、水管上方，二者并应保持 0.3 m 以上的距离。在有瓦斯抽放管路的巷道内，电缆必须与瓦斯抽放管路分挂在巷道两侧。

（10）井筒和巷道内的通信、信号和控制电缆应与电力电缆分挂在巷道两侧，如受条件所限需布置在同一侧时，在井筒内，上述弱电电缆应敷设在电力电缆 0.3 m 以外的地方；在巷道内，上述弱电电缆应敷设在电力电缆 0.1 m 以上的地方。

（11）高、低压电力电缆在巷道内同一侧敷设时，高、低压电缆之间的距离应大于 0.1 m。高压电缆之间、低压电缆之间的距离不得小于 0.05 m。

（12）电缆长度计算宜符合下列规定：

① 立井井筒中按电缆所经井筒深度的 1.02 倍计取，斜井按电缆所经井筒斜长的 1.05 倍计取；

② 地面及井下铠装电缆按所经路径的 1.05 倍计取，橡套电缆按所经路径的 1.08～1.10 倍计取；

③ 每根电缆两端各留 8～10 m 余量；

④ 若有接头应按设置进线开关的规定确定；

⑤ 上述长度之和，应为一根电缆的计算长度。

（13）采区电缆长度计算，应符合下列规定：

① 铠装电缆应按所经路径长度的 1.05 倍计算。

② 橡套电缆应按所经路径长度的 1.10 倍计算。

③ 半固定设备的电动机至就地控制开关的电缆长度，宜取 5～10 m。

④ 移动设备的电缆除应符合本条第②款的规定外，尚应增加机头部分活动长度 3～5 m。

⑤ 掘进工作面配电点的电源电缆长度，应按设计矿井投产时的标准再加 100 m 配备，也可按掘进巷道总长的一半计算。电缆截面应满足掘进至终点（或更换电源前）的电压损失要求。

⑥ 掘进工作面配电点至掘进设备的电缆长度，应按配电点移动距离考虑，但不宜超过 100 m。

六、井下电气设备保护及接地

1. 井下电气设备保护

（1）向井下供电的电源线路上不得装设自动重合闸装置。

（2）高压馈出线上必须设有选择性的单相接地保护装置，并应作用于信号。当单相接地故障危及人身、设备及供配电系统安全时，保护装置应动作于跳闸。

（3）供移动变电站的高压馈出线上，除必须设有选择性的动作于跳闸的单相接地保护装置外，还应设有作用于信号的电缆绝缘监视保护装置。

（4）井下高压电动机、动力变压器的高压控制设备应具有短路、过负荷、接地和欠压释放保护。

（5）井下变电所低压馈出线上，除应装设短路和过负荷保护装置外，还必须装设检漏保护装置或有选择性的检漏保护装置（包括人工旁路装置），应保证在漏电事故发生时能自动切断漏电的馈电线路。

（6）井下移动变电站或配电点引出的馈出线上，应装设短路、过负荷和漏电保护装置。

（7）低压电动机的控制设备，应具备短路、过负荷、单相断线、漏电闭锁保护装置与远方控制装置。

（8）煤电钻必须设有检漏、漏电闭锁、短路、过负荷、断相、远距离启动和停止煤电钻的综合保护装置。

（9）用于控制保护的断路器的断流容量，必须大于其保护范围内电网在最大运行方式下的三相金属性短路容量，并应校验断路器的分断能力和动、热稳定性。

（10）井下低压电网中的过电流继电器的整定和熔断器熔体的选择，应按现行《煤矿井下供电的三大保护细则》执行。

（11）对供电距离远、功率大的电动机的馈出线上的开关整定计算及熔体电流选择，应按电动机实际启动电流计算。

2. 井下电气设备保护接地

（1）电压在 36 V 以上和由于绝缘损坏可能带有危险电压的电气设备的金属外壳、金属构架，铠装电缆的钢带或钢丝、铅皮或屏蔽护套必须设置保护接地。

（2）井下接地极的设置必须符合下列规定：

① 井下主接地极不应少于 2 块，并应分别置于主、副水仓内。当任一主接地极断开时，接地网上任一点的总接地电阻值不应大于 2 Ω。

② 当下井电缆由地面经进风井或钻孔对井下进行分区供电而没有主、副水仓可利用时，主接地极应置于井底水窝或专门开凿的充水井内，且不得将 2 块主接地极置于同一水窝或水井内。

③ 局部接地极可设置在排水沟、积水坑或其他潮湿地点。每一移动式或手持式电气设备局部接地极之间的保护接地电缆芯线或与芯线相应的接地导线的阻值不应大于 1 Ω。

（3）井下电气设备的接地线和局部接地装置，都应与主接地极连接成一个总接地网。多水平开采的矿井，各水平接地装置之间应相互连接。

（4）局部接地装置的设置地点应符合下列规定：

① 采区变电所硐室；

② 装有电气设备的硐室或单独安装的高压电气设备处；

③ 低压配电点处；

④ 连接电力电缆的金属接线装置；

⑤ 无低压配电点的采煤机工作面的运输巷、回风巷、集中运输巷（带式输送机巷）以及由变电所单独供电的掘进工作面，至少应分别设置 1 组局部接地装置。

（5）井下接地极应符合下列规定：

① 主接地极应采用面积不小于 0.75 m²、厚度不小于 5 mm 的耐腐蚀性的钢板；

② 设在水沟的局部接地极应采用面积不小于 0.60 m²、厚度不小于 3 mm 的耐腐蚀性

钢板或具有同等有效面积的钢管；

③ 设在其他地点的局部接地极，可用直径不小于 35 mm、长度不小于 1.5 m 的钢管制成，管上应至少钻 20 个直径不小于 5 mm 的透孔，并应垂直全部埋入底板；也可用直径不小于 20 mm、长度不小于 1.0 m 的 2 根钢管制成，每根管上应至少钻 10 个直径不小于 5 mm 的透孔，2 根钢管相距不得小于 5 m，并联后垂直全部埋入底板，垂直埋深不得小于 0.75 m。

（6）井下接地主（干）母线应符合下列规定：

① 铜质接地母线截面积不应小于 50 mm²；

② 镀锌扁钢接地母线截面积不应小于 100 mm²，其厚度不应小于 4 mm；

③ 镀锌铁线接地母线截面积不应小于 100 mm²。

（7）井下接地支线应符合下列规定：

① 铜质接地母线截面积不应小于 25 mm²；

② 镀锌扁钢接地母线截面积不应小于 50 mm²，其厚度不应小于 4 mm；

③ 镀锌铁线接地母线截面积不应小于 50 mm²。

（8）橡套电缆的接地芯线，应用于监测接地回路，不得兼作他用。

（9）硐室内的电气设备保护接地及检漏继电器的辅助接地，应按现行《煤矿井下保护接地装置的安装、检查、测定工作细则》和《煤矿井下检漏继电器安装、运行、维护与检修细则》的规定执行。当距离井下主接地极较近，可将硐室的接地母线接至主接地极，而不必设局部接地极。但检漏继电器作检验用的辅助接地极，仍应单独设置。

（10）硐室内的接地母线应沿硐室壁距地面 0.3～0.5 m 处敷设，过通道时应穿钢管敷设。

七、照明

（1）井下照明应包括井下固定照明及矿灯（头灯）照明。

（2）下列地点必须安装固定式照明装置：

① 机电设备硐室、调度室、机车库、爆炸材料库、井下修理间、信号站、候车室、保健室；

② 井底车场范围内的运输巷道、采区车场；

③ 有电机车或无轨胶轮车运行的主要运输巷道、有行人道的集中带式输送机巷道、有行人道的斜井、升降人员及物料的绞车道以及主要巷道交叉点等处；

④ 经常有人看管的机电设备处、移动变电站处；

⑤ 风门、安全出口处等易发生危险的地点；

⑥ 综合机械化采煤工作面。

（3）井下固定照明灯具应选用矿用防爆型，光源宜选用高效节能光源。

（4）井下照明变压器应设有漏电闭锁、短路、过负荷保护装置。

（5）大型矿井工业场地的照明变压器宜单独设置。照明备用电源可取自动力变压器。

八、防雷电保护

（1）经由地面架空线路引入井下的供电电缆，必须在入井处装设防雷电装置。

（2）矿井建（构）筑物的防雷分类及设计应符合现行国家标准《建筑物防雷设计规范》的规定。

（3）微波通信系统、共用天线电视系统应按特殊建筑物设防。

（4）井上、下必须装设防雷电装置，并遵守现行《煤矿安全规程》的有关规定。

（5）电力设备的雷电保护或过电压保护，应按国家现行标准《交流电气装置的过电压保护和绝缘配合》及《交流电气装置的接地》的规定执行。

（6）地面牵引网络装设直流阀型避雷器或角型放电间隙的地点，应符合下列规定：

① 牵引变电所架空馈电线出口及线路上每个独立区段内；

② 接触线与馈电线连接处；

③ 地面电机车接触线终端；

④ 平硐硐口。

第四节　井下机电设备安全标准

一、基本规定

（1）矿井必须建立机电专业组织机构，分工明确、配齐专职管理人员，建立健全机电设备及其安全保护装置、安全设施的技术档案，有专人统一管理。

（2）每月对大型设备进行一次彻底检查，发现安全隐患必须停机并及时组织处理，对于矿方解决不了的问题应及时上报集团公司备案解决。

（3）矿井应安装主副井提升机钢丝绳、主要通风机及主斜井胶带在线监测装置，确保监测装置运行良好，及时传输设备运行数据。

（4）严格执行大型设备"五检制"，即班检、日检、旬检、月检、年检，并留有详细记录。必须严格执行包机制，详细记录设备的运行状况，有分析、处理事故经过的详细记录。

（5）必须由具有国家安全生产检测检验资质的单位定期对大型设备进行技术测试，根据测试结果进行整改并留有记录存档。

（6）对大型设备的关键零部件，如：提升机主轴、制动杆件、深度指示器传动杆件、天轮轴、连接装置、主要通风机的主轴、主要通风机传动轴轴头及焊接部分、风叶、叶柄等，按规定进行定期探伤，若无规定，可视为两年一次。

（7）矿井无国家明令禁止淘汰的电气设备和产品。设备零部件完整齐全，设备完好，有铭牌、责任牌及完好牌。

（8）矿井必须有可靠的双回路电源供电，采区变电所必须实现双回路供电。

二、电气管理

（1）矿井必须建立健全四个电气专业化管理组，由主管机电的副矿长、机电科长直接领导，并指定一名副科长主管，并配备1~3名矿井电气的工程技术人员。

（2）各矿四个专业化小组的人员数量按下表配置：

名称	300万t以上	300~150万t	150~90万t	90万t以下
防爆检查组	高瓦斯矿井19人 低瓦斯矿井16人	高瓦斯矿井16人 低瓦斯矿井13人	10人	8人
电气管理组	8~12人	5~9人	4~8人	4~6人
电缆管理组	10人	8人	6人	6人
小型电器组	6人	5人	4人	4人

（3）矿井必须有可靠的双回路电源供电，采区变电所必须实现双回路供电。

（4）井下所有运行防爆电气设备必须保证其防爆性能和电气性能。

（5）坚持用好井下电气安全的三大保护，风、瓦电闭锁和各种电气综合保护设施；电气保护按计算值整定，要保留记录；各种保护设施要固定专人负责，做到完好、齐全、准确，并搞好日常维护。

（6）井下高低压供电电缆必须使用符合《煤矿安全规程》的不延燃电缆。采掘工作面严禁使用铝芯电缆。

（7）固定敷设的照明、通信、信号和控制用的电缆，应采用铠装或非铠装通信电缆，橡套电缆或 MVV 型塑力缆。

（8）井下变电所 6 kV（或 1×10^4 V）馈出线和供移动变电站的高压馈出线路要装设高压选择性漏电保护，同时在供移动变电站的高压馈电线上要实现屏蔽监视保护。

（9）井下变电硐室必须 24 小时有人值班，值班人员要手拉手交接班，交班人员要将本班设备的运行、试验情况，绝缘工具及消防器材等详细交清，并做好记录。

（10）对临时配电点，每班要有专人负责巡回检查和试验，要有记录备查。

（11）正常工作的局部通风机必须采用三专（专用开关、专用电缆、专用变压器）供电，专用变压器最多可向 4 套不同掘进工作面的局部通风机供电；备用局部通风机必须取自同时带电的另一电源，当正常工作的局部通风机故障时，备用局部通风机能自动启动，保持掘进工作面正常通风。

（12）定期对杂散电流进行测定；每季对矿井高压电网的单相接地电容电流进行一次测定；采取有效措施，防止地面雷电波及井下。

（13）井下无以下情形：

① 井下电气设备失爆。

② 带电作业、带电维修、带电搬迁电气设备和电缆。

③ 明火操作，明火打点、明火爆破，在井下拆卸矿灯。

④ 防爆设备未经防爆组检查入井。

⑤ 电气防爆开关打开外壳带电操作。

⑥ 用铜、铝、铁丝代替保险丝。

⑦ 超长供电。

⑧ 甩掉漏电继电器和局部通风机的风、瓦电闭锁装置。

⑨ 不使用煤电钻综合保护装置的电煤钻工作。

⑩ 甩掉电气保护和保护失灵的电气设备运行。

⑪ 对有故障的线路强行送电。

⑫ 电缆存在不合格接头。

⑬ 不使用照明信号综合保护装置做照明和信号电源。

⑭ 没有产品合格证和煤矿矿用产品安全标志的机电设备和不合格电气材料入井。

⑮ 使用国家明令禁止淘汰的电气设备和产品。

三、井下变电硐室

1. 硐室结构

（1）井下变电硐室必须是不燃性支护或砌碹，并设在新鲜风流处。

（2）井下变电硐室必须有向外合格的防火门和栅拦门。

（3）由防火铁门起,5 m 内巷道应用不燃性材料支护。

（4）变电硐室长度超过 6 m 时必须在硐室的两端各设一个出口。

（5）引出引入的电缆有穿墙套管,并必须严密封堵,要拔掉麻皮。

（6）硐室内的高度和宽度应能满足搬运最大设备的外形尺寸的要求。

（7）不得有渗水、滴水现象。

（8）硐室门的两侧及顶端,预埋穿电缆的钢管（包含备用）,钢管内径为电缆外径的1.5倍。

（9）电缆沟若有盖板,一般采用花纹钢盖板。

2. 设备及布置

（1）设备台台完好,小型电器台台合格。防爆电气设备无失爆。

（2）设备与电缆标志牌齐全,填写正确,标志牌有型号、规格、容量、整定值、用途。

（3）设备布置排列整齐,设备距墙不得小于 0.5 m,设备之间应留出 0.8 m 的通道,如设备不需要从两侧及后面工作的,可以不留间距。

（4）高压配电设备的备用位置,按设计最大数量的 20% 考虑,且不少于两台。当前期设备较少,后期设备较多,且认为后期备用位置不需多于两台时,可不按最大数量的 20% 考虑,但不得少于两台。

（5）低压配电的备用回路,按最多馈出回路数的 20% 考虑。

（6）主变压器为两台及两台以上时,不预留备用位置。

（7）高、低压配电设备同侧布置时,高、低压设备之间的距离按高压维护走廊尺寸考虑。

（8）硐室内须设置固定照明及灭火器材。

3. 保护及安全设施

（1）硐室内的电气设备保护接地及检漏继电器的辅助接地,按《煤矿井下保护接地装置的安装、检查、测定工作细则》和《煤矿井下检漏继电器安装、运行、维护与检修细则》的规定执行。

（2）当距离井下主接地极较近,可将硐室的接地母线接至主接地极,而不设局部接地极。但检漏继电器作检验用的辅助接地极,仍需单独设置。硐室内接地母线,沿硐室壁距地0.3～0.5 m 敷设,过通道时沿地面敷设。

（3）过流保护整定必须符合实际要求,动作电流刻度值每年至少校对一次。

（4）无压释放装置动作可靠,每年校对一次。

（5）低压馈电线上应装设检漏保护装置,并执行日试验制。

（6）接地系统、接地装置的材料、断面、连接以及接地电阻合乎规定。

（7）硐室两头分别设置 2～4 个合格的电气火灾灭火器和不少于 0.2 m³ 的灭火砂,单个砂袋的质量不超过 2 kg,数量不得少于 10 袋。

（8）有合格的高压绝缘手套、绝缘台或绝缘靴。

四、主运输带式输送机

（1）带式输送机必须配齐堆煤保护、驱动滚筒防滑保护、防跑偏装置、温度保护、烟雾保护、自动洒水装置、输送带张紧力下降保护装置、防撕裂保护装置。

（2）斜井中使用的带式输送机应加设软启动装置,上运时,必须同时装设防逆转装置和制动装置、断带保护。

（3）在带式输送机沿线应设紧急联锁停车装置。

（4）机尾张紧装置应有限位保护，并定期检查，保证灵敏可靠；对在中部安有重锤张紧装置的输送机，应时常检查跑道有无卡阻和变形现象。

（5）钢丝绳芯强力带式输送机须装设能对胶带钢丝绳芯及接头状态进行实时检测的在线监测装置。

（6）必须使用阻燃输送带。带式输送机托辊的非金属材料零部件和包胶滚筒的胶料，其阻燃性和抗静电性必须符合国家标准。

（7）在机头、机尾、联轴器、输送带与托辊、滚筒等运动部件，易咬入或挤夹的部位，必须设置防护栏或防护罩，防护栏、防护罩。

（8）煤仓、溜煤眼必须有防止人员坠入的设施。

（9）机头前后两端各 20 m 范围内必须用不燃性材料支护。

（10）及时清除巷道中的浮煤，清扫和冲洗沉积煤尘。

五、主要通风机

（1）主要通风机机房必须有两趟直接由变（配）电所馈出的专用供电线路，两条线路分别来自各自的变压器和母线段，线路上不得分接其他负荷。设备的控制回路和辅助设备，必须有与主要设备同等可靠的备用电源。

（2）机房有完善的防雷设施、应急照明设施，必须安装校验合格的水柱计、电流表、电压表、功率因数表、轴承温度超温报警仪等。

（3）主、备用通风机各操作机构灵活，备用风机必须保证在 10 min 内开动。

（4）必须完善过流、无压释放保护，每年对电机的绝缘性能进行测试。

（5）风机房内必须有可靠的调度室直通电话，电话线路不得与其他地点共用。

（6）叶轮、轮毂、导叶完整齐全，无裂纹，保证有充足的原厂备品、备件。

（7）主要通风机必须装有反风设施，并能在 10 min 内改变巷道中的风流方向。

六、主排水泵

（1）主排水泵房必须装备满足矿井排水量要求的工作、备用和检修水泵，必须有排水能力符合要求的工作、备用排水管路。水泵必须能在 5 min 内启动。

（2）供电线路不得少于两回路，当任一回路停止供电时，另一回路能担负全部负荷。

（3）配电设备应同工作、备用以及检修水泵相适应，并能同时开动工作和备用水泵。

（4）各种阀门操作灵活，动作可靠，盘根不得过热，漏水不成线。

（5）泵体不得有裂纹，泵体与管路不得有漏水、漏气现象。

（6）吸水井无杂物，底阀不淤埋和堵塞，不漏水、自灌满引水起 5 min 后能启动水泵，无底阀水泵的引水装置应能在 5 min 内灌满水启动水泵。

（7）吸水管管径不小于水泵吸水口径，吸水高度不超过水泵设计允许值。

（8）泵体与管路不漏水，防腐良好；排水管路每年进行一次清扫，水垢厚度不超过管内径的 2.5%。

（9）排水设备各部件运转无异常声音、振动和温升。

七、提升机

（1）提升机要上齐上全符合《煤矿安全规程》要求的各种保护装置及其他安全设施，严禁甩保护运行。

（2）提升机司机必须执行一人开车、一人监护的规定，两名司机必须轮流操作，轮流监护，每班工作时间不得超过8 h。

（3）提升机的电控系统、液压及机械制动系统必须可靠，各种闭锁关系正确，制动能力满足安全控制要求；闸瓦、闸盘（圈）表面应清洁无油污并根据使用说明书及时更换闸板及碟形弹簧；液压站各电磁阀动作灵活可靠，位置正确；油压或风压系统运行正常；液压站（或蓄能器）油量、油质、油温符合相关规定；升降人员提升机必须有手动卸压装置并定期试验。

（4）提升机在用钢丝绳必须有合格证、检验报告，要验算其安全系数是否合格，不得延期检验。

（5）防坠器的各个连接和传动部位必须经常处于灵活状态，新安装或大修后的防坠器必须进行脱钩试验，合格后方可使用。

（6）提升装置的最大载重量和最大载重差，应在井口公布，严禁超载和超载重差运行。

（7）安全门及操车系统必须安装正确，动作灵活，符合《煤矿安全规程》第三百九十五条的规定，实现可靠闭锁。

（8）信号装置必须有正、备用两套，并设有保证正确发出信号顺序的闭锁装置。信号装置必须符合《煤矿安全规程》第四百零三条、第四百零四条、第四百零五条的规定。

（9）雨季打雷期间，严禁提升机运行。

八、主压风机

（1）安全阀和压力调节器必须动作可靠。

（2）使用润滑油的空气压缩机，必须装设断油保护装置或断油信号显示装置。

（3）水冷式空气压缩机必须装设断水保护装置或断水信号显示装置。

（4）空气压缩机的排气温度单缸不得超过190 ℃，双缸不得超过160 ℃，必须装有温度保护装置，超温时能自动切断电源。

（5）空气压缩机吸气口必须设过滤装置，滤风器必须三个月清洗一次。

（6）空气压缩机必须使用经过化验合格且闪点不低于215 ℃的压缩机油。油质有合格证及化验记录存档。

（7）气缸无裂纹、不得有漏水、漏气现象。阀室无积垢和炭化油渣、阀片无裂纹，与阀座配合严密，弹簧压力均匀。

（8）冷却水压力不超过0.25 MPa，冷却水出水温度不超过40 ℃，保持出入水温差在6～12 ℃之间。后冷却器排气温度不超过60 ℃。

（9）空气压缩机的风包应设在室外阴凉处或采取相应措施，风包的温度应保持在120 ℃以下，并且装有超温报警装置。风包出口管路上必须加装符合要求的释压阀，释压阀的口径不得小于出风管的直径，释放的压力应为空气压缩机最高工作压力的1.25～1.4倍。

（10）压风机风包上必须装设可靠的安全阀、放水阀和压力表，并有检查孔，必须定期清除风包内的油垢。

（11）空气压缩机的盘车装置应与电气启动系统闭锁。

九、综采综掘机电设备

1. 采煤机

（1）采煤机上必须装有能停止工作面刮板运输机运行的闭锁装置。

（2）工作面倾角在15°以上时，必须有可靠的防滑装置。

（3）采煤机必须安装内、外喷雾装置。截煤时必须喷雾降尘，内喷雾压力不得小于2 MPa，外喷雾压力不得小于1.5 MPa，喷雾流量必须与机型相匹配。如果内喷雾装置不能正常喷雾，外喷雾压力不得小于4 MPa。

（4）采煤机必须装设机载瓦斯断电仪。

（5）采煤机对口螺栓及底托架螺栓齐全紧固，每个滚筒缺齿数不超过5个（包括失效截齿）。

2. 液压支架

（1）倾角大于15°时，液压支架必须采取防倒、防滑措施。倾角大于25°时，必须有防止煤（矸）窜出刮板输送机伤人的措施。

（2）液压支架的完好率不低于90%。

（3）在使用过程中更换配件（含胶管）必须使用原厂规格、型号相同的产品，如使用其他替代产品，必须经集团公司机电管理部门认可。

（4）乳化油应使用合格的产品，使用前必须在地面进行配液分析，在确认能满足该矿井水质要求的情况下才能批量使用，乳化液的配制必须使用自动配比装置，确保乳化液浓度在3%～5%的范围内。

（5）严禁用铅丝替代销子等。

3. 刮板输送机、转载机、破碎机

（1）采煤工作面刮板输送机必须安设能发出停止和启动信号的装置，发出信号点的间距不得超过15 m。

（2）刮板输送机的液力偶合器，必须按所传递的功率大小，注入规定的难燃液，并经常检查有无漏损。易熔合金塞必须符合标准，并设专人检查、清除塞内污物。严禁用不符合标准的物品代替。

（3）转载机实行全封闭式运行，尾挡板内侧有能停止转载机、破碎机的拉线开关。

（4）工作面转载机安有破碎机时，必须有安全防护装置，在破碎要入口前安装红外保护装置。

4. 带式输送机

（1）必须使用阻燃输送带。

（2）带式输送机巷道中行人跨越带式输送机处必须设过桥。

（3）带式输送机机头处必须备有数量充足的灭火器材，驱动、伸缩部位两侧必须设置防护栏，机尾必须安装护罩。

（4）带式输送机必须安装防滑、堆煤、防跑偏、温度、烟雾、自动洒水保护装置，所有保护装置的安装依照《井下带式输送机保护装置安装位置及试验技术规范》规范安装，并保证装置灵敏可靠。

（5）带式输送机上、下托辊齐全，转动灵活，损坏的托辊必须及时更换。

5. 乳化液泵站

（1）使用自动配液装置，水质、配比等必须符合有关要求；泵箱必须设自动给液装置，防止吸空。

（2）乳化液泵调定压力不得低于液压支架设计所需初撑力，保证支架对顶板的初撑力符合要求。

（3）液压元件运行平稳无噪声，试运行齿轮箱、曲轴箱运行声音正常，无异响，无漏油、漏水现象，长时间运行油温不超过 80 ℃，各轴承端部温度无异常。

（4）各部结合必须紧密无缝隙，各部销轴穿连、锁固良好，无松动退脱现象。对轮胶套完好，压紧牢固，对轮护罩紧固不变形。

（5）各类阀组的调定压力必须符合液泵使用说明书的要求。

6. 掘进机

（1）掘进机前后照明灯齐全明亮。

（2）紧急停止按钮动作可靠，并有常闭功能。

（3）掘进机作业时，必须使用内、外喷雾装置，内喷雾装置的使用水压不得小于 3 MPa，外喷雾装置的使用水压不得小于 1.5 MPa；如果内喷雾装置的使用水压小于 3 MPa 或无内喷雾装置，则必须使用外喷雾装置和除尘器。

（4）机载瓦斯断电仪显示正常，功能可靠。

（5）掘进机各连接部位齐全紧固。电控箱固定可靠，接触器和隔离开关及各种保护功能齐全，动作灵活准确，防爆部位符合规定，接线紧固无毛刺，螺栓垫圈齐全，报警器齐全响亮。

十、通信系统

（1）在主副井绞车房、井底车场、运输调度室、变电所、上下山绞车房、水泵房、压风机房、爆炸品材料库等主要机电设备硐室、井下主运输胶带转载点、临时配电点、巷道分支处、溜煤眼处和采掘工作面以及采区、水平最高点，应安设电话。生产调度通信系统总容量不少于 200 门；无线语音通信系统总容量不少于 200 门。

（2）掘进工作面距端头 30～50 m 范围内，应安设电话；采煤工作面距两端 10～20 m 范围内，应分别安设电话；采掘工作面的平巷长度大于 1 000 m 时，在平巷中部应安设电话。

（3）在井下避难硐室（救生舱）、井下主要水泵房、井下中央变电所和采掘工作面、爆炸品材料库、爆破时撤离人员集中地点等，必须设有直通矿调度室的电话。

（4）通信系统应具有井下固定电话和手持移动电话与地面固定电话和手持移动电话之间互联互通的功能。

（5）广播系统应具有广播主机向所有连接音箱进行广播和播放的功能，广播系统宜具有井下音箱与地面主机的对讲功能；广播系统应具有广播主机向特定用户（组）选择播放功能。

（6）井下通信联络系统的线路，严禁利用大地做回路。

（7）入井电缆的入井口处应具有防雷设施。

第五节　运输及辅助运输系统安全标准

一、基本规定

（1）条件适宜的大、中型矿井，煤炭运输应优先选用带式输送方式。

（2）大巷运输系统采用轨道运输时，应根据运距、运量选择机车和矿车。

（3）开采缓倾斜煤层，采用普通带式输送机向上运煤倾角不宜大于 18°，向下运煤倾角不应大于16°。

（4）当大巷、采区上、下山沿煤层布置，且倾角适宜时，从井底车场至大巷，采区上、下山至采煤工作面平巷宜实行直达运输。

（5）健全、完善各种技术资料。如：矿井运输系统图，运输设备、设施图纸，事故记录，各项工程施工技术措施、机车资料、斜井人车和斜巷跑车防护装置、窄轨车辆连接器静拉力试验和测试记录或试验报告等。

（6）矿井轨道运输各工种必须严格执行现场交接班制度。

（7）必须建立健全各级矿井轨道运输岗位责任制。岗位责任制除书面形式外，工作场所还必须有醒目的岗位责任牌板。

（8）人行道严禁堆放杂物，水沟要畅通，盖板要完整、齐全、稳固。

（9）运输巷两侧（包括管、线、电缆）与运输设备最突出部分之间的距离，应符合规定要求。

（10）机车、车辆发生落道事故后，必须立即停止运行，以防止事故扩大，待机车、车辆停稳后，立即采取措施。

（11）所有入井人员必须接受乘车及井下行走的安全教育，服从运输安全监察员和矿井运输业务人员的指挥。

（12）必须严格执行"行车不行人，行人不行车"的规定。

二、胶带运输

（1）必须使用阻燃输送带，并具有适合规定的的宽度，保证输送机在所有正常工作条件下的稳定性和强度。

（2）整个输送机线路上，特别是在装载、卸载或转载点，设防止煤炭溢出的装置，并采取降尘措施。

（3）与输送机配套的电动机、电控及保护设备必须具有防爆合格证明。

（4）输送机任何零部件的表面最高温度不得超过150 ℃。机械摩擦制动时，不得出现火花现象。

（5）带式输送机必须按规定位置设置清扫器，较高的带式输送机必须设置防护遮板。

（6）输送机电控系统应具有启动预告声响或灯光（信号）、启动、停止、紧急停机、系统联锁及沿线通信等功能，其他功能宜按输送机的设计要求执行。

（7）在输送机运动部件（如联轴器、输送带与托辊、滚筒等）易咬入或挤夹的部位，尤其是人员易于接近的地方，都应加以防护。机头煤仓周围必须设置栅栏以防止人员和异物坠入，机头段储带仓两侧必须设置护栏。机尾必须设置安全防护罩或栏杆。

（8）输送机巷道内禁止烧焊，输送机机头、机尾前后10 m的巷道支护应用非燃性材料支护。

（9）输送机巷道内应敷设消防水管，机头、机尾和巷道每隔50 m设一个阀门和不少于25 m长的软管。机头部要备有不少于0.2 m³消防砂、2个以上合格的电器火灾灭火器、2把防火锹、2只消防水桶和防火沙袋等防灭火设施。

（10）机架、托辊齐全完好，胶带不跑偏。严禁输送机乘人、跨越输送机或从设备下面通过，需要行人跨越处必须设过桥。

（11）矿用安全型和限矩型偶合器不允许使用可燃性传动介质。调速型液力偶合器使用油介质时必须确保良好的外循环系统和完善的超温保护措施。

（12）必须有防滑、堆煤、防跑偏、超温、烟雾以及自动洒水等六大保护；倾斜向上运输的带式输送机必须设置逆止器；输送机长度超过 100 m 时，应在输送机人行道一侧设置沿线紧急停车装置。带式输送机需安装的保护及安装位置如下：

① 防滑保护装置。

磁铁式：防滑保护装置应将磁铁安装在从动滚筒的侧面，速度传感器要安装在与磁铁相对应的支架上；

滚轮式防滑保护：传感器安装在下胶带上面或者上胶带下面。

② 堆煤保护装置。

一种是安装在煤仓上口，堆煤保护传感器的安装高度，应在低于机头下胶带 200 mm 水平以下，其平面位置应在煤仓口范围之内；

另一种是安装在两部带式输送机搭接处，安装高度应在后部输送机机头滚筒轴线水平以下，其平面位置应在前部胶带机的煤流方向，且距离应在前部胶带机机架侧向 200～300 mm。

③ 防跑偏保护装置。

机头和机尾均安装一组跑偏保护传感器；中间部分安装自动纠偏装置。

④ 温度保护。

安装在带式输送机的主动滚筒附近，温度探头应安设在带式输送机的主动滚筒和胶带接触面的 5～10 mm 处。

⑤ 烟雾保护。

悬挂于胶带张紧段，距上胶带上方 0.6～0.8 m，同时在风流下行方向距驱动滚筒 5 m 内的下风口处。

⑥ 自动洒水装置。

安装在输送机驱动装置两侧，洒水时能起到对驱动胶带和驱动滚筒同时灭火降温的效果，其水源的阀门应是常开。

⑦ 沿线紧停保护装置。

输送机巷道内每隔 100 m 要安装一个紧停开关，在装载点、人行过桥处、机头、机尾均应设有紧停开关，开关信号要接入带式输送机控制系统。

三、信号、通信、照明

（1）信号装置的设置必须遵守以下规定：

1）警示信号

水平大巷各交叉点和弯道两端，必须设置能同时发出声和光的行车预报警信号；水平大巷的道岔应设置警冲标。

2）警戒信号。

① 大巷施工作业地点前后 40 m 以外必须悬挂红色信号警戒灯；

② 斜巷上、下车场及中间通道口、大巷风门处必须使用语言声光行车报警信号装置，并有"正在行车、不准进入"警示牌（灯箱）。

3）指示信号

① 大巷各车场必须设置机车停车位置指示牌（灯箱）。

② 大巷各交叉口必须设置列车去向指示牌(灯箱)。

③ 巷道中接近弯道和车场 40 m 处必须设列车限速标志灯箱。

(2) 提升、运输的各车场、绞车房和小绞车安装地点及各收发信号地点的一切信号装置,必须做到声光兼备,否则严禁进行轨道运输作业。

(3) 盘区用无极绳绞车运输时,绞车至尾轮间每隔 100 m 必须设置一套信号收发装置或配置漏泄通信。

(4) 所有信号必须班班检查,保持完好。运输作业前先对各收发点信号装置至少试查两次。信号装置不灵敏、不可靠,严禁作业。

(5) 调度信号必须专线专用,严禁非岗位工操作。

(6) 机车信号的设置必须遵守以下规定:

① 列车或单独机车必须前有照明,后有红尾灯。

② 机车车场必须信号齐全,信号控制按钮必须标明用途。

③ 架空线分段供电时,两区段的交接处必须有醒目的停电信号,保证其中一段停电时,驶向该段的机车能在较远处发现。

④ 单线双向运输线路两端必须设置闭塞信号装置。

⑤ 乘人车场必须有区间闭锁信号,保证一列车进入车场时,其他列车不能进入该车场。

(7) 钢丝绳运输信号的设置必须遵守以下规定:

① 信号必须声、光兼备,能"双向"对打,保证上、下部车场和各信号收发点均能打点、回点。

② 双钩绞车运输时,应有错码信号。

③ 井筒绞车提升,必须装有从井底发给井口(卸载点),再由井口发给绞车房的信号装置。

④ 斜井人车(包括架空人车),必须使用"斜井人车专用信号"装置,保证人车在任何地点均能发出停车信号。

(8) 通信装置必须遵守以下规定:

① 运输调度站、调车站、信号站、绞车房、装载站、卸载站、车场、机车修车厂房、车库、钉道工房等各处,都应有可靠、有效、适当的通信设施。

② 主要提升井井口、井底信号房之间必须设置可靠的电话,并且能直通调度室。

③ 架空线整流室内必须安设专用电话。

④ 电机车应配备通信装置,完善机车司机与调度之间及机车司机相互之间的联系。

(9) 照明设施必须遵守以下规定:

1) 矿井下列地点必须有足够的照明:

① 井底车场及其附近。

② 机车硐室、调度室、机车库、候车室、信号站、装载站、卸载站等。

③ 兼作人行道的集中胶带运输巷道、升降人员的绞车道及升降物料和人行交替使用的绞车道。

④ 主要巷道的交叉点和盘区车场。

2) 使用机车的主要运输巷道内,每隔 30 m 应安设一盏防爆灯。

3) 升降人员或兼作行人的绞车道或从地面到井下的专用人行道,每隔 20 m 应安设一盏防爆灯。

4）井底车场、盘区车场、小绞车运输车场及摘挂钩地点，都应装设一定亮度的防爆灯。

四、车场与轨道线路

（1）运行 7 t 以上机车或 3 t 及其以上矿车的轨道，采区运送质量超过 15 t（包括平板车质量）及以上液压支架等设备时，线路轨型不低于 30 kg/m；其他线路轨型不低于 24 kg/m。

（2）矿井轨道必须按标准铺设，在使用期间应加强维护，定期检修。主要运输巷轨道的铺设质量应符合下列要求：

① 扣件必须齐全、牢固并与轨型相符。轨道接头的间隙不得大于 5 mm，高低和左右错差不得大于 2 mm。

② 轨道直线段水平，以及曲线段外轨抬高后的水平，误差不得大于 5 mm。

③ 直线和加宽后的曲线段轨距，上偏差为 +5 mm，下偏差为 -2 mm。

④ 在曲线段内应设置轨距拉杆。

⑤ 同一线路应使用同一型号钢轨；道岔的钢轨型号不得低于线路的钢轨型号。

（3）架线电机车运行的轨道应符合下列要求：

① 两平行钢轨之间，每隔 50 mm 连接 1 根断面不小于 50 mm² 的铜线或其他具有等效电阻的导线。

② 线路上所有钢轨接缝处，必须用导线或采用轨缝焊接工艺加以连接，连接后每个接缝处的电阻要符合《煤矿安全规程》规定。

③ 不回电的轨道与架线电机车回电轨道之间必须加设二级绝缘。第一绝缘点设在两种轨道的连接处，第二绝缘点设在不回电的轨道上，与第一绝缘点之间的距离必须大于一列车的长度，每一绝缘点两绝缘块间距小于 0.5 m。对绝缘点必须经常检查维护，保持可靠绝缘。

④ 一般情况，架线电机车线路不得有钢丝绳跨越，如遇特殊情况必须跨越时，钢丝绳不得与轨道相接触，并采取专项措施。

（4）架线电机车使用的直流电压不得超过 600 V。

（5）自溜车场坡度：重车线不得超过 11‰（含 11‰）；空车线不得超过 15‰（含 15‰），弯道处可适当加大。

（6）机车运输主要车场长度：使用 1 t 矿车不得小于 120 m，使用 3 t 矿车不得小于 140 m。

盘区车场不小于两列车长度；钢丝绳运输车场：井口、井底和上下山出口存车场长度不得小于规定列车长度的 1.5 倍；无极绳出口摘挂钩车场长度不得小于 15 m；中间车场长度不得小于 12 m；运送材料车场和临时车场不得小于 8 m。

（7）大巷车场内的道岔要经常开向大巷，除盘区进车外不准搬动。

（8）摘挂钩车场严禁在操作范围内安装拨绳轮、地滚、挡车器及存放车辆。

（9）车场处理落道故障时，大巷必须先发送事故信号，盘区必须先采取可靠的稳车措施，并有专人监视。

（10）车场附近 30 m 内不得安设风机。特殊情况如需要在 30 m 内安设时，所用风机必须配置有效的消音装置，风筒距车列最突出部分的间距不得小于 30 cm。

（11）人员乘车车场必须有明显的停车位置指示、车场站名，以及列车时刻表，并安设架空线自动停送电装置,保证人员上下车时能够停止向架空线送电。

(12) 窄轨铁道线路铺设质量必须符合质量标准要求。

(13) 钢轨在使用前必须校正,不得有扭转和弯曲现象,轨端要齐、严、孔位正确。

(14) 钢轨铺设应采用悬接方式,直线部分的两股钢轨接头应对接,相对错距误差不大于 50 mm;曲线段和使用抱轨式人车的斜井绞车道应错接,相互错距不得大于 2 m。短轨长度不得小于 3 m,短轨的插入应在曲线头尾 2 m 以外的直线段进行。曲线与直线的切点处及倾斜井巷变坡点处不得有接头。

(15) 线路轨枕应符合以下要求:

① 轨枕按材质分为预制钢筋混凝土、木材及金属材料。

② 每节钢轨应有三种不同的轨枕间距,即:接头间距 c,过渡间距 b,中心间距 a。

线路采用 18 kg/m 钢轨时,取 $c=440$ mm,$b=570$ mm,$a=700$ mm。

线路采用 24 kg/m 以上钢轨时,取 $c=480$ mm,$b=560$ mm,$a=700$ mm。

③ 临时轨道轨枕最大间距不得大于 1 m。

④ 长轨焊接的无缝铁道,轨枕间距可按中心间距进行布置。

(16) 铺设木轨枕时,树心朝下,有圆角的大面朝下,将尺寸、强度及耐久性能相同的铺在一起。轨枕应排列整齐,选择一侧对齐方式,单线铁道应靠人行道一侧齐,双线铁道应在两线外侧齐。轨枕中线应与铁道中心线垂直。

(17) 铺设钢筋混凝土轨枕时,钢轨与轨枕必须用胶垫或其他柔性材料垫层作缓冲,以避免钢轨压损轨枕的承载面。捣固时,不得使镐头碰在轨枕上,以免轨枕因撞击而产生裂缝、脱边等现象。

(18) 使用钢筋混凝土轨枕的轨道,在距木枕道岔两端应铺设 5 根以上木轨枕。在与木枕分界处,如遇钢轨接头,应保持木枕延伸至钢轨接头内 5 根以上作为过渡段,以保持轨道的弹性一致。

(19) 道岔的轨型不得小于线路轨型,道岔前后必须至少铺设一对与道岔轨型相同的整根钢轨,两相邻道岔间插入的短轨不宜小于 3 m,困难条件下可不设。

(20) 电机车运行线路道床应符合以下规定:

① 道碴铺设厚度不得小于 80～100 mm,铺设宽度单轨巷为 1.6 m,双轨巷为 3.2 m。道碴要埋住轨枕的 2/3,最高不得超出枕面,捣固应均匀,无吊板。

② 道碴选用石灰岩、河卵石以及不易风化、不自燃的坚硬矸石制成。碎石、矸石的粒度为 10～40 mm,不得掺有碎末,并应定期清理石子中的煤粉。

③ 道床要铺设平整、饱满,必要时应加设横截水沟。

(21) 整体道床直线段应采用钢筋混凝土轨枕或油浸木枕混凝土整体浇注,曲线段可采用金属轨枕混凝土整体浇注,道岔地段应采用木枕普通道碴道床。

(22) 轨道扣件应符合以下规定:

① 鱼尾板规格必须与钢轨配套,对不同的接头,要用特制异型鱼尾板连接。

② 每根木枕上只许钉四个道钉,打入道钉的位置应在轨面宽 1/3 处。

③ 鱼尾板与螺栓的规格要配套,并加弹簧垫圈,不准短缺、松动。

(23) 轨道铺设应做到平、直、实,扣件、道钉、绳轮和轨枕齐全。螺栓连接的轨道接头间隙,井下不大于 5 mm,井上夏季不大于 7 mm,冬季不大于 10 mm。接头端顶面、内错差不大于 2 mm。

（24）轨道中心线的曲线半径应符合以下要求：

运行速度小于或等于 1.5 m/s 时，不得小于通行车辆最大固定轴距的 7 倍，运行速度为 1.5～3.5 m/s 时，不得小于通行车辆最大固定轴距的 10 倍；运行速度大于 3.5 m/s 时，不得小于通行车辆最大固定轴距的 15 倍。但行驶机车的轨道中心曲线半径不得小于 12 m。

（25）铺设道岔应符合以下规定：

① 根据使用地点的曲线半径、开口方向、两轨中心距离等条件选择道岔型号。

道岔必须符合原煤炭部颁发标准，道岔的铺设应符合设计要求，轨型与线路轨型一致。铺设道岔要平顺，位置误差不应大于设计规定 300 mm。

② 道岔轨枕断面规格与线路轨枕相同，长度适当加大，以保证两端均距轨底外缘不少于 250～300 mm。

③ 辙岔铺设方向要正确，翼轨前部、心轨尖部与心轨后部工作边三点要成一直线，误差不超过 ±1 mm；心轨、翼轨垂直磨损不超过 7 mm，各部不准有断裂及变形。

④ 曲连接轨的曲线半径误差不超过 5%。连接轨与辙岔接头间隙不大于 5 mm。

⑤ 岔尖应符合设计要求。岔尖竖切部分必须与基本轨侧面密贴，间隙不大于 2 mm。在尖轨顶面宽 20 mm 处不高于基本轨 2 mm；尖轨与连接轨的接头轨缝不大于 8 mm，岔尖开程为 80～110 mm，摆动要灵活可靠。

⑥ 护轨的中心点要与辙岔心轨的尖端成直角，误差 ±50 mm。护轨槽宽为 28 mm，即心轨与护轨工作边间距为 572 mm（872 mm）误差 +2 mm。护轨槽深为 38～40 mm，要保持清洁。

⑦ 垫板及轨撑配置必须符合设计要求，不准短缺和松动。

⑧ 转辙器的种类、型号必须符合设计要求，铺设要平整，扳动要灵活。

⑨ 道岔的曲线外轨水平不得加高。调整道岔纵向或横向水平，均要以直基本轨为准。

⑩ 辙岔应采用锰钢材料整铸。

⑪ 永久线路不得采用施工简易道岔。

（26）轨距拉杆、轨撑、垫板应符合以下要求：

① 行驶 10 t 及以上机车的轨道无论曲线、直线、道岔，都必须安装轨距拉杆。直线段每 10 m、曲线段每 5 m 安装 1 根，道岔不少于 3 根。

② 曲线段每根轨枕的外轨外侧应安装一个轨撑。

③ 无论曲线或直线线路，若使用木轨枕时，必须在每根轨枕上与钢轨接触处安装 1/40 的楔形垫板或砍削出斜度 1/40 的斜面；若使用钢筋混凝土轨枕时，承轨台应事先做成规定斜面。

五、倾斜井巷提升

（1）倾斜井巷内使用串车提升时，必须遵守下列规定：

① 在倾斜井巷内安设能够将运行中断绳、脱钩的车辆阻止住的跑车防护装置。

② 在各车场安设能够防止带绳车辆误入非运行车场或区段的阻车器。

③ 在上部平车场入口安设能够控制车辆进入摘挂钩地点的阻车器。

④ 在上部平车场接近变坡点处，安设能够阻止未连挂车辆滑入斜巷的阻车器。

⑤ 在变坡点下方略大于一列车长度的地点，设置能够防止未连挂的车辆继续往下跑车

的挡车栏。

⑥ 在各车场安设甩车时能发出警号的信号装置。

上述挡车装置必须经常关闭，放车时方准打开。兼作行驶人车的倾斜井巷，在提升人员时，倾斜井巷中的挡车装置和跑车防护装置必须是常开状态，并可靠的锁住。

⑦ 轨道的铺设必须符合标准规定，并采取轨道防滑措施。

⑧ 托绳（轮辊）按设计要求配置，并保持转动灵活。

⑨ 倾斜井巷上端有足够的过卷距离。过卷距离根据巷道倾角、设计载荷、最大提升速度和实际制动力等参量计算确定，并有 1.5 倍的备用系数。

⑩ 串车提升的各车场设有信号硐室及躲避硐；运人斜井各车场设有信号和候车硐室，候车硐室具有足够的空间。

⑪ 斜井提升时，严禁蹬钩、行人。运送物料时，开车前把钩工必须检查牵引车数、各车的连接和装载情况。牵引车数超过规定，连接不良或装载物料超高、超宽、超重或偏载严重有翻车危险时，严禁发出开车信号。

（2）新设计的倾斜井巷运输线路，必须同时设计、安装、投入使用跑车防护装置，不得以任何借口弃之不用或随意拆除，不得失修和失效。自制跑车防护装置应根据车辆、线路情况进行设计，设计图纸必须经矿总工程师审查批准后，方可制造。制造必须严格按设计技术要求进行，不得粗制滥造，影响使用效果。外购跑车防护装置，必须购买具有煤安标志，满足防爆要求。

（3）跑车防护装置使用前或使用条件改变时，必须进行试验。试验合格后方可正式投入使用。试验条件必须符合实际情况，试验记录应存档备查。

（4）井下运输生产过程中，如通过特殊车辆，需拆除跑车防护装置，必须经矿总工程师和技术、安监部门批准，并制定出特殊车辆通行期间的防跑车安全措施后，由该装置主管单位人员拆除，特殊车辆通过后立即重新安装并恢复其性能。

（5）倾斜井巷运输线路推广安装复合式跑车防护系统。

（6）倾斜井巷运输线路上部车场口，在距离变坡点不少于 2 m 的水平线路处，必须安设一组抱轨式阻车器与变坡点下方略大于一列车长度地点设置的挡车栏实现联锁。

（7）斜井、暗斜井上部车场摘挂钩处，必须设一组阻车器。

（8）斜井、暗斜井中间段根据斜长设置若干档跑车防护装置，有人作业的地点上方 20 m 处，增设 1 组跑车防护装置，确保作业人员安全。

（9）倾斜巷道装卸或停放车辆时，必须设置可靠的阻车器。

（10）各矿必须对跑车防护装置实行建档管理，并做到数量清、状态明，定期进行检查，保证装置可靠有效。

（11）有极绳绞车运输倾斜线路，坡度在 6°及以上时，必须加装保险绳，保险绳与主绳直径相符。

（12）多水平运输时，从各水平发出的信号必须有区别。人员上、下地点应悬挂信号牌。任一区段行车时，各水平必须有信号显示。

六、钢丝绳和连接装置

1. 钢丝绳

（1）使用和保管钢丝绳时，必须遵守下列规定：

① 新绳到货后，应由检验单位进行验收检验。合格后应妥善保管备用，防止损坏或锈蚀。

② 对每卷钢丝绳必须保存有包括出厂厂家合格证、验收证书等完整的原始资料。

③ 保管超过 1 年的钢丝绳，在悬挂前必须再进行 1 次检验，合格后方可使用。

④ 直径为 18 mm 及以下的专为提升物料用的钢丝绳立井提升用除外，有厂家合格证书，外观检查无锈蚀和损伤，可以不进行本条第(1)款、第(3)款所要求的检验。

（2）提升钢丝绳的检验应使用符合条件的设备和方法进行，检验周期应符合下列要求：

① 升降人员或升降人员和物料用的钢丝绳，自悬挂时起每隔 6 个月检验 1 次。

② 升降物料用的钢丝绳自悬挂时起 12 个月后进行第 1 次检验，以后每隔 6 个月检验 1 次。

③ 摩擦轮式绞车用的钢丝绳、平衡钢丝绳以及直径为 18 mm 及其以下的专用升降物料用的钢丝绳，不受①、②限制。

（3）矿井轨道运输各种用途的钢丝绳，在悬挂时的安全系数必须符合规定。

（4）提升装置使用中的钢丝绳做定期检验时，安全系数有下列情况之一的必须更换：

① 专为升降人员用的小于 7。

② 升降人员和物料用的钢丝绳：升降人员时小于 7；升降物料时小于 6。

③ 专为升降物料和悬挂吊盘用的小于 5。

（5）新钢丝绳悬挂前的检验包括验收检验和在用绳的定期检验，必须按下列规定执行：

1）新绳悬挂前的检验：必须对每根钢丝做拉断、弯曲和扭转 3 种试验，并以公称直径为准对试验结果进行计算和判定：

① 不合格钢丝的断面积与钢丝总面积之比达到 6%，不得用作升降人员；达到 10%，不得用作升降物料。

② 以合格钢丝拉断力总和为准算出的安全系数，如低于《煤矿安全规程》第四百零八条的规定时，该钢丝绳不得使用。

2）在用钢丝绳的定期检验：可只做每根钢丝的拉断和弯曲 2 种试验。试验结果，仍以公称直径为准进行计算和判定：

① 不合格钢丝的断面积与钢丝总断面积之比到 25%时，该钢丝绳必须更换。

② 以合格钢丝绳拉断力总和为准算出安全系数，如低于《煤矿安全规程》第四百零八条的规定时，该钢丝绳必须更换。

（6）各种股捻钢丝绳在 1 个捻距内断丝断面积与钢丝总面积之比，达到下列数值时，必须更换：

① 升降人员或升降人员和物料用的钢丝绳为 5%。

② 专为升降物料用的钢丝绳、平衡钢丝绳、防坠器的制动钢丝绳包括缓冲绳和兼作运人的钢丝绳以及牵引带式输送机的钢丝绳为 10%。

（7）提升钢丝绳或制动钢丝绳直径减小量达到 10%时必须更换；使用密封钢丝绳外层钢丝厚度磨损量达到 50%时必须更换。

（8）钢丝绳在运行中遭受到卡绳、突然停车等猛烈拉力时，必须立即停车检查，发现下列情况之一者，必须将受力段剁掉或更换全绳：

① 钢丝绳产生严重扭曲或变形。

② 断丝超过规定。

③ 直径减小量超过规定。

④ 遭受猛烈拉力的一段的长度伸长 0.5% 以上。

⑤ 在钢丝绳使用期间,断丝数突然增加或伸长突然加快。

(9) 钢丝绳的钢丝有变黑、锈皮、点蚀麻坑等损伤时,不得用作升降人员。

钢丝绳锈蚀严重或点蚀麻坑形成沟纹,或外层钢丝松动时,无论断丝多少或绳径是否变化,必须立即更换。

(10) 使用有接头的钢丝绳时,必须遵守下列规定:

1) 只可用在平巷运输设备和 30°以下倾斜井巷中专为升降物料的绞车及斜巷无极绳绞车。

2) 在倾斜井巷中使用的钢丝绳,其插接长度不得小于钢丝绳直径的 1 000 倍。钢丝绳插接的质量应符合下列要求:

① 互相插接的两条钢丝绳,必须是同型号、同直径,两个端头的插接长度应相等。

② 插入钢丝绳内部的绳股,必须塞满除去麻芯后的空间。

③ 钢丝绳插接部位的直径不得大于原钢丝绳直径的 10%。

④ 各对股相交的位置应均布,不得有松弛现象。

(11) 主要提升装置必须有检验合格的备用钢丝绳。

对使用中的钢丝绳应根据井巷条件及锈蚀情况,至少每月涂油 1 次。

倾斜井巷运输时,矿车之间的连接、矿车与钢丝绳之间的连接,必须使用不能自行脱落的连接装置,并加装保险绳。

倾斜井巷运输用的钢丝绳连接装置,在每次更换钢丝绳时,必须用 2 倍于其最大静荷重的拉力进行试验。

(12) 斜巷绞车用的钢丝绳,在滚筒外部的接头数必须遵守下列规定:

① 运输距离小于 600 m 时,只准有 1 个接头;

② 运输距离为 600~1 000 m 时,不得超过 2 个接头;

③ 运输距离大于 1 000 m 时,不得超过 3 个接头。

(13) 使用插接钢丝绳时,应做好下列工作:

① 经常检查接头在通过滚筒、绳轮和弯道挡绳轮时有无松动或其他变化情况。

② 插接部分应每周涂浸一次防腐油。

③ 应进行钢丝绳插接试样的拉力试验,插接段抗拉力的损失不得大于原绳破断力的 4%。

(14) 各种提升装置的滚筒上缠绕的钢丝绳的层数,严禁超过下列要求:

① 在倾斜井巷中升降人员或升降人员和物料的,准许缠绕 2 层,升降物料的,准许缠绕 3 层。

② 移动式的或辅助性的专为提升物料的包括矸石山和向天桥上提升等,准许多层缠绕。

(15) 滚筒上缠绕两层或两层以上钢丝绳时,必须符合下列要求:

① 滚筒边缘应高出最外一层钢丝绳的高度,至少应为钢丝绳直径的 2.5 倍。

② 滚筒上必须设有带绳槽的衬垫。

③ 钢丝绳由下层转到上层的临界段相当于绳圈 1/4 长的部分,必须经常加以检查,并应在每季度将钢丝绳移动 1/4 绳圈的位置。

对现有不带绳槽衬垫的在用绞车,只要在滚筒板上刻有绳槽或用一层钢丝绳作底层,可继续使用。

(16) 钢丝绳绳头固定在滚筒上时,必须符合下列要求:

① 必须有特备的容绳或卡绳装置,严禁系在滚筒轴上。

② 绳孔不得有锐利的边缘,钢丝绳的弯曲不得形成锐角。

③ 滚筒上应经常缠留三圈绳,用以减轻固定处的张力,还必须留有作定期试验用的补充绳。

(17) 在用小绞车使用的钢丝绳,除应符合以上有关规定外,还必须遵守以下规定:

① 钢丝绳在滚筒上应排列整齐。

② 钢丝绳不得结疙瘩。

③ 钩头卡绳长度不得小于 600 mm,绳卡不得少于 4 道;如果用插接方式接头强度必须达到正常绳标准。

④ 钩头必须上绳皮。绳皮要求与钩头钢丝绳配合紧密不松动,要在绳皮内环中间处加焊三角形支撑铁板,确保绳皮受拉力后不变形;钩头上必须连接一个单链环,单链环的破断拉力必须大于牵引钢丝绳的总破断拉力。

⑤ 缠绳不得大于牵引长度的两倍及允许容绳量。

2. 连接装置

(1) 连接装置除必须符合《煤矿安全规程》规定外,窄轨车辆连接器的订货、验收、使用、检验和报废等各环节的管理工作,还必须符合《煤矿窄轨车辆连接器管理细则》规定。

(2) 窄轨车辆连接器包括单环链、双环链、三环链、多环链、连接杆、卡钩等及其相应的连接销。

(3) 连接器入库前,要责任到人,按下列要求验收:

① 具有有效的产品检验合格证和出厂检验合格证;

② 外形尺寸、产品质量均应符合标准要求;

③ 表面应光洁,不准有裂纹、过烧,毛刺高度、伤疤深度及重皮去除后凹下深度均不大于 1 mm;

④ 铸造链环的错模量不得大于 1 mm;

⑤ 焊接链环的焊缝处,直径不得小于原棒料直径,但也不得超过原棒料直径的 15%,焊缝应在链环的直部、表面应光洁,不准出现气孔、夹碴、明显裂纹等缺陷;

⑥ 链环、插销必须有永久标志,标明厂家、制造年份、等级,并涂黑漆。

(4) 倾斜井巷运输时,矿车之间、矿车与钢丝绳之间的连接,都必须使用不能自行脱落的连接器。

(5) 应按设计规定使用连接器,严禁超载、超挂,严禁使用不符合要求的连接器或其他代用品。在倾斜井巷中严禁使用平巷专用连接器。

(6) 提运超长设备、物料等专用车辆的连接可采用多环链,其安全系数必须符合规定。当采用其他方式连接时,必须制定安全措施,报矿总工程师批准。

(7) 连接车辆时,必须对连接器进行认真检查,发现裂纹、变形超限、严重外伤和锈蚀等现象,必须更换。

（8）连接器在使用中遭受猛烈拉力后,应进行变形和无损探伤检查,如发现裂纹、变形超限、严重外伤和锈蚀等现象,不得继续使用。连接器在使用中出现开环、断销等情况,必须分析原因,明确责任,制定防范措施。

（9）连接器要定期检查和测量,并做到责任到人。倾斜井巷使用的至少每月一次,平巷使用的至少每季一次,并有记录。检查测量内容为:

① 连接器和插销的直径磨损量;

② 连接器和插销的变形量;

③ 连接器的表面质量、几何尺寸、锈蚀、变形等。

（10）连接器有下列情况之一时,必须报废。

① 连接器出现裂纹、开焊、严重锈蚀等。

② 连接器和插销直径的磨损量超过原尺寸的15%;人车连接器和插销的磨损量超过原尺寸的10%。

③ 连接器和插销的弯曲变形量超过其直径的10%。

④ 连接器表面质量、几何尺寸、拉力试验超过 MT 244—2005 标准规定。

⑤ 连接器的无损探伤发现裂纹和缺陷超限。

⑥ 连接器的使用周期达到 5 年。

七、机车与车辆

（1）在用机车必须经过"年度审验",具有机车年审合格证,方准许在合格证规定的有效期内安全运行,不得超期运行。

（2）瓦斯矿井中使用机车运输时,应遵守下列规定:

1）低瓦斯矿井进风（全风压通风）的主要运输巷道内,可使用架线电机车,但巷道必须使用不燃性材料支护。

2）在高瓦斯矿井进风（全风压通风）的主要运输巷道内,应使用矿用防爆特殊型蓄电池电机车或矿用防爆柴油机车。如果使用架线电机车,必须遵守下列规定:

① 沿煤层或穿过煤层的巷道必须砌碹或锚喷支护。

② 有瓦斯涌出的掘进巷道的回风流,不得进入有架线的巷道中。

③ 采用碳素滑板或其他能减小火花的集电器。

④ 架线电机车必须装设便携式甲烷检测报警仪。

3）掘进的岩石巷道中,可使用矿用防爆特殊型蓄电池电机车或矿用防爆柴油机车。

4）瓦斯矿井的主要回风巷和采区进、回风巷内,应使用矿用防爆特殊型蓄电池电机车或矿用防爆柴油机车。

5）煤岩与瓦斯突出矿井和瓦斯喷出区域中,如果在全风压通风的主要风巷内使用机车运输,必须使用矿用防爆特殊型蓄电池电机车或矿用防爆柴机车。

（3）采用机车运输时,应遵守下列规定:

① 正常运行时,机车必须在列车前端。

② 同一区段轨道上,不得行驶非机动车辆。如果需要行驶时,必须经井下运输调度站同意。

③ 列车通过的风门,必须设有当列车通过时能够发出在风门两侧都能接收到声光信号

的装置。

④ 巷道内应装设路标和警标。机车行近巷道口、硐室口、弯道、道岔、坡度较大或噪声大等地段,以及前面有车辆或视线有障碍时,都必须减低速度,并发出警号。

⑤ 必须有矿灯发送紧急停车信号的规定。非危险情况,任何人不得使用紧急停车信号。

⑥ 两机车或两列车在同一轨道同一方向行驶时,必须保持不少于 100 m 的距离。

⑦ 列车的制动距离每年至少测定 1 次。运送物料时不得超过 40 m;运送人员时不得超过 20 m。

⑧ 在弯道或司机视线受阻的区段,应设置列车占线闭塞信号。在新建和改扩建的大型矿井井底车场和运输大巷,应设置信号集中闭塞系统。

(4) 必须定期检修机车和矿车,发现隐患及时处理。

机车的闸、灯、警铃(喇叭)、连接装置和撒砂装置,任何一项不正常或防爆部分失去防爆性能时,都不得使用该机车。

(5) 采用矿用防爆型柴油机动力装置,必须遵守下列规定:

① 排气口的排气温度不得超过 70 ℃ 及表面温度不得超过 150 ℃。

② 排出的各种有害气体被巷道风流稀释后,必须符合《煤矿安全规程》第一百三十五条规定。

③ 各部件不得用铝合金制造,使用的非金属材料应具有阻燃性和抗静电性能。油箱及管路必须用不燃性材料制造,油箱的最大容量不超过 8 h 的用油量。

④ 燃油的闪点应高于 70 ℃。

⑤ 必须配置适宜的灭火器。

(6) 机车司机必须按信号指令行车,在开车前必须先发出开车信号间隔时间应不少于 10 s。机车运行中,严禁将头或身体探出车外。司机离开座位时,必须切断电动机电源,将控制手把取下保管好,扳紧车闸,但不得关闭车灯。

(7) 机车牵引的各种车辆,如:矿车、花栏车、平板车等必须符合《煤矿机电设备完好标准》的有关规定和有关技术要求。

(8) 运输特殊设备、大吨位设备及超高、超宽、超长物料时必须使用专用车辆,各类车辆要专车专用,如:运输钢轨、管路等超长物料时必须使用两侧有护栏的花栏车。运输物料的车辆必须有可靠的紧固装置,必须捆绑牢靠。

(9) 自制的专用车辆宽度和轴距,必须符合巷道宽度及轨道线路曲率半径的要求。非标准车辆必须符合有关技术要求。

(10) 对各种车辆要实行全矿统一编号管理。

八、小绞车、无极绳绞车、连续牵引车

1. 小绞车

(1) 小绞车指用于轨道运输的各种内齿轮绞车和滚筒直径 1.2 m 及以下的运输绞车。

(2) 小绞车必须按设计合理稳设,尽可能使滚筒中心线与提升中心线保持一致。

(3) 绞车信号必须声光兼备,能实现双打对打,否则严禁运输作业。

(4) 小绞车安装地点必须有可靠的支护,保证不漏矸、不漏水、不片帮,无积水、无淤泥、无杂物。

（5）各区队必须建立正规的小绞车日常检查、维护和定期检查、检修制度，并留有记录。

（6）多部小绞车接力运输时，各绞车信号系统不得串联。严禁同一轨道线路作业区间两部及以上小绞车同时进行运输作业。

（7）当牵引区间巷道坡度在 6°及以上时，单钩运输小绞车必须加装保险绳。保险绳直径应与主绳直径相符，并连接牢固。

（8）在用小绞车必须有岗位责任制和操作规定，并实行挂牌管理，牌板内容分两部分：

① 绞车型号、牵引力、钢丝绳直径、电动机功率、容绳量、牵引长度、允许牵引空重车数、允许最大牵引载荷、绞车包机人、绞车编号、维护单位和维护负责人；

② 管理部分：操作规定和岗位责任制的要点。

（9）小绞车司机必须经专门技术培训，经考试合格后，持有效上岗操作证方可上岗操作。

（10）小绞车必须实行硐室和壁龛化管理。

盘区上下山、平巷等设计时，必须同时设计出安装小绞车的硐室或壁龛，施工时必须同时按设计完成安装小绞车的硐室或壁龛。

① 在巷道中部安装小绞车时，绞车必须安装在壁龛内。壁龛成三角形状，长 5 m，深 2 m，高不得低于 1.8 m，绞车护绳板后应有 0.7 m 以上的空间，壁龛出绳端必须设立滚或变向轮等可旋转的拨绳装置。安装在壁龛内的小绞车只允许单向拉车。

② 在巷道交叉口安装的小绞车或需变向指绞车前方左右两个方向拉车的小绞车应安装在硐室内。绞车硐室宽不得小于 3 m，高不得低于 1.8 m，深不得小于 3 m。当深度大于 6 m 时，要有独立的通风系统。绞车护绳板后及非电机侧必须留有宽 0.7 m 以上的操作空间或通路，电机与巷壁间距不得小于 0.2 m，变向拉车的小绞车前方轨道中心必须安装变向轮，钢丝绳应通过变向轮转向。为防止钢丝绳与轨道摩擦，应在适当位置安设地滚托绳。

（11）在大巷及井底车场巷道一帮安装的小绞车，其最突出部分，必须保证与最近轨道有不小于 0.5 m 的安全间距。

（12）小绞车的固定必须遵守下列规定：

① 绞车安装必须平稳牢固，要有固定式混凝土基础或钢结构框架式基座，基础或基座要与巷道提升水平保持一致，不偏斜，不垫角。地锚或基础螺栓要紧固无松动，无变位，无多余垫片，外露不超长。

② 使用锚杆固定小绞车时，锚杆杆体直径不得小于 16 mm，25 kW 及以上小绞车不得小于 18 mm，锚杆的锚固深度不得小于 1.4 m，锚杆应垂直机座，螺母、垫圈应齐全有效，螺杆在螺母紧固后应留有 3～5 个螺距。

③ 浇注混凝土底座固定小绞车时，基础坑深不得小于 1.4 m，使用的混凝土强度应不小于 150♯。紧固机座时应螺母、垫圈齐全有效，螺杆在螺母紧固后应留有 3～5 个螺距。

（13）牵引钢丝绳必须用专门的卡绳装置压牢，不得系在滚筒上。绞车工作时松绳至终点，滚筒上至少应留有三圈绳不得放出，收绳后滚筒边沿应高出最外一层钢丝绳不少于 2.5 倍绳径的高度。

（14）绞车必须保持完好。护绳板不松动，不变形，安全可靠；安全防护罩、淋油装置安装牢固可靠；制动臂、闸块、拉杆、操作手把、定位手把、制动拉杆、调节拉杆、定位装置等齐全完整，无弯曲变形；各部螺栓、销轴、调节螺帽、背帽等齐全完整；闸带必须完整无断裂，磨损余量不得小于 4 mm,制动轮表面光洁光滑,无明显沟痕,无油泥,磨损不得大于 2 mm;施闸后,闸把的工作行程不得超过全行程的 2/3～4/5,此位即应闸死;制运系统不完好禁止使用。

(15) 牵引钢丝绳钩头必须上护绳皮,绳皮应有足够强度,绳皮要求与钩头钢丝绳配合紧密不松动,要在绳皮内环中间处加焊三角形支撑铁板,确保绳皮受拉力后不变形;钩头上必须连接一个单链环,单链环的破断拉力必须大于牵引钢丝绳的总破断拉力。使用插接方式接头,钢丝绳钩头插接交互捻插接应大于 3.5 个以上,接头强度必须达到正常绳标准。绳头卡绳长度不得小于 600 mm,绳卡不得少于 4 道,间距应均匀。打绳卡时应一反一正。

(16) 在用小绞车必须符合《煤矿机电设备完好标准》要求外,安全防护罩、托绳逼绳装置规格必须符合有关规定。

(17) 小绞车控制按钮、信号按钮、电铃应安装在操作盘上。操作盘应固定在便于司机操作的合适位置。声光信号的发光装置,必须设在便于司机瞭望的位置。

(18) 小绞车必须采用控制按钮远方控制方式操作,严禁用开关就地操作。

(19) 在用小绞车,闸把在水平线以上 30°～40° 即应死闸,其他小绞车闸的行程不得超过全行程的 2/3～4/5,闸把严禁打至水平线位置;调节螺栓拧入叉头螺母内的深度不得小于调节螺栓直径的 1.5 倍。

(20) 绞车钢丝绳要无弯折、无硬伤、无打结、无严重锈蚀、断丝不超限;绳端要固定可靠,两道压绳板齐全,不允许断股穿绳;钢丝绳要排列整齐,无严重爬绳、咬绳现象;钢丝绳直径要符合要求,缠绕长度不得超过容绳量。牵引到最大距离时,滚筒上的余绳不得少于 3 圈;钢丝绳钩头的插接或用绳卡的道数必须符合规程要求,运输结束后必须及时将绞车钢丝绳收回滚筒,并排绳规范整齐。

2. 无极绳绞车

(1) 盘区上下山无极绳绞车必须安装在硐室内,尾轮应固定在尾轮坑内的横梁上并坚固牢靠。出绳壕和进绳壕必须与车场水平一致,并应采用重锤式张紧装置。

(2) 盘区平巷安装无极绳绞车时,可根据巷道和牵引载荷情况,选用合适的固定方式固定绞车。

岩石底板巷道可使用地锚固定,煤巷和半煤岩巷可打混凝土底座固定、专用平板车轨道固定或采用打柱固定方式固定。

1) 采用地锚固定时,必须使用矿用标准高强度螺纹钢金属锚杆全长锚固。

2) 打混凝土底座固定时,水泥基础按绞车说明书要求进行。

3) 采用专用平板车固定时,应符合以下规定:

① 绞车与平板车之间必须用螺栓紧固。螺栓直径不得小于 18 mm,螺栓长度以紧固后留有 3～5 个螺距为宜,螺栓不得少于 6 条。

② 平板车与轨道应用 8♯ 铅丝穿过钢轨和车轮将两者紧固在一起,并在前方两车轮前各上一道卡轨式阻车器。

③ 平板车应固定在距轨端不大于 3 m 处,平板车与两轨端还必须用不小于四分的钢丝绳,绕过绞车、穿过轨头螺孔紧固。钢丝绳头应用两道绳卡紧固。

④ 在距轨端 300 mm 左右处平放一根木枕,用直径不小于 140 mm 的优质坑木打柱压牢。

⑤ 平板车平销必须齐全完好,压柱应符合小绞车压柱要求。

(3) 盘区平巷无极绳绞车尾轮应按以下方法固定:

① 在安装尾轮处放一根优质枕木,将穿好牵引钢丝绳的尾轮平放在木枕上。

② 在尾轮后方 2.5 m 左右处的轨道下方,紧靠轨枕平放一根 11 号工字钢或铁柱与尾轮固定牢固。钢丝绳紧固应不少于 2 道绳卡。

③ 用长度适当的 11 号工字钢或强度足够的铁柱,从轨道两侧巷帮顶住拉尾轮的工字钢或铁柱前的轨枕。

④ 机尾轮必须安装安全罩。

(4) 无极绳绞车制动器灵敏可靠,专用通信信号及安全保护装置齐全有效,在无极绳绞车的整个系统停电、液压系统失压及安全保护装置失去保护性能时,其制动安全保护装置自动抱闸停车。钢丝绳必须满足《煤矿安全规程》要求,托压绳滚齐全有效。

(5) 牵引车辆时,列车之间必须至少间隔 30 m。

(6) 绞车滚筒缠绳圈数必须符合以下规定:

① 牵引距离大于 1 000 m 时,滚筒上必须缠四圈绳。

② 牵引距离不大于 1 000 m 时,滚筒上缠绳圈数不得少于三圈。

3. 连续牵引车

(1) 连续牵引车适用坡度:37 kW 不大于 8°,45 kW 不大于 10°,5 kW 不大于 12°,75 kW 不大于 15°,运距 2 000 m。

(2) 使用连续牵引车的巷道、绞车硐室及安全间隙必须符合《煤矿安全规程》规定。绞车配重张紧器前方安设阻车器卡轨器等,且设置醒目的停车位置标志,严禁牵引车梭车超越停车标志。

(3) 连续牵引车必须配置移动通信信号,并由跟车工随身携带。

(4) 连续牵引车各操作点设置各种管理牌板标志。

(5) 按巷道坡度、长度计算确定牵引车数及重量。

(6) 连续牵引车司机按绞车司机管理,信号把钩工按斜巷信号把钩工管理,维修工按机电维修工管理。

(7) 不得使用牵引车梭车装运物料、设备和乘人。

(8) 使用连续牵引车牵挂人车运人时,运人车必须设有脱钩制动装置,必须制定专门的运输作业规程及安全措施包括处理落道事故的措施,并经矿总工程师和有关部门批准后方可运行。

(9) 连续牵引车应装备位置显示器、过位保护、专用通信信号等安全保护装置,通信信号应具备通话和信号发送功能;人车制动系统齐全、灵敏可靠。

九、无轨胶轮车

(1) 矿井必须成立专门的"无轨胶轮车车辆管理组",负责全矿井所有无轨胶轮车的日常管理、检验等各项工作。

(2) 根据实际情况设立专门的无轨胶轮车运输管理队,负责全矿井运输任务。

(3) 无轨胶轮车司机必须经过专业技术培训,考试合格后取得机动车驾驶证,驾驶证应与所驾驶车辆相适应。

(4) 无轨胶轮车必须配备瓦斯检测报警仪,报警值应符合《煤矿安全规程》的有关规定;

安全保护装置温度、压力等报警值符合 MT/T 989—2006 有关规定。

（5）无轨胶轮车必须专车专用，根据所运输设备、材料选用适合的车辆。

（6）无轨胶轮车运行应符合下列要求：

① 外观应完好，无开焊、开裂、变形等。灭火器、瓦斯检测报警仪等附件配置齐全，状态良好。显示仪表齐全，工作稳定、显示准确。

② 电气系统应工作正常，照明、信号等应满足要求。防爆柴油机工作正常，无异常噪声、温升和尾气排放。

③ 传动系统、制动系统、操纵系统、液压系统、气动系统等应工作稳定可靠，无异常现象。

④ 安全保护装置必须工作稳定可靠。各管路连接可靠，无漏油、漏水、漏气等现象。

⑤ 井下主要、辅助运输巷道内行驶最高速度，运送物料为 30 km/h；运送人员为 25 km/h 或不得超过操作规程规定，在弯道或坡道上应以低速行驶，下坡严禁空挡滑行。

⑥ 所有进入井下的无轨胶轮车必须装备机车定位跟踪系统，无轨胶轮车司机必须携带防爆移动通信设备；要正确执行调度指令，保持运输中的通信联络，不得随意关闭通信装置。

（7）井下检修和加油硐室要求：

① 加油硐室的长度一般不小于 10 m、高度不小于 4 m，均使用不燃性材料支护。

② 检修和加油硐室应有独立的通风系统。

③ 检修硐室应装设向外开启的铁门或栅栏门；加油硐室装设向外开启的防火铁门，铁门上应装设便于关严的通风孔。硐室入口处应悬挂明显的标志牌和"非工作人员禁止入内"警示牌，加油硐室设专人 24 小时值守。

④ 检修和加油硐室内必须设置足够数量用于扑灭燃油火灾的灭火器材。硐室内应悬挂瓦斯检测牌板。

十、特殊运输

1. 人员运送

（1）长度超过 1.5 km 的主要运输平巷，必须采用专列平巷人车运送人员。用人车运送人员时，应遵守下列规定：

① 必须在人车乘车场设运输安全监察员，维持乘车秩序，指挥、接发列车及检查进入大巷的人员；

② 每班发车前，应检查各车的连接装置、车轮、车轴、车闸和防护链等；

③ 严禁同时运送有爆炸性的、易燃性的或腐蚀性的物品，或附挂物料车；

④ 列车行驶速度不得超过 4 m/s；

⑤ 人员上下车地点应有照明，架空线必须安设分区开关和自动停送电开关，人员上下车时必须切断该区段架空线电源；

⑥ 双轨巷道乘车车场必须设信号区间闭锁，人员上下车时，严禁其他车辆进入乘车场。

（2）井下所有人员乘坐人车时都必须遵守下列规定：

① 听从司机、乘务人员、车场运输安全监察员的指挥，开车前必须关上车门或挂上防护链；

② 人体及所携带的工具和零件严禁露出车外；

③ 列车行驶中和尚未停稳时，严禁上、下车和在车内站立；

④ 严禁在机车上或任意两车厢之间搭乘；

⑤ 严禁超员乘坐；

⑥ 车辆掉道时,必须立即向司机发出停车信号；

⑦ 严禁扒车、跳车和乘坐矿车；

⑧ 携带的长铁器具应平进平出,倾斜时上方应距离架空线 1 m 以上,否则,用专车运送；

⑨ 列车运行中或临时停车时,严禁探头张望。

(3) 倾斜井巷运人车送人员时必须遵守下列规定：

① 倾斜井巷运送人员的车辆必须保持台台完好。

② 倾斜井巷运送人员的车辆,必须有顶盖和可靠的防坠器。当断绳时,防坠器应能自动发生作用,也能用手操作。

③ 倾斜井巷运送人员的列车必须有跟车工,跟车人必须坐在列车行驶方向的第一辆车内的第一排座位上,面向前方；手动防坠器或制动把手也须装在该车内。

④ 每班运送人员前,必须检查人车的连接装置、防护链和防坠器,并必须先放一次空车,证实巷道和轨道不会引起掉道或有其他危险后,方可正式运送人员。

⑤ 运送人员的倾斜井巷中,必须装设跟车人在运行途中任何地点都能向司机发送紧急停车信号的装置。

(4) 用架空乘人装置运送人员,应遵守下列规定：

① 巷道倾角不应超过 25°。否则,必须制定安全措施,报集团公司总工程师批准,但最大倾角不得超过 30°。

② 蹬座中心至巷道一侧的距离不得小于 0.7 m,运行速度不得超过 1.2 m/s,乘坐间距不小于 8 m,蹬座底部离地距离不得小于 0.1 m,钢丝绳离地距离不得小于 1.8 m,钢丝绳间的中心距应不小于 1 m。

③ 驱动装置必须有制动器。

④ 抱索器和牵引钢丝绳之间的连接不得自动脱扣。

⑤ 在下人地点的前方,必须设有能自动停车的安全装置。

⑥ 在运行中人员要坐稳,尽量避免吊椅摆动,不得用手扶摸牵引钢丝绳,不得触及附近的任何物体。

⑦ 严禁同时运送携带爆炸物品的人员。

⑧ 每日必须对整个装置检查一次,发现问题及时处理。

2. 爆破材料运输

(1) 井下用机车运送爆破材料时,机车司机和运送人员必须遵守下列规定：

① 炸药和电雷管不得在同一列车内运输。如果用同一列车运输时,装有炸药和电雷管的车辆之间以及装有炸药或电雷管的车辆与机车之间,都必须用空车隔开,空车总长度不得小于 3 m。

② 硝化甘油类炸药和电雷管必须装在专用的、带盖的、有木质隔板的车厢内,车厢内部应铺有胶皮或麻袋等软质垫层,并只准放 1 层爆炸材料箱。其他类炸药箱可以装在矿车内,但堆放高度不得超过矿车上缘。

③ 爆破材料必须有井下爆破材料库负责人或经过专门训练的人员护送。除跟车人员

和装卸人员外,严禁其他人员乘车。本条文所规定的上述人员都应坐在尾车内或专列运送。

④ 列车的行驶速度不得超过 2 m/s。

⑤ 装有爆破材料的列车不得同时运送其他物品或工具。

⑥ 用架线式电机车运输,在装卸爆破材料时,架空线必须停电。

⑦ 列车前后应设"危险"标志。

(2) 水平巷道和倾斜巷道内有可靠的信号装置时,可用钢丝绳牵引的车辆运送爆破材料,但炸药和电雷管必须分开运输,运输速度不得超过 1 m/s。运输电雷管的车辆必须加盖、加垫、车厢内用软质物塞紧,防止震动和撞击。

(3) 严禁用刮板输送机、带式输送机等运输爆破材料。

3. 重型、大型货物运输

(1) 重型货物系指质量为 5 t 及以上的货物;大型货物系指长度 4.5 m 及以上或长 2.5 m、高 1.25 m、宽 1.2 m 及以上的货物。

(2) 重型、大型货物运输,必须制定专门的运输作业规程及安全措施(包括处理落道事故的措施),并经矿总工程师和有关部门批准后方可实施。

(3) 运输路线要符合《煤矿安全规程》和《矿井轨道质量标准及架线维护规程》要求,并在运输前详细检查,达不到优良品时不得运输。

(4) 现场必须有专人指挥、监护。

(5) 运送的车辆及辅助设备必须符合《煤矿机电设备完好标准》要求,严禁使用不符合要求的车辆、设备。

(6) 装载货物时要重心适中,两旁突出部分保持平衡,货物紧固牢靠,运输过程中,随时检查紧固情况。车辆临时停放时,应停放在车场内,坡度大于 4°时,坡道下方第一辆车必须用阻车器可靠支掩。

(7) 运输线路必须通信信号齐全且动作灵敏、准确、可靠,声音清晰。严禁用晃灯、喊话、敲击物件等其他方法代替。

(8) 严格按车辆的载重量装载,不得超载,并且必须设专人检查验收装车情况,不符合装车要求不得启运。

(9) 运输综采设备的轨道,不得低于 24 kg/m。当运送物件的单车质量超过 12 t 时,应加密轨枕(盘区轨道轨枕间距最大 0.7 m),弯道应加设轨距拉杆,或采取其他措施,以保证运输安全。

(10) 运输综采设备必须使用专用平板车,车上应有可靠的紧固装置,自制的专用车辆,宽度和轴距必须符合巷道宽度和曲率半径的要求,非标准车轮的强度要符合要求。

(11) 根据被运送设备的外形尺寸、重量、结构性能,核对运输能力,并根据巷道坡度、曲率半径、车场竖曲线等来确定整体或解体运输。

(12) 整体运输液压支架时,侧护板除锁紧液压装置外,还必须用机械锁紧装置或其他方法锁紧,以免在运输过程中因侧护板突然伸出造成事故。

(13) 同一车辆装载两件以上重型、大型货物时,要有防止货物间滑动的措施。

(14) 在有架空线的线路上运送支架或其他重型、大型货物时,要根据情况在被运货物的上方采用绝缘或其他必要的防导电措施。

(15) 电机车挂车必须满足下列规定:

① 重型、大型货物车辆与机车及其他车辆之间采用刚性连接时,应有足够的长度;

② 采用普通连接装置连接时,承载车辆与机车或其他车辆之间,必须用足够的矿车或平板车隔开;

③ 长型材料的承载车辆与机车之间,必须至少用一辆矿车或平板车隔开。

(16) 运送重型、大型货物的护送人员,应用专车运送。

(17) 机车运行速度不得超过 3 m/s,特殊情况制定专门措施,经矿总工程师批准后执行。

(18) 无极绳绞车运输必须遵守以下规定:

① 开车前应详细检查绞车、钢丝绳、连接装置、绳壕、地滚、跑车防护装置、轨道、道岔、信号、照明等的完好情况。

② 重型、大型货物车辆之间不得小于100 m 运输综采设备时,牵引区间只准挂1个车,上、下车道配重应基本均衡可挂一定数量的矸石车或其他料车,如无条件加配重车辆时,必须制定专门措施,经矿总工程师批准后执行。

③ 维护工要在车房监视绞车运行情况,发现异常及时停车;

④ 上下部车场、巷道交叉口处,除信号警示系统必须齐全有效外;还必须设专人警戒,运输货物期间严禁行人,工作人员必须躲在安全地方。

(19) 盘区单钩绞车运输

① 绞车必须按规定固定可靠,确保运输安全;

② 绞车性能参数、钢丝绳强度必须满足《煤矿安全规程》和本办法要求;

③ 每钩只准牵引1个车;

④ 在采煤工作面运输时,安装地点必须有防止设备滑下的阻挡装置。

4. 人力推车运输

(1) 人力推车运输时,必须设专人负责,推车人员必须服从负责人的指挥。

(2) 人力推车前,必须有专人探道。探道人员应认真检查轨道、巷道情况,发现问题及时通知负责人员。

(3) 每辆车必须至少两个人,不得在车辆两帮推车。

(4) 同向推车的间距在轨道坡度小于或等于5‰时,不得小于10 m;坡度大于5‰时,不得小于30 m;坡度大于7‰时,禁止人力推车。

(5) 在夜间或井下,推车人必须备有矿灯,在照明不足的区段,应将矿灯挂在矿车行进方向的前端。

(6) 推车时必须注意前方情况。在开始推车、停车、掉道、发现前方有人或障碍物,从坡度较大的地方向下推车以及接近道岔、弯道、巷口、风门、硐室出口时,推车人必须发出警号。

(7) 严禁放飞车。

(8)《煤矿安全规程》第四百零八条在能自动滑行的坡道上停放车辆,必须用可靠的阻车器将车辆稳牢。

5. 易燃、易爆、腐蚀品运输

(1) 易燃、易爆、腐蚀品系指汽油、煤油、柴油、稀料、沥青等物品。

(2) 运输易燃、易爆、腐蚀品,必须盛放在专用容器中。

(3) 人工抬运时,要相互照应,不得与其他物体碰撞。

（4）在电机车运输的水平大巷内，必须专车运送，但不得在专用人车上运输。

（5）《煤矿安全规程》第四百零八条运送易燃、易爆、腐蚀品时，必须配有消防器材，并必须避开人员集中上下班的时间。

第六节　矿井压风系统安全标准

一、基本规定

（1）空气压缩机不得选用滑片式，应优先选用螺杆机型，严禁选用无安全保障、证书或证件不全、假冒伪劣的产品及配件。

（2）空气压缩机必须具备生产许可证和产品合格证，井下使用的移动式空气压缩机应具备煤矿矿用产品安全标志，空气压缩机储气罐（风包）应取得设计、制造许可证和检验合格证。

（3）采购的空气压缩机到货后，必须按规定进行入矿验收。

（4）《煤矿安全规程》第四百零八条空气压缩机应设置在地面，对深部多水平开采的矿井，空气压缩机安装在地面难以保证井下作业点有效供风时，可在其供风水平以上2个水平的进风井井底车场安全可靠的位置安装。

（5）安装固定式空气压缩机及其储气罐时，应保证其四周留有足够的空间，并保持通风良好，便于维修、维护。

（6）井下固定式空气压缩机和风包应分别设置在2个硐室内，硐室要有独立的回风系统，不得存放可燃物，且必须采用不可燃材料支护。

（7）移动式空气压缩机要设置在顶板完整、支护良好、无杂物堆积、无淋水和粉尘飞扬的地点，保证安装地点空气流畅，不得妨碍人员作业和行走。

（8）各类空气压缩机必须安装使用合格的压力表、安全阀、断油（或断水、断风）保护、过流保护、超温和超压保护，电气设备应有过载、短路、断相等保护。

（9）井下空气压缩机安设地点应设置安全监测设备，有效监测环境温度和有害气体浓度；采取消噪声措施，压缩空气站内的噪声值不应超过85 dB，地面站内应设隔音值班室；应有完备的消防设施及警示标识。

（10）指定专门机构和专业人员负责空气压缩机的使用、维护、保养工作，煤矿在用空气压缩机每3年至少由具备国家规定资质的安全生产检测检验机构检测1次。

（11）固定式空气压缩机硐室应设专人值守，并实行现场交接班制度，空气压缩机司机必须持证上岗。

（12）空气压缩机安全阀、压力调节器保护必须定期试验，确保其灵敏可靠，安全阀动作压力不得超过额定压力的1.1倍。

（13）单机容量为20 m³/min及以上，且总容量不小于60 m³/min的压缩空气站，应设手动单梁起重机；小于以上规模的压缩空气站，宜设起重梁。

（14）机房内建立设备运行维护保养、设备运行日志、车间定时巡视、交接班、机电事故等记录本，并认真如实填写。业务管理部门应及时分析、评估设备运行状况。

二、空压机

（1）必须有压力表和安全阀。安全阀和压力调节器必须动作可靠。

（2）安全阀必须每月试验一次，保证其动作灵活可靠。各部位安全阀必须每年校验一次，检查和校验结果签字存档。

（3）压力调节器必须每班检查试验一次，检查试验结果签字存档。

（4）使用润滑油的空气压缩机，必须装设断油保护装置或断油信号显示装置，每班开机前试验一次，保证动作灵敏可靠。

（5）水冷式空气压缩机必须装设断水保护装置或断水信号显示装置，每班开机前试验一次，保证动作灵敏可靠。

（6）空气压缩机的排气温度单缸不得超过 190 ℃、双缸不得超过 160 ℃，必须装有温度保护装置，超温时能自动切断电源。

（7）空气压缩机吸气口必须设过滤装置，滤风器必须三个月清洗一次。

（8）空气压缩机必须使用经过化验合格且闪点不低于 215 ℃的压缩机油。油质有合格证及化验记录存档。

（9）气缸无裂纹、不得有漏水、漏气现象。阀室无积垢和炭化油渣、阀片无裂纹，与阀座配合严密，弹簧压力均匀。

（10）严禁运转时中断冷却水。冷却水压力不超过 0.25 MPa，冷却水出水温度不超过 40 ℃，保持出入水温差在 6~12 ℃之间。后冷却器排气温度不超过 60 ℃。

（11）冷却系统必须定期检修清洗，保证冷却管路必须畅通，水垢厚度不超过 1.5 mm。中间冷却器、后冷却器不得有裂纹，冷却水管无堵塞、无漏水。

（12）有十字头的曲轴箱，油温不大于 60 ℃；无十字头的曲轴箱，油温不大于 70 ℃。如果曲轴箱的油能进入气缸的，必须使用与气缸油牌号相同的压缩机油。

（13）气缸以外部位的润滑，用油泵供油时油压为 0.1~0.3 MPa。润滑油必须经过过滤，过滤装置应完好。

（14）空气压缩机的风包应设在室外阴凉处或采取相应措施，风包的温度应保持在 120 ℃以下，并且装有超温报警装置。风包出口管路上必须加装符合要求的释压阀，释压阀的口径不得小于出风管的直径，释放的压力应为空气压缩机最高工作压力的 1.25~1.4 倍。

（15）压风机风包上必须装设可靠的安全阀、放水阀和压力表，并有检查孔，必须定期清除风包内的油垢。

（16）空气压缩机的盘车装置应与电气启动系统闭锁。

（17）必须每年进行一次技术测试，并根据测试结果进行整改。测试内容和整改内容存档。

（18）风包必须符合《压力容器安全技术监察规程》要求，不得有裂纹和严禁私自修补。

（19）空气压缩机经过大修后应进行试运转，空载试运转时间不少于 1 h；负荷试运转按额定压力的 25%、50%、75% 及 100%，分四步进行，前一步合格后才能进行下一步试运，每一步试验时间不少于 1 h，最后一步试验时间可根据具体情况适些延长。

（20）新安装或检修后的空压机受压部件及风包，应用 1.5 倍空气压缩机工作压力做水压试验，持续时间不少于 20 min，不应有渗漏；气缸体、气缸盖、气缸座，冷却器等部件的水腔应以不低于 0.5 MPa 的压力作水压试验，持续 5 min 不应渗漏。

三、安全设施及仪表

1. 空气滤清器

（1）空气压缩机必须在进气口安装进气滤清器装置，使进入压缩机的空气尽可能地清洁。应选用效果好的滤清器，并按需要增大滤清器尺寸，以减少更换滤清元件的次数及增加每次清洗滤清元件的间隔时间。

（2）滤清器的结构和安装应便于拆卸及更换元件。

（3）选用油浴式滤清器，应使用与空气压缩机相同牌号的润滑油作为滤清器油。

（4）在大型空气压缩机的进气系统上，应安装压差显示仪表或其他有效的滤清器污染指示装置，以测量空气滤清器的空气流动阻力，指示出该处的清洁程度，便于及时清洗。

2. 储气罐

（1）固定式空气压缩机允许有两台或多台压缩机共用一只储气罐。其他类型的空气压缩机，每一台必须具有单独的储气罐。

（2）新安装或检修后的储气罐还应用 1.5 倍空气压缩机工作压力做水压试验。

（3）储气罐必须安装安全阀，在其出口处应安装关闭阀。对于移动式空气压缩机或回转式空气压缩机的安全阀可以安装在管系内，但在安全阀和储气罐之间不允许安装其他阀门。

（4）每一储气罐必须装设能正确计量的压力表。对于移动式空气压缩机，压力表可安装在管系内，但在压力表与储气罐之间不允许安装其他阀门。

（5）每一储气罐底部应设有一合适的放水阀，能保证排液畅通且无剩液。

（6）储气罐应具有一个便于进行清洗和检查的检查孔。

（7）井下压缩空气站的固定式空气压缩机和储气罐，必须分设在 2 个硐室内。

3. 压力表

（1）各类空气压缩机也应在合适位置安装压力表，压力表必须定期校准。

① 大型二级活塞式空气压缩机应在每一压缩级后安装压力表。

② 中型二级活塞式空气压缩机应在末级压缩机后安装压力表。但初级压缩后需安装一只管接头，可在需要时装设压力表。

③ 回转式空气压缩机及小型活塞式空气压缩机只需在末级安装一只压力表。

（2）对于压力供油润滑系统内，应在合适的位置上安装指示润滑油压力的压力表。

4. 温度计

（1）空气压缩机应在下列位置装设读数温度计或其他温度测量或记录装置：

① 每一压缩级出口处（尽可能接近排气阀）；

② 后冷却器出口处；

③ 每一冷却水回路进出口处；

④ 活塞式空气压缩机曲轴箱润滑油油池；

⑤ 大型空气压缩机进口处；

⑥ 其他有测温要求处。

（2）指示式温度计内使用的气体或液体应是无毒的和非可燃易爆的，温度计应具有最小的热滞后。

5. 安全阀

(1) 空气压缩机应安装安全阀。安全阀和压力调节器应动作可靠,安全阀动作压力不得超过额定压力的 1.1 倍。

(2) 在储气罐出口管路上应加装释压阀,释压阀要有产品合格证。释压阀的口径不得小于出风管的直径,释放压力应为空气压缩机最高工作压力的 1.25~1.4 倍。

(3) 各类空气压缩机末级出口处也应安装一只安全阀。大型二级活塞式空气压缩机应在第一级之后装设一只安全阀。小型空气压缩机及回转式空气压缩机,如果空气出口是直接与储气罐相连接,则只需在储气罐上安装一只安全阀。

(4) 安全阀要齐全,校验标签和校验报告有效。

四、安装设置

(1) 压缩空气站位置宜靠近用风负荷中心。压缩空气站的集中或分散、井上或井下设置,应根据实际需要通过技术经济比较后确定。

(2) 空气压缩机应安装在空气清洁和远离热源的场所,并应注意减少进入空气压缩机内空气的烟雾、潮气及尘埃。如果在较热的或有尘埃的环境内安装空气压缩机,则应通过导气管将空气压缩机的进气口尽可能地布置在无尘和低温区域。

(3) 在地面集中设置空气压缩机的数量不宜超过 5 台,井下固定式空气压缩机应布置在通风良好的硐室内,同一硐室内不允许多于 3 台。为了维护和拆卸的需要,空气压缩机周围应有一定的空间。

(4) 单台无基础活塞式空气压缩机可安装在巷道扩帮的硐室内,采用不燃性支护材料,应对空气压缩机采取防护措施,位置应在井下进风巷道内。低瓦斯矿井中,送气距离较远时,可在井下主要运输巷道附近新鲜风流通过处,设置压缩空气站;但每台空气压缩机的能力不宜大于 20 m³/min,数量不宜超过 3 台。

(5) 空气压缩机的冷却表面应面对通风气流,通过空气压缩机后的通风空气,其温度的上升不应高于 10 ℃。

(6) 空气压缩机的风包,在地面应设在室外阴凉处,在井下应设在空气流畅的地方。在井下,固定式压缩机和风包应分别设置在 2 个硐室内。

(7) 移动式空气压缩机应安装在一台撬架或可沿轨道行走的车架上,并采取防护措施。布置区域应是清洁和无污染的,并应有足够的冷却空气,位置应在进风巷道中,空气压缩机附近应由不燃性材料支护。

(8) 空气压缩机安装地点 5 m 范围内应安置适当数量的便携式灭火器。

(9) 空气压缩机工作地点,应安设照明灯具,移动式空气压缩机可用矿灯照明。

(10) 空压机房应装设应急照明装置,直通电话通畅,防护设施齐全有效。

压缩空气站内宜设 1 台备用空气压缩机;当分散设置的压缩空气站之间有管道连接时,应统一设置备用空气压缩机;

五、管道

(1) 压缩空气管道应符合下列规定:

① 压缩空气管道干管管径应按矿井服务年限内最远采区供气距离确定;采区管道管径可按矿井达到设计生产能力时,采区内供气最远距离计算。

② 管道宜采用钢管,应保证工作点的压力比风动工具的额定压力大 0.1 MPa。

③ 压缩空气管道在井上和进风井筒部分,除与设备、闸门或附件的连接外,宜采用焊接连接,但施工必须符合现行《煤矿安全规程》的有关规定。其余巷道和采区应采用管接头或法兰连接。

④ 井上非直埋管路,当直线长度超过 100 m 时,应装设曲管式伸缩器。在立井井筒中,每隔 100～150 m 宜装设中间直管座和伸缩器。

⑤ 在井口、井下管道的最低部位、上山或厂房的入口处,均应设置油水分离器。

⑥ 在压缩空气供气集中点应设置储气罐,并应在储气罐的出口管路上加装释压阀,且释压阀的口径不得小于出风管的直径。

(2) 空气压缩机系统所有的管路,应具有合适的直径,以减少空气流动摩擦损失,并应避免急剧的转角,尽可能使用大半径弯管或弯头来改变空气流动的方向。

(3) 当使用软管连接时,机器与软管的连接处应有可靠的连接装置,以防止管子脱离机器时发生危险。

(4) 空气管路的布置应使空气内的凝结水和油流到若干固定位置,在这些位置应安装放液设施空气压缩机和储气罐之间输气管道应向储气罐倾斜。

(5) 空气压缩机装置管路连接件的密封圈和衬垫材料应采用国家指定机关试验合格的阻燃材料。

六、冷却润滑系统

(1) 活塞式空气压缩机的气缸体和气缸头应有足够的冷却水进行冷却,并应避免液体流动的死角。

(2) 冷却水应保持清洁,无污染。为避免冷却系统内产生大量水垢,如在供水水源中带有大量杂质的矿井,宜采用闭式循环冷却系统。

(3) 大型空气压缩机应使用后冷却器冷却空气压缩机输出的空气,使温度低于 120 ℃;并在后冷却器之后安置油水分离器,以分离压缩空气内的油雾,改善输出空气的质量。后冷却器制造及检验,应满足《压力容器安全技术监察规程》的规定,压缩腔不用油而喷水的移动回转式压缩机可不设后冷却器。

(4) 活塞式空气压缩机气缸润滑系统的设计应是合理、安全、可靠的。气缸与曲轴箱均应使用同一种压缩机油进行润滑,能避免超量的润滑油进入气缸。

(5) 在规定工况下,活塞式空气压缩机曲轴箱内润滑油温度(包括干式系统剩油)不得高于 70 ℃。

(6) 空气压缩机应使用闪点不低于 215 ℃ 的压缩机油。

七、自动保护装置

(1) 压缩空气热保护装置的热敏元件应尽可能接近空气排气阀,活塞式空气压缩机任一压缩级的排气温度高于 160 ℃、回转式空气压缩机任一级的排气温度高于 120 ℃时,保护装置自动地停止空气压缩机工作。

(2) 空气压缩机的排气温度单缸超过 190 ℃、双缸超过 160 ℃时,温度保护装置能在超温时自动切断电源。

(3) 空气压缩机储气罐内的空气温度高于 120 ℃时,超温保护装置应自动地切断电源,停止空气压缩机工作并报警。

(4) 空气压缩机应设置有效的排气压力自动控制系统,确保排气压力不因用气量降低而超压。

（5）水冷式空气压缩机必须装设断水保护装置或断水信号显示装置。

（6）串联式冷却水回路出口，或并联式每一冷却水回路出口，均应装设温度保护装置。当温度超过整定值时（最高整定值为 40 ℃），应立即停止压缩机工作。

（7）闭式循环冷却系统，应在散热水箱的上盖处装设温度保护装置，当温度超过整定值时，应立即停止压缩机工作。最高整定值不得超过 70 ℃，空气压缩机冷却水进出口的温度差不得大于 18 ℃。

（8）串联式冷却水回路的进口，或并联式每一冷却水回路的进口，均应装设相应的流量或压力传感元件。当流量或压力低于整定值时，应立即停止空气压缩机工作当采用流量或压力控制系统时，如果出口温度超过规定值时，应停止空气压缩机工作。

（9）使用油润滑的空气压缩机必须装设断油保护装置或断油信号显示装置。

① 中型和大型的各类空气压缩机应装设润滑油压力保护装置，当润滑油压力低于制造厂规定的压力时，压力保护装置应动作，立即停止空气压缩机工作。

② 中型和大型活塞式空气压缩机应在曲轴箱内装设润滑油温度控制装置。如果曲轴箱内润滑油（包括干式润滑系统曲轴箱内余油）的温度超过 70 ℃ 或超过制造厂规定的更低温度时，保护装置应动作。

（10）空气压缩机保护元件及结构应符合以下规定：

① 温度保护装置不得使用可熔性金属片或塞子的结构。

② 保护装置的调节及定标机构应是内藏式或密封式的结构，并有醒目的标牌或符号表示。

③ 保护装置内所加注的任何液体必须是非可燃性的和无毒的。

八、压风自救

（1）压风管材必须满足供气强度、阻燃、抗静电要求。

（2）钢管规格满足区域供风强度和风量要求，压风量满足供风区域人员紧急情况需要（每人供风量不小于 0.1 m³/min）。

（3）主管直径不小于 100 mm，支管直径不小于 50 mm。

（4）压风管路和阀门型号符合设计要求，连接紧密、不漏风；在立井井筒中，每隔100～150 m 宜装设中间直管座和伸缩器；在管路安装的较低点，应安装油水分离器，定期排放。

（5）采区避灾路线上必须安装压风管路，并设置供气阀门，阀门间距不大于 200 m。水文地质条件复杂和极复杂矿井应在各水平、采区和上山巷道最高处敷设压风管路，并设置供气阀门。

（6）压风自救系统阀门应安装齐全，能保证系统正常使用。采掘工作面压风管路及阀门安装高度距底板应大于 0.3 m。

（7）压风管路应接入避难硐室和救生舱，并设置供气阀门，接入的矿井压风管路应设减压、消音、过滤装置和控制阀，压风出口压力在 0.1～0.3 MPa 之间，供风量不低于 0.3 m³/(min·人)，连续噪声不大于 70 dB。

（8）主送气管路应装集水放水器。在供气管路与自救装置连接处，要加装开关和汽水分离器。压风自救系统阀门应安装齐全，阀门扳手要在同一方向，以保证系统正常使用。

（9）距采掘工作面 25～40 m 的巷道内、爆破地点、撤离人员与警戒人员所在的位置、回风巷有人作业等地点应至少设置一组压风自救装置,在长距离的掘进巷道中,应根据实际情况增加设置。

(10) 采掘作业地点、避难硐室及采区避灾路线上均需安装压风管路,并设置供气阀门,间距不大于 200 m。井下空气压缩机安设地点应配备环境安全监测设备,有效监测环境温度和有害气体浓度。

第七节 矿井防治水安全标准

一、基本规定

(1) 矿井必须按规定绘制各种矿图,矿图及充水性图必须反映现状,月度填绘交换,基础图件必须与实际相符。

(2) 矿井地质部门必须进行水情水患和采掘工作面地质构造预测预报,发至矿有关领导、部门和区队,采掘区队未接到预报不得进行生产作业。

(3) 编制中长期防治水规划(5~10 年)、年度计划,并组织实施。应当建立水文地质观测系统,加强水文地质动态观测和水害预测分析工作。应当建立灾害性天气预警和预防机制,加强与周边相邻矿井的信息沟通,发现矿井水害可能影响相邻矿井时,立即向周边相邻矿井进行预警。`

(4) 编制水文地质类型划分报告,按照报告要求采取相应的安全技术措施,未编制实施安全措施不得进行生产作业,水文地质类型划分报告超过 3 年期限必须重新编制。

(5) 矿井的井田范围内及周边区域水文地质条件不清楚的,应当采取有效措施,查明水害情况。在水害情况查明前,严禁进行采掘活动。

(6) 探放水工程必须编制专项探放水设计和作业规程,设计及规程按照作业规程审批程序履行审批。

(7) 配备足够的专门探放水钻机,严禁使用非专用探放水钻机实施探放水工程。探放水钻机要配备 3 台以上,且至少有一台钻进能力在 200 m 以上。

(8) 实行探、掘队伍分离管理,制定探、掘连锁验收制度,各矿地质部门、探放水队和掘进队组必须建立探放水管理台账,必须做到图表齐全、记录齐全。

(9) 实行"三线"(警戒线、探水线、积水线)管理古空、老空、采空积水,探放水作业场所必须悬挂探放水技术牌板,标明当班可安全掘进的进度,严禁超安全距离掘进。

(10) 矿井作业区域范围必须先行进行地面物探,并至少配备一台适合本矿水害特点的物探装备,保证日常工作需要。物探作业外包的,承担单位要具备乙级以上物探资质,且成果具有连续性。

(11) 配备化探设备,建立水化学实验室,满足矿井日常水样检测需要。

(12) 带压开采矿井必须进行安全分区,未进行专门水文地质勘探或安全开采区域未经专家论证的,不得进入带压开采区进行开拓或回采。

(13) 有突水危险矿井必须请有资质单位编制专门防治水技术方案。其他有突水危险的采掘区域,应当在其附近设置防水闸门,不具备设置防水闸门条件的,应当制定防突水措施,由矿井主要负责人审批。

(14) 矿井、盘区、工作面排水系统未建成不得投产,排水系统能力不足不得生产,排水系统电源不可靠或无备用设备不得生产,主水仓未投入使用不得超前施工二期建设工程,采区水仓未投入使用不得施工采煤工作面,矿井延深必须进行总排水系统能力核定,上部主排水系统必须满足上下水平合并排水能力,否则矿井不得生产。

(15)扎实开展"摸清水"工作,集中进行区域水害隐患普查和论证,探明矿井及周边老窑区分布及水文地质情况,做到一个矿一张预测图,做到掘前、采前水害资料清晰、安防措施到位。

(16)按规定进行防治水培训,职工必须掌握透水预兆常识及防治水应知应会。

(17)按规定对废弃井筒、地表塌陷进行巡查,及时掌握汛情水情,落实雨季"三防"各项工作措施。雨季受水威胁的矿井,应当制定雨季防治水措施,建立雨季巡视制度并组织抢险队伍,储备足够的防洪抢险物资。

(18)制定水害应急预案,每年进行一次水害应急演练。

二、基础资料

(1)矿井应建立健全以下防治水管理制度。

① 水害防治岗位责任制;

② 水害防治技术管理制度;

③ 水害预测预报制度;

④ 水害隐患排查治理制度;

⑤ 防治水管理运行制度;

⑥ 防治水安全确认移交制度;

⑦ 防治水日常巡检考核制度;

⑧ 防治水工作绩效考核制度;

⑨ 探放水作业质量验收制度(含单孔和循环验收);

⑩ 防治水作业优先制度;

⑪ 探掘(回采、抽放、通风、注水)分离管理制度;

⑫ 探放水作业现场图牌板管理制度;

⑬ 暴雨期间巡视及停产撤人制度。

(2)矿井应配齐以下矿图,其他有关防治水图件由矿井根据实际需要编制,按规定时限对图纸内容进行修正完善。

① 采掘工程平面图;

② 主要保安煤柱图;

③ 主要井巷图;

④ 矿井排水系统图;

⑤ 井底车场平面图;

⑥ 工业场地平面图;

⑦ 井田区域地形图;

⑧ 井上下对照图;

⑨ 矿井充水性图;

⑩ 矿井涌水量与各种相关因素动态曲线图;

⑪ 矿井综合水文地质图;

⑫ 矿井综合水文地质柱状图；

⑬ 矿井水文地质剖面图；

⑭ 井筒断面图及瓦斯地质图（瓦斯矿井可不编制瓦斯地质图）。

（3）矿井应建立健全防治水台账和测量台账，矿井防治水基础台账，应当认真收集、整理，实行计算机数据库管理，长期保存，并每半年修正1次。

① 矿井涌水量观测成果台账；

② 气象资料台账；

③ 地表水文观测成果台账；

④ 钻孔水位、井泉动态观测成果及河流渗漏台账；

⑤ 抽放水试验成果台账；

⑥ 矿井突水点台账；

⑦ 井田地质钻孔综合成果台账；

⑧ 井上下水文地质钻孔成果台账；

⑨ 水质分析成果台账；

⑩ 水源水质受污染观测资料台账；

⑪ 水源井（孔）资料台账；

⑫ 封孔不良钻孔资料台账；

⑬ 矿井和周边煤矿采空区相关资料台账；

⑭ 水闸门（墙）观测资料台账；

⑮ 矿井、采区、工作面排水系统台账；

⑯ 地面等级网和近井点坐标成果台账；

⑰ 井上、下水准测量成果台账；

⑱ 井上、下导线计算成果台账；

⑲ 工程标定解算台账。

（4）新建矿井按照矿井建井的有关规定，在建井期间收集、整理、分析有关矿井水文地质资料，并编制下列主要图件：

① 水文地质观测台账和成果；

② 突水点台账、记录和有关防治水的技术总结，以及注浆堵水记录和有关资料；

③ 井筒及主要巷道水文地质实测剖面；

④ 建井水文地质补充勘探成果；

⑤ 建井水文地质报告（可与建井地质报告合在一起）。

三、防治水机构

（1）矿井要成立防治水机构，明确主要负责人（含法定代表人、实际控制人）是本单位防治水工作的第一责任人，对防治水工作负主要责任；总工程师负责本单位防治水技术管理工作，对防治水工作负技术责任；其他各级人员负责防治水措施的实施，负落实责任。

（2）矿井必须有专门探放水队伍，设立专职的防治水副总工程师，并配备3名以上地质类工程的技术人员。至少有一名大专以上水文地质专业的技术人员，分管防治水的副总工程师必须由副高级工程师以上职称的人员担任。

（3）建立健全专业专职的探放水作业队伍，建立健全防治水各项制度，装备必要的防治水抢险救灾设备。探放水队伍人员数量要满足矿井探放水工作需要,作业人员必须实行特殊工种持证上岗。

四、技术管理

1. 防治水设计

(1) 矿井在每个开拓、掘进、采煤工作面开工前必须编制与作业规程相对应的防治水设计,设计中要明确老空水、小窑水、采空水区域,探放水孔位置、角度、个数等参数及相关图纸,分析与现有开采作业场所的关系,制定具体安全技术措施。

(2) 严禁顶水作业。在矿界、导水构造等受水害威胁区域,按规定留设防隔水煤(岩)柱,并编制专门设计报矿井总工程师批准后执行。

(3) 探放水设计应包括以下内容:

① 探放水的采掘工作面及周围的水文地质条件、水害类型、水量及水压预计;

② 探放水巷道的开拓方向、施工次序、规格和支护方式;

③ 探放水钻孔组数、个数、方向、角度、深度、孔径、施工技术要求和采用的超前距、帮距及探水线确定;

④ 探放钻孔孔口安全装置及耐压要求等;

⑤ 探放水施工与掘进工作的安全规定;

⑥ 受水威胁地区信号联系和避灾路线;

⑦ 通风措施和瓦斯检查制度;

⑧ 防排水设施,如水闸门、水闸墙、水仓、水泵、管路、水沟等排水系统及能力的安排;

⑨ 水情及避灾联系汇报制度和灾害处理措施;

⑩ 设计、探放水孔布置的平面图、剖面图等。

2. 水文地质类型划分

(1) 编制矿井水文地质类型划分报告,并确定本单位的矿井水文地质类型。矿井水文地质类型划分报告,由煤矿企业总工程师负责组织审定。

(2) 矿井水文地质类型应当每 3 年进行重新确定。当发生突水量首次达到300 m^3/h 以上或者造成死亡 3 人以上的突水事故后,矿井应当在 1 年内重新确定本单位的水文地质类型。

3. 带压开采

(1) 受奥灰水威胁的矿井,要通过专门的水文地质勘探,对底板承压水危险性进行综合评价,确定带压开采范围,制定带压开采方案和安全保障措施。

(2) 未提交专门的水文地质报告和未进行承压开采可行性研究的矿井不得进入承压开采区进行开拓和回采。

(3) 目前已经进入承压区回采的矿井,应立即补充专项水文地质勘探,并制定承压开采的安全措施。

(4) 带压开采工作面用物探、化探和钻探手段查明隐伏构造及构造破碎带及其含(导)水情况,提出防治措施。

(5) 带压开采水平或采区构筑防水闸门,每年开展 2 次防水闸门关闭试验,不能安设防水闸门的,应有防治水安全技术措施。

4. 探放水钻孔布置

(1) 探放老空水钻孔,应按巷道的设计方向在其水平面和竖直面内呈扇形布置;钻孔应成组布设,其孔数视超前距和帮距而定。

① 竖直扇形面内钻孔间的终孔垂距不得超过 1.5 m;

② 水平扇形面内各组钻孔间的终孔水平距离不得大于 3 m;

③ 探水钻孔的最小超前距或帮距一般不得小于 10～20 m;

④ 一般倾斜煤层平巷的探放水孔,应呈半扇面形布置在巷道正前和上帮;

⑤ 倾斜煤层上山巷道探放水孔,呈扇面形布置在巷道的前方。

(2) 探放断层水及底板岩溶水的钻孔,必须沿掘进方向的前方及下方布置;底板方向的钻孔不得少于 2 个。

(3) 探放水钻孔除兼做堵水或疏水用外,终孔孔径一般不得大于 58 mm。

(4) 沿岩层探放强含水层水、断层水或陷落柱水,其超前距按规定要求确定。

(5) 巷道接近可能导水的探水线时,应布设扇形探水钻孔。

(6) 对水压大于 1 MPa 的断层水、陷落柱水或强含水层水,不宜沿煤层布置探放水钻孔。必要时按《煤矿防治水工作条例》的规定执行。

5. 探放水钻孔孔口安全装置

(1) 探放水钻孔应安设孔口安全装置。孔口安全装置由孔口管、泄水测压三通、孔口水门和钻杆逆止阀(必要时安装)等组成。

(2) 选择岩层坚硬完整地段开孔,注浆使孔口管与孔壁间充满水泥浆。扫孔后对孔口管必须进行耐压试验,孔口管周围不漏水时,方可钻进。

(3) 探放强含水层水或需要收集放水时的水量、水压等资料时,应在孔口管上安装水压表、水门(闸门)和汇水短管等。

(4) 对水压高于 1 MPa 且水量较大的积水或强含水层进行探放水时,孔口应安设防喷逆止阀。

五、矿井防治水

(1) 建立可靠的矿井防排水系统。排水设备和管路要定期检修,保证正常运转。矿井排水能力应符合以下规定:

① 矿井应当配备与矿井涌水量相匹配的水泵、排水管路、配电设备和水仓等,确保矿井排水能力充足。

② 矿井井下排水设备应当满足矿井排水的要求。除正在检修的水泵外,应当有工作水泵和备用水泵。工作水泵的能力,应当能在 20 h 内排出矿井 24 h 的正常涌水量(包括充填水及其他用水)。

③ 备用水泵的能力应当不小于工作水泵能力的 70%。检修水泵的能力,应当不小于工作水泵能力的 25%。工作和备用水泵的总能力,应当能在 20 h 内排出矿井 24 h 的最大涌水量。

④ 排水管路应当有工作和备用水管。工作排水管路的能力,应当能配合工作水泵在 20 h 内排出矿井 24 h 的正常涌水量。工作和备用排水管路的总能力,应当能配合工作和备用水泵在 20 h 内排出矿井 24 h 的最大涌水量。

⑤ 配电设备的能力应当与工作、备用和检修水泵的能力相匹配,能够保证全部水泵同

时运转。

（2）主要泵房至少有 2 个出口，一个出口用斜巷通到井筒，并应高出泵房 7 m 以上；另一个出口通到井底车场，在此出口通路内，应设置易于关闭的既能防水又能防火的密闭门。泵房和水仓的连接通道，应设置可靠的控制闸门。

（3）矿井主要水仓应当有主仓和副仓，当一个水仓清理时，另一个水仓能够正常使用。

新建、改扩建矿井或者生产矿井的新水平，正常涌水量在 1 000 m³/h 以下时，主要水仓的有效容量应当能容纳 8 h 的正常涌水量。

（4）有突水危险的矿井，应当在井底车场周围设置防水闸门或在正常排水系统基础上，另外安设有独立供电系统且排水能力不小于最大涌水量的潜水泵。

（5）水泵、水管、排水用的配电设备和输电线路，必须经常检查和维护。在每年雨季以前，必须全面检修 1 次，并对全部工作水泵和备用水泵进行 1 次联合排水试验，发现问题，及时处理。

水仓、沉淀池和水沟中的淤泥，应及时清理，每年雨季前必须清理 1 次，并对矿井工作水泵、备用水泵、检修水泵进行 1 次联合排水试验。

（6）新建矿井揭露的水文地质条件比地质报告复杂的，应当进行水文地质补充勘探，及时查明水害隐患，采取可靠的安全防范措施。井下探放水应当采用专用钻机、由专业人员和专职探放水队伍进行施工。

（7）井筒开凿到底后，应当先施工永久排水系统。永久排水系统应当在进入采区施工前完成。在永久排水系统完成前，井底附近应当先设置具有足够能力的临时排水设施，保证永久排水系统形成之前的施工安全。

（8）井下采区、巷道有突水或者可能积水的，应当优先施工安装防、排水系统，并保证有足够的排水能力。

（9）查明井田内废弃井筒和采空区的位置并准确标注在采掘工程平面图上，在探查清楚废弃井筒和采空区的积水范围、积水量的基础上，进行彻底治理。

（10）井下采掘工程接近废弃井筒和采空区时，必须按规定留设防隔水煤柱；不具备留设防隔水煤柱时，要预先进行探放水，排除水害隐患。

（11）雨季期间要实行 24 小时巡视检查，一旦发现险情，必须在第一时间立即撤出井下所有作业人员。

（12）工业场地必须采取防洪排涝措施。

六、井下探放水

（1）为探放水作业队伍配备不同钻距的专用的探放水钻机等探放水设备和物探设备，探放水钻机至少 3 台以上，且有钻进能力在 200 m 以上的钻机，严禁使用煤电钻探放水作业。

（2）探放水作业队伍在防治水管理机构的领导下开展工作，不得与掘进队、回采队、通风队、瓦斯抽采队和注水队合并管理，并不得以抽采孔、注水孔代替探水孔。

（3）未经探放水确认安全的开拓、掘进和采煤工作面不得生产作业。对不按设计和规程、措施进行探放水的、探放水钻孔深度不符合要求的或超前距离小于规定的，要停止作业并上报跟班领导。

（4）建立探放水验收制度和探放水钻孔工程量计件制度，保证每孔必验，使探放水孔质量满足防治水设计规定。

（5）建立防治水作业优先制度，安排生产计划前首先安排探放水计划。

（6）在开拓、掘进、回采及采区封闭前要征求防治水机构的意见，防治水机构要提前介入。

（7）日常井下开拓、掘进工作面（探水警戒线以外的区域）探放水作业必须先行进行物探超前探测，钻探验证经验收确认安全后方可作业。

（8）开拓、掘进工作面进行钻探验证时必须保证掘进中心水平上不得少于 3 个孔、在垂向上每 1.5 m 至少布置一个探放水孔。采煤工作面在物探资料可疑点进行钻探验证的基础上，沿平巷方向每 50 m 应保证一个钻探验证孔。

（9）在井下进行综合探测时，物探资料未连续覆盖或两种物探成果相互矛盾时，必须按照超前探放老空水进行钻探探放水设计施工。

（10）受奥灰水影响或地下水源较多的矿井，矿井或其上级煤炭集团公司要建立水化学实验室，因条件不足无法建立水化学实验室的矿井可就近委托有资质的单位进行化探；新水平或新采区未取得化探成果的不得进行掘进或回采。

（11）对于煤层顶、底板带压的采掘工作面，应当提前编制防治水设计，制定并落实开采期间各项安全防范措施。

（12）安装钻机进行探水前，应当符合下列规定：

① 加强钻孔附近的巷道支护，并在工作面迎头打好坚固的立柱和拦板。

② 清理巷道，挖好排水沟。探水钻孔位于巷道低洼处时，配备与探放水量相适应的排水设备。

③ 在打钻地点或其附近安设专用电话，人员撤离通道畅通。

④ 依据设计，确定主要探水孔位置时，由测量人员进行标定。负责探放水工作的人员必须亲临现场，共同确定钻孔的方位、倾角、深度和钻孔数量。

（13）在预计水压大于 0.1 MPa 的地点探水时，应当预先固结套管，在套管口安装闸阀，进行耐压试验。套管长度应当在探放水设计中规定。预先开掘安全躲避硐，制定包括撤人的避灾路线等安全措施，并使每个作业人员了解和掌握。

（14）钻孔内水压大于 1.5 MPa 时，应当采用反压和有防喷装置的方法钻进，并制定防止孔口管和煤（岩）壁突然鼓出的措施。

（15）在探放水钻进时，发现煤岩松软、片帮、来压或者钻眼中水压、水量突然增大和顶钻等透水征兆时，应当立即停止钻进，但不得拔出钻杆；现场负责人员应当立即向矿井调度室汇报，立即撤出所有受水威胁区域的人员到安全地点。然后采取安全措施，派专业技术人员监测水情并进行分析，妥善处理。

（16）探放老空水前，应当首先分析查明老空水体的空间位置、积水量和水压等。探放水应当使用专用钻机，由专业人员和专职队伍进行施工，钻孔应当钻入老空水体最底部，并监视放水全过程，核对放水量和水压等，直到老空水放完为止。

（17）钻孔放水前，应当估计积水量，并根据矿井排水能力和水仓容量，控制放水流量，防止淹井；放水时，应当设有专人监测钻孔出水情况，测定水量和水压，做好记录。如果水量突然变化，应当立即报告矿调度室，分析原因，及时处理。

（18）排除井筒和下山的积水及恢复被淹井巷前，应当制定可靠的安全措施，防止被水封住的有毒、有害气体突然涌出。

（19）排水过程中，应当定时观测排水量、水位和观测孔水位，并由矿山救护队随时检查水面上的空气成分，发现有害气体，及时采取措施进行处理。

七、水害应急救援

（1）制定并执行矿井水害应急预案和现场处置方案，制定发生不可预见性水害事故时人员安全撤离的具体措施，每年对应急预案进行修订完善，并进行一次演练。

（2）有透水征兆时，现场负责人员要立即向矿井调度室汇报，立即停止作业并迅速将受水威胁区域的人员撤到安全地点。

（3）发现水情危急时，要立即向煤矿企业总调度室汇报，并立即启动本矿井的水害应急预案，组织井下人员撤离到安全地点或升井，确保人员安全。

（4）定期进行防治水知识教育和培训，保证职工具备必要的防治水知识，掌握井下透水征兆，熟悉避水灾路线，每年至少进行一次水害应急救援演练，提高职工防治水工作技能和防范水害事故能力。

（5）在查明矿井水文地质条件的基础上，正确合理地预计矿井涌水量，建立与涌水量相匹配的水泵、管路、配电设备和水仓，加大应急救援人力、物力和资金投入，装备必要的抢险排水设备，确保一旦发生透水事故，能够及时运到现场并发挥作用。

（6）处理水灾事故时，矿山救护队到达事故矿井后，要了解灾区情况、水源、事故前人员分布、矿井具有生存条件的地点及其进入的通道等。并根据被堵人员所在地点的空间、氧气、瓦斯浓度以及救出被困人员所需的大致时间制定相应救灾方案。

第八节　矿井通风系统安全标准

一、基本规定

（1）矿井在组织煤炭生产时，应合理安排、调整采掘接续工作，防止出现采掘工作面的过分集中，造成配风困难或欠风生产隐患。配风困难时，必须执行"以风定产"原则，根据风量调整采掘队组数量，风量不足的工作面不准生产。

（2）矿井必须有完整、合理、可靠的独立通风系统，改变全矿井（包括一翼或一个水平）通风系统时，必须编制调整通风系统的方案和设计，经矿总工程师组织审查后，报上一级公司主管部门审批。

（3）生产水平必须实行分区通风，严禁不合理的串联通风、扩散通风和采空区通风。

（4）进行矿井、采区及采掘工作面设计时，必须保证通风系统完善、合理，设计审查必须有通风部门参加。

（5）矿总工程师必须定期组织有关人员进行通风系统审查，全面分析矿井通风网路结构及阻力分布状况，发现阻力分布不合理、火区及采空区压差较大时，应制定措施进行处理。

（6）回风井应实现专用，兼做其他用途时，必须编制专项安全技术组织措施，报上一级公司审批。

（7）新建及改扩建矿井必须设计建井期间的通风方式。新水平的开拓延深必须首先形成合理的通风系统，之后方可开掘其他巷道。

（8）井下采区变电所、爆破材料库、瓦斯抽放硐室、注氮硐室、胶轮车检修硐室、充电硐室等必须设置独立的通风系统。

（9）井下固定式空压机和储气罐应分别设置在 2 个独立硐室内，且应保证独立通风。井下移动式空压机应设置在采用不燃性材料支护且具有新鲜风流的巷道中。

（10）装设主要通风机的风井必须安装 2 套同等能力的通风机装置，其中 1 套作备用，要保持矿井主要通风机能力与风网风阻相匹配，工况点处于合理工作范围。矿井主要通风机系统的通风阻力应符合如下要求：

主要通风机风量	通风阻力
$Q < 3\ 000\ \mathrm{m^3/min}$	$h_{阻} < 1\ 500\ \mathrm{Pa}$
$Q = 3\ 000 \sim 5\ 000\ \mathrm{m^3/min}$	$h_{阻} < 2\ 000\ \mathrm{Pa}$
$Q = 5\ 000 \sim 10\ 000\ \mathrm{m^3/min}$	$h_{阻} < 2\ 500\ \mathrm{Pa}$
$Q = 10\ 000 \sim 20\ 000\ \mathrm{m^3/min}$	$h_{阻} < 2\ 940\ \mathrm{Pa}$
$Q > 20\ 000\ \mathrm{m^3/min}$	$h_{阻} < 3\ 920\ \mathrm{Pa}$

（11）停用、启用主要通风机或进行矿井通风系统改造时，必须编制专项方案设计和措施，报集团公司审批。

（12）改变主要通风机叶片角度或转速时，必须编制安全技术组织措施，报矿总工程师批准后执行。

（13）新安装或改造后的主要通风机投入使用前，必须至少进行 72 h 空运转试验，正式运行前进行 1 次性能测定。

（14）矿井必须编制主要通风机停风应急处置预案。在倒换主要通风机前，矿井应提前制定安全措施，事先通知井下各掘进头面生产队组。高瓦斯矿井应停止掘进头面内工作，切断巷道内全部非本质安全型电气设备电源，人员全部撤到全风压新鲜风流中。

（15）矿井主要通风机因故单机运行期间，必须制定专项措施。单机运行在一周之内的，报矿总工程师批准；时间超过一周的，必须报上一级公司审批。

（16）两台及以上主要通风机联合运转的矿井，必须制定联合运转的专项安全技术措施，报矿总工程师批准，每年修订一次，并符合下列要求：

① 各主要通风机回风系统有联通关系的巷道必须构筑密闭实现彻底隔离；

② 其中一台或几台主要通风机因故停运，备用主要通风机 5 min 内不能启运时，必须立即切断停运主要通风机担负区域内的所有电源；

③ 一个风井主、备扇同时停运时间超过 10 min 时，其他主要通风机担负的相关区域必须停电。

（17）矿井投产前必须进行一次通风阻力测定。转入新水平生产或改变一翼通风系统后，必须重新进行测定。

（18）已经报废或无用的井巷、风眼、溜煤眼必须及时封闭和充填，以简化通风系统，保持通风系统的稳定性和合理性。

（19）在两个并联通风支路之间，严格控制开掘连通巷道，避免形成角联支路。

（20）采用架线电机车运输的巷道，其架线必须处于全风压通风的进风侧，架线终端距回风口必须有足够的安全距离。

（21）矿井主胶带斜井、主井胶带运输巷应有分区通风系统，有瓦斯异常涌出的煤仓必须有引排瓦斯的通风系统。

（22）井下所有使用的煤仓和溜煤眼都必须保持一定的存煤，不得放空。溜煤眼不得兼做通风眼使用。

（23）严格控制盲巷的产生，从设计到施工均不得出现盲巷。凡出现盲巷要追究有关部门和施工单位的责任。

二、采区通风系统

（1）采区必须实现分区通风，设置至少一条专用回风巷，双翼采区宜布置两条专用回风巷。专用回风巷必须贯穿整个采区的长度，不得兼做运输、行人等其他用途。

（2）采区开拓和延伸巷道的掘进工作面必须构建正规完善的独立通风系统，不允许三条及三条以上巷道共用同一回风通道回风。专用回风巷应优先掘进且超前其他巷道。

（3）采区内部调整通风系统时，必须编制调整通风系统安全技术组织措施，报矿总工程师审批；采区通风系统改变时，必须编制改变通风系统方案设计，报上一级公司审批。

三、采掘工作面通风系统

（1）采掘工作面除采区、平巷巷道的开口外，都必须采用独立通风。严禁有不符合《煤矿安全规程》规定的扩散通风、采空区通风、串联通风和采煤工作面利用局部通风机通风（均压工作面除外）。

（2）采掘工作面如构成独立通风系统确有困难，需串联通风时（包括采煤工作面内新开切眼），必须编制串联通风安全技术措施，报矿总工程师会审签字后报上一级公司审批。

（3）采煤、准备工作面必须在构成全风压通风系统以后，方可进行回采和准备，不准在掘进或停掘供风期间进行工作面切眼开帮、刷大或回采设备安装工作。

（4）采煤工作面回采结束撤退期间必须布置全风压通风系统，不得采用局部通风机通风（均压面和处理局部瓦斯积聚除外）。

（5）采煤工作面平巷之间严禁开掘联络巷道，因特殊情况需要开掘时，必须编制专项措施，经矿总工程师组织审查后报上一级公司审批。

（6）采区巷道未形成全风压通风系统时，严禁开掘工作面平巷。

（7）布置顶回风巷的采煤工作面必须采取防止杂散电流导入采空区的措施，顶回风巷必须与采区回风巷或总回风巷直接联通。

（8）平巷巷道开口掘到距回风口 40 m 之前必须形成独立通风系统。

（9）掘进工作面掘进期间，用于掘进出煤（矸）的溜煤眼严禁处于回风绕道系统中。

（10）掘进工作面应按设计和工程计划连续施工，中途不得停工，当停风时间超过 24 h 时，必须用不燃性材料对巷道进行封闭。

（11）掘进工作面必须坚持正常的掘进顺序，严禁一巷多头作业。

四、局部通风

（1）掘进巷道在施工前必须由通风区编制局部通风设计，局部通风设计应包括以下内容：

① 巷道概况；

② 巷道的施工顺序；

③ 巷道的通风方式，风量计算，风机、风筒的选型；

④ 局部通风机的安装位置；

⑤ 监测监控装置的安装；

⑥ 供电系统图；

⑦ 通风系统平面示意图。

（2）掘进巷道的通风方式、局部通风机型号、局部通风机供电方式、风筒规格、安装和使用要求等，都应在掘进作业规程中明确规定。

（3）掘进工作面供风量必须充足，能够满足稀释 CH_4、CO_2 等气体和《煤矿安全规程》规定的最低风速要求。

（4）掘进工作面不得出现不符合规定的串联通风；局部通风机严禁吸循环风（除尘风机除外）。

（5）掘进巷道必须安设两台同等能力的局部通风机，实现"三专两闭锁"和"双风机、双电源"自动切换。每天进行主、备局部通风机自动切换试验和风电闭锁试验，并留有记录。

（6）当掘进工作面主风机发生故障停止运转，副风机运转期间，工作面必须停止作业，撤出人员。

（7）严禁采用三台（含三台）以上局部通风机为一个掘进工作面供风；严禁一台局部通风机同时为两个掘进工作面供风。采用两台风机同时为一个掘进工作面供风时，必须制定专项通风管理措施，且两台局部通风机必须同时实现风电闭锁。

（8）局部通风机的安装或迁移实行三联单申请制，使用队组提出申请，由矿通风副总、开拓副总以及通风、机电部门审签。安装或迁移具体位置由通风区长或通风技术主管现场指定。

（9）局部通风机由所在掘进或施工队长指定专人负责，实行挂牌管理。局部通风机管理牌板必须标明风机型号、功率、通风距离、风筒直径、看管风机责任人姓名以及风机所在位置巷道通过的风量、测定日期等。

（10）无人工作、临时停工地点，不得停风，局部通风机由矿明确单位负责管理，且必须进行正常的瓦斯检查、排水和顶板支护巡查工作。

（11）压入式局部通风机及其启动装置必须安设在进风巷道中，距掘进巷道回风口不得小于 10 m；局部通风机必须安装消音器（低噪声局部通风机和除尘风机除外）。

（12）使用耙斗机的掘进工作面不得使用接力耙斗，耙斗绞车距工作面的最大距离不得超过 30 m。

（13）严格工作面供电管理，杜绝局部通风机无计划停电停风，对有计划的停电停风要严格执行审批手续，向有关单位下达停电停风通知书。停电停风前必须撤出人员，在回风口绕道以里的正巷（盲巷口）设置栅栏并由专人看管。

（14）矿井应制定局部通风机停风应急预案。如出现无计划停电停风，必须立即将工作面开关打到零位，切断局部通风机供风范围内的所有非本安型设备的供电，撤出人员，在回风绕道口以里的正巷（盲巷口）设置栅栏、揭示警标，派专人把守，禁止人员入内。

（15）停风地点恢复局部通风机运转前必须先检查瓦斯，只有停风区最高瓦斯浓度不超过 1% 和二氧化碳浓度不超过 1.5%，局部通风机和开关地点附近 10 m 范围内风流中的瓦斯浓度都不超过 0.5%，方可人工给局部通风机送电。

（16）掘进工作面必须使用抗静电、阻燃风筒，风筒直径要一致，转弯处必须设弯头，不得拐死弯。

(17) 风筒末端到工作面的距离不得大于 10 m,并保证工作面的瓦斯浓度不超限。作业地点的风筒备用量应满足一个工作日的掘进长度。

(18) 掘进工作面局部通风机出口至全风压通风区段的风筒应设"三通",平时关闭或扎紧,排瓦斯时用来控制风量。

(19) 炮掘工作面应推广使用风筒连接器、拉链风筒、专门的防炮崩挨打风筒或抗冲击风筒,或在爆破时用掩护物遮挡末端一节风筒,以防止爆破崩坏风筒。

五、通风能力和风量管理

(1) 各矿通风部门每月对矿井及采区配风量核定一次,对供风能力不足的区域必须及时调整队组数量或对通风系统进行优化,做到"以风定产"。

(2) 根据实际情况,及时对全矿井进行通风能力核定,通风能力核定周期为每年一次,一般安排在第四季度进行。

(3) 矿井通风管理部门每月要根据采掘衔接,编制下一月度的配风计划,报矿通风副总批准。

(4) 所有独立供风地点的风量都要在月度配风计划中明确规定,执行过程中根据用风地点气体涌出、温度变化等情况及时进行调整。

(5) 矿井每旬进行一次全面测风,测定结果应按风井担负区域或采区(盘区)分别填写,及时编制测风报表,报通风区长、通风副总、矿总工程师审阅。

(6) 每旬测风后要进行通风系统和风量分析,发现问题,及时处理。井下通风系统发生以下变化时必须及时进行风量测定:

① 矿井外部漏风每季测定一次,遇到特殊情况随时进行测定。

② 测风点的设置应齐全,测点布置要求能够准确反映出所测区域所有用风点及进回风分支的实际风量。测风点要相对固定,并设有风量管理牌板。

(7) 采煤工作面回风巷在距巷口 50~80 m 范围内、工作面回风巷在回风绕道口以里 30~50 m 范围内、掘进巷道在回风绕道口以里 30~50 m 范围内应分别设置测风牌板,每次测风结果必须填写在牌板上。

(8) 矿井有效风量率不得低于 87%(压入式通风矿井不得低于 80%),配风合格率应达到 100%。主要通风机外部漏风率在无提升任务时不得超过 5%(压入式通风矿井不得超过 10%),有提升任务时不得超过 15%。

(9) 矿井主要通风机的检修门、反风道、反风门及井口附近的其他漏风通道均应封堵严密,每季度进行一次详细检查,发现问题及时处理,以降低外部漏风。

(10) 矿井主要通风机每次倒运行前,矿机电部门要下达倒机通知单,经机电、通风部门负责人、机电副总、通风副总审阅签字,报机电矿长和总工程师审批。

六、巷道贯通

(1) 掘进巷道同其他各类巷道贯通前,由施工单位编制专项施工安全技术组织措施,通风部门编制贯通时调整通风系统的安全技术组织措施,由矿总工程师、分管开拓的副矿长共同组织有关部门会审,一并贯彻执行。

(2) 机掘巷道距贯通点 50 m 前,其他掘进巷道距贯通点 20 m 前,必须停止一个工作面作业。

（3）巷道贯通调整通风系统安全技术组织措施内容应包括：

① 贯通区域概况、预计贯通时间、贯通施工队伍；

② 贯通时的组织机构及人员分工；

③ 贯通前的准备工作；

④ 贯通区域的风量调配，对影响区域的风量测定、瓦斯检查安排；

⑤ 调整通风系统的具体步骤；

⑥ 贯通的安全技术措施；

⑦ 贯通前、后的通风系统示意图。

（4）贯通前矿通风部门要分析贯通前后的通风系统和网络变化，特别要对存在角联支路和邻近有封闭区的巷道作风量、瓦斯预测，对贯通过程中可能出现的无风、微风及瓦斯超限等问题提前做好预处理准备。

（5）贯通前停掘工作面必须保持正常通风，除进行瓦斯检查、排水工作外，不准做其他工作；停掘巷道进行瓦斯等气体检查时，对方巷道不得进行装药和爆破。

（6）在预计巷道贯通前5天，施工单位技术主管每班要绘制进度图表，及时掌握巷道贯通的具体时间并通知有关人员。

（7）施工单位在距贯通前10 m时，必须采取"长探短掘"的方式掘进。炮掘巷道每次爆破前瓦检员都要检查被贯通侧的瓦斯情况。

（8）巷道探通后必须将工作面浮煤矸全部出清，支护到位，然后由施工单位提出允许贯通申请单，经分管开拓的副矿长、总工程师、通风副总、安监站长、施工单位区（队）长、通风区长或技术主管签字批准后方可贯通。

（9）巷道贯通的前提是确认已经探通，原则上应安排在早班或二班进行，贯通全过程由分管开拓的副矿长统一指挥。

（10）贯通前，要向参加贯通的所有人员贯彻安全技术组织措施。贯通时，通风区区长、施工单位区（队）长、安监站主任工程师必须到现场指挥。贯通后，立即调整通风系统。调整通风系统期间，受影响区域必须断电、撤人（调整系统人员除外）。每次贯通，通风区都要留有记录。

（11）与已封闭的采空区、古窑及其他情况不明的区域贯通时，必须由矿总工程师组织人员进行调查，对被贯通区采取排瓦斯、排水、充填隔离等措施，同步制定专项措施，会审后报上一级公司审批。只有在确认被贯通区具备安全贯通的条件时方可贯通，贯通时总工程师、安全矿长、分管开拓的副矿长要亲临现场，由总工程师统一指挥。

（12）发现大矿与旧井、废弃井或古窑、老窑出现非正常联通或贯通，要及时组织力量用防爆密闭予以隔绝，并掌握对方的开采范围、通风方式及发火情况，以便及早在本矿受影响的区域内采取有效的预防措施，同时将贯通处理情况及时向上一级公司通风部门汇报。

七、矿井反风演习

（1）每年由矿长组织进行一次全矿井反风演习。如有特殊原因不能演习的，必须报上一级公司批准。

（2）矿井反风前，由通风部门编制反风演习安全技术组织措施，经矿总工程师组织审查后，报上一级公司审批。

（3）反风演习安全技术组织措施内容包括：

① 矿井通风概况、主要通风机运行参数、采掘队组分布；

② 反风组织领导机构和职责；

③ 按照矿井灾害应急预案的要求假设火灾发生地点；

④ 反风演习开始时间和持续时间；

⑤ 反风设备的操作程序；

⑥ 反风演习的观测项目及其方法；

⑦ 预计反风后的通风网路、风量和瓦斯情况；

⑧ 参加反风演习的人员分工；

⑨ 恢复正常通风及送电的操作顺序。

（4）矿井反风演习结束后，应在一周内完成反风演习报告的编制，并报上一级通风管理部门备案。反风演习报告包括：

① 矿井通风情况；

② 主要通风机运转情况；

③ 井巷中风量和瓦斯浓度；

④ 反风演习时空气中瓦斯或二氧化碳浓度达到 2% 的井巷及火区气体情况；

⑤ 反风操作时间和恢复正常通风的操作时间；

⑥ 矿井通风系统图（包括反风前和反风时的通风系统）；

⑦ 反风演习参加人数；

⑧ 存在问题、解决办法和日期。

八、风巷管理规定

（1）加强对主要进、回风巷道的管理与维护，保持井巷处于完好状态，回风巷失修率不得高于 7%，消除严重失修巷道。

（2）风巷内的风速和瓦斯浓度均不得违反《煤矿安全规程》的规定。风井和风硐的风速不得超过 15 m/s，主要进、回风巷的风速不得超过 8 m/s，采区进、回风巷的风速不得超过 6 m/s 且不小于 0.25 m/s。

（3）矿井主要回风巷、采区回风巷必须实现专回专用。

（4）矿井主要进、回风巷、采区进、回风巷必须设立正规的测风站，测风站内设置测风牌板，内容包括：地点、断面、风量、风速、温度、瓦斯浓度、测定人、测定时间。

（5）回风巷内报废的风桥必须及时拆除、回填，保持巷道平整，顶部容易积聚瓦斯处必须使用不燃性材料进行充填。

（6）开采自燃、容易自燃煤层矿井的主要回风巷、采区回风巷应布置在岩层内，已布置在煤层中的必须全断面喷浆，严禁用木支柱、木背板等可燃性材料进行支护。

（7）井下防爆柴油机无轨胶轮车不应进入总回风巷、专用回风巷、无全风压通风巷道，不得进入微风、无风区域。

（8）回风暗斜井、回风斜井必须设置台阶和扶手。回风巷应做到安全畅通，便于行人避灾。

（9）采区回风巷、主要回风巷、回风大巷、回风斜井内必须设置避灾路线、岔路标识等安全标志牌，间隔距离不得大于 200 m，标志牌应设置在巷道的显著位置，在矿灯照明下清晰可见。

（10）矿井每月至少组织一次专用回风巷检查，发现存在煤尘、炸帮、浮煤、顶板冒落、离层、支护失效等问题，必须及时处理。

（11）对于失修和严重失修的风巷必须列入年度或月度计划，安排施工队伍组织维修。对回风巷内存在的杂物和炸帮煤要定期进行清理。

九、矿井通风图纸管理

（1）通风系统平面图必须在矿井采掘工程平面图上绘制，不得随意删减等高线、地质构造、钻孔、废弃井筒、采空区、矿界等任何原图要素，绘制比例为1∶2 000和1∶5 000两种。

（2）同一采区有多层煤同时开采的，必须绘制分层通风系统平面图。

（3）无采掘活动但仍在供风的采区必须同步绘制通风系统平面图。

（4）井下通风系统发生变化、通风设施增减，必须24 h内反映在通风系统图上。

（5）通风系统平面图必须经矿长和总工程师本人审签，并标注审签日期，不得使用签字复印件，不得代签。

第九节　矿井瓦斯防治安全标准

一、瓦斯检查

（1）必须根据瓦斯检查范围、类型、法定出勤等配备足够的专职瓦斯检查工。瓦斯检查工必须具备相关学历，责任强，有两年以上井下工作经验，熟悉通风瓦斯管理的基本知识和要求，能熟练使用瓦斯检查仪器（光干涉甲烷测定器等），并取得特殊工种操作资格证。

（2）建立瓦斯检查工档案，每半年对瓦斯检查工进行一次人员核定，确保人员满足需要，并报上一级公司备案。

（3）要根据矿井通风系统和检查任务的大小制订瓦斯检查计划，确定每个区域的瓦斯检查人员、检查时间、检查地点、检查内容、检查范围、交接班地点及方式等。

（4）检查计划应每月制订一次，报矿总工程师审批，当月内原确定的瓦斯检查区域发生变化时，检查计划应及时修改，月度中检查计划发生重大变化时，应重新修订审批，临时增减检查点时可在瓦斯日报表中备注审批或单独审批。

（5）根据月度检查计划制定瓦斯巡回检查图表，瓦斯检查员要按图表路线进行检查，每次巡检结束向通风调度汇报检查情况，如发现问题必须及时汇报。

（6）高瓦斯矿井及瓦斯矿井瓦斯和二氧化碳涌出异常的所有回采、掘进、准备、撤退及均压工作面都必须设专人专职检查瓦斯，每班至少检查三次。

（7）瓦斯矿井的采、掘工作面每班至少检查两次。每个瓦斯检查员最多检查一个采煤工作面（或一个掘进工作面）和就近的1～2个硐室或其他地点。

（8）无人作业的采、掘工作面，采区层别回风巷、各类硐室执行巡回检查制，每班至少检查一次。

（9）矿井的主要回风巷、盲巷、窒息区密闭每旬至少一次检查；回风井每月至少检查一次；瓦斯和二氧化碳涌出有变化或可能积聚有害气体的硐室、巷道和特殊地点（如高冒区）的瓦斯检查次数和方法由矿总工程师决定。

（10）瓦斯检查点的设置和要求：

① 采煤工作面设五个点：中部、尾部、上隅角、工作面、回风流（绕道口以里10～15 m

处）；

② 掘进工作面设三个点：工作面、回风流、风机吸风流；

③ 硐室设一个点：回风口处；

④ 封闭的盲巷、窒息区设两个点：孔内、墙外；

⑤ 矿井主要回风、采区回风检查点设在该巷道下风侧；

⑥ 回风井设一个点：井筒与风硐交点以下 15 m 处；

⑦ 对有异常涌出、气体变化较大的地点及角联区域，要根据实际情况增设瓦斯检查点，要做到能够全面掌握各地点的瓦斯情况；

⑧ 回风流流经路线上的电气设备处；

⑨ 备用工作面、准备工作面、撤退工作面瓦斯检查点的设置由矿总工程师根据工作面实际情况确定。

（11）瓦斯检查员须对每个检查点的瓦斯、二氧化碳和温度等参数进行检查，存在一氧化碳、氧气异常的测点检查频次和内容由矿总工程师确定。

（12）采掘工作面、硐室及其他检查地点都要设瓦斯检查牌板。牌板设置的位置：采煤工作面在回风巷距工作面 30～50 m 处和回风绕道口以里 10～15 m 处各设一块，掘进工作面设在距工作面 60～80 m 处，其他地点设在检查点处。

（13）瓦斯检查员每检查一个地点，都要将检查的时间和内容填写在瓦斯巡回检查图表（或手册）和牌板上，将检查结果通知该作业点负责人并签字。

（14）瓦斯检查工必须在检查范围内的指定地点交接班，严防空班漏检。具体交接班地点在月度检查计划中明确。

（15）瓦斯检查员交接班时，必须交清所负责区域的通风系统情况、瓦斯检查情况及下一班须注意的问题，相互在瓦斯检查图表（或手册）上签字确认。瓦斯检查工发现瓦斯超限、局部通风机无计划停运等特殊情况，必须在工作地点或现场安全地点交接班。

（16）瓦斯检查工每班应对所管辖区域内安全监控系统的甲烷传感器数值变化情况进行检查。使用光学瓦检仪与甲烷传感器进行对照，并记录检查结果。当两者误差大于允许误差（$0～1\%$，$\pm0.1\%$；$1\%～2\%$，$\pm0.2\%$；$2\%～4\%$，$\pm0.3\%$）时，先以读数较大者为依据，采取安全措施，并将对照检查结果及时汇报，通风部门和监测部门必须在 8 h 之内将两种仪器校准。

（17）采、掘工作面及其他地点，在爆破时必须按规定使用水炮泥和炮泥，严禁裸露爆破；在处理大块煤（矸）和煤仓（眼）堵塞时，严禁采用炸药爆破方式处理；在对顶板（顶煤）进行预裂爆破时，必须在工作面前方未采动区域进行，严禁在工作面架间（后）爆破；爆破必须严格执行"一炮三检"和"三人连锁爆破"制度。

（18）"一炮三检制"就是在采掘工作面装药前、爆破前和爆破后，爆破员、班组长和瓦斯检查员都必须在现场，由瓦斯检查员检查瓦斯。

（19）"三人连锁爆破"制度就是爆破员、班组长和瓦斯检查员三人必须自始至终参加爆破工作的全过程，并严格执行换牌制度。

（20）通风区值班人员每日必须审查调度台账，亲自填写当日存在的主要问题及处理结果。通风区每日必须编制瓦斯检查日报，报通风区长、总工程师、矿长审查签字。瓦斯检查日报由矿调度室、总工程师、通风区各留一份。

（21）各矿要制定"一炮三检"日报表，每日由通风区值班干部审查签字。

（22）井下防爆柴油机无轨胶轮车必须配置灭火器和瓦斯检查报警仪，行驶过程中驾驶员发现瓦斯浓度超过《煤矿安全规程》相关规定值时，必须立即停车关闭发动机，撤出人员并及时报告。

二、盲巷窒息区管理

（1）井下凡长度超过 6 m 依靠扩散通风的敞口独头巷道均称之为盲巷。

（2）井下空气成分不符合《煤矿安全规程》的规定且达到使人中毒或窒息的区域，称为窒息区。

（3）严格控制盲巷的产生，井下严禁随意留设盲巷，从设计到施工均不得出现盲巷，人为造成盲巷的要追究有关部门和施工单位的责任。盲巷、窒息区必须进行封闭管理。

（4）盲巷、窒息区启封时，必须由通风区制定专项安全措施，经矿总工程师批准后，由救护队实施。实现正常通风后，各种气体符合《煤矿安全规程》的规定，其他人员方可进入。

三、瓦斯排放

（1）矿井因故造成瓦斯超限时，必须严格按排放瓦斯规定进行排放。

（2）全矿性的停电停风检修前，必须制定通风瓦斯专项安全技术措施，报上一级公司审批。

（3）矿井主要通风机因故停止运转，受该通风机影响的停风区域必须全部断电撤人，并安排专人在通向影响区的各巷（井）口设警拦人。

（4）矿井主要通风机恢复运转或利用主要通风机排放矿井瓦斯时，主要通风机出口处的瓦斯浓度不得超过 2%，否则必须采取加大短路风量的措施。在恢复矿井或采区通风系统后，当主要通风机出口处的瓦斯浓度不超过 1% 时，通风救护人员方可入井检查通风瓦斯情况。矿井总回风流瓦斯浓度不超过 0.75% 时，其他人员方可入井。

（5）因有计划停风导致掘进巷道瓦斯超限后，不论巷道内瓦斯多大，都必须按照预先制定的排放瓦斯安全技术措施，由救护队负责排放，同时通风区副区长以上干部在现场指挥。

（6）采区及以上范围瓦斯积聚且浓度超过 3% 时，排放瓦斯措施必须由矿总工程师组织会审签字后，由矿山救护队按措施进行排放。

（7）巷道启封恢复通风必须制定专项排放瓦斯安全技术组织措施，经矿总工程师批准后严格执行。

（8）排放瓦斯的安全措施，由矿总工程师或通风副总工程师负责贯彻并组织实施，整个排放过程必须有安监人员在现场监督检查。

四、抽排瓦斯风机的使用

（1）采用抽出式风机处理工作面上隅角瓦斯，要由通风区编制专项安全技术组织措施，报矿总工程师审批。上隅角风筒伸入采空区位置和距离要在专项措施中明确规定。

（2）禁止采用其他风机抽排。

（3）抽排瓦斯风机入井运输过程中不得碰撞，安装后先空载试运行 1 h，确认风机正常，方可接风筒抽排上隅角瓦斯。抽排风筒必须具有抗静电和阻燃性能。

（4）抽排风筒必须吊挂，距上隅角 10 m 内的风筒用不导电材料吊挂，吊挂高度（风筒上缘）距顶板不得大于 30 cm，风筒不得和电缆吊在同一侧。

（5）抽排风筒内的瓦斯浓度不得大于 2.5%，否则，必须采取措施进行稀释。

（6）抽排瓦斯风机的安装位置距采面安全出口不得小于 150 m，风机排出的瓦斯风流必须直接送入采区回风巷或总回风巷。

（7）抽排瓦斯风机必须实行"三专"供电，并实现"双风机双电源"自动切换，保证连续运转。指定专人对风机和风筒进行维护管理，机电部门要对回风巷的机电设备定期进行检查。

（8）工作面必须设专职瓦斯检查员，除正常检查点外，还应对风筒内和风机出口处进行检查并记录，随时掌握抽排风机运行情况，发现问题及时处理和汇报。

五、矿井瓦斯等级和二氧化碳涌出量鉴定

（1）所有生产矿井和正在建设的矿井都必须进行矿井瓦斯等级和二氧化碳涌出量的鉴定，鉴定为瓦斯矿井的以后每 2 年进行一次瓦斯等级鉴定。

（2）矿井瓦斯等级鉴定以独立生产系统的自然井为单位，有多个自然井的煤矿应当按照自然井分别鉴定。

（3）瓦斯矿井出现下列情况之一的，应当在 6 个月内完成瓦斯等级鉴定工作：

① 建设矿井建设完成进入联合试运转期间的；

② 矿井核定生产能力提高的；

③ 矿井开采新水平或新煤层揭露煤层的。

（4）矿井瓦斯等级鉴定应根据当地气候条件选择在矿井绝对瓦斯涌出量最大的月份，且在矿井正常生产或建设时进行。

（5）瓦斯鉴定测点的设置必须齐全合理。在矿井抽出式主要通风机风硐（或回风井筒井底的总回风位置）、每一水平、每一翼、每一煤层及各采区、各采掘工作面均应布置测点。

（6）矿井根据测定、化验结果，编制矿井瓦斯等级和二氧化碳涌出量鉴定报告。鉴定报告中对瓦斯和二氧化碳涌出来源、鉴定月产量是否正常、上一个鉴定年度煤层自然发火及火区发展变化以及近年度的瓦斯鉴定等情况应有详细说明，并提出等级鉴定意见。要求附矿井通风系统示意图，图中标明风流方向、通风设施、测点位置等。

六、瓦斯抽采的一般规定

（1）有下列情况之一的矿井必须进行瓦斯抽采，并实现抽采达标：

① 一个采煤工作面绝对瓦斯涌出量大于 5 m³/min 或一个掘进工作面绝对瓦斯涌出量大于 3 m³/min 的；

② 矿井绝对瓦斯涌出量大于或等于 40 m³/min 的；

③ 矿井年产量为 1.0～1.5 Mt，其绝对瓦斯涌出量大于 30 m³/min 的；

④ 矿井年产量为 0.6～1.0 Mt，其绝对瓦斯涌出量大于 25 m³/min 的；

⑤ 矿井年产量为 0.4～0.6 Mt，其绝对瓦斯涌出量大于 20 m³/min 的；

⑥ 矿井年产量等于或小于 0.4 Mt，其绝对瓦斯涌出量大于 15 m³/min 的。

（2）凡进行瓦斯抽采的矿井，应严格执行《煤矿安全规程》、《煤矿瓦斯抽采达标暂行规定》、《煤矿瓦斯抽采基本指标》和《通风安全质量标准化标准》中有关瓦斯抽放的规定。

（3）矿井在编制生产发展规划和年度生产计划时，必须同时组织编制相应的瓦斯抽采达标规划和年度实施计划，确保"抽掘采平衡"。

（4）经矿井瓦斯涌出量预测或者矿井瓦斯等级鉴定、评估，符合应当进行瓦斯抽采条件的新建、技改和资源整合矿井，其矿井初步设计必须包括瓦斯抽采工程设计内容。

（5）矿井瓦斯抽采工程设计应当与矿井开采设计同步进行；分期建设、分期投产的矿井,其瓦斯抽采工程必须一次设计,并满足分期建设过程中瓦斯抽采达标的要求。

(6) 矿井地面瓦斯抽采工程必须由具有资质的单位或机构进行专项设计,报省煤炭厅审批。

(7) 井下临时瓦斯抽采工程设计应包括以下主要内容:

① 矿井概况:煤层赋存条件、矿井煤炭储量、生产能力、巷道布置、采煤方法及通风状况;

② 瓦斯基础数据:瓦斯鉴定或预测参数,矿井瓦斯涌出量,煤层瓦斯压力、含量,矿井瓦斯储量,煤层透气性系数与钻孔瓦斯流量及其衰减系数等;

③ 抽采方法:钻孔(巷道)布置与抽放工艺参数;

④ 抽采设备:抽放泵、管路系统、监测及安全装置;

⑤ 泵站建筑:硐室、供水、供电及其他;

⑥ 设计包括:设计说明书、设备与器材清册、资金概算、图纸。

(8) 凡进行抽采瓦斯的采掘工作面,必须编制瓦斯抽采专项设计,报矿总工程师审批。

(9) 采掘工作面瓦斯抽采专项设计主要内容应包括抽采钻孔布置图、钻孔参数表(钻孔直径、间距、开孔位置、钻孔方位、倾角、深度等)、施工要求、钻孔(钻场)工程量、施工设备与进度计划、有效抽瓦斯时间、预期效果以及组织管理、安全技术措施等。采掘工作面抽采工程竣工后,由矿总工程师牵头,组织有关部门及施工单位人员进行验收。

(10) 抽采瓦斯矿井应当对瓦斯抽采的基础条件和抽采效果进行评判。在基础条件满足瓦斯先抽后采要求的基础上,再对抽采效果是否达标进行评判。瓦斯抽采不达标的煤矿,不得组织采掘作业。

(11) 工作面采掘作业前,应当编制瓦斯抽采达标评判报告,并由矿井总工程师和主要负责人批准。

(12) 有下列情况之一的,应当判定为抽采基础条件不达标:

① 未按要求建立瓦斯抽采系统,或者瓦斯抽采系统没有正常、连续运行的;

② 无瓦斯抽采规划和年度计划;

③ 无矿井瓦斯抽采达标工艺方案设计、无采掘工作面瓦斯抽采施工设计;

④ 无采掘工作面瓦斯抽采工程竣工验收资料、竣工验收资料不真实;

⑤ 没有建立矿井瓦斯抽采达标自评价体系和瓦斯抽采管理制度的;

⑥ 瓦斯抽采泵站能力和备用泵能力、抽采管网能力等达不到要求的;

⑦ 瓦斯抽采系统的抽采计量测点不足、计量器具不符合相关计量标准和规范要求或者计量器具使用超过检定有效期,不能进行准确计量的;

⑧ 缺乏符合标准要求的抽采效果评判用相关测试条件的。

(13) 抽采矿井必须成立专门的抽采队伍,配备专业技术人员,建立抽采岗位责任制和岗位作业操作规程。抽采岗位操作工人必须接受专业培训,持证上岗。

(14) 瓦斯抽采的矿井,应根据有关规定,结合本矿具体情况,由矿总工程师主持制定钻孔(场)施工、瓦斯抽采的安全技术措施,并严格贯彻执行,以确保打钻和抽放的安全。

(15) 抽采瓦斯的矿井必须建立以下管理制度:

① 抽采工程质量验收制度;

② 抽采设备停、运联系制度;

③ 抽采瓦斯基础参数定期检测制度；

④ 抽采瓦斯设备检验制度；

⑤ 抽采瓦斯系统管理制度等。

七、抽采系统及管理

(1) 高瓦斯矿井原则上必须建立地面固定抽采瓦斯系统，其他应当抽采瓦斯的矿井可以建立井下临时抽采瓦斯系统；同时具有煤层瓦斯预抽和采空区瓦斯抽采方式的矿井，应根据需要分别建立高、低负压抽采瓦斯系统。

(2) 泵站的装机能力和管网能力应当满足瓦斯抽采达标的要求。抽采瓦斯泵及其附属设备，至少应有 1 套备用，运行泵的装机能力不得小于瓦斯抽采达标时应抽采瓦斯量对应工况流量的 2 倍，备用泵能力不得小于运行泵中最大一台单泵的能力。

(3) 井下临时瓦斯抽采系统完工后，由矿总工程师组织有关部门进行初验，合格后报集团公司验收。临时瓦斯抽采系统必须满足以下条件：

① 抽放泵台数、抽放泵运行能力满足设计要求；

② 抽放泵站必须具有独立通风系统，风量符合要求；

③ 必须安装在线监测系统，对瓦斯浓度、流量、负压、温度和一氧化碳进行监测，应与矿井安全监控系统实现联网；

④ 瓦斯抽采管路的材质必须符合有关要求；

⑤ 抽采系统必须采用"三专"供电。

(4) 抽采容易自燃和自燃煤层的采空区瓦斯时，抽采管路应安设一氧化碳、甲烷、温度传感器，实现实时监测监控。发现有自然发火征兆时，应当立即采取措施。

(5) 易自燃、自燃煤层的井下采空区低浓度瓦斯抽采，应在靠近可能的火源点一侧的管道上安设抑爆装置。

(6) 井下临时瓦斯抽采系统抽出的瓦斯排入回风巷时，在排瓦斯管路出口必须设置栅栏、悬挂警戒牌，栅栏设置位置：上风侧距管路出口 5 m、下风侧距管路出口 30 m，两栅栏间禁止任何作业、行人和运输；下风侧栅栏外 1 m 以内必须安设甲烷传感器，并具有瓦斯超限断电功能，栅栏外的瓦斯浓度应符合该巷道瓦斯浓度管理要求。

(7) 瓦斯抽采泵有计划检修、停运和调整运行工况，要制定方案及安全技术措施，由矿总工程师审批后报集团公司备案。如因停电、故障等原因瓦斯抽采泵无计划停止运转，矿通风部门应及时向集团公司相关部门汇报。

(8) 采掘工作面瓦斯抽采管路的延长或拆除，由矿通风部门批准；矿井采（盘）区及其以上瓦斯抽采管路延伸或拆除，由总工程师批准。

(9) 瓦斯抽采泵站、主管、干管、支管及需要单独评价的区域分支、钻场等地点必须设置检测瓦斯浓度、流量、压力等参数的计量装置，并设置抽采观测牌板。

(10) 每旬必须对抽采系统进行一次检查，及时除渣、堵漏、放水、排除故障，保证系统正常运行。

(11) 抽采容易自燃和自燃煤层的瓦斯时，本煤层预抽管路每周至少检查一次管路中一氧化碳浓度和气体温度等有关参数，采空区抽采管路每班至少检查一次管路中一氧化碳浓度和气体温度等有关参数，发现有自然发火征兆应立即采取措施。

(12) 抽采钻场、管路拐弯、低洼、温度突变处及管路适当距离（间距一般为 200 ～

300 m,最大不超过 500 m)应设置放水器,必要时应设置除渣装置,防止煤泥堵塞管路断面。

(13)在煤层中施工抽采钻孔或施工其他长钻孔时,必须在钻孔下风侧连续监测甲烷和一氧化碳浓度;当钻机设置在采掘工作面回风流中时,在钻机下风侧距开孔位置5～10 m处须设置一台甲烷传感器并具有瓦斯超限断电功能。

(14)抽采钻孔施工完毕后,应及时封孔并联入抽采系统进行抽采,若未能及时封孔时,应采用临时封孔措施对钻孔进行封孔,确保孔内的瓦斯不向巷道内扩散。报废的钻孔必须及时封堵,防止孔内瓦斯涌入巷道造成瓦斯事故。

(15)抽采钻孔施工完毕,应及时绘制实际的成孔图,明确标注出钻孔的位置和终孔点,施工钻孔出现异常时应进行文字说明。

(16)瓦斯抽采钻孔的现场管理应包括:

① 实行对抽采钻孔编号挂牌管理,设置钻孔管理牌板及抽采参数牌板。钻孔管理牌板应包括钻孔深度、钻孔直径、角度、封孔人、封孔时间、施工人、施工时间等内容;抽采参数牌板应包括抽采负压、抽采浓度、测定人、测定日期等参数。

② 抽采钻孔必须设置检查瓦斯的气孔,安设控制阀门,必须按设计安设流量计量装置。

③ 瓦斯抽采钻孔不得随意拆除,确需拆除时必须经矿通风部门批准。

④ 矿井应制定采掘、巷修工作揭露瓦斯抽采钻孔的安全措施。

第十节　矿井防灭火系统安全标准

一、基本规定

(1)矿井所有煤层都应进行自燃倾向性鉴定,划分煤层的自燃倾向。并根据不同自燃倾向采取合理的防灭火措施,防止自然发火事故发生。

(2)开采容易自燃和自燃煤层的矿井,必须编制专项防灭火设计,建立完善的防灭火系统,制定防治采空区(特别是工作面初采线、终采线、"两道"和"三角点")、巷道高冒区、煤柱破坏区自然发火的专项技术措施。防灭火设计每年初根据本矿实际重新进行修订完善,报上一级公司审批。各类防灭火系统必须经常保持良好的工作或备用状态,能够随时投入防灭火工作。

(3)开采容易自燃和自燃的煤层时,采区和采煤工作面必须采用后退式开采,选择丢煤少、采空区漏风小、回采速度快的采煤方法。凡是一次不能采全高的,必须沿顶开采,不能留顶煤。

(4)各矿在正常的生产过程中,必须建立自然发火预测预报系统,开展自燃火灾的预测预报工作。

① 对重点区域应绘制气体变化曲线图,发现异常及时采取措施并上报集团公司通风部门;

② 对采煤工作面、层别回风巷以及高温地点和可能发火地点的气体成分每班检查一次;

③ 对火区、采空区、采区回风巷等地点每周至少取样分析一次;

④ 对异常点随时检查、取样化验分析,及时掌握其变化动态;

⑤ 化验报表要由通风区长或技术主管签字审核,每月要有一份火情分析报告。

（5）自燃和容易自燃矿井的主要通风机风压不得超过 3 000 Pa,已经超过者必须列入矿井通风系统改造规划,进行改造。

（6）要定期对矿井压能分布状况进行分析,消除高阻区对火区和采空区的影响。采区内阻力损失不宜超过 600 Pa,采煤工作面阻力损失不宜超过 200 Pa。

（7）依照矿井压能分布规律正确选择通风设施的位置,以尽可能降低采空区、火区和煤柱裂隙的漏风压差。

（8）采煤工作面回采结束后,必须在 45 天内撤出一切设备、材料,进行永久性封闭。

（9）对因故不能按时封闭或停采长期供风的工作面,必须制定专项防灭火措施,报上一级公司批准。

（10）矿井主要进、回风巷道和采区进、回风巷道不得采用可燃性背板或装修板修整装饰巷道断面,砌碹巷道砌碹后与巷壁间的空隙和冒落处必须用不燃性材料进行充实。

（11）穿越煤层的回风井应对裸露的煤巷全部实施挂网喷浆,厚度不小于 100 mm。

（12）与回风井直接连通的采空区密闭,其下风侧 10 m 范围内必须安设 CO 传感器。

（13）严禁使用穿层溜煤眼,对废弃的溜煤眼、暗斜井和风眼必须进行层间永久性封闭,以防止自然发火及层间有毒、有害气体扩散。

（14）与采空区相连通的废弃不用的各类电缆孔、灌浆孔、下(输、送)料孔、放水孔、排水孔等所有漏风通道必须用水泥砂浆灌实或采取可靠的封堵措施,保证隔绝严密,并在上下口设置明显的标示。

（15）矿井应定期普查地表塌陷裂缝,对产生的裂缝必须进行充填,防止因地表裂缝漏风导致采空区自燃。

（16）每一矿井都必须按《煤矿安全规程》要求建立健全井下明火和可燃物管理制度。

（17）回风巷、硐室回风道、联络巷等地点浮煤、电缆皮等可燃物必须明确责任单位管理,定期检查,及时清理干净。

（18）井下消防管路系统要完善(可与防尘管路系统共用),水源总控阀门应接在进风巷,在井下各硐室进风口前后 10 m 范围设置三通阀门,主要硐室要配备消防器材,并定期检修、维护。

二、灌浆系统

（1）凡开采自燃或容易自燃煤层的矿井,必须建立适合本矿的防灭火灌浆系统,成立专业灌浆队伍。

（2）建立防灭火灌浆系统时,必须有详细的灌浆方案设计,主要内容包括:

① 矿井概况;

② 采空区(火区)发火隐患分析;

③ 选用的灌浆材料种类及其性能分析;

④ 灌浆系统构成及主要灌浆参数计算(灌浆方式方法、供电方式、水源、取土、输送浆液管路的选型及计算);

⑤ 灌浆防灭火效果考察;

⑥ 组织机构及安全技术措施。

（3）应针对灌浆情况制定防止溃浆和疏水的安全技术措施,且灌浆时要确保灌浆的连续性。

（4）建立预防性灌浆系统前必须对钻孔的布置进行技术分析，尽可能采用集中式灌浆。

（5）输浆管路系统应避免"两头高中间低"的布置方式，并尽量减少拐弯。井下输浆管路应紧靠井巷壁铺设，固定牢固，并涂以防锈漆。每次灌浆后应立即用清水冲洗管路。

（6）灌浆期间，每班必须测定一次浆液的流量和土水比，流量测定可用电磁流量计或体积法，土水比测定可采用比重法，泥浆的土水比以 1:3～1:5 为宜。

（7）在浆液流入输浆管路前，必须设置筛网过滤，网的孔径以 15～20 mm 为宜。

（8）采煤工作面采用埋管灌浆时，随着工作面的推进，向采空区内埋设管道的出浆口距工作面的距离应不小于 15 m。

（9）采用从密闭墙上插管灌浆时，密闭墙的强度应满足灌浆的要求，灌浆时应派专人监护，一旦发现有溃浆征兆时，应立即停止灌浆。

（10）灌浆站因故停灌期间要具备随时复灌的条件，实施冬季灌浆应采取相应措施消除因气候变化、温度降低而发生冻土及堵管现象。

（11）加强对灌浆系统的维护管理，建立防灭火灌浆台账，认真填写灌浆记录。

（12）灌浆系统需要报废时，必须报上一级公司审定，经现场核实认可后，方可拆除。

（13）按规定绘制灌浆系统图，并符合以下要求：

① 在 1:2 000 或 1:5 000 的井上下对照图上绘制；

② 图上标明火区范围、采土场、泥浆池、水池、灌浆管路、钻孔、水枪、截门等；

③ 图上注明水池容量、管路直径、钻孔直径、钻孔深度、泥浆泵或水泵型号、系统建立时间等。

三、束管监测系统

（1）矿井必须明确束管监测系统的分管领导和责任部门，确保系统装备、运行所需的资金和人员到位。要制定系统的安装、使用、维护制度和相应的岗位责任制、操作规程，确保系统安全、可靠、正常运行。

（2）矿井应配备满足束管监测系统正常使用所需的系统操作、维修人员，每矿不少于 2 名，要求熟练掌握使用方法及色谱仪的维护方法，具备对仪器的简单故障进行处置的能力，需经专门培训并考试合格后，方可上岗。

（3）矿井束管监测系统必须制定完善的采样化验和报告制度，对主要生产作业区域设点定期取样分析和连续监测，特别是综采放顶煤工作面，必须按作业规程规定，在开采前和初采时在相关地点设束管监测系统的采样点，每班取样不少于 3 次，每天必须出具分析化验报告，送总工程师、通风区长或技术主管审阅。

（4）正在回采的放顶煤工作面运输巷和回风巷必须分别布置不少于 3 束带有保护套的束管，两个束管监测取样点间距为 30～50 m，埋入采空区最远取样点距工作面为 150 m，埋入采空区的束管要用 DN25～DN50 mm 的护管加以保护，防止损坏束管；如埋入采空区内采样点外 O_2 浓度＜5％时，CO 浓度稳定后，该采样点可以提前停止采样；如果 O_2 浓度≥5％且 CO 浓度有上升趋势则根据实际情况，加大两取样点间距，同时通过束管监测确定采空区"三带"范围。

（5）工作面回采结束收尾期间，工作面的束管监测系统必须正常使用，只有工作面收尾结束后，方可撤出监测系统并及时封闭工作面。

（6）束管监测分析室必须专人值班，系统须 24 小时连续、稳定运行。

（7）束管监测系统须具备对检测点气样的综合气体成分（包括 CO、CH_4、CO_2、O_2、H_2、C_2H_2、C_2H_4、C_2H_6、C_3H_6、C_3H_8、N_2）进行分析的功能，并可自动输出每路束管气体的分析结果。

（8）束管监测系统可将监测数据以日报、月报和趋势曲线的形式显示或打印，数据至少存储 1 年，重点区域每年进行备份。

（9）当监测点的有毒有害气体成分超过《煤矿安全规程》的规定时，束管监测系统必须能自动报警提示。

（10）定期对地面监测设备和井下取样设备、束管管路进行维护检修，保证系统畅通，运行正常，监测准确，无堵塞和漏气现象。

（11）每周将束管监测数据与监测点的人工取样化验分析数据进行比较，数据误差不得超过 10%。

四、均压开采

（1）采用均压通风的工作面，必须编制安全技术组织措施，经矿总工程师组织会审后，于投产前一个月报上一级公司审批。

（2）开采地表裂隙漏风严重的煤层时，宜先采取措施进行堵漏，再采用适宜的调压措施进行均压，禁止采用均压方法治理采空区瓦斯。

（3）均压通风安全技术组织措施内容包括：

① 工作面及周边和上覆邻近层概况；

② 均压原因；

③ 组织机构及职责；

④ 均压系统通风设施构筑及要求；

⑤ 均压工作面风量计算及风机选型；

⑥ 安全监控系统、测压装置和安全附属设施的安装及要求；

⑦ 安全技术措施；

⑧ 特殊情况应急预案及处置措施；

⑨ 附图：均压前后通风系统示意图（包括监控设备布置）、均压工作面供电系统图等。

（4）为确保均压系统稳定可靠，原则上应施工风机稳设专用绕道，进风巷均压风门严禁跨带式输送机构筑。

（5）均压风机必须实现"双风机、双回路、双电源"，不得与工作面动力电取自同一电源点，必须实现自动切换。

（6）均压风门必须实现闭锁，并安装开关传感器和语音报警装置。

（7）均压工作面上隅角必须安设甲烷、一氧化碳、氧气、温度传感器，报警点分别为 $\geq 0.8\%$、≥ 24 ppm、$< 18.5\%$、$\geq 26\ ℃$。

（8）同一采区同一煤层两个及以上相邻工作面或不同采区邻近煤层上下相邻工作面间有联通影响关系的禁止同时升压生产。

（9）均压工作面头、中、尾部、回风巷每隔 200 m、运输巷胶带头必须安设风机开停声光报警装置。

（10）均压工作面运输巷和回风巷距巷口 50～100 m 范围内必须向上覆采空区施工钻孔，用于观测上覆采空区气体变化、上下层间压差，并作为工作面调压的依据。

（11）均压风机停风后必须保证工作面进、回风巷风门能快速同时开启,便于工作面人员迅速撤离。

（12）改变矿井通风方式、主要通风机工况以及井下通风系统时,对均压地点的均压状况必须及时进行观测并调整相应参数,保证均压状态的稳定。

（13）均压风机和均压风门必须设专人负责看管。

（14）每天对均压工作面的风量和压差进行测定,并做好记录。

五、注氮系统

（1）开采自燃及容易自燃煤层的放顶煤工作面必须建立注氮防灭火系统,实施注氮的工作面必须编制注氮防灭火设计。

（2）制氮机总装机量至少为所有工作面注氮量的 2 倍,制氮机输出氮气浓度不得小于 97%。

（3）注氮作业必须在束管监测系统的指导下实施,根据采空区"三带"位置及时调整注氮步距。

（4）注氮工作面上隅角必须安设甲烷、一氧化碳、氧气、温度传感器,报警点分别为 $\geqslant 0.8\%$、$\geqslant 50$ ppm、$< 18.5\%$、$\geqslant 26\ ℃$。

（5）注氮过程中,工作场所的氧气浓度不得低于 18.5%,否则应立即停止作业撤出人员,同时降低注氮流量或停止注氮。

（6）注氮地点及与其相连巷道的安全通风量必须保证氮气泄漏量最大时工作场所的氧气浓度仍不低于 18.5%。

（7）井下制氮硐室必须有独立通风系统,其顶部及两帮必须喷浆,厚度不小于 100 mm,硐室内挂有完善的管理牌板,按规定配备消防器材。

（8）制氮设备的管理人员和操作人员,必须经过培训、考试合格,并取得结业证和上岗证后,方可上岗。

（9）注氮管路在进入工作面采空区前须至少安设 1 组流量计和压力表。

（10）输氮管路的铺设应尽量减少拐弯,要求平、直、稳,接头不漏气。每节钢管的支点不少于两点,每节软管的吊挂不少于 4 点,不允许在管路上堆放他物。低洼处可设置放水阀。

（11）输氮管路的分岔处应设置三通和截止阀及压力表。输氮管路应进行防锈处理,表面涂黄色油漆。

（12）矿井必须建立制氮设备的操作规程、工种岗位责任制、机电设备维护检修规程等规章制度,同时建立注氮防灭火台账。

六、火区管理

（1）井下火灾无法直接扑灭而予以封闭的区域,称为火区。

（2）每一火区都要按《煤矿安全规程》要求建立火区管理台账,要按时间顺序予以编号,建立火区管理技术卡片并绘制火区位置关系图,记录火灾的发生、发展和处理经过及火区管理的全过程,火区永久防火墙统一编号,防火墙内的气体成分和气温、水温等参数要定期取样化验,随时掌握火区发展状态。

（3）由矿总工程师组织定期对矿井井田范围内的火区进行排查,确定范围,排查结果存档备查,对火区和疑似火区要全部按火区管理要求进行严格管理。

（4）火区管理技术卡片内容:

① 火区基本情况登记；

② 防火墙及其观测记录；

③ 灌浆或其他灭火记录；

④ 火区位置关系图。

（5）火区位置关系图以通风系统图为基础绘制，即在通风系统图上标明所有火区的边界、防火墙的位置、火源点、漏风路线及防灭火系统布置，同时标明火区编号、名称、发火时间。

（6）当井下发现自然发火征兆时，必须停止作业，立即采取有效措施进行处理。在发火征兆不能得到有效控制时，必须撤出人员，远距离封闭发火危险区域。进行封闭施工作业时，其他区域所有人员必须全部撤出。

（7）火区封闭后应积极采取措施加速火区熄灭进程。

（8）工作面上覆和周边存在火区隐患的区域，要预先采取打钻探测确定，存在火灾隐患的要采取有效的灭火措施，火灾隐患未消除的不得强行进行采掘作业。

（9）火区经连续取样分析符合《煤矿安全规程》规定的火区熄灭条件时，由矿总工程师组织有关部门鉴定确认火区已经熄灭，提出火区注销报告，报上一级公司审批。

（10）火区注销报告内容：

① 火区的基本情况；

② 灭火总结（包括灭火过程、灭火费用和灭火效果等）；

③ 火区注销依据与鉴定结果。

（11）火区注销后，要绘制注销火区图，并符合以下要求：

① 在 1∶5 000 的井上下对照图上绘制；

② 标明治理火区方案或措施的规格、参数；

③ 注明火区注销范围、时间。

（12）启封已注销的火区时，必须制定完善的启封火区和恢复通风的启封方案及安全技术措施，报上一级公司审批，要保证火区的启封在安全前提下进行。启封火区安全措施应包括以下内容：

① 火区基本情况、灭火与注销情况；

② 火区侦察顺序与防火墙启封顺序；

③ 启封时防止人员中毒、防止火区复燃和防止爆炸的通风安全措施。

（13）启封火区和恢复火区初期通风等工作必须由矿山救护队进行，必须采用锁风方法启封，发现有复燃现象必须立即停止启封，重新封闭。

（14）火区启封后 7 天内必须由救护队每班进行检查测定和取样分析气体成分，确认火区无复燃可能后方可恢复正常生产。

第五章 煤矿安全风险现场辨识评估清单

第一节 采煤系统安全风险现场辨识评估清单

项目	现场辨识内容	违反后果	风险评估		现场风险评估		评估人
			类别	等级			
1 基本规定	1.0.1 一个采区内同一煤层的一翼最多只能布置1个采煤工作面;一个采区内同一煤层双翼最多只能布置2个采煤工作面。	通风事故	环	较大	符合□ 不符□		
	1.0.2 采煤工作面不得破坏工业场地、矿界、防水和井巷等安全煤柱;未经审批,不得进行"三下"开采。	水害事故	环	重大	符合□ 不符□		
	1.0.3 孤岛开采、均压开采、近距离煤层开采、煤柱下覆开采、冲击地压区域开采、放顶煤开采、采用炮采工艺开采,必须按规定履行审批程序,落实好各项安全技术措施。	顶板事故	环	较大	符合□ 不符□		
	1.0.4 采煤工作面范围内及周边区域水文地质条件不清楚的严禁进行回采作业。	水害事故	环	重大	符合□ 不符□		
	1.0.5 严禁在采煤工作面范围内再布置另外采煤工作面同时作业。严禁在综采工作面布置前切巷。	顶板事故	环	较大	符合□ 不符□		
	1.0.6 查清同层、上部采空积水及小窑破坏区积水、顶底板砂岩含水层和下部奥灰水承压情况,科学制定探放水设计,认真实施。	水害事故	环	重大	符合□ 不符□		
	1.0.7 有经审批的设计及合格的作业规程和管理制度,作业规程已贯彻。	人身伤害	管	较大	符合□ 不符□		
	1.0.8 井下有十三图一书及其他牌板,悬挂位置合理;两顺槽每20 m布置一个进度牌。	人身伤害	环	一般	符合□ 不符□		
	1.0.9 必须对新开综采工作面进行预验收,预验收存在的问题在正式验收前完成整改,并出具预验收报告。	人身伤害	管	一般	符合□ 不符□		
	1.0.10 采煤工作面所有安全出口与巷道连接处超前压力影响范围内必须加强支护,且加强支护的巷道长度不得小于20 m;综合机械化采煤工作面,此范围内的巷道高度不得低于1.8 m,其他采煤工作面,此范围内的巷道高度不得低于1.6 m。安全出口和与之相连接的巷道必须设专人维护,发生支架断梁折柱、巷道底鼓变形时,必须及时更换、清挖。	顶板事故	环	较大	符合□ 不符□		

续表

项目	现场辨识内容	违反后果	风险评估 类别	风险评估 等级	现场风险评估	评估人
1 基本规定	1.0.11 工作面及两巷顶板支护完好,在压力集中或顶板破碎区采取可靠的加强支护措施。	顶板事故	环	较大	符合□ 不符□	
	1.0.12 端头支护、超前支护符合规定,有采用刚性连接的防倒、防坠装置。	顶板事故	环	较大	符合□ 不符□	
	1.0.13 水患严重的工作面两巷至少各配备一趟4寸管路和一台45千瓦水泵,并有备用水泵,水泵开关置于安全地点,并提供可靠的电源保障,工作面回采前要进行排水系统运转试验,确保排水系统正常。	水害事故	环	较大	符合□ 不符□	
	1.0.14 安装瓦斯抽采的工作面,使用、维护符合方案、措施要求。无瓦斯超限或积聚,瓦斯检查设点、检查次数、牌版符合要求,无假检漏检,记录无误。高瓦斯矿井、低瓦斯矿井高瓦斯区域的采煤工作面,不得采用前进式采煤方法。	瓦斯事故	环	重大	符合□ 不符□	
	1.0.15 无国家明令淘汰、禁止使用的危及生产安全的设备,设备能力匹配、系统无制约因素。	机电事故	机	重大	符合□ 不符□	
2 带式输送机	2.0.1 采用非金属聚合物制造的输送带、托辊和滚筒包胶材料等,其阻燃性能和抗静电性能必须符合有关标准的规定;必须装设防打滑、跑偏、堆煤、撕裂等保护装置,同时应当装设温度、烟雾检测装置和自动洒水装置,保证输送机在所有正常工作条件下的稳定性和强度;主要运输巷道中使用的带式输送机,必须装设输送带张紧力下降保护装置。(依据《煤矿安全规程》)	机电事故	机	较大	符合□ 不符□	
	2.0.2 整个输送机线路上,特别是装载、卸载或转载点,设防止煤炭溢出的装置,并采取降尘措施。	机电事故	机	较大	符合□ 不符□	
	2.0.3 与输送机配套的电动机、电控及保护设备必须具有防爆合格证明。	机电事故	机	重大	符合□ 不符□	
	2.0.4 输送机任何零部件的表面最高温度不得超过150℃,冷却水温不得超过95℃。机械摩擦制动时,不得出现火花现象。	机电事故	机	重大	符合□ 不符□	
	2.0.5 输送机长度超过100 m时,应在输送机人行道一侧设置沿线紧急停车装置。	机电事故	机	较大	符合□ 不符□	
	2.0.6 输送机电控系统应具有启动预告(声响或灯光信号)、启动、停止、紧急停机、系统联锁及沿线通信等功能,其他功能宜按输送机的设计要求执行。	机电事故	机	较大	符合□ 不符□	
	2.0.7 在输送机运动部件(如联轴器、输送带与托辊、滚筒等)易咬入或挤夹的部位,尤其是人员易于接近的地方,都应加以防护。	机电事故	机	较大	符合□ 不符□	

项目	现场辨识内容	违反后果	风险评估		现场风险评估	评估人
			类别	等级		
	2.0.8 输送机巷道内禁止烧焊,输送机机头、机尾前后10 m的巷道支护应用非燃性材料支护。机头和机尾及搭接处,应当有照明;机头、机尾、驱动滚筒和改向滚筒处,应当设防护栏及警示牌。(依据《煤矿安全规程》)	机电事故	机	较大	符合□ 不符□	
	2.0.9 输送机巷道内应敷设消防水管,机头、机尾和巷道每50 m处应设有消火栓,并配备水龙头和足够的灭火器。	火灾事故	机	较大	符合□ 不符□	
	2.0.10 机架、托辊齐全完好,输送带不跑偏。严禁输送机乘人、人员跨越输送机或从设备下面通过,需要行人跨越处必须设过桥。	机电事故	机	较大	符合□ 不符□	
	2.0.11 矿用安全型和限矩型偶合器不允许使用可燃性传动介质。调速型液力偶合器使用油介质时必须确保良好的外循环系统和完善的超温保护措施。	火灾事故	机	较大	符合□ 不符□	
2 带式输送机	2.0.12 带式输送机需安装的保护装置及安装位置: (1)防打滑保护装置 磁铁式:防滑保护装置应将磁铁安装在从动滚筒的侧面,速度传感器要安装在与磁铁相对应的支架上; 滚轮式防滑保护:传感器安装在下输送带上面或者上输送带下面。 (2)防堆煤保护装置 一种是安装在煤仓上口,堆煤保护传感器的安装高度,应在低于机头下输送带200 mm水平以下,其平面位置应在煤仓口范围之内; 另一种是安装在两部带式输送机搭接处,安装高度应在后部输送机机头滚筒轴线水平以下,其平面位置应在前部带式输送机的煤流方向,且距离应在前部带式输送机机架侧向200～300 mm。 (3)防跑偏保护装置 机头和机尾均安装一组跑偏保护传感器;中间部分安装自动纠偏装。 (4)防撕裂保护装置 安装在带式输送机主被动滚筒往后4 m处,高度是2.4 m的大架侧面。 (5)温度、烟雾监测装置 温度监测装置安装在带式输送机的主动滚筒附近,温度探头应安设在带式输送机的主动滚筒和输送带接触面的5～10 mm处。 烟雾监测装置悬挂于输送带张紧段,距上输送带上方0.6～0.8 m,同时在风流下行方向距驱动滚筒5 m内的下风口处。 (6)自动洒水装置 自动洒水装置安装在输送机驱动装置两侧,洒水时能起到对驱动输送带和驱动滚筒同时灭火降温的效果,其水源的阀门应是常开。	机电事故	机	较大	符合□ 不符□	

项目	现场辨识内容	违反后果	风险评估		现场风险评估	评估人
			类别	等级		
2 皮带输送机	(7) 沿线紧停保护装置 输送机巷道内每隔 100 m 要安装一个紧停开关,在装载点、人行过桥处、机头、机尾均应设有紧停开关,开关信号要接入带式输送机控制系统。	机电事故	机	较大	符合□ 不符□	
	2.0.13 带式输送机机头电动机、减速器冷却水嘴清洁畅通。	机电事故	机	一般	符合□ 不符□	
	2.0.14 带式输送机机头防护网齐全,传动部要求设有保护栅栏。	机电事故	机	较大	符合□ 不符□	
	2.0.15 带式输送机机尾清扫器完好有效、机尾缓冲托辊齐全完好、缓冲架无变形、损坏,机尾滚筒运转正常并且有护罩,护罩完好紧固。自移机尾装置各千斤顶、操作阀灵活可靠,无窜液、漏液现象。	机电事故	机	较大	符合□ 不符□	
	2.0.16 减速器无漏油现象,注油嘴清洁畅通。	机电事故	机	一般	符合□ 不符□	
	2.0.17 液力偶合器具有两项保护:一是温度保护,以易熔塞实现;二是压力保护,以防爆片实现。	机电事故	机	一般	符合□ 不符□	
3 采煤机	3.0.1 采煤机上必须装有能停止工作面刮板输送机运行的闭锁装置,不得私自甩掉,并接线完好,防爆面胶圈合格。	机电事故	机	重大	符合□ 不符□	
	3.0.2 工作面倾角在 15° 以上时,必须有可靠的防滑装置。滑靴与销轨啮合正常,整机行走平稳。滑靴全部采用加强型,且完好无损。	机电事故	机	较大	符合□ 不符□	
	3.0.3 机身固定,机壳、盖板无裂纹,接合面严密,不漏油,连接螺栓无松动、缺失,必须使用原机配置螺栓或同型号等强度的螺栓代替使用。	机电事故	机	较大	符合□ 不符□	
	3.0.4 大中型采煤机具备软启动控制装置;采煤机具备遥控制功能;操作把手、按钮、旋钮完整,动作灵活可靠,位置正确。	机电事故	机	较大	符合□ 不符□	
	3.0.5 液压油按原机设计要求正确使用,电动机冷却水路畅通,不漏水,电动机外壳温度不超过 65 ℃。水管、油管接头使用标准 U 形卡牢固,截止阀灵活、过滤器不堵塞,油、水路畅通、不漏。	机电事故	机	一般	符合□ 不符□	
	3.0.6 滚筒叶片无变形、裂纹或开焊现象,固定滚筒用的螺栓不松动,螺旋叶片磨损度不超过内喷雾的螺纹,无内喷雾的螺旋叶片,磨损度不超过原厚度 1/3,截齿齐全、锋利,安装牢固,方向正确。	机电事故	机	一般	符合□ 不符□	
	3.0.7 牵引部运行无杂响,油位适当,调速均匀准确。在倾斜工作位置,齿轮能带油,满足润滑要求。	机电事故	机	一般	符合□ 不符□	

项目	现场辨识内容	违反后果	风险评估 类别	风险评估 等级	现场风险评估	评估人
	3.0.8　摇臂升降灵活,不自动下降,油封不漏油。摇臂千斤顶无损伤,不漏油。	机电事故	机	一般	符合□ 不符□	
	3.0.9　采煤机本身电气系统按规定接线,控制性能达到说明书要求,动作无异常。变频系统工作正常,显示正确。采煤机变频器的维护及检修必须按照电牵引采煤机说明书要求执行。	机电事故	机	一般	符合□ 不符□	
	3.0.10　电缆齐全牢靠不出槽,电缆不受拉力,中间无接线盒,绝缘两天摇测一次。	机电事故	机	较大	符合□ 不符□	
	3.0.11　电缆、水管、电缆拖移装置的连接正常,无破损、变形、被卡现象,挡煤板槽内无浮煤、浮矸。电缆与冷却水管长度符合要求,固定段必须放置于电缆槽下层,折曲段在电缆槽上层且绑扎牢固合理,电缆夹齐全牢固,不出槽。	机电事故	机	一般	符合□ 不符□	
3 采 煤 机	3.0.12　采煤机必须安装内、外喷雾装置。割煤时必须喷雾降尘,内喷雾工作压力不得小于 2 MPa,外喷雾工作压力不得小于 4 MPa,喷雾流量应与机型相匹配。无水或喷雾装置不能正常使用时必须停机。(依据《煤矿安全规程》)	通防事故	机	较大	符合□ 不符□	
	3.0.13　采煤机具备与刮板输送机实现闭锁的功能,并配置瓦斯断电装置。采煤机停电的情况下瓦斯检测仪有显示的功能(供电时间不低于 2 h)。采煤机检修时,应该闭锁刮板输送机,打开隔离,打开截割电动机离合手把(摘刀)。	机电事故	机	较大	符合□ 不符□	
	3.0.14　过断层时,司机必须严格遵守作业规程,震动炮效果检验达不到机组过断层需要,司机必须停止作业。	机电事故	机	较大	符合□ 不符□	
	3.0.15　滚筒截齿数量齐全,截齿合金头磨损严重时应及时更换。	机电事故	机	一般	符合□ 不符□	
	3.0.16　采煤机摇臂位于水平位置时,油位应达到油表中间位置,注油口应保证清洁畅通,不得出现渗、漏油现象。	机电事故	机	一般	符合□ 不符□	
	3.0.17　采煤机电控系统显示屏完好,显示正常;调高泵站、冷却水压力表显示正常,不得出现破损、损坏现象。	机电事故	机	一般	符合□ 不符□	
	3.0.18　采煤机专用电缆不能冷补,电缆之间不应有接线盒。	机电事故	机	较大	符合□ 不符□	

项目	现场辨识内容	违反后果	风险评估 类别	风险评估 等级	现场风险评估	评估人
4 刮板输送机	4.0.1 采煤工作面刮板输送机必须安设能发出停止、启动信号和通信的装置,发出信号点的间距不得超过 15 m。	机电事故	机	一般	符合□ 不符□	
	4.0.2 各紧固连接螺栓必须齐全紧固、符合要求,连接件齐全良好,紧固连接可靠。各部结合必须紧密无缝隙,各部销轴穿连、锁固良好,无松动退脱现象,严禁使用非标准件。	机电事故	机	较大	符合□ 不符□	
	4.0.3 刮板输送机链条连接环不变形,满负荷时,链条在机头链轮处的下垂度不得超过两个链环的距离。刮板弯曲变形数不超过总数的 3%,缺少数不超过总数的 2%,并不得连续出现。	机电事故	机	一般	符合□ 不符□	
	4.0.4 刮板螺栓齐全紧固压紧链条、不缺弹簧垫(防松螺帽除外),链条长度合适。刮板链张紧合适,开动行走平稳正常,无刮卡、跳链现象,无异响。	机电事故	机	一般	符合□ 不符□	
	4.0.5 刮板输送机必须保持直线,中部槽对接良好,错差不超过 5 mm。倾角大于 25°时,必须有防止煤(矸)窜出刮板输送机伤人的措施。	机电事故	机	较大	符合□ 不符□	
	4.0.6 刮板输送机的液力偶合器,必须按所传递的功率大小,注入规定量的难燃液,并经常检查有无漏失。易熔合金塞必须符合标准,并设专人检查、清除塞内污物。	机电事故	机	一般	符合□ 不符□	
	4.0.7 减速机试运行声音正常,无异响,无漏油、漏水现象,油温长时运行不超过 70 ℃,轴承端部温度无异常。减速机一轴油位淹没最上端轴的一半,减速机油位淹没最上端轴承的 1/3～1/2。	机电事故	机	一般	符合□ 不符□	
	4.0.8 喷雾、冷却管路穿排正确,先经电动机后经过减速机,压力保证 2～4 MPa。喷雾状态良好成雾状,喷雾嘴齐全、良好无损坏。电动机冷却效果良好,电动机无异响,长时间运行外壳温度不超过 65 ℃,轴承端部温度无异常。	机电事故	机	一般	符合□ 不符□	
	4.0.9 电气控制正常,各开关手把、按钮齐全,灵活可靠,刮板输送机急停装置灵敏有效,各种保护调整合符要求,动作灵敏可靠,接线工艺符合要求,完好无失爆。	机电事故	机	重大	符合□ 不符□	
	4.0.10 机头、机尾电动机,接线合格,停止按钮可靠、无失爆。线长不超过 3 m,吊挂正确、无破损。连接筒盖板、机尾安全护罩等安全防护设施无松动、缺螺栓现象。机头处电缆使用胶皮包扎捆绑保护,管路、电缆吊挂良好。	机电事故	机	重大	符合□ 不符□	
	4.0.11 刮板输送机机头和顺槽机尾搭接良好,机头滚筒高度与顺槽机尾面槽的相对高度不得小于 500 mm,以防回煤。	机电事故	机	一般	符合□ 不符□	
	4.0.12 刮板输送机严禁乘人。用刮板输送机运送物料时,必须有防止顶人和顶倒支架的安全措施。	机电事故	机	较大	符合□ 不符□	

项目	现场辨识内容	违反后果	风险评估 类别	风险评估 等级	现场风险评估	评估人
4 刮板输送机	4.0.13　推移工作面刮板输送机时,采用顺序移刮板输送机的方式,即当采煤机割煤后推移刮板输送机要在采煤机后滚筒不小于15 m处进行。移刮板输送机过程必须平,保证刮板输送机弯曲段长度不小于18 m,弯曲段最大不超过3°,严禁出现急弯。推刮板输送机要在刮板输送机正常运转中进行,保持弯曲段圆滑,推移后刮板输送机要保持一条直线。其铲煤板尖端距煤壁155 mm,每次推移必须保证一个步距,如机道有台阶、矸石等障碍物推不动刮板输送机时,应进行返空刀或人工清理。人工清理时,必须先停液泵,将刮板输送机闭锁,再观察顶板及护顶、护帮情况,保证无零皮、活石及片帮、煤炮等安全隐患后,方可作业。	其他事故	人	一般	符合□ 不符□	
	4.0.14　刮板输送机溜槽无开焊断裂;刮板不短缺,无断链、跳链现象;铲煤板、挡煤板和电缆架完好。	机电事故	机	一般	符合□ 不符□	
	4.0.15　刮板输送机上方加装防水、防尘装置。	机电事故	机	一般	符合□ 不符□	
	4.0.16　刮板输送机与转载机搭接处有红外拦人装置。	机电事故	机	较大	符合□ 不符□	
	4.0.17　刮板输送机启动有预警装置,安设发出停止和启动信号的装置,发出信号点的间距不得超过15 m。	机电事故	机	一般	符合□ 不符□	
	4.0.18　减速器、电动机冷却水出口保持清洁畅通。	机电事故	机	一般	符合□ 不符□	
5 液压支架	5.0.1　运送、安装和拆除液压支架时,必须有安全措施,明确规定运送方式、安装质量、拆装工艺和控制顶板的措施。	机电事故	机	较大	符合□ 不符□	
	5.0.2　处理倒架、歪架、压架以及更换支架和拆修顶梁、支柱、座箱等大型部件时,必须有安全措施。	机电事故	机	较大	符合□ 不符□	
	5.0.3　严禁采高大于支架的最大支护高度。当煤层变薄时,采高不得小于支架的最小支护高度。当采高超过3 m或片帮严重时,液压支架必须有护帮板。	机电事故	机	较大	符合□ 不符□	
	5.0.4　综采工作面两端必须使用端头支架或增设其他形式的支护。	机电事故	机	较大	符合□ 不符□	
	5.0.5　端面距应根据具体情况在作业规程中明确规定,超过规定距离或发生冒顶、片帮时,必须停止采煤。	顶板事故	环	较大	符合□ 不符□	
	5.0.6　工作面爆破时,必须有保护液压支架和其他设备的安全措施。	机电事故	机	一般	符合□ 不符□	

项目	现场辨识内容	违反后果	风险评估		现场风险评估	评估人
			类别	等级		
5 液压支架	5.0.7　支架要排成一条直线，其偏差不得超过±50 mm。中心距按作业规程要求，偏差不超过±100 mm。相邻支架间不能有明显错差，不超过顶梁侧护板高的2/3，支架不挤、不咬、架间空隙不超过200 mm。	顶板事故	人	一般	符合□ 不符□	
	5.0.8　液压支架的初撑力不低于泵站额定值的80%，工作面支架必须安装压力表。液压支架必须接顶。在处理液压支架上方冒顶时，必须制定安全措施。	顶板事故	环	较大	符合□ 不符□	
	5.0.9　各连接件齐全良好，不缺件，连接件紧固连接可靠。各焊接点、焊接缝不开焊不裂缝，侧护板不变形或变形程度不影响侧护板的正常开合。	机电事故	机	一般	符合□ 不符□	
	5.0.10　支架不漏液、不窜液、不卸载。对各类阀组要定期检查，单体液压支柱的单向阀、卸载阀性能良好，安全阀必须在井上调试。	机电事故	机	较大	符合□ 不符□	
	5.0.11　高压胶管必须是四层网，入井前必须进行压力试验，合格后方可入井。各液压管路排列固定整齐，使用标准U形卡连接良好，管路无挤压、扭曲变形，液压元件无漏液现象，支架进回液管连接好并吊挂整齐。	机电事故	人	一般	符合□ 不符□	
	5.0.12　喷雾管路穿排正确，喷雾压力保证2～4 MPa，喷雾状态良好成雾状，喷雾嘴齐全、良好无损坏。液压支架和放顶煤工作面的放煤口，必须安装喷雾装置，降柱、移架或放煤时同步喷雾。（依据《煤矿安全规程》）	其他事故	人	较大	符合□ 不符□	
	5.0.13　支架与刮板输送机使用原配置连接件连接可靠，错差不超过100 mm，支架安装垂直于煤壁。	机电事故	人	一般	符合□ 不符□	
	5.0.14　单体液压支柱柱顶盖不缺爪，无严重变形，回撤的支柱应竖放，不得倒放在底板上。	机电事故	人	一般	符合□ 不符□	
	5.0.15　支架全部编号管理，牌号清晰。	其他事故	人	较大	符合□ 不符□	
	5.0.16　工作面因顶板破碎或分层开采，需要铺设假顶的时候按照作业规程执行。	顶板事故	环	较大	符合□ 不符□	
	5.0.17　工作面不随意留煤顶、底煤开采，留顶煤、托夹矸开采时，制定专项措施。	其他事故	人	较大	符合□ 不符□	
	5.0.18　坚持开展工作面工程质量、顶板管理、规程落实情况的班评估工作，记录齐全，并放置在井下指定地点。	顶板事故	人	较大	符合□ 不符□	
	5.0.19　支架顶梁与顶板平行，最大仰俯角不大于7°；支架垂直底板，歪斜角度不大于5°；支柱垂直顶底板，仰俯角符合作业规程规定。	其他事故	人	较大	符合□ 不符□	
	5.0.20　工作面控顶范围内顶底板移近量按采高不大于100 mm/m。	其他事故	人	较大	符合□ 不符□	
	5.0.21　工作面两端第一组支架与巷道支护间距不大于0.5 m。单体支柱初撑力符合《煤矿安全规程》规定。	顶板事故	人	较大	符合□ 不符□	

续表

项目	现场辨识内容	违反后果	风险评估		现场风险评估	评估人
			类别	等级		
	6.0.1　工作面安装时必须对液泵、支架的各个管路、管接头、各类阀组等进行安全性能测试。	机电事故	人	一般	符合□ 不符□	
	6.0.2　各紧固连接螺栓必须齐全紧固符合要求,连接件齐全良好,不缺件,连接件紧固连接可靠,设备摆放平稳,距巷道帮不小于 500 mm。	机电事故	人	一般	符合□ 不符□	
	6.0.3　曲轴箱油位淹没 1/3～1/2 达到油标显示红绿线之间,灯心油加满,油脂干净无杂质,活塞、滑块完好紧固,密封完好不窜液、窜水,运行时柱塞、滑块必须覆油膜。	机电事故	人	一般	符合□ 不符□	
	6.0.4　各部结合必须紧密无缝隙,各部销轴穿连、锁固良好,无松动退脱现象。对轮胶套完好,压紧牢固,对轮护罩紧固不变形。	机电事故	人	一般	符合□ 不符□	
	6.0.5　供回液管路排列固定整齐,使用标准 U 形卡连接良好,管路无挤压、扭曲变形,液压元件无漏油、漏水现象,过滤器必须安设使用。	其他事故	人	一般	符合□ 不符□	
	6.0.6　使用自动配液装置,用肉眼观察乳化液清洁,乳化液的配制、水质、配比等必须符合有关要求。泵箱应设自动给液装置,防止吸空。	其他事故	人	一般	符合□ 不符□	
6 乳 化 液 泵	6.0.7　乳化液浓度在 3%～5%之间,压力表调整显示正常,压力满足使用要求(为单体液压支柱供液应不小于18.0 MPa,为综采液压支架供液应不小于 30.0 MPa)喷雾泵额定压力不小于 6 MPa。	其他事故	人	一般	符合□ 不符□	
	6.0.8　严格执行"谁通知停泵,谁通知开泵"制度。	其他事故	管	一般	符合□ 不符□	
	6.0.9　卸载阀整定值为 31.5 MPa,严禁随意调整安全阀的整定值。	机电事故	人	一般	符合□ 不符□	
	6.0.10　检修或处理故障,必须将泵站的开关打到零位,并必须将上一级的移动变电站(简称"移变")输出端断电,挂"有人工作,禁止送电"牌或设专人看守停电开关和移变。	机电事故	人	较大	符合□ 不符□	
	6.0.11　必须设专人开泵,在液箱附近挂牌管理。	机电事故	管	一般	符合□ 不符□	
	6.0.12　要加强泵站设备、管路的维修和保养,保持液压系统完好,杜绝跑、冒、滴、漏、窜液现象。严禁液箱常流水和向液箱内只加清水。	其他事故	人	一般	符合□ 不符□	
	6.0.13　液压元件运行平稳无噪声,试运行齿轮箱、曲轴箱声音正常,无异响,无漏油、漏水现象,油温长时运行不超过 80 ℃,各轴承端部温度无异常。	其他事故	人	一般	符合□ 不符□	
	6.0.14　各类阀组的调定压力必须符合乳化液泵使用说明书的要求。	其他事故	人	一般	符合□ 不符□	

项目	现场辨识内容	违反后果	风险评估 类别	风险评估 等级	现场风险评估	评估人
7 破碎机	7.0.1　检修或处理故障，必须将破碎机和转载机的开关打到零位，并必须将上一级的移变输出端断电，挂"有人工作，禁止送电"牌或设专人看守停电开关和移变。	机电事故	机	较大	符合□ 不符□	
	7.0.2　破碎机处必须安装急停按钮、远红外线探头、拉线开关和防护链综合防护装置，以便情况紧急时能够及时停止破碎机。破碎机进料口必须安装全封闭装置。	机电事故	机	较大	符合□ 不符□	
	7.0.3　破碎机进出料口必须吊挂"门帘"，出料处上封板必须封闭严密，防止溅出碎屑射伤人员。	机电事故	机	一般	符合□ 不符□	
	7.0.4　破碎机前后必须安装喷雾装置，保证正常使用。	机电事故	机	低	符合□ 不符□	
	7.0.5　破碎机应安装在转载机落平段的前端，与转载机的对接平整无台阶，错差不得超过 5 mm，破碎机前后转载机的封顶板不少于 5 m，固定稳固。	机电事故	机	低	符合□ 不符□	
	7.0.6　各部结合必须紧密无缝隙，各部销轴穿连、锁固良好，无松动退脱现象。与转载机落地段侧挡板连接件紧固连接可靠。	机电事故	机	一般	符合□ 不符□	
	7.0.7　喷雾、冷却管路穿排正确，压力保证 2～4 MPa，喷雾状态良好成雾状，喷雾嘴上齐全、良好无损坏。	机电事故	机	低	符合□ 不符□	
	7.0.8　皮带轮装配牢固可靠，压板紧固，皮带张紧适当，皮带轮错差不得大于 2 mm，电动机、滚筒轴平度不得大于 0.15%。	机电事故	机	低	符合□ 不符□	
	7.0.9　运行声音正常，无异响、无强烈震动，无漏油、漏水现象，轴承端部温度无异常。	机电事故	机	低	符合□ 不符□	
	7.0.10　电动机冷却效果良好，电动机无异响，长时运行外壳温度不超过 65 ℃，轴承端部温度无异常。	其他事故	人	低	符合□ 不符□	
	7.0.11　电动机风叶、风叶罩、皮带轮的安全护罩等安全防护设施必须上好，不得有松动、缺螺栓现象。	其他事故	人	一般	符合□ 不符□	
	7.0.12　电气控制正常，开停信号灵敏可靠，接线工艺符合要求，完好无失爆。	其他事故	人	重大	符合□ 不符□	
	7.0.13　处理和吊运大块物料时，清理破碎机堵料时，所有非作业人员必须撤到安全地点，必须采取防止系统突然启动的安全保护措施和严格执行施工安全技术措施。	其他事故	人	较大	符合□ 不符□	

项目	现场辨识内容	违反后果	风险评估 类别	风险评估 等级	现场风险评估		评估人
8 转载机	8.0.1 机头部、抬高段紧固连接螺栓必须齐全紧固、符合要求,落地段侧挡板、封底板、封顶板连接件齐全良好,不缺件,连接件紧固、连接可靠。	机电事故	机	低	符合□	不符□	
	8.0.2 减速机一轴油位淹没轴的一半,减速机油位淹没大齿轮的 1/3～1/2,液力连轴节必须完好,使用水介质必须加注 5%以上的乳化液,连轴节对轮间隙 3～5 mm,不窜动,缓冲胶套齐全完好。	机电事故	机	低	符合□	不符□	
	8.0.3 各部结合必须紧密无缝隙,各部销轴穿连、锁固良好,无松动退脱现象。	机电事故	机	低	符合□	不符□	
	8.0.4 溜子平、直,溜槽对接良好,错差不超过 5 mm。与带式输送机搭接良好,挡煤板安设保证接料状态良好。	机电事故	机	一般	符合□	不符□	
	8.0.5 喷雾、冷却管路穿排正确,先经电动机后经过减速机,压力保证 2～4 MPa,喷雾状态良好成雾状,喷雾嘴上齐全、良好无损坏。	机电事故	机	低	符合□	不符□	
	8.0.6 各油缸不得有偏移、阻卡现象,伸缩灵活,液压管路排列固定整齐,操作阀手把齐全灵活,无漏水、卸液现象。	机电事故	机	低	符合□	不符□	
	8.0.7 减速机试运行声音正常,无异响,无漏油、漏水现象,油温长时运行不超过 70 ℃,轴承端部温度无异常。	机电事故	机	低	符合□	不符□	
	8.0.8 电动机冷却效果良好,电动机无异响,长时运行外壳温度不超过 65 ℃,轴承端部温度无异常。	机电事故	机	低	符合□	不符□	
	8.0.9 溜子链条连接环不变形,打齐连接环涨销。刮板上齐,刮板螺栓齐全紧固压紧链条、不缺弹簧垫(防松螺帽除外),链条长度合适,开动行走平稳正常,无刮卡现象、无异响。	机电事故	机	低	符合□	不符□	
	8.0.10 电气控制正常,各开关手把、按钮齐全,灵活可靠,开停信号灵敏可靠,各种保护调整符合要求,动作灵敏,接线工艺符合要求,完好无失爆。	机电事故	机	重大	符合□	不符□	
	8.0.11 机头、机尾护板、护板架、分链叉紧固不松动、不变形,连接筒盖板、机尾安全护罩、挡煤板等安全防护设施,不得有松动、缺螺栓现象。	机电事故	机	一般	符合□	不符□	
	8.0.12 转载机上电缆、管路必须分离,整齐排放于电缆架内,转载机上安设的设备摆放整齐,局部接地极与转载机外壳连接,辅助接地极按要求连接良好。	机电事故	机	较大	符合□	不符□	
	8.0.13 转载机机尾与工作面刮板输送机机头搭接处必须设有红外拦人装置。	其他事故	机	较大	符合□	不符□	
	8.0.14 转载机溜槽必须为全封闭。	其他事故	机	低	符合□	不符□	

项目	现场辨识内容	违反后果	风险评估		现场风险评估	评估人
			类别	等级		
9 电气串车	9.0.1 不得带电检修、搬迁电气设备、电缆和电线。检修或搬迁前,必须切断电源,检查瓦斯,在其巷道风流中瓦斯浓度低于1.0%时,再用与电源电压相适应的验电笔检验;检验无电后,方可进行导体对地放电。	瓦斯事故	机	较大	符合□ 不符□	
	9.0.2 所有开关的闭锁装置必须能可靠地防止擅自送电,防止擅自开盖操作,开关把手在切断电源时必须闭锁,并悬挂"有人工作,不准送电"字样的警示牌,只有执行这项工作的人员才有权取下此牌送电。	机电事故	机	较大	符合□ 不符□	
	9.0.3 低压供电系统,必须装设检漏保护或有选择性的漏电保护。40 kW及以上电动机应使用真空电磁启动器控制,并使用电动机综合保护。127 V供电系统(包括信号照明等)使用综合保护。	机电事故	机	重大	符合□ 不符□	
	9.0.4 移动电气设备全上架、五小件(电铃、按钮、打点器、三通、四通)上板、有标志牌,防爆电气设备和五小件贴入井合格证。	机电事故	机	重大	符合□ 不符□	
	9.0.5 容易碰到的、裸露的带电体及机械外露的转动和传动部分必须加装护罩或遮拦等防护设施。	机电事故	机	一般	符合□ 不符□	
	9.0.6 接地保护符合《煤矿井下保护接地装置的安装、检查、测定工作细则》的要求。	机电事故	机	重大	符合□ 不符□	
	9.0.7 高、低压电力电缆敷设在巷道同一侧时,高、低压电缆之间的距离应大于0.1 m。高压电缆之间、低压电缆之间的距离不得小于50 mm。	机电事故	机	较大	符合□ 不符□	
	9.0.8 电气设备的检查、维护和调整,必须由电气维修工进行操作。高压电气设备的修理和调整工作,应有工作票和施工措施。	机电事故	机	较大	符合□ 不符□	
	9.0.9 轨道铺设质量符合规定,小绞车等辅助运输设备安设符合规定,信号齐全。	运输事故	管	一般	符合□ 不符□	
	9.0.10 电气串车处配备消防工具和消防器材。	火灾事故	管	一般	符合□ 不符□	
	9.0.11 每次移动电气串车后必须打接地眼。	机电事故	管	一般	符合□ 不符□	
	9.0.12 电气串车必须用硬连接相连接。	运输事故	管	一般	符合□ 不符□	

续表

项目	现场辨识内容	违反后果	风险评估		现场风险评估		评估人
			类别	等级			
10 通风	10.0.1　实现分区通风,风量符合配风标准。通风系统稳定可靠,两道风门不能同时打开。控风设施的设置要合理,所有调节风窗,必须按标准规定构筑两道,不得以木杠风帘、墙上开孔等方式代替。尽可能减少风门、密闭、风桥等通风设施漏风。	瓦斯事故	环	重大	符合□ 不符□		
	10.0.2　通风设施5 m范围内,要求支护完好,无片帮、冒顶、杂物、积水和淤泥,墙要求平直,光滑不漏风。(各采掘队组的)回风绕道必须清理干净,无杂物堆积。	瓦斯事故	环	一般	符合□ 不符□		
	10.0.3　密闭前严禁安设机电、电气设备。	瓦斯事故	环	重大	符合□ 不符□		
	10.0.4　风门能自动关闭,风门至少两道,风门设报警信号或安装闭锁。	瓦斯事故	环	较大	符合□ 不符□		
	10.0.5　工作面必须在构成全风压通风系统以后,方可进行回采和准备,不准在掘进或停掘供风期间进行回采准备工作。	瓦斯事故	环	重大	符合□ 不符□		
	10.0.6　设计实施瓦斯抽采的工作面,瓦斯抽采系统、抽采管路安装到位,且经过调试和试运转具备抽采条件,并组织验收。	瓦斯事故	管	重大	符合□ 不符□		
	10.0.7　设计施工顶回风巷或顶板高抽巷的工作面,顶回风巷或顶板高抽巷必须到位。	瓦斯事故	管	重大	符合□ 不符□		
	10.0.8　井下所有使用的煤仓和溜煤眼都必须保持一定的存煤,不得放空。溜煤眼不得兼作风眼使用,不准使用穿层煤眼,现使用的穿层煤眼要逐层锁口。	其他事故	管	较大	符合□ 不符□		
	10.0.9　采煤工作面开采结束前一个月,由生产科填写停采通知单,报通风、安监和矿领导签批。停采线的划定位置要求能满足采空区封闭要求,封闭有发火危险的采空区,必须留有足够的距离砌筑气室密闭。	火灾事故	管	重大	符合□ 不符□		
	10.0.10　均压通风工作面有经矿总工程师组织审查的专项安全技术措施。	其他事故	管	重大	符合□ 不符□		

续表

项目	现场辨识内容	违反后果	风险评估		现场风险评估	评估人
			类别	等级		
11 防灭火	11.0.1 制定的采场内的防灭火措施和制度必须符合国家有关安全生产的法律、法规和标准的规定。配备灭火器材,并定期检查和更换;开采有自然发火倾向的煤层或开采范围内存在火区时,必须制定防灭火措施。采用阻化剂防灭火时,应当遵守下列规定: (1)选用的阻化剂材料不得污染井下空气和危害人体健康。 (2)必须在设计中对阻化剂的种类和数量、阻化效果等主要参数作出明确规定。 (3)应当采取防止阻化剂腐蚀机械设备、支架等金属构件的措施。	火灾事故	管	重大	符合□ 不符□	
	11.0.2 存在发火隐患工作面严格按设计要求采取注氮、阻化、灌浆专项防治自然发火措施,并达到设计指标要求。	火灾事故	管	重大	符合□ 不符□	
	11.0.3 预防性灌浆系统要尽可能采用集中式灌浆,钻孔的布置要进行技术性分析。	火灾事故	管	重大	符合□ 不符□	
	11.0.4 加强对灌浆防灭火系统的维护管理,要充分发挥其防灭火作用,认真填写灌浆记录,单孔的日灌浆量不得少于100 m^3。	火灾事故	管	较大	符合□ 不符□	
	11.0.5 对一氧化碳涌出区域灌浆时,必须保证灌浆的连续性(包括冬季),严禁灌灌停停。	瓦斯事故	环	重大	符合□ 不符□	
	11.0.6 实施注氮的工作面必须配套安装火灾束管检测系统,束管系统必须24小时连续、稳定运行。有能连续监测采空区气体成分变化的监测系统。	瓦斯事故	环	重大	符合□ 不符□	
	11.0.7 当检测点的有毒有害气体成分超过《煤矿安全规程》的规定时,要自动报警提示。	其他事故	环	重大	符合□ 不符□	
	11.0.8 采用均压通风的工作面,必须编制均压通风安全技术组织措施,经矿总工程师组织会审签字后,于投产前一个月报上一级公司审批。	其他事故	环	重大	符合□ 不符□	
	11.0.9 在每一采区新的煤层开采前,必须对该煤层的煤样进行自燃倾向性鉴定。	火灾事故	环	重大	符合□ 不符□	
	11.0.10 在开采有自燃倾向性的煤层时,采区设计应采用后退式,工作面要选择丢煤少、漏风小、速度快的采煤方法。在开采厚及特厚煤层时,必须有专项防灭火设计。凡是一次不能采全高,必须沿顶开采,不能留顶煤,并严格执行相关留顶煤、留底煤的安全技术措施。	火灾事故	环	重大	符合□ 不符□	
	11.0.11 采用放顶煤采煤法开采容易自燃和自燃的厚及特厚煤层时,必须编制专项防止采空区自然发火的措施,报矿(公司)总工程师审批。并认真执行《煤矿安全规程》第一百一十五条之规定。	火灾事故	环	重大	符合□ 不符□	
	11.0.12 井下不得进行焊接、气割和喷灯烘烤等工作,因特殊情况确需在井下主要进风巷和主要硐室进行焊接工作时,必须编制安全技术措施并报矿长(经理)审批。	瓦斯事故	管	重大	符合□ 不符□	

项目	现场辨识内容	违反后果	风险评估		现场风险评估	评估人
			类别	等级		
11 防灭火	11.0.13 井下消防管路系统要完善(可与防尘管路系统共用),水源总控阀门应接在进风巷,在井下各硐室进风口前后10 m范围设置三通阀门,绞车硐室、变电硐室、电机硐室、躲避硐室必须配备消防器材,并定期检修、维护。井下工作人员熟悉灭火器材的使用方法,并熟知本职作业区域内的灭火器材存放地点、数量、规格,并在作业规程中予以明确规定。	火灾事故	机	较大	符合□ 不符□	
12 防尘	12.0.1 实施煤体注水,水幕、转载点洒水、采煤机喷雾、架间喷雾、隔爆等设施种类、数量安装齐全、位置正确、安装及施工质量符合相关规定并能正常使用,确保无煤尘堆积。	其他事故	环	较大	符合□ 不符□	
	12.0.2 采煤机必须安装内、外喷雾装置,割煤时必须喷雾降尘,内喷雾压力不得小于3 MPa,外喷雾压力不得小于2 MPa,喷雾流量应与机型相匹配。如果内喷雾不能正常使用,外喷雾压力不得小于4 MPa,无水或喷雾装置损坏时必须停机。	其他事故	环	较大	符合□ 不符□	
	12.0.3 综采工作面应安装使用移架喷雾装置,每个工作面不少于20组,综采放顶煤工作面必须在放煤口安装使用喷雾装置,降柱、移架或放煤时同步喷雾。破碎机必须安装防尘罩或除尘器、喷雾装置。	瓦斯事故	环	较大	符合□ 不符□	
	12.0.4 采煤工作面采用综合防尘措施后空气中的粉尘浓度仍然达不到国家卫生标准时均要佩戴个人防尘口罩。	其他事故	环	一般	符合□ 不符□	
	12.0.5 采煤工作面防尘用水的水质必须符合相关规定要求。	火灾事故	环	一般	符合□ 不符□	
	12.0.6 必须开展工班个体呼吸性粉尘监测工作。每月测定1次,1个班次内至少采集2个有效样品,先后采集的有效样品不得少于4个。	其他事故	人	低	符合□ 不符□	
	12.0.7 没有防尘供水管路的采煤工作面不得生产,采煤工作面运输巷与回风巷、煤仓放煤口、溜煤眼放煤口卸载点等地点必须敷设防尘供水管路并安设阀门。	煤尘爆炸	机	较大	符合□ 不符□	
	12.0.8 井下消防、防尘供水管路系统应当敷设到采煤工作面,每隔100 m设置阀门。在带式输送机巷道中应每隔50 m设置三通阀门。	煤尘爆炸	机	一般	符合□ 不符□	

项目	现场辨识内容	违反后果	风险评估 类别	风险评估 等级	现场风险评估	评估人
13 瓦斯	13.0.1 当班班组长必须携带便携式甲烷报警仪检查瓦斯浓度。	瓦斯爆炸	环	重大	符合□ 不符□	
	13.0.2 巷道内体积大于 0.5 m³ 空间内积聚瓦斯浓度大于 2.0％时,附近 20 m 内必须停止工作,撤出人员,切断电源,进行处理。	瓦斯爆炸	环	重大	符合□ 不符□	
	13.0.3 瓦斯探头、CO 探头、氧气探头必须悬挂到位。	瓦斯爆炸	环	较大	符合□ 不符□	
	13.0.4 瓦检员必须认真检查并填写瓦斯检查牌板,有瓦斯超限时,必须采取相应措施。	瓦斯爆炸	环	重大	符合□ 不符□	
	13.0.5 爆破作业地点 2 m 以内的瓦斯浓度必须符合规定值	瓦斯爆炸	环	重大	符合□ 不符□	
	13.0.6 电动机或开关地点附近 20 m 以内的瓦斯含量必须符合规定。	瓦斯爆炸	环	重大	符合□ 不符□	
	13.0.7 利用安全监测监控系统实现对瓦斯在线监控。	瓦斯爆炸	环	重大	符合□ 不符□	
	13.0.8 加强机电管理,杜绝电火花产生,杜绝失爆现象。	瓦斯爆炸	环	重大	符合□ 不符□	
	13.0.9 对于高冒顶地点,要及时采取充填或导风措施,防止有害气体积聚。	瓦斯爆炸	环	较大	符合□ 不符□	
	13.0.10 回风流中规定距离范围内设置各种气体、温度传感器。	瓦斯爆炸	环	较大	符合□ 不符□	
14 监测监控	14.0.1 安装安全监测系统,传感器安装种类、数量、位置,监测电缆敷设、说明牌板符合要求。传感器声光报警,风电、瓦电、故障闭锁符合要求。	瓦斯事故	环	重大	符合□ 不符□	
	14.0.2 监控系统正确接入电源,设备完好,正常运行。传感器声光报警,风电、瓦电、故障闭锁符合要求。	瓦斯事故	环	重大	符合□ 不符□	
	14.0.3 必须在工作面和回风流设置甲烷传感器。工作面回风巷长度大于 1 000 m 时,必须在回风巷中部增设一台甲烷传感器。	瓦斯事故	环	重大	符合□ 不符□	
	14.0.4 工作面甲烷传感器设在距工作面回风口不大于 10 m 处,工作面回风隅角甲烷传感器安设在切顶线对应的煤帮处。	瓦斯爆炸	机	重大	符合□ 不符□	
	14.0.5 工作面回风流的甲烷传感器安设在距回风绕道口 10～15 m 的回风流中。	瓦斯爆炸	机	较大	符合□ 不符□	
	14.0.6 排瓦斯尾巷距回风绕道口 10～15 m 的排瓦斯风流中和混合回风流处必须安设甲烷传感器。	瓦斯爆炸	机	较大	符合□ 不符□	

续表

项目	现场辨识内容	违反后果	风险评估		现场风险评估	评估人
			类别	等级		
14 监测监控	14.0.7 采煤机必须设置机载式甲烷断电仪或便携式甲烷检测报警仪。	瓦斯爆炸	管	较大	符合□ 不符□	
	14.0.8 开采容易自燃、自燃煤层的矿井,在工作面回风隅角必须设置一氧化碳传感器,报警浓度为0.002 4%。	火灾事故	管	较大	符合□ 不符□	
	14.0.9 采用均压开采的工作面回风隅角和有自然发火隐患的地点必须安设一氧化碳传感器,报警浓度为0.002 4%。	火灾事故	管	较大	符合□ 不符□	
	14.0.10 开采容易自燃、自燃煤层的矿井,采煤工作面应设置温度传感器。温度传感器的报警值为≥30 ℃。	火灾事故	管	一般	符合□ 不符□	
	14.0.11 风门必须设置风门开关传感器,当两道风门同时打开时能发出声光报警信号。	其他事故	管	一般	符合□ 不符□	
	14.0.12 被控设备开关的负荷侧必须设置馈电状态传感器。	其他事故	管	一般	符合□ 不符□	
15 顶板管理	15.0.1 工作面回采前必须按规程要求施工探煤厚钻孔和探顶钻孔,掌握顶板岩性变化和煤厚变化情况。	其他事故	环	一般	符合□ 不符□	
	15.0.2 采空区顶板冒落情况不小于1.5~2倍采高。	顶板事故	环	低	符合□ 不符□	
	15.0.3 工作面长度大于150 m时按五区九线进行布置测点;工作面长度小于150 m时按三区五线布置测点,设备或仪器要按要求布置规范。	顶板事故	环	一般	符合□ 不符□	
	15.0.4 采用顶板离层指示仪监测顶板。顶板离层指示仪安设在巷道中部。	顶板事故	环	一般	符合□ 不符□	
	15.0.5 双基点顶板离层指示仪浅基点应固定在锚杆端部位置,深基点一般应固定在锚杆上方稳定岩层300~500 mm,若无稳定岩层,深基点在顶板中的深度不小于7 m。	顶板事故	环	一般	符合□ 不符□	
	15.0.6 所有存在缺陷、表面模糊不清的离层指示仪应立即更换,新安装指示仪安装在同一孔和同一高度上。如果不可能安装在同一钻孔中,应靠近原位置钻一新孔,原指示仪更换后,要记录其读值,并标明其已被更换。	顶板事故	管	一般	符合□ 不符□	
	15.0.7 支架初撑力不得小于24 MPa;支架要接顶严实,排成一条直线,其偏差不得超过±50 mm,中心距误差不超过100 mm;相邻支架不能有明显的错差,支架不挤、不咬,架间空隙≤200 mm;保证煤壁平直,与顶底板垂直;要及时移架,端面距不超过340 mm;在工作面控顶范围内,顶底板移近量按采高≤100 mm/m;工作面顶板不得出现台阶;顶板完好时,头、尾两架支架顶梁外露工作面宽度大于1 m时,必须使用半圆木打"井"字垛,保证严密接顶;顶板破碎时,提前对头尾伞檐进行补打斜拉锚索加强支护并对头、尾两支架顶梁外露工作面1 m时用半圆木打"井"字垛,保证严密接顶;支架完好率达到100%,接顶严实。	顶板事故	管	一般	符合□ 不符□	
	15.0.8 一定要按规定将支架升紧升牢,达到额定初撑力,处理掉支架顶梁上的浮矸,保证支架接顶严实。加强支架检修,杜绝跑、冒、滴、漏、窜等现象,保证工作面"三直、两平、两畅通、一净"。	机电事故	管	一般	符合□ 不符□	

续表

项目	现场辨识内容	违反后果	风险评估 类别	风险评估 等级	现场风险评估	评估人
16 探放水及排水设施	16.0.1 要有经地质处审批的采区地质说明书和工作面回采地质说明书。	水害事故	环	重大	符合□ 不符□	
	16.0.2 工作面四邻和井上下存在水患的要采前排除,杜绝顶水采煤,并对探放水工作进行总结。	水害事故	环	重大	符合□ 不符□	
	16.0.3 掌握邻近工作面100 m范围内的采掘情况和积水情况,需要边探边采的工作面要编制相应措施及探放水设计。	水害事故	环	重大	符合□ 不符□	
	16.0.4 采煤工作面必须按照作业规程要求配备足够能力的排水设备,水患严重的工作面两巷至少各配备一趟4寸管路和一台45 kW水泵,并有备用水泵,水泵开关要置于安全地方,并提供可靠的电源保障,工作面回采前要进行排水试验,确保排水系统正常。	水害事故	管	重大	符合□ 不符□	
	16.0.5 存在水患的工作面要在明显地段悬挂牌板,说明积水危险和有突水征兆时采取的避灾措施,并绘有透水避灾路线图、排水系统图、探放水设计图。	水害事故	管	一般	符合□ 不符□	
	16.0.6 工作面回采前必须按规程要求施工探煤厚钻孔和探顶钻孔,掌握顶板岩性变化和煤厚变化情况。	水害事故	环	较大	符合□ 不符□	
	16.0.7 工作面回采前对所有作业人员要进行矿井防治水安全知识培训,并有考试记录。	水害事故	管	较大	符合□ 不符□	
17 爆破	17.0.1 从成束的电雷管中抽取单个电雷管时,应将成束的电雷管顺好,脚线末端悬空且不得与任何导电体相接触,之后拉住前端脚线将电雷管抽出。抽出单个电雷管后,必须将其脚线扭结成短路。	火药爆炸	管	重大	符合□ 不符□	
	17.0.2 编制爆破说明书、炮眼布置三面图,严格执行爆破物品领用清退制度、"一炮三检"和"三人连锁爆破"制度。	火药爆炸	管	重大	符合□ 不符□	
	17.0.3 爆破必须在顶板完好、支架完整、避开电气设备和导电体的工作地点附近进行。严禁坐在爆炸箱上装配起爆药卷。	火药爆炸	管	重大	符合□ 不符□	
	17.0.4 电雷管必须由药卷的顶部装入,并用木(竹)扦穿孔。	火药爆炸	管	较大	符合□ 不符□	
	17.0.5 爆破母线和连接线、电雷管脚线和连接线、脚线和脚线之间的接头必须相互扭紧并悬挂,不得与任何导电体相接触。	火药爆炸	管	重大	符合□ 不符□	
	17.0.6 处理拒爆、残爆时,必须在班组长指导下进行,并应在当班处理完毕。如果当班未能处理完毕,当班爆破工必须在现场向下一班爆破工交接清楚。	火药爆炸	管	重大	符合□ 不符□	
	17.0.7 在拒爆处理完毕以前,严禁在该地点进行与处理拒爆无关的工作。	火药爆炸	管	重大	符合□ 不符□	

项目	现场辨识内容	违反后果	风险评估		现场风险评估	评估人
			类别	等级		
18 避灾系统	18.0.1　综采工作面出、入口必须设置人员定位系统读卡器,并能满足监测携卡人员进、出工作面的要求。	其他事故	管	一般	符合□ 不符□	
	18.0.2　进风巷、回风巷避灾路线上均需安装压风管路,并设置供气阀门,间距不大于 200 m。压风管路及阀门安装高度距底板应大于 0.3 m。	其他事故	管	一般	符合□ 不符□	
	18.0.3　距工作面 25～40 m 的巷道内、爆破地点、撤离人员与警戒人员所在的位置、回风巷有人作业等地点应至少设置一组压风自救装置。	其他事故	人	重大	符合□ 不符□	
	18.0.4　压风出口压力在 0.1～0.3 MPa 之间,供风量不低于 0.3 m³/(min·人),连续噪声不大于 70 dB。	其他事故	人	一般	符合□ 不符□	
	18.0.5　供水施救系统管路必须铺设到采煤工作面。供水管路间隔不大于 200 m 安设一个三通阀门,并与供气阀门间距不大于 10 m。	其他事故	人	一般	符合□ 不符□	
	18.0.6　供水点前后 2 m 范围无材料、杂物、积水现象。供水管道阀门高度:距巷道底板一般 1.2～1.5 m 以上。	其他事故	人	低	符合□ 不符□	
	18.0.7　距采煤工作面两端 10～20 m 范围内,应分别安设电话,采掘工作面的巷道长度大于 1 000 m 时,在巷道中部应安设电话。	其他事故	人	一般	符合□ 不符□	
	18.0.8　进风巷、回风巷避灾路线上还必须设立供风自救和供水自救设施。	其他事故	管	一般	符合□ 不符□	
	18.0.9　工作面安全出口畅通,人行道宽度不小于 0.8 m。综采工作面安全出口高度不低于 1.8 m,其他工作面不低于 1.6 m。	其他事故	环	较大	符合□ 不符□	

第二节　掘进系统安全风险现场辨识评估清单

项目	现场辨识内容	违反后果	风险评估		现场风险评估	评估人
			类别	等级		
1 基本规定	1.0.1　一个采(盘)区内同一煤层的一翼最多只能布置2个煤(半煤岩)巷掘进工作面同时作业;一个采(盘)区内同一煤层双翼开采或多煤层开采的,该采(盘)区最多只能布置4个煤(半煤岩)巷掘进工作面同时作业。	其他伤害	管	较大	符合□ 不符□	
	1.0.2　掘进工作面应实行独立通风,相邻的2个掘进工作面,布置独立通风有困难时,在制定措施后可采用串联通风,但串联通风的次数不得超过1次。	其他伤害	管	较大	符合□ 不符□	
	1.0.3　掘进工作面应悬挂规范的巷道布置图、煤层柱状图、施工断面图、炮眼布置图、爆破说明书(断面截割轨迹图)、设备布置图、临时支护图、监测监控系统图、供电系统图、通风系统图、避灾路线图等说明牌板。必须有探放水钻孔设计图和允许掘进施工进度记录牌板。	瓦斯伤害	管	一般	符合□ 不符□	
	1.0.4　掘进巷道必须安设2台同等能力的局部通风机,并能实现"三专两闭锁"和"双风机、双电源"自动切换。	瓦斯伤害	管	较大	符合□ 不符□	
	1.0.5　局部通风机必须安装开停传感器,且与监测系统联网;局部通风机要实行专人、挂牌管理,不得出现无计划停风,有计划停风的必须有专项通风安全措施。	瓦斯伤害	管	较大	符合□ 不符□	
	1.0.6　掘进工作面的进风和回风不得经过采空区或冒顶区。	瓦斯伤害	管	较大	符合□ 不符□	
	1.0.7　掘进斜巷时,必须在斜巷的上口设置防止跑车装置,在掘进工作面的上方设置坚固的跑车防护装置。跑车防护装置与掘进工作面的距离必须在施工组织设计或作业规程中明确规定。	机械伤害	管	较大	符合□ 不符□	
	1.0.8　巷道掘进时必须采取前探支护措施,严禁空顶作业。前探梁必须用10#以上槽钢制作,长度不得小于4m。机掘巷道应积极推广使用机载前探临时支护。	顶板伤害	管	较大	符合□ 不符□	

续表

项目		现场辨识内容	违反后果	风险评估		现场风险评估	评估人
				类别	等级		
2 掘进工作面设备	2.1 掘进机	2.1.1　掘进机前后照明灯齐全明亮,启动前开启照明;机载瓦斯断电仪显示正常,功能可靠,并处于常开状态。	机械伤害	机	一般	符合□ 不符□	
		2.1.2　掘进机必须装有只准以专用工具开、闭的电气控制回路开关,专用工具必须由专职司机保管。	机械伤害	机	一般	符合□ 不符□	
		2.1.3　开机前,在确认铲板前方和截割臂附近无人时,方可启动,开机、退机、调机时,必须发出报警信号;在掘进机非操作侧,必须装有能紧急停止运转的按钮,按钮动作可靠并有常闭功能。	机械伤害	人	较大	符合□ 不符□	
		2.1.4　截割头无裂纹、开焊,截齿完整,短缺数不超过总数的5%;截割臂伸缩、上下摆动,均匀灵活;截割部运行时,严禁人员在截割臂下停留和穿越,机身与煤(岩)壁之间严禁站人。	机械伤害	机	较大	符合□ 不符□	
		2.1.5　履带板无裂纹,不碰其他机件,松紧适宜,松弛度为30~50 mm。	机械伤害	机	一般	符合□ 不符□	
		2.1.6　耙爪转动灵活,伸出时能超出铲煤板;刮板齐全,弯曲不超过15 mm;链条松紧适宜,链轮磨损不超过原齿厚的25%,运转时不跳压。	其他伤害	环	一般	符合□ 不符□	
		2.1.7　作业时,应当使用内、外喷雾装置;内喷雾装置的工作压力不得小于2 MPa,外喷雾装置的工作压力不得小于4 MPa。	其他伤害	管	一般	符合□ 不符□	
		2.1.8　各液压管路排列固定整齐,使用标准U形卡连接良好,管路无挤压、扭曲变形,液压元件无漏油、漏水现象。	机械伤害	管	一般	符合□ 不符□	
		2.1.9　减速箱油位淹没最上端轴承的1/3~1/2,液压箱油位到达油位指示正常位置、各润滑脂注满油腔。	机械伤害	管	一般	符合□ 不符□	
		2.1.10　电动机、冷却器冷却效果良好,电动机无异响,长时运行外壳温度不超过65℃,轴承端部温度无异常。	机械伤害	管	一般	符合□ 不符□	
		2.1.11　掘进机各连接部位齐全紧固。电控箱固定可靠,接触器和隔离开关及各种保护功能齐全,动作灵活准确,防爆部位符合规定,接线紧固无毛刺,螺栓垫圈齐全,报警器齐全响亮。	其他爆炸	管	较大	符合□ 不符□	
		2.1.12　各开关手把齐全,灵活可靠;各种保护调整符合要求,动作灵敏;接线工艺符合要求完好无失爆;盖板齐全不变形,盖板螺栓齐全紧固不松动。	其他爆炸	管	重大	符合□ 不符□	
		2.1.13　停止工作和交接班时按要求停放掘进机,将切割头落地,司机离开操作台时,必须切断电源;移动电缆有吊挂、拖拽、收放、防拔脱装置,并且完好;掘进机必须装设甲烷断电仪或者便携式甲烷检测报警仪。	其他伤害	管	较大	符合□ 不符□	

项目		现场辨识内容	违反后果	风险评估		现场风险评估	评估人
				类别	等级		
2 掘进工作面设备	2.2 耙装机	2.2.1 高瓦斯区域的煤巷、半煤岩巷和有煤尘爆炸危险的矿井掘进工作面和石门揭煤工作面,严禁使用钢丝绳牵引的耙装机。	瓦斯伤害	管	重大	符合□ 不符□	
		2.2.2 耙装机作业时必须照明齐全;刹车装置必须完好、可靠。	机械伤害	机	较大	符合□ 不符□	
		2.2.3 耙装机的牵引绞车滚筒无裂纹,钢丝绳固定牢靠,留在滚筒上至少有3圈。制动闸动作灵活可靠,闸带无断裂,磨损余厚不小于3 mm。导绳滚完整齐全,转动灵活,磨损深度不超过导绳滚壁厚的2/3。	机械伤害	机	较大	符合□ 不符□	
		2.2.4 必须装有封闭式金属挡绳栏和防耙斗出槽的护栏;在拐弯巷道装岩(煤)时,必须使用可靠的双向辅助导向轮,清理好机道,并有专人指挥和信号联系。	机械伤害	管	一般	符合□ 不符□	
		2.2.5 耙装作业开始前,甲烷断电仪的传感器,必须悬挂在耙斗作业段的上方。	瓦斯伤害	管	重大	符合□ 不符□	
		2.2.6 固定钢丝绳滑轮的锚桩及其孔深与牢固程度,必须根据岩性条件在作业规程中明确规定。	机械伤害	管	较大	符合□ 不符□	
		2.2.7 耙装岩(煤)前,必须将机身和尾轮固定牢靠;耙装机运行时,严禁在耙斗运行范围内进行其他工作和行人;在倾斜巷道使用耙装机时,下方不得有人;上山施工倾角大于20°时,在司机前方必须设护身柱或挡板,并在耙装机前方增设固定装置;倾斜井巷使用耙装机时,必须有防止机身下滑的措施,且必须有防跑车的保险装置。	机械伤害	管	较大	符合□ 不符□	
		2.2.8 耙装机作业时,其与掘进工作面的最大距离为30 m,最小允许距离为7 m,或根据作业的具体条件,在作业规程中对其距离作出明确规定。	机械伤害	管	较大	符合□ 不符□	

项目		现场辨识内容	违反后果	风险评估		现场风险评估	评估人
				类别	等级		
2 掘进工作面设备	2.3 带式输送机	2.3.1 必须使用阻燃输送带,且抗静电性能符合规定,并具有适合规定的的宽度,保证输送机在所有正常工作条件下的稳定性和强度。	火灾	管	较大	符合□ 不符□	
		2.3.2 整个输送机线路上,特别是在装载、卸载或转载点,设防止煤炭溢出的装置,并采取降尘措施。	其他伤害	机	一般	符合□ 不符□	
		2.3.3 与输送机配套的电动机、电控及保护设备必须具有防爆合格证明。	瓦斯爆炸	管	重大	符合□ 不符□	
		2.3.4 输送机任何零部件的表面最高温度不得超过150℃。机械摩擦制动时,不得出现火花现象。	瓦斯爆炸	管	重大	符合□ 不符□	
		2.3.5 输送机长度超过100 m时,应在输送机人行道一侧设置沿线紧急停车装置。	其他伤害	机	较大	符合□ 不符□	
		2.3.6 输送机电控系统应具有启动预告(声响或灯光信号)、启动、停止、紧急停机、系统联锁及沿线通信等功能,其他功能宜按输送机的设计要求执行。	机械伤害	管	较大	符合□ 不符□	
		2.3.7 在输送机运动部件(如联轴器、输送带与托辊、滚筒等)易咬入或挤夹的部位,尤其是人员易于接近的地方,都应加以防护。	机械伤害	机	较大	符合□ 不符□	
		2.3.8 输送机巷道内禁止烧焊,输送机机头、机尾前后10 m的巷道支护应用非燃性材料支护。	火灾	管	较大	符合□ 不符□	
		2.3.9 输送机机头、机尾应有安全防护设施,机头、机尾和巷道每50 m处应设有消火栓,并配备水龙头和足够的灭火器。	火灾	管	较大	符合□ 不符□	
		2.3.10 机架、托辊齐全完好,输送带不跑偏。严禁输送机乘人、人员跨越输送机或从设备下面通过,行人需要跨越处必须设过桥。	机械伤害	管	较大	符合□ 不符□	
		2.3.11 矿用安全型和限矩型偶合器不允许使用可燃性传动介质。调速型液力偶合器使用油介质时必须确保良好的外循环系统和完善的超温保护措施。	火灾	管	较大	符合□ 不符□	
		2.3.12 带式输送机必须有防打滑、防堆煤、防跑偏、防撕裂等保护装置,装设温度、烟雾监测装置和自动洒水装置。	火灾	管	较大	符合□ 不符□	

续表

项目		现场辨识内容	违反后果	风险评估		现场风险评估	评估人
				类别	等级		
2 掘进工作面设备	2.4 锚杆钻机	2.4.1 采用钻机打眼时,认真执行"四位一体"的安全准入检查,检查工作面支护是否完好,并进行敲帮问顶,不允许空顶作业,使用好超前支护,检查空顶距离是否超过作业规程的规定,检查工作面的临时支护、永久支护是否合格,以及掘进工作面瓦斯、有害气体和通风情况。	顶板伤害	管	较大	符合□ 不符□	
		2.4.2 在一个掘进工作面同时使用多台钻机作业前,必须检查好各台钻机的风水管路是否有漏风、跑风现象以及管路接头处是否捆绑牢靠,防止管路炸开伤人。	机械伤害	机	一般	符合□ 不符□	
		2.4.3 每班开工前,持钻人员必须先检查钻机是否运转正常,如有问题必须先处理,待确认钻机正常后,再开工。	机械伤害	机	一般	符合□ 不符□	
		2.4.4 开钻时要先给水,后开风,严禁干打眼;每台钻的前边,特别是钻杆下,严禁有人作业。	机械伤害	机	较大	符合□ 不符□	
		2.4.5 在倾向大于20°的上山工作面迎头打眼时,其后方要设挡板,挡板要牢固可靠并不影响他人作业。	机械伤害	机	较大	符合□ 不符□	
		2.4.6 作业平台必须牢固平稳,打眼工后方的撤退通道必须畅通无阻。	其他伤害	管	一般	符合□ 不符□	
		2.4.7 工作地点20 m范围内风流中瓦斯浓度超过1.0%时,严禁打眼。	瓦斯伤害	管	较大	符合□ 不符□	
		2.4.8 过老巷、断层、钻孔、采空区、透水区、贯通时等必须严格执行专项安全技术措施和"先探后掘"制度。	其他伤害	管	重大	符合□ 不符□	
		2.4.9 若煤(岩)层出水、出气、瓦斯涌出异常要立即停止工作,不得拔出钻杆,立即撤出人员并向区矿调度室汇报。	其他伤害	管	一般	符合□ 不符□	
		2.4.10 在向下掘进的倾斜巷道工作面,钻底眼时,钻杆拔出后,应及时用物体把眼口堵好。	其他伤害	管	一般	符合□ 不符□	
		2.4.11 打眼应与煤岩层节理方向成一定夹角,尽量避免沿岩层节理方向钻进。	顶板伤害	管	一般	符合□ 不符□	

项目	现场辨识内容	违反后果	风险评估		现场风险评估	评估人
			类别	等级		
3 局部通风	3.0.1 掘进巷道在施工前必须由通风区编制局部通风设计,巷道的通风方式、局部通风机型号、局部通风机供电方式、风筒规格、安装和使用要求等,都应在掘进作业规程中明确规定。	其他伤害	管	较大	符合□ 不符□	
	3.0.2 掘进巷道必须安设2台同等能力的局部通风机,实现"三专两闭锁"和"双风机、双电源"自动切换。每15天至少进行一次主、副局部通风机自动切换试验和风电闭锁试验,试验期间不得影响局部通风,试验后必须留有试验记录并存档。	瓦斯伤害	管	重大	符合□ 不符□	
	3.0.3 局部通风机的安装或迁移实行三联单申请制,使用队组提出申请,由矿通风副总、开拓副总以及通风、机电部门审签。安装或迁移具体位置由通风区长或通风技术主管现场指定。	其他伤害	管	较大	符合□ 不符□	
	3.0.4 局部通风机由所在掘进队或施工队队长指定专人负责,实行挂牌管理。局部通风机管理牌板必须标明通风机型号、功率、通风距离、风筒直径、看管通风机责任人姓名以及通风机所在位置巷道通过的风量、测定日期等。	其他伤害	管	较大	符合□ 不符□	
	3.0.5 掘进工作面供风量必须符合掘进作业规程规定,不得出现不符合规定的串联通风,严禁吸循环风。	中毒和窒息	管	重大	符合□ 不符□	
	3.0.6 无人工作、临时停工地点,不得停风,局部通风机由通风区负责管理,且必须进行正常的瓦斯检查(瓦检员)、排水(防尘区或掘进单位)和顶板支护(安监员)巡查工作。	其他伤害	管	重大	符合□ 不符□	
	3.0.7 严禁采用3台(含3台)以上局部通风机为一个掘进工作面供风;严禁一台局部通风机同时为2个掘进工作面供风。采用2台通风机同时为一个掘进工作面供风时,必须制定专项通风管理措施,且2台局部通风机必须同时实现风电闭锁和甲烷电闭锁。	其他伤害	管	重大	符合□ 不符□	
	3.0.8 必须使用抗静电、阻燃风筒,风筒直径要一致,转弯处必须设弯头,不得拐死弯。	其他伤害	管	重大	符合□ 不符□	
	3.0.9 风筒吊挂必须平直,逢环必挂;风筒接头必须采用正反压边,且使用风筒抱箍;风筒出风口距工作面不得大于5 m。	中毒和窒息	管	较大	符合□ 不符□	
	3.0.10 压入式局部通风机及其启动装置必须安设在进风巷道中,距掘进巷道回风口不得小于10 m。	其他伤害	管	较大	符合□ 不符□	
	3.0.11 掘进工作面主局部通风机发生故障停止运转,备用局部通风机运转期间,工作面必须停止作业,撤出人员。	中毒和窒息	管	重大	符合□ 不符□	
	3.0.12 回风绕道调节前5 m范围内必须无杂物,且调节内不得堆放杂物;回风绕道内不得有浮煤堆积,且必须有避灾路线标示牌。	其他伤害	管	较大	符合□ 不符□	

项目	现场辨识内容	违反后果	风险评估		现场风险评估		评估人
			类别	等级			
4 监测监控	4.0.1　掘进工作面必须设置甲烷传感器,位置设在距工作面不大于5 m处无风筒一侧。报警浓度≥0.8%,断电浓度≥1.2%,复电浓度<0.8%,断电范围是掘进巷道内全部非本质安全型电气设备。	其他伤害	管	较大	符合□ 不符□		
	4.0.2　高瓦斯矿井或瓦斯矿井瓦斯异常涌出的掘进工作面巷道长度超过1 000 m时,巷道中部必须设置甲烷传感器,且随掘进进度及时调整传感器位置。报警浓度≥0.8%,断电浓度≥0.8%,复电浓度<0.8%,断电范围是掘进巷道内全部非本质安全型电气设备。	瓦斯爆炸	管	重大	符合□ 不符□		
	4.0.3　巷道内所有传感器必须每10 d进行一次调试、效验;甲烷传感器垂直吊挂在无风筒侧,距顶板不得大于300 mm,距帮不得小于200 mm。	瓦斯爆炸	管	较大	符合□ 不符□		
	4.0.4　主、备局部通风机的每级电动机必须安装设备开停传感器;当主局部通风机停止运转,切断供风区域内全部非本质安全型电气设备的电源并闭锁;当主通风机恢复正常工作时自动解锁。	瓦斯爆炸	管	重大	符合□ 不符□		
	4.0.5　掘进工作面风筒末端必须设置风筒传感器,风筒传感器应安装在距风筒末端50 m范围内;当风筒风量低于规定值时,声光报警,切断供风区域的全部非本质安全型电气设备的电源并闭锁;当风筒恢复正常工作时自动解锁。	瓦斯爆炸	管	重大	符合□ 不符□		
	4.0.6　采用串联通风时,被串联的掘进工作面局部通风机前3~5 m范围必须设置甲烷传感器。报警浓度≥0.5%,断电浓度≥0.5%,复电浓度<0.5%,断电范围是被串掘进巷道内全部非本质安全型电气设备。当甲烷浓度≥1.2%时,同时还要切断掘进工作面局部通风机的电源,复电浓度<0.5%。	瓦斯爆炸	管	重大	符合□ 不符□		
	4.0.7　掘进机必须设置机载式甲烷断电仪,报警浓度≥0.8%,断电浓度≥1.2%,复电浓度<0.8%,断电范围是掘进机电源。	瓦斯爆炸	管	重大	符合□ 不符□		

项目	现场辨识内容	违反后果	风险评估		现场风险评估		评估人
			类别	等级			
5 顶板管理	5.0.1　掘进工作面巷道开口、过断层、过空巷、老空区、处理冒顶、掘进劈帮卧底、挑顶、贯通等特殊地点施工,必须制定专项安全技术措施,并严格按照专项安全技术措施实施。	其他伤害	管	较大	符合□ 不符□		
	5.0.2　顶帮支护和支架稳固、防止冒顶均应制定切实可行的安全技术措施。若地质、围岩条件发生变化,应及时补充、修改支护设计。	顶板伤害	管	较大	符合□ 不符□		
	5.0.3　根据巷道围岩的性质、松动圈、有关矿压观测资料,针对井下现场实际情况选择支护形式、材料、规格等。	顶板伤害	管	较大	符合□ 不符□		
	5.0.4　在掘进巷道开口处、开口后每100 m必须装设顶板离层仪,由掘进队组至少每10天观察一次,并就近设记录牌板;每100根锚杆,抽查3根进行锚杆拉拔力试验,在井下进行锚杆拉拔力试验时必须制定安全技术措施。	顶板伤害	管	较大	符合□ 不符□		
	5.0.5　严格执行敲帮问顶制度,严禁空顶作业;掘进工作面在作业规程中要明确规定最大、最小空顶距离。炮掘和机掘工作面的最大控顶距不得超过一个支护间距。炮掘工作面的最大控顶距为最小控顶距加一个循环进度,机掘工作面最大控顶距为最小控顶距加一个支护间距。	顶板伤害	管	较大	符合□ 不符□		
	5.0.6　掘进工作面在永久支护之前,必须使用安全可靠的临时支护,其临时支护形式在作业规程中有明确规定。	顶板伤害	管	较大	符合□ 不符□		
	5.0.7　前探梁必须用10#以上槽钢制作,长度不得小于4 m。机掘巷道应积极推广使用机载前探临时支护。	顶板伤害	管	较大	符合□ 不符□		
	5.0.8　锚杆支护的矩形断面顶板每排锚杆必须布置1根前探梁;锚杆支护的拱形断面拱顶部分每排锚杆必须布置1根前探梁;工字钢梁架棚支护的梯形断面沿顶梁每米必须布置1根前探梁;U型钢梁支护的拱形巷道拱顶部分必须布置3根前探梁。	顶板伤害	管	较大	符合□ 不符□		
	5.0.9　前探梁必须与顶板刹紧背牢,每根前探梁的刹顶木不得少于2根。	顶板伤害	管	较大	符合□ 不符□		
	5.0.10　巷道顶板锚杆预紧扭矩不得小于150 N·m,锚索预紧力必须符合设计要求,不得小于75 kN。	顶板伤害	管	较大	符合□ 不符□		
	5.0.11　锚杆、锚索、金属网联合支护的巷道中,锚杆(索)安装、螺母扭矩、抗拔力、网的铺设连接应符合设计要求,锚杆(索)的间距、排距误差为-100～+100 mm,锚杆露出螺母长度为10～40 mm(全螺纹锚杆10～100 mm),锚索露出锁具长度为150～250 mm。	顶板伤害	管	较大	符合□ 不符□		
	5.0.12　锚喷支护的巷道锚喷层厚度不低于设计值的90%,喷射混凝土的强度符合设计要求,基础深度不小于设计值的90%。	顶板伤害	管	较大	符合□ 不符□		
	5.0.13　架棚支护棚间装设牢固的撑杆或拉杆,可缩性金属支架应用金属拉杆。距工作面10 m内的架棚支护应在爆破前进行加固。	顶板伤害	管	较大	符合□ 不符□		
	5.0.14　上下山掘进时,如需架设工字钢棚,工字钢棚必须加装防倒防滑装置,工字钢棚与巷道顶、帮必须用木楔、木板刹紧背牢。	顶板伤害	管	较大	符合□ 不符□		

项目	现场辨识内容	违反后果	风险评估		现场风险评估	评估人
			类别	等级		
	6.0.1 爆破作业必须编制爆破作业说明书。	爆破伤害	管	重大	符合□ 不符□	
	6.0.2 炮眼布置图必须标明掘进工作面的巷道断面尺寸,炮眼的位置、个数、深度、角度及炮眼编号,并用正面图、平面图和剖面图表示。	爆破伤害	管	较大	符合□ 不符□	
	6.0.3 炮眼封泥必须使用水泡泥,无封泥、封泥不足或者不实的炮眼,严禁装药爆破。	爆破伤害	管	重大	符合□ 不符□	
6 爆破	6.0.4 炮眼深度小于 0.6 m 时,不得装药、爆破;在特殊条件下,如挖底、刷帮、挑顶需进行炮眼深度小于 0.6 m 的浅孔爆破时,必须制定安全措施并封满炮泥。炮眼深度为 0.6~1 m 时,封泥长度不得小于炮眼深度的 1/2;炮眼深度超过 1 m 时,封泥长度不得小于 0.5 m;炮眼深度超过 2.5 m 时,封泥长度不得小于 1 m;深孔爆破时,封泥长度不得小于孔深的 1/3;光面爆破时,周边光爆炮眼应当用炮泥封实,且封泥长度不得小于 0.3 m。工作面有 2 个及以上自由面时,在煤层中的最小抵抗线不得小于 0.5 m,在岩层中最小抵抗线不得小于 0.3 m。浅孔装药爆破大块岩石时,最小抵抗线和封泥长度都不得小于 0.3 m。	爆破伤害	管	较大	符合□ 不符□	
	6.0.5 掘进工作面装药前和爆破前有下列情况之一的,严禁装药、爆破: (1) 掘进工作面控顶距离不符合作业规程的规定,或者伞檐超过规定。 (2) 爆破地点附近 20 m 以内风流中甲烷浓度达到或者超过 0.8%。 (3) 在爆破地点 20 m 以内,矿车、未清除的煤(矸)或者其他物体堵塞巷道断面 1/3 以上。 (4) 炮眼内发现异状、温度骤高骤低、有显著瓦斯涌出、煤岩松散、透老空区等情况。 (5) 采掘工作面风量不足。	爆破伤害	管	重大	符合□ 不符□	
	6.0.6 爆破前,必须加强对掘进工作面附近的机电设备、电缆、管路等的保护。爆破前,班组长必须亲自布置专人将工作面所有人员撤离警戒区域,并在警戒线和可能进入爆破地点的所有通路上布置专人担任警戒工作。警戒人员必须在安全地点警戒。警戒线处应当设置警戒牌、栏杆或者拉绳。	爆破伤害	管	重大	符合□ 不符□	
	6.0.7 爆破前,脚线的连接工作可由经过专门训练的班组长协助爆破工进行。爆破母线连接脚线、检查线路和通电工作,只准爆破工一人操作。爆破前,班组长必须清点人数,确认无误后,方准下达起爆命令。爆破工接到起爆命令后,必须先发出爆破警号,至少再等 5 s 方可起爆。装药的炮眼应当当班爆破完毕。特殊情况下,当班留有尚未爆破的已装药的炮眼时,当班爆破工必须在现场向下一班爆破工交接清楚。	爆破伤害	管	重大	符合□ 不符□	

项目		现场辨识内容	违反后果	风险评估		现场风险评估	评估人
				类别	等级		
6 爆破		6.0.8　在有煤尘爆炸危险的煤层中,掘进工作面爆破前后,附近20 m的巷道内必须洒水降尘。	瓦斯爆炸	管	重大	符合□ 不符□	
		6.0.9　爆破后,待工作面的炮烟被吹散,爆破工、瓦斯检查工和班组长必须首先巡视爆破地点,检查通风、瓦斯、煤尘、顶板、支架、拒爆、残爆等情况。发现危险情况,必须立即处理。	瓦斯爆炸	管	重大	符合□ 不符□	
		6.0.10　处理拒爆、残爆时,应当在班组长指导下进行,并当班处理完毕。如果当班未能完成处理工作,当班爆破工必须在现场向下一班爆破工交接清楚。 处理拒爆时,必须遵守下列规定: (1)由于连线不良造成的拒爆,可重新连线起爆。 (2)在距拒爆炮眼0.3 m以外另打与拒爆炮眼平行的新炮眼,重新装药起爆。 (3)严禁用镐刨或者从炮眼中取出原放置的起爆药卷,或者从起爆药卷中拉出电雷管。不论有无残余炸药,严禁将炮眼残底继续加深;严禁使用打孔的方法往外掏药;严禁使用压风吹拒爆、残爆炮眼。 (4)处理拒爆的炮眼爆炸后,爆破工必须详细检查炸落的煤、矸,收集未爆的电雷管。 (5)在拒爆处理完毕以前,严禁在该地点进行与处理拒爆无关的工作。	其他爆炸	管	重大	符合□ 不符□	
7 探放水及排水设施	7.1 探放水	7.1.1　在受水害威胁区域进行巷道掘进前,应当采用钻探、物探和化探等方法查清水文地质条件。地测机构提出水文地质情况分析报告,制定水害防范措施,经审查批准后方可进行施工。	其他伤害	管	较大	符合□ 不符□	
		7.1.2　掘进工作面遇到下列情况之一的,应当进行探放水: (1)接近水文地质情况不清或水文地质条件复杂的区域; (2)接近水淹或者可能积水的井巷、老空区或者相邻矿井时; (3)接近承压水、含水层、导水构造、暗河、溶洞; (4)接近有积水的灌浆区、有出水可能的钻孔、其他可能突(透)水的区域; (5)接近可能与河流、湖泊、水库、蓄水池、水井等相通的导水通道。	透水事故	管	重大	符合□ 不符□	
		7.1.3　采掘工作面探水前,应当编制探放水设计,确定探水警戒线,并将探水线绘制在采掘工程平面图上。	其他伤害	管	较大	符合□ 不符□	

项目		现场辨识内容	违反后果	风险评估		现场风险评估	评估人
				类别	等级		
7 探放水及排水设施	7.1 探放水	7.1.4 布置探放水钻孔应当遵循下列规定： (1) 探放老空水、陷落柱和钻孔水时，探水钻孔成组布设，并在巷道前方的水平面和竖直面内呈扇形。钻孔终孔位置以满足平距 3 m 为准，厚煤层内各孔终孔的垂距不得超过 1.5 m。 (2) 探放断裂构造水、岩溶水等时，探水钻孔沿掘进方向的前方及下方布置。底板方向的钻孔不得少于 2 个。 (3) 原则上禁止探放水压高于 1 MPa 的充水断层水、含水层水及陷落柱水等。如确实需要的，可以先建筑防水闸墙，并在闸墙外向内探放水。 (4) 井下探水应当使用专用的探放水钻机，由专业人员和专职探放水队伍施工，严禁使用煤电钻探放水。	其他伤害	管	重大	符合□ 不符□	
		7.1.5 安装钻机进行探水前，应当符合下列规定： (1) 加强钻孔附近的巷道支护，并在工作面迎头打好坚固的立柱和栏板，严禁空顶、空帮作业。 (2) 清理巷道，挖好排水沟。探放水钻孔位于巷道低洼处时，应配备与探放水量相适应的排水设备。 (3) 在打钻地点或其附近安设专用电话，保证人员撤离通道畅通。 (4) 由测量人员依据设计现场标定探放水孔位置，与负责探放水工作的人员共同确定钻孔的方位、倾角、深度和钻孔数量等。 (5) 在预计水压大于 0.1 MPa 的地点探水时，预先固结套管。套管口安装控制闸阀，进行耐压试验。套管长度应当在探放水设计中规定。预先开掘安全躲避硐室，制定包括撤人的避灾路线等安全措施，并使每个作业人员了解和掌握。 (6) 钻孔内水压大于 1.5 MPa 时，采用反压和有防喷装置的方法钻进，并制定防止孔口管和煤（岩）壁突然鼓出的措施。	其他伤害	管	重大	符合□ 不符□	
		7.1.6 探放老空水的超前钻距，根据水压、煤（岩）层厚度和强度及安全措施等情况确定，但最小超前水平钻距不得小于 30 m，止水套管长度不得小于 10 m。	其他伤害	管	重大	符合□ 不符□	
		7.1.7 在探水钻进时，发现煤岩层松软、片帮、来压或者钻孔中水压、水量突然增大和顶钻等突（透）水征兆时，应立即停止钻进，但不得拔出钻杆。发现情况危急，必须立即撤出所有受水害威胁地区人员到安全地点并向矿调度室汇报。	透水事故	人	重大	符合□ 不符□	

续表

项目		现场辨识内容	违反后果	风险评估		现场风险评估	评估人
				类别	等级		
7 探放水及排水设施	7.1 探放水	7.1.8 探放老空水前,应当首先分析查明老空水体的空间位置、积水范围、积水量和水压等。探放水时,应当撤出探放水点标高以下受水害威胁区域所有人员。放水时,应当监视放水全过程,核对放水量和水压等,直到老空水放完为止,并进行检测验证。当钻探接近老空时,预计可能发生瓦斯或者其他有害气体涌出情况的,应当安排专职瓦斯检查员或者矿山救护队员在现场值班,随时检查空气成分。如果瓦斯或者其他有害气体浓度超过有关规定,应当立即停止钻进,切断电源,撤出人员,并报告矿调度室,及时采取措施进行处理。	透水事故	管	重大	符合□ 不符□	
		7.1.9 钻孔放水前,应当估计积水量,并根据矿井排水能力和水仓容量,放水流量,防止淹井;放水时,应当设有专人监测钻孔出水情况,测定水量和水压,做好记录。如果水量突然变化,应立即报告矿调度室,分析原因,及时处理。	透水事故	管	重大	符合□ 不符□	
	7.2 排水	7.2.1 未形成可靠的排水系统前,严禁掘进工作面施工。	透水事故	管	重大	符合□ 不符□	
		7.2.2 掘进工作面必须按照作业规程要求配备足够能力的排水设备,水患严重的工作面至少配备一趟4寸管路和一台45 kW水泵,并有备用水泵,水泵开关要置于安全地方,提供可靠的电源保障,进行排水试验,确保排水系统正常。	透水事故	管	重大	符合□ 不符□	
		7.2.3 每隔300 m设水泵窝,用混凝土砌筑。	其他伤害	管	一般	符合□ 不符□	
		7.2.4 高瓦斯矿井及高瓦斯区域应利用风泵排水。	瓦斯爆炸	管	重大	符合□ 不符□	
8 避险系统		8.0.1 掘进工作面入口必须设置人员定位系统读卡器,并能满足监测携卡所有人员进、出工作面的要求。	其他伤害	管	一般	符合□ 不符□	
		8.0.2 避灾路线上均需安装压风管路,并设置供气阀门,间距不大于200 m。压风管路及阀门安装高度距底板应大于0.3 m。	其他伤害	管	较大	符合□ 不符□	
		8.0.3 压风出口压力在0.1~0.3 MPa之间,供风量不低于0.3 m³/(min·人),连续噪声不大于70 dB。	其他伤害	管	一般	符合□ 不符□	
		8.0.4 供水施救系统管路必须铺设到工作面。供水管路间隔不大于200 m安设一个三通阀门,并与供气阀门间距不大于10 m。	其他伤害	管	一般	符合□ 不符□	
		8.0.5 距工作面25~40 m的巷道内、爆破地点、撤离人员与警戒人员所在的位置等地点应至少设置一组压风自救装置和供水施救装置。	其他伤害	管	较大	符合□ 不符□	

项目	现场辨识内容	违反后果	风险评估 类别	风险评估 等级	现场风险评估	评估人
8 避险系统	8.0.6 供水点前后 2 m 范围无材料、杂物、积水现象。供水管道阀门高度距巷道底板一般在 1.2～1.5 m 以上。	其他伤害	管	一般	符合□ 不符□	
	8.0.7 距工作面两端 10～20 m 范围内,应分别安设电话。掘进工作面的巷道长度大于 1 000 m 时,在巷道中部应安设电话。	其他伤害	管	一般	符合□ 不符□	
9 掘进防尘	9.0.1 掘进巷道内防尘管路安设要平直、吊挂牢固,不拐死弯,接头严密不漏水。管路三通及阀门设在巷道行人侧,并编号管理。任何洒水管路不得兼作排水、压风使用。	其他伤害	管	一般	符合□ 不符□	
	9.0.2 掘进巷道、转载点均要设置防尘管路,带式输送机、刮板运输机巷道的管路每隔 50 m,其他巷道每隔 100 m 设一个三通阀门,管径应在 50 mm 以上。	其他伤害	管	一般	符合□ 不符□	
	9.0.3 掘进巷道必须安装防尘洒水管路,距工作面距离不得大于 50 m。	其他伤害	管	一般	符合□ 不符□	
	9.0.4 爆破作业时必须采用湿式打眼,使用水炮泥。炮掘作业时要在距工作面 15 m 范围内安装使用爆破喷雾装置,爆破时连续喷雾时间不少于 10 min,并封闭巷道全断面。爆破前后必须对距离工作面 30 m 范围内的巷道周边和煤(矸)堆洒水。在装煤(矸)过程中,边装煤边洒水。掘进巷道距工作面 50 m 范围内安装两道净化水幕,距回风口 50 m 内安装一道净化水幕,净化水幕应覆盖巷道全断面,喷嘴迎着风流方向,确保正常使用。	其他伤害	管	一般	符合□ 不符□	
	9.0.5 所有下井接尘人员必须佩戴防尘口罩。	其他伤害	管	一般	符合□ 不符□	
	9.0.6 掘进巷道每周至少冲洗一次,工作面及距离工作面 30 m 范围内的巷道,每天至少冲洗一次。溜煤眼、皮带头、转载点及易出现粉尘飞扬的地点,应根据实际情况随时冲洗。	其他伤害	管	一般	符合□ 不符□	
	9.0.7 隔爆水棚应设在巷道的直线段内,与巷道交叉口、转弯处的距离须保持 50～75 m,与风门的距离应大于 25 m。	其他爆炸	管	一般	符合□ 不符□	
	9.0.8 辅助隔爆棚第一排与采掘工作面距离必须保持在 60～200 m,在应设辅助隔爆棚的巷道应设多组水棚,每组距离不大于 200 m。	其他爆炸	管	较大	符合□ 不符□	
	9.0.9 水棚的用水量按巷道断面积计算,主要隔爆棚不少于 400 L/m²,辅助隔爆棚不少于 200 L/m²。水棚的间排距应为 1.2～3.0 m,主要隔爆棚的棚区长度不得小于 30 m,辅助隔爆棚的棚区长度不得小于 20 m。水棚挂钩位置要对正,相向布置(钩尖与钩尖相对),挂钩角度为 60°±5°,钩尖长度为 25 mm。	其他爆炸	管	较在	符合□ 不符□	
	9.0.10 水棚之间的间隙与水棚同支架或巷壁之间的间隙之和不得大于 1.5 m,棚边与巷壁之间的距离不得小于 0.1 m,水棚距巷道轨面不应小于 1.8 m。棚区内各排水棚的安装高度应保持一致,棚区巷道需挑顶时,其断面和形状应与其前后各 20 m 长度的巷道保持一致。矿井每周至少检查一次隔爆设施的安装地点、数量、水量及质量是否符合要求,并有记录可查。	其他爆炸	管	较大	符合□ 不符□	

项目	现场辨识内容	违反后果	风险评估		现场风险评估	评估人
			类别	等级		
10 防灭火	10.0.1　消防管路系统应当敷设到掘进工作面,每隔 100 m 设置支管和阀门,但在带式输送机巷道中应当每隔 50 m 设置支管和阀门。	火灾	管	较大	符合□ 不符□	
	10.0.2　掘进巷道必须使用不燃性材料支护,严禁使用灯泡取暖和使用电炉。	火灾	管	较大	符合□ 不符□	
	10.0.3　使用带式输送机或者液力偶合器的巷道以及掘进工作面附近的巷道中,必须备有灭火器材,其数量、规格和存放地点,应当在灾害预防和处理计划中确定。井下工作人员必须熟悉灭火器材的使用方法,并熟悉本职工作区域内灭火器材的存放地点。	火灾	管	较大	符合□ 不符□	
	10.0.4　每季度应当对井上、下消防管路系统、防火门、消防材料库和消防器材的设置情况进行 1 次检查,发现问题,及时解决。	火灾	管	较大	符合□ 不符□	
11 防瓦斯	11.0.1　采掘工作面回风巷风流中甲烷浓度超过 1.0% 或者二氧化碳浓度超过 1.5% 时,必须停止工作,撤出人员,采取措施,进行处理。	瓦斯爆炸	管	重大	符合□ 不符□	
	11.0.2　采掘工作面及其他作业地点风流中甲烷浓度达到 1.0% 时,必须停止打眼;爆破地点附近 20 m 以内风流中甲烷浓度达到 1.0% 时,严禁爆破。采掘工作面及其他作业地点风流中、电动机或者其开关安设地点附近 20 m 以内风流中的甲烷浓度达到 1.5% 时,必须停止工作,切断电源,撤出人员,进行处理。采掘工作面及其他巷道内,体积大于 0.5 m³ 的空间内积聚的甲烷浓度达到 2.0% 时,附近 20 m 范围内必须停止工作,撤出人员,切断电源,进行处理。对因甲烷浓度超过规定被切断电源的电气设备,必须在甲烷浓度降到 1.0% 以下时,方可通电开动。	瓦斯爆炸	管	重大	符合□ 不符□	
	11.0.3　采掘工作面风流中二氧化碳浓度达到 1.5% 时,必须停止工作,撤出人员,查明原因,制定措施,进行处理。	中毒和窒息	管	重大	符合□ 不符□	
	11.0.4　矿井必须有因停电和检修主要通风机停止运转或者通风系统遭到破坏以后恢复通风、排除瓦斯和送电的安全措施。恢复正常通风后,所有受到停风影响的地点,都必须经过通风、瓦斯检查人员检查,证实无危险后,方可恢复工作。所有安装电动机及其开关的地点附近 20 m 的巷道内,都必须检查瓦斯,只有甲烷浓度符合规定时,方可开启。	瓦斯爆炸	管	重大	符合□ 不符□	
	11.0.5　临时停工的地点,不得停风;否则必须切断电源,设置栅栏、警标,禁止人员进入,并向矿调度室报告。停工区内甲烷或者二氧化碳浓度达到 3.0% 或者其他有害气体浓度超过《煤矿安全规程》第一百三十五条的规定不能立即处理时,必须在 24 h 内封闭完毕。	其他伤害	管	重大	符合□ 不符□	
	11.0.6　恢复已封闭的停工区或者采掘工作接近这些地点时,必须事先排除其中积聚的瓦斯。排除瓦斯工作必须制定安全技术措施。严禁在停风或者瓦斯超限的区域内作业。	中毒和窒息	管	重大	符合□ 不符□	

第三节 机电系统(电气部分)安全风险现场辨识评估清单

项目	现场辨识内容	违反后果	风险评估 类别	风险评估 等级	现场风险评估	评估人
	1.0.1 供配电系统采用的设备和器材必须符合国家或行业的产品技术标准,并应优先选用技术先进、经济适用和节能的成套设备和定型产品。	其他伤害	管	一般	符合□ 不符□	
	1.0.2 必须实现两回路电源线路,当任何一回路发生故障停止供电时,另一回路应能担负全部负荷。两回路电源线路上都不得分接任何负荷。	电气伤害	管	重大	符合□ 不符□	
	1.0.3 供电电源应取自电力网中两个不同区域的变电所或发电厂,确有困难则必须分别取自同一区域变电所或发电厂的不同母线段。	电气伤害	管	重大	符合□ 不符□	
	1.0.4 电源应当采用分列运行方式。若一回路运行,另一回路必须带电备用。	电气伤害	管	重大	符合□ 不符□	
	1.0.5 10 kV及以下的架空电源线路不得共杆架设。	电气伤害	管	重大	符合□ 不符□	
	1.0.6 电源线路上严禁装设负荷定量器等各种限电断电装置。	电气伤害	管	重大	符合□ 不符□	
1 基 本 规 定	1.0.7 一级负荷必须由两回路电源线路供电,当任一回路停止供电时,另一回路应能担负全部负荷。两回路电源线路上均不应分接任何负荷。	电气伤害	管	重大	符合□ 不符□	
	1.0.8 二级负荷宜由两回路线路供电,且接于不同的母线段上;当条件不允许时,另一电源可引至其他配电点。	电气伤害	管	较大	符合□ 不符□	
	1.0.9 三级负荷采用一回路供电。	电气伤害	管	较大	符合□ 不符□	
	1.0.10 变电所的主变压器不应少于2台,当1台停止运行时,其余变压器的容量应保证一级和二级负荷用电。	电气伤害	管	重大	符合□ 不符□	
	1.0.11 井下中央变电所应有两回及以上电缆供电,并应引自地面变电所的不同母线段。任一回路停止供电时,其余回路仍可保证全部负荷用电。	电气伤害	管	重大	符合□ 不符□	
	1.0.12 向盘区供电的同一电源线路上,串接的盘区变电所数量不得超过3个。	电气伤害	管	较大	符合□ 不符□	
	1.0.13 电气设备不应超过额定值运行。	电气伤害	管	较大	符合□ 不符□	
	1.0.14 严禁井下配电变压器中性点直接接地,严禁由地面中性点直接接地的变压器或者发电机直接向井下供电。	电气伤害	管	较大	符合□ 不符□	

项目	现场辨识内容	违反后果	风险评估		现场风险评估	评估人
			类别	等级		
	1.0.15　井下不得带电检修电气设备,严禁带电搬迁非本安型电气设备、电缆,采用电缆供电的移动式用电设备不受此限。	电气伤害	管	较大	符合□ 不符□	
	1.0.16　操作井下电气设备应当遵守下列规定: (1) 非专职人员或者非值班电气人员不得操作电气设备。 (2) 操作高压电气设备主回路时,操作人员必须戴绝缘手套,并穿电工绝缘靴或者站在绝缘台上。 (3) 手持式电气设备的操作手柄和工作中必须接触的部分有良好绝缘。	电气伤害	管	较大	符合□ 不符□	
	1.0.17　容易碰到的、裸露的带电体必须加装护罩或者遮栏等防护设施。	电气伤害	管	较大	符合□ 不符□	
1基本规定	1.0.18　井下各级配电电压和各种电气设备的额定电压等级,应当符合下列要求: (1) 高压不超过 10 000 V。 (2) 低压不超过 1 140 V。 (3) 照明和手持式电气设备的供电额定电压不超过127 V。 (4) 远距离控制线路的额定电压不超过 36 V。 (5) 采掘工作面用电设备电压超过 3 300 V 时,必须制定专门的安全措施。	电气伤害	管	较大	符合□ 不符□	
	1.0.19　井下配电系统同时存在 2 种或者 2 种以上电压时,配电设备上应当明显地标出其电压额定值。	电气伤害	管	较大	符合□ 不符□	
	1.0.20　井下电力网的短路电流不得超过其控制用的断路器的开断能力,并校验电缆的热稳定性。	电气伤害	管	一般	符合□ 不符□	
	1.0.21　40 kW 及以上的电动机,应当采用真空电磁启动器控制。	电气伤害	管	一般	符合□ 不符□	
	1.0.22　井下动力变压器的高压控制设备应当具有短路、过负荷、接地和欠压释放保护。井下由盘区变电所、移动变压器或者配电点引出的馈电线上,必须具有短路、过负荷和漏电保护。低压电动机的控制设备,必须具备短路、过负荷、单相断线、漏电闭锁保护及远程控制功能。	电气伤害	管	一般	符合□ 不符□	
	1.0.23　井下配电网路必须具有过流、短路保护装置。必须用该配电网路的最大三相短路电流校验开关设备的分断能力和动、热稳定性以及电缆的热稳定性,用最小两相短路电流校验保护装置的可靠动作系数。保护装置必须保证配电网路中最大容量的电气设备或者同时工作成组的电气设备能够启动。	电气伤害	管	一般	符合□ 不符□	

项目	现场辨识内容	违反后果	风险评估		现场风险评估	评估人
			类别	等级		
1 基 本 规 定	1.0.24 6 000 V及以上高压电网,必须采取措施限制单相接地电容电流,不允许超过20 A。井上、下变电所的高压馈电线上,必须具备有选择性的单相接地保护;向移动变压器供电的高压馈电线上,必须具有选择性的动作于跳闸的单相接地保护。井下低压馈电线上,必须装设检漏保护装置或者有选择性的漏电保护装置,保证自动切断漏电的馈电线路。每天必须对低压漏电保护进行1次跳闸试验。	电气伤害	管	较大	符合□ 不符□	
	1.0.25 直接向井下供电的馈电线路上,严禁装设自动重合闸装置。手动合闸时,必须事先同井下联系。	电气伤害	管	较大	符合□ 不符□	
	1.0.26 井上、下必须装设防雷电装置,并遵守下列规定: (1) 经由地面架空线路引入井下的供电线路和电机车架线,必须在入井处装设防雷电装置。 (2) 由地面直接入井的轨道、金属架构引入(出)井的管路,必须在井口附近对金属体设置不少于2处的良好的集中接地。	电气伤害	管	重大	符合□ 不符□	
	1.0.27 坚持用好井下电气安全的三大保护,风电、瓦斯电闭锁和各种电气综合保护设施,电气保护按计算值整定。	电气伤害	管	较大	符合□ 不符□	
	1.0.28 专用局部通风机必须采用"三专"(专用开关、专用电缆、专用变压器)供电,电源取自盘区变电所专用变压器,备用局部通风机取自同时带电的另一电源,当正常工作的局部通风机故障时,备用局部通风机能自动启动,保证掘进工作面正常通风。	电气伤害	管	重大	符合□ 不符□	
	1.0.29 定期对杂散电流进行测定;每季对高压电网的单相接地电容电流进行一次测定;采取有效措施,防止地面雷电波及井下。	电气伤害	管	重大	符合□ 不符□	
2 电 源	2.0.1 一级负荷必须由两回路电源线路供电,当任一回路停止供电时,另一回路应能担负全部负荷,两回路电源线路上均不应分接任何负荷。一级负荷及设备包括: (1) 主要通风机; (2) 井下主排水设备、下山开采的采区排水设备; (3) 升降人员的立井提升机; (4) 抽采瓦斯的设备。	电气伤害	管	重大	符合□ 不符□	

项目	现场辨识内容	违反后果	风险评估 类别	风险评估 等级	现场风险评估	评估人
2 电源	2.0.2 二级负荷宜由两回路线路供电,且接于不同的母线段上;当条件不允许时,另一电源可引至其他配电点。 二级负荷及设备包括: (1) 主提升带式输送机; (2) 材料副井提升设备及井底操车设备; (3) 主要空气压缩机; (4) 地面生产系统、生产流程中的照明设备、铁路装车设备; (5) 矿灯充电设备、行政通信及高度通信设备; (6) 单台蒸发量为 4 t/h 以上的锅炉; (7) 井筒保温及其供热设备; (8) 综合机械化采煤及其运输设备; (9) 井下电机车运输设备; (10) 井下运输信号系统、信息系统、安全监测及生产监控设备。	电气伤害	管	较大	符合□ 不符□	
	2.0.3 三级负荷采用一回路供电。 三级负荷设备:不属于一级和二级的用电负荷的设备。	电气伤害	管	较大	符合□ 不符□	
3 地面供配电	3.0.1 地面变电所地址标高宜在当地 50 年一遇高水位之上,有可靠的防洪措施。	电气伤害	环	较大	符合□ 不符□	
	3.0.2 地面变电所宜设置在不低于 2.2 m 高的实体围墙和为满足消防要求的宽度不小于 3.5 m 主要道路上。	电气伤害	环	较大	符合□ 不符□	
	3.0.3 装有 2 台及以上主变压器的变电所,当断开一台时其余主变压器的容量不应小于 60% 的全部负荷,并应保证用户的一、二级负荷。	电气伤害	管	重大	符合□ 不符□	
	3.0.4 在有一、二级负荷的变电所中宜装设 2 台主变压器,当技术经济比较合理时可装设 2 台以上主变压器。	电气伤害	管	一般	符合□ 不符□	
	3.0.5 具有三种电压的变电所,如通过主变压器各侧线圈的功率均达到该变压器容量的 15% 以上,主变压器宜采用三线圈变压器。	电气伤害	管	一般	符合□ 不符□	
	3.0.6 变电所的主接线应根据变电所在电力网中的地位、出线回路数、设备特点及负荷性质等条件确定。	电气伤害	管	一般	符合□ 不符□	
	3.0.7 当能满足运行要求时,变电所高压侧宜采用断路器较少或不用断路器的接线。	电气伤害	管	一般	符合□ 不符□	
	3.0.8 当变电所装有 2 台主变压器时,6～10 kV 侧宜采用分段单母线。线路为 2 回及以上时,亦可采用双母线。当不允许停电检修断路器时,可设置旁路设施。当 6～35 kV 配电装置采用手车式高压开关柜时,不宜设置旁路设施。	电气伤害	管	较大	符合□ 不符□	
	3.0.9 主控制室及通信室的夏季室温不宜超过 35 ℃;继电器室、电力电容器室、蓄电池室及屋内配电装置室的夏季室温不宜超过 40 ℃;电抗器室的夏季室温不宜超过 55 ℃。	火灾	环	一般	符合□ 不符□	

项目		现场辨识内容	违反后果	风险评估		现场风险评估	评估人
				类别	等级		
3 地面供配电		3.0.10 变电所与所外的建筑物、堆场、储罐之间的防火净距,应符合现行国家标准《建筑设计防火规范》的规定。	火灾	环	一般	符合□ 不符□	
		3.0.11 主控制室等设有精密仪器、仪表设备的房间,应在房间内或附近走廊内配置灭火后不会引起污损的灭火器。	火灾	管	一般	符合□ 不符□	
		3.0.12 电缆从室外进入室内的入口处、电缆竖井的出入口处及主控制室与电缆层之间,应采取防止电缆火灾蔓延的阻燃及分隔措施。	火灾	管	一般	符合□ 不符□	
		3.0.13 变电所必须24小时有人值班,值班人员要"手拉手"交接班,交班人员要将本班设备的运行、试验情况,绝缘工具及消防器材等详细交清,并做好记录。	其他伤害	管	一般	符合□ 不符□	
4 井下供配电	4.1 井下中央变电所	4.1.1 井下中央变电所应由两回及以上电缆供电,并应引自地面变电所的不同母线段。	电气伤害	管	重大	符合□ 不符□	
		4.1.2 中央变电所内的动力变压器不应少于2台。当1台停止运行时,其余变压器应保证一、二级负荷用电。	电气伤害	管	重大	符合□ 不符□	
		4.1.3 井下中央变电所位置,宜设置在靠近副井的井底车场范围内,并应符合下列规定: (1)经钻孔向井下供电的井下中央变电所,钻孔宜靠近中央变电所。 (2)井下中央变电所可与主排水泵房、牵引变流室联合布置,亦可单独设置硐室。当为联合硐室时,应有单独通至井底车场或大巷的通道。 (3)井下中央变电所不应与空气压缩机站硐室联合或毗连。	电气伤害	管	一般	符合□ 不符□	
		4.1.4 井下中央变电所硐室,应满足下列要求: (1)采用砌碹或者其他可靠的方式支护。 (2)硐室必须装设向外开的防火铁门,铁门全部敞开时不得妨碍运输。铁门上应当装设便于关严的通风孔。装有铁门时,门内可加设向外开的铁栅栏门,但不得妨碍铁门的开闭。 (3)从硐室出口防火铁门起5 m内的巷道,应当砌碹或者用其他不燃性材料支护。 (4)硐室两头分别设置2~4个合格的电气火灾灭火器和不少于0.2 m³的灭火砂,单个砂袋的质量不超过2 kg,数量不得少于10袋。 (5)硐室标高应当分别比其出口与井底车场或者大巷连接处的底板标高高出0.5 m。 (6)不得有渗水、滴水现象。 (7)硐室的过道应当保持畅通,严禁存放无关的设备和物件。 (8)硐室门的两侧及顶端预埋穿电缆的钢管。钢管内径不应小于电缆外径的1.5倍。 (9)电缆沟应设有盖板。 (10)硐室的地面应比其出口处井底车场或大巷的底板高出0.5 m。 (11)硐室内应设置固定照明。 (12)有合格的高压绝缘手套、绝缘台或绝缘靴。	火灾、水灾、电气伤害	管	较大	符合□ 不符□	

续表

项目		现场辨识内容	违反后果	风险评估		现场风险评估	评估人
				类别	等级		
4 井下供配电	4.1 井下中央变电所	4.1.5　中央变电所硐室尺寸应按设备最大数量及布置方式确定,并应满足下列要求: (1) 高压配电设备的备用位置,按设计最大数量的20%考虑,且不少于2台。 (2) 低压配电的备用回路,按最多馈出回路数的20%计算。 (3) 主变压器为2台及2台以上时不预留备用位置;当为1台时预留1台备用位置。 (4) 高、低压配电设备同侧布置时,高、低压设备之间的距离按高压维护走廊尺寸考虑。 (5) 硐室内各种设备与墙壁之间应当留出0.5 m以上的通道,各种设备之间留出0.8 m以上的通道。对不需从两侧或者后面进行检修的设备,可以不留通道。	电气伤害	管	一般	符合□ 不符□	
		4.1.6　中央变电所应在硐室的两端各设一个出口。	人身伤害	管	一般	符合□ 不符□	
		4.1.7　中央变电所不应选用带油电气设备,设备选型应按现行《煤矿安全规程》的有关规定执行。	火灾	管	较大	符合□ 不符□	
		4.1.8　井下中央变电所的高压进线和母线分段开关应采用断路器。	电气伤害	管	一般	符合□ 不符□	
		4.1.9　主中央变电所高压母线接线及运行方式,宜与相对应的地面变电所母线接线及运行方式相适应。高压母线应采用单母线分段接线方式,并应设置分段联络开关,正常情况下分列运行,且高压母线分段数应与下井电缆回路数相协调。	电气伤害	管	较大	符合□ 不符□	
		4.1.10　硐室入口处必须悬挂"非工作人员禁止入内"的警示牌。硐室内必须悬挂与实际相符的供电系统图。硐室内有高压电气设备时,入口处和硐室内必须醒目悬挂"高压危险"警示牌。	电气伤害	管	一般	符合□ 不符□	
		4.1.11　硐室内的设备,必须分别编号,标明用途,并有停送电的标志。	电气伤害	管	一般	符合□ 不符□	
		4.1.12　硐室内的电气设备保护接地及检漏继电器的辅助接地,按《煤矿井下保护接地装置的安装、检查、测定工作细则》和《煤矿井下检漏继电器安装、运行、维护与检修细则》规定执行。	触电	管	较大	符合□ 不符□	
		4.1.13　过流保护整定必须符合实际要求,动作电流刻度值每年至少校对1次。	电气伤害	管	一般	符合□ 不符□	
		4.1.14　无压释放装置动作可靠,每年校对1次。	电气伤害	管	一般	符合□ 不符□	
		4.1.15　低压馈电线上应装设检漏保护装置,并执行日试验制。	电气伤害	管	较大	符合□ 不符□	
		4.1.16　井下变电硐室必须24小时有人值班,值班人员要"手拉手"交接班,交班人员要将本班设备的运行、试验情况,绝缘工具及消防器材等详细交清,做好记录。	其他伤害	管	一般	符合□ 不符□	

项目		现场辨识内容	违反后果	风险评估		现场风险评估	评估人
				类别	等级		
4 井下供配电	4.2 井下盘区变电所	4.2.1 严禁选用带油电气设备。	火灾	管	较大	符合□ 不符□	
		4.2.2 盘区变电所的位置选择,应符合下列规定: (1)盘区变电所宜设在采区上(下)山的运输斜巷与回风斜巷之间的联络巷内,或在甩车场附近的巷道内; (2)在多煤层的采区中,各分层是否分别设置或集中设置变电所,应经过技术经济比较后择优选择; (3)当采用集中设置变电所时,应将变电所设置在稳定的岩(煤)层中。	其他伤害	管	一般	符合□ 不符□	
		4.2.3 盘区变电所硐室的长度大于 6 m 时,应在硐室的两端各设一个出口,并必须有独立的通风系统。	其他伤害	管	一般	符合□ 不符□	
		4.2.4 盘区变电所硐室,应符合下列规定: (1)硐室尺寸应按设备数量及布置方式确定,一般不预留设备的备用位置; (2)硐室内各种设备与墙壁之间应当留出 0.5 m 以上的通道,各种设备之间留出 0.8 m 以上的通道。对不需从两侧或者后面进行检修的设备,可以不留通道; (3)硐室必须用不燃性材料支护; (4)硐室通道必须装设向外开的防火铁门,铁门上应装设便于关严的通风孔; (5)硐室内不宜设电缆沟,高低压电缆宜吊挂在墙壁上; (6)变压器宜与高低压电气设备布置于同一硐室内,不应设专用变压器室; (7)硐室门的两侧及顶端应预埋穿电缆的钢管,钢管内径不应小于电缆外径的 1.5 倍; (8)硐室内应设置固定照明; (9)硐室两头分别设置 2~4 个合格的电气火灾灭火器和不少于 0.2 m³ 的灭火砂,单个砂袋的质量不超过 2 kg,数量不得少于 10 袋。 (10) 有合格的高压绝缘手套、绝缘台或绝缘靴。	火灾和电气伤害	管	一般	符合□ 不符□	
		4.2.5 单电源进线的盘区变电所,当变压器不超过 2 台且无高压出线时,可不设置电源进线开关。当变压器超过 2 台或有高压出线时,应设置进线开关。	电气伤害	管	较大	符合□ 不符□	
		4.2.6 双电源进线的盘区变电所,应设置电源进线开关。当其正常为一回路供电、另一回路备用时,母线可不分段;当两回路电源同时供电时,母线应分段并设联络开关,正常情况下应分列运行。	电气伤害	管	较大	符合□ 不符□	
		4.2.7 由井下中央变电所向盘区供电的单回电缆供电线路上串接的采区变电所数不应超过 3 个。	电气伤害	管	较大	符合□ 不符□	

项目		现场辨识内容	违反后果	风险评估		现场风险评估	评估人
				类别	等级		
4 井下供配电	4.2 井下盘区变电所	4.2.8　变电所硐室入口处必须悬挂"非工作人员禁止入内"的警示牌。硐室内必须悬挂与实际相符的供电系统图。硐室内有高压电气设备时,入口处和硐室内必须醒目悬挂"高压危险"警示牌。	电气伤害	管	一般	符合□ 不符□	
		4.2.9　硐室内的设备必须分别编号,标明用途,并有停送电的标志。	电气伤害	管	一般	符合□ 不符□	
		4.2.10　硐室内的电气设备保护接地及检漏继电器的辅助接地,按《煤矿井下保护接地装置的安装、检查、测定工作细则》和《煤矿井下检漏继电器安装、运行、维护与检修细则》规定执行。	触电	管	较大	符合□ 不符□	
		4.2.11　过流保护整定必须符合实际要求,动作电流刻度值每年至少校对一次。	电气伤害	管	一般	符合□ 不符□	
		4.2.12　无压释放装置动作可靠,每年校对一次。	电气伤害	管	一般	符合□ 不符□	
		4.2.13　低压馈电线上应装设检漏保护装置,并执行日试验制。	电气伤害	管	较大	符合□ 不符□	
		4.2.14　井下变电硐室必须24小时有人值班,值班人员要"手拉手"交接班,交班人员要将本班设备的运行、试验情况,绝缘工具及消防器材等详细交清,并做好记录。	其他伤害	管	一般	符合□ 不符□	
	4.3 井下移动变压器及临时配电点供电	4.3.1　下列情况宜采用移动变压器供电: (1) 综采、综掘及普掘工作面的供电; (2) 由采区固定变电所供电困难或不经济时; (3) 独头大巷掘进、附近无变电所可利用时。	其他伤害	管	一般	符合□ 不符□	
		4.3.2　向综采工作面供电的移动变压器及设备列车宜布置在进风巷内,且距工作面的距离宜为100～150 m。	电气伤害	管	一般	符合□ 不符□	
		4.3.3　由盘区变电所向移动变压器供电的单回电缆供电线路上,串接的移动变压器数不宜超过3个。	电气伤害	管	一般	符合□ 不符□	
		4.3.4　不同工作面的移动变压器不应共用电源电缆。	电气伤害	管	一般	符合□ 不符□	
		4.3.5　采掘工作面配电点的位置和空间必须满足设备安装、拆除、检修和运输等要求,并采用不燃性材料支护。	火灾	管	一般	符合□ 不符□	
		4.3.6　临时配电点硐室长度超过6 m时,必须在硐室的两端各设1个出口。	其他伤害	管	一般	符合□ 不符□	
		4.3.7　临时配电点硐室内各种设备与墙壁之间应当留出0.5 m以上的通道,各种设备之间留出0.8 m以上的通道。对不需从两侧或者后面进行检修的设备,可以不留通道。	电气伤害	管	一般	符合□ 不符□	

项目		现场辨识内容	违反后果	风险评估		现场风险评估	评估人
				类别	等级		
4 井下供配电	4.3 井下移动变压器及临时配电点供电	4.3.8 硐室内的电气设备保护接地及检漏继电器的辅助接地,按《煤矿井下保护接地装置的安装、检查、测定工作细则》和《煤矿井下检漏继电器安装、运行、维护与检修细则》规定执行。	触电	管	较大	符合□ 不符□	
		4.3.9 硐室两头分别设置2～4个合格的电气火灾灭火器和不少于0.2 m³的灭火砂。	火灾	管	一般	符合□ 不符□	
		4.3.10 对临时配电点要有专人负责巡回检查和试验。	电气伤害	管	一般	符合□ 不符□	
5 矿用电缆	5.1 电缆类型选择	5.1.1 井下电缆必须选用有煤矿矿用产品安全标志的阻燃电缆。电缆应采用铜芯,严禁采用铝包电缆。	电气伤害	管	重大	符合□ 不符□4	
		5.1.2 在立井井筒、钻孔套管或倾角为45°及以上井巷中敷设的下井电缆,应采用聚氯乙烯绝缘粗钢丝铠装聚氯乙烯护套电力电缆、交联聚乙烯绝缘粗钢丝铠装聚氯乙烯护套电缆。	电气伤害	管	重大	符合□ 不符□	
		5.1.3 在水平巷道或倾角在45°以下井巷中敷设的电缆,应采用聚氯乙烯绝缘钢带或细钢丝铠装聚氯乙烯护套电力电缆、交联聚乙烯绝缘钢带或细钢丝铠装聚氯乙烯护套电缆。	电气伤害	管	重大	符合□ 不符□	
		5.1.4 移动变压器的电源电缆,应采用高柔性和高强度的矿用监视型屏蔽橡套电缆。	电气伤害	管	重大	符合□ 不符□	
		5.1.5 井底车场及大巷的电缆选择,必须符合国家现行标准《煤矿用电缆》的规定。	电气伤害	管	重大	符合□ 不符□	
		5.1.6 采区低压电缆选型,应符合下列规定: (1) 1 140 V设备使用的电缆应采用带有煤矿矿用产品安全标志的分相屏蔽橡胶绝缘软电缆。 (2) 660 V或380 V设备有条件时应使用带有煤矿矿用产品安全标志的分相屏蔽的橡胶绝缘软电缆。固定敷设时可采用铠装聚氯乙烯绝缘铜芯电缆或矿用橡套电缆。 (3) 非固定敷设的高低压电缆,必须采用煤矿用橡套软电缆;移动式和手持式电气设备应当使用专用橡套电缆。	电气伤害	管	重大	符合□ 不符□	
		5.1.7 立井井筒中敷设的电缆中间不得有接头,因井筒太深需设接头时,应当将接头设在中间水平巷道内。运行中因故需要增设接头而又无中间水平巷道可以利用时,可以在井筒中设置接线盒。接线盒应当放置在托架上,不应使接头承力。	电气伤害	管	较大	符合□ 不符□	
		5.1.8 电缆穿过墙壁部分应当套管保护,并用黄泥严密封堵管口。	电气伤害	管	一般	符合□ 不符□	

项目		现场辨识内容	违反后果	风险评估		现场风险评估	评估人
				类别	等级		
5 矿用电缆	5.1 电缆类型选择	5.1.9 电缆的连接应当符合下列要求： (1) 电缆与电气设备连接时，电缆线芯必须使用齿形压线板(卡爪)、线鼻子或者快速连接器与电气设备进行连接。 (2) 不同型电缆之间严禁直接连接，必须经过符合要求的接线盒、连接器或者母线盒进行连接。 (3) 同型电缆之间直接连接时必须遵守下列规定： ① 橡套电缆的修补连接(包括绝缘、护套已损坏的橡套电缆的修补)必须采用阻燃材料进行硫化热补或者与热补有同等效能的冷补。在地面热补或者冷补后的橡套电缆必须经过浸水耐压试验，合格后方可下井使用。 ② 塑料电缆连接处的机械强度以及电气、防潮密封、老化等性能，应当符合该型矿用电缆的技术标准。	瓦斯爆炸	管	重大	符合□ 不符□	
	5.2 电缆敷设及长度选择	5.2.1 在总回风巷、专用回风巷及机械提升的进风倾斜井巷(不包括输送机上、下山)中不应敷设电力电缆，确需在机械提升的进风倾斜井巷(不包括输送机上、下山)中敷设电力电缆时，应当有可靠的保护措施，并经矿总工程师批准。	瓦斯爆炸	管	重大	符合□ 不符□	
		5.2.2 溜放煤、矸的溜道中严禁敷设电缆。	瓦斯爆炸	管	重大	符合□ 不符□	
		5.2.3 在有无轨胶轮车运输的巷道内敷设电缆时，电缆敷设应高于无轨胶轮车最大运输设备高度，或有可靠的保护措施。	电气伤害	管	一般	符合□ 不符□	
		5.2.4 下井电缆宜敷设在副立井井筒内，并应安装在维修方便的位置。斜井及平硐应敷设在人行道侧。	其他伤害	管	一般	符合□ 不符□	
		5.2.5 立井下井电缆在井口井径处应预留电缆沟(洞)，并应有防止地面水从电缆沟(洞)灌入井下的措施。	电气伤害	管	一般	符合□ 不符□	
		5.2.6 在立井井筒中电缆应当用夹子、卡箍或者其他夹持装置进行敷设；夹持装置应当能承受电缆重量，并不得损伤电缆。	电气伤害	管	一般	符合□ 不符□	
		5.2.7 电缆在立井井筒中不应有接头。若井筒太深必须有接头时，应将接头设在地面或井下中间水平巷道内(或井筒壁龛内)，且不应使接头受力，接头处宜留8～10 m的余量。	电气伤害	管	一般	符合□ 不符□	
		5.2.8 沿钻孔敷设的电缆必须绑紧在受力的钢丝绳上，钻孔内必须加装套管，套管内径不应小于电缆外径的2倍。	电气伤害	管	一般	符合□ 不符□	

续表

项目		现场辨识内容	违反后果	风险评估		现场风险评估	评估人
				类别	等级		
5 矿用电缆	5.2 电缆敷设及长度选择	5.2.9 电缆的敷设应当符合下列要求： （1）在水平巷道或者倾角在30°以下的井巷中，电缆应当用吊钩悬挂。 （2）水平巷道或倾斜井巷中悬挂的电缆应有适当的弛度，并能在意外受力时自由坠落。其悬挂高度应保证电缆在矿车掉道时不受撞击，电缆坠落时不落在轨道或输送机上。 （3）电缆悬挂点间距在水平巷道或倾斜井巷内不超过3 m，在立井井筒内不超过6 m。 （4）电缆不应悬挂在管道上，不得遭受淋水。 （5）电缆上严禁悬挂任何物件。 （6）电缆与压风管、供水管在巷道同一侧敷设时，必须敷设在管子上方，并保持0.3 m以上的距离。 （7）在有瓦斯抽采管路的巷道内，电缆（包括通信电缆）必须与瓦斯抽采管路分挂在巷道两侧。 （8）盘圈或者盘"8"字形的电缆不得带电，但给采、掘等移动设备供电电缆及通信、信号电缆不受此限。 （9）井筒和巷道内的通信和信号电缆应当与电力电缆分挂在井巷的两侧，如果受条件所限：在井筒内，应当敷设在距电力电缆0.3 m以外的地方；在巷道内，应当敷设在电力电缆上方0.1 m以上的地方。 （10）高、低压电力电缆敷设在巷道同一侧时，高、低压电缆之间的距离应当大于0.1 m，高压电缆之间、低压电缆之间的距离不得小于50 mm。 （11）井下巷道内的电缆，沿线每隔一定距离、拐弯或者分支点以及连接不同直径电缆的接线盒两端、穿墙电缆的墙的两边应当有编号、用途、电压和截面的标志牌。	电气伤害	管	较大	符合□ 不符□	
		5.2.10 电缆长度计算宜符合下列规定： （1）立井井筒中按电缆所经井筒深度的1.02倍计取，斜井按电缆所经井筒斜长的1.05倍计取； （2）地面及井下铠装电缆按所经路径的1.05倍计取，橡套电缆按所经路径的1.08～1.10倍计取； （3）每根电缆两端各留8～10 m余量。	其他伤害	管	一般	符合□ 不符□	
6 井下电气设备保护	6.1 井下电气设备保护	6.1.1 向井下供电的电源线路上不得装设自动重合闸装置。	电气伤害	管	较大	符合□ 不符□	
		6.1.2 高压馈出线上必须设有选择性的单相接地保护装置，并应作用于信号。当单相接地故障危及人身、设备及供配电系统安全时，保护装置应动作于跳闸。	电气伤害	管	较大	符合□ 不符□	
		6.1.3 供移动变压器的高压馈出线上，除必须设有选择性的动作于跳闸的单相接地保护装置外，还应设有作用于信号的电缆绝缘监视保护装置。	电气伤害	管	较大	符合□ 不符□	
		6.1.4 井下动力变压器的高压控制设备应具有短路、过负荷、接地和欠压释放保护。	电气伤害	管	较大	符合□ 不符□	

项目		现场辨识内容	违反后果	风险评估		现场风险评估	评估人
				类别	等级		
6 井下电气保护	6.1 井下电气设备保护	6.1.5 井下变电所低压馈出线上除应装设短路和过负荷保护装置外,还必须装设检漏保护装置或有选择性的检漏保护装置,保证在漏电事故发生时能自动切断漏电的馈电线路。	电气伤害	管	较大	符合□ 不符□	
		6.1.6 井下移动变压器或配电点引出的馈出线上,应装设短路、过负荷和漏电保护装置。	电气伤害	管	较大	符合□ 不符□	
		6.1.7 低压电动机的控制设备应具备短路、过负荷、单相断线、漏电闭锁保护装置与远方控制装置。	电气伤害	管	较大	符合□ 不符□	
		6.1.8 用于控制保护的断路器的断流容量,必须大于其保护范围内电网在最大运行方式下的三相金属性短路容量,并应校验断路器的分断能力和动、热稳定性。	电气伤害	管	一般	符合□ 不符□	
		6.1.9 井下低压电网中的过电流继电器的整定和熔断器熔体的选择,应按现行《煤矿井下供电的三大保护细则》执行。	电气伤害	管	一般	符合□ 不符□	
		6.1.10 对供电距离远、功率大的电动机的馈出线上的开关整定计算及熔体电流选择,应按电动机实际启动电流计算。	电气伤害	管	一般	符合□ 不符□	
	6.2 井下电气设备保护接地	6.2.1 电压在36 V以上和由于绝缘损坏可能带有危险电压的电气设备的金属外壳、构架,铠装电缆的钢带(钢丝)、铅皮(屏蔽护套)等必须有保护接地。	触电	管	一般	符合□ 不符□	
		6.2.2 任一组主接地极断开时,井下总接地网上任一保护接地点的接地电阻值,不得超过2 Ω。每一移动式和手持式电气设备至局部接地极之间的保护接地用的电缆芯线和接地连接导线的电阻值,不得超过1 Ω。	触电	管	较大	符合□ 不符□	
		6.2.3 在钻孔中敷设的电缆和地面直接分区供电的电缆,不能与井下主接地极连接时,应当单独形成分区总接地网,其接地电阻值不得超过2 Ω。	触电	管	较大	符合□ 不符□	
		6.2.4 所有电气设备的保护接地装置(包括电缆的铠装、铅皮、接地芯线)和局部接地装置都应与主接地极连接成一个总接地网。多水平开采的,各水平接地装置之间应相互连接。	触电	管	较大	符合□ 不符□	
		6.2.5 井下接地极的设置必须符合下列规定: (1)主接地极应当用耐腐蚀的钢板制成,主、副水仓中各埋设1块。 (2)当下井电缆由地面经进风井或钻孔对井下进行分区供电而没有主、副水仓可利用时,主接地极应置于井底水窝或专门开凿的充水井内,且不得将2块主接地极置于同一水窝或水井内。 (3)局部接地极应设置于巷道水沟内或者其他就近的潮湿处。	触电	管	较大	符合□ 不符□	

项目		现场辨识内容	违反后果	风险评估		现场风险评估	评估人
				类别	等级		
6 井下电气保护	6.2 井下电气设备保护接地	6.2.6 下列地点应当装设局部接地极： (1) 盘区变电所和移动变压器； (2) 装有电气设备的硐室和单独装设的高压电气设备； (3) 低压配电点或者装有 3 台以上电气设备的地点； (4) 连接高压动力电缆的金属连接装置； (5) 无低压配电点的采煤机工作面的运输巷、回风巷、集中运输巷(带式输送机巷)以及由变电所单独供电的掘进工作面,至少应分别设置 1 组局部接地装置。	触电	管	较大	符合□ 不符□	
		6.2.7 井下接地主(干)母线应符合下列规定： (1) 铜质接地母线截面积不应小于 50 mm²； (2) 镀锌扁钢接地母线截面积不应小于 100 mm²,其厚度不应小于 4 mm； (3) 镀锌铁线接地母线截面积不应小于 100 mm²。	触电	管	较大	符合□ 不符□	
		6.2.8 井下接地支线应符合下列规定： (1) 铜质接地母线截面积不应小于 25 mm²； (2) 镀锌扁钢接地母线截面积不应小于 50 mm²,其厚度不应小于 4 mm； (3) 镀锌铁线接地母线截面积不应小于 50 mm²。	触电	管	较大	符合□ 不符□	
		6.2.9 橡套电缆的接地芯线,应用于监测接地回路,不得兼作他用。	触电	管	较大	符合□ 不符□	
		6.2.10 硐室内的电气设备保护接地及检漏继电器的辅助接地应按规定执行。当距离井下主接地极较近,可将硐室的接地母线接至主接地极,而不必设局部接地极。但检漏继电器作检验用的辅助接地极,仍应单独设置。	触电	管	较大	符合□ 不符□	
		6.2.11 硐室内的接地母线应沿硐室壁距地面 0.3～0.5 m 处敷设,过通道时应穿钢管敷设。	触电	管	较大	符合□ 不符□	
7 照明和信号		7.0.1 井下照明应包括井下固定照明及矿灯照明。	其他伤害	管	一般	符合□ 不符□	
		7.0.2 下列地点必须安装固定式照明装置： (1) 机电设备硐室、调度站、机车库、火药库、井下修理间、信息站、候车室； (2) 井底车场范围内的运输巷道、盘区车场； (3) 有电机车或无轨胶轮车运行的主要运输巷道、有行人道的集中带式输送机巷道、有行人道的斜井、升降人员及物料的绞车道以及主要巷道交叉点等处； (4) 经常有人看管的机电设备处、移动变压器处； (5) 风门、安全出口处等易发生危险的地点； (6) 综合机械化采煤工作面(照明灯间距不得大于 15 m)。 (7) 通风机房、绞车房、压风机房、变电所、矿调度室等必须设有应急照明设施。	其他伤害	管	较大	符合□ 不符□	

续表

项目	现场辨识内容	违反后果	风险评估		现场风险评估	评估人
			类别	等级		
7 照明和信号	7.0.3 井下固定照明灯具应选用矿用防爆型,光源宜选用高效节能光源。	瓦斯爆炸	管	重大	符合□ 不符□	
	7.0.4 矿灯的管理和使用应当遵守下列规定: (1) 完好的矿灯总数,至少应当比经常用灯的总人数多10%。 (2) 矿灯应当集中统一管理。每盏矿灯必须编号,专人专灯。 (3) 矿灯应当保持完好,出现亮度不够、电线破损、灯锁失效、灯头密封不严、灯头圈松动、玻璃破裂等情况时,严禁发放。 (4) 发出的矿灯,最低应当能连续正常使用11 h。 (5) 严禁矿灯使用人员拆开、敲打、撞击矿灯。 (6) 人员出井后(地面领用矿灯人员,在下班后),必须立即将矿灯交还灯房。 (7) 在每次换班2 h内,必须把没有还灯人员的名单报告矿调度室。 (8) 矿灯应当使用免维护电池,并具有过流和短路保护功能。采用锂离子蓄电池的矿灯还应当具有防过充电、过放电功能。 (9) 加装其他功能的矿灯,必须保证矿灯的正常使用要求。 (10) 在用矿灯完好率100%,使用合格的双光源矿灯。	其他伤害	管	一般	符合□ 不符□	
	7.0.5 矿灯房应当符合下列要求: (1) 用不燃性材料建筑。 (2) 取暖用蒸汽或者热水管式设备,禁止采用明火取暖。 (3) 有良好的通风装置,灯房和仓库内严禁烟火,并备有灭火器材。 (4) 有与矿灯匹配的充电装置。	火灾、其他伤害	管	较大	符合□ 不符□	
	7.0.6 电气信号应当符合下列要求: (1) 矿井中的电气信号,除信号集中闭塞外应当能同时发声和发光。 (2) 重要信号装置附近,应当标明信号的种类和用途。 (3) 升降人员和主要井口绞车的信号装置的直接供电线路上,严禁分接其他负荷。	触电	管	一般	符合□ 不符□	
	7.0.7 井下照明和信号的配电装置应当具有短路、过负荷和漏电保护的照明信号综合保护功能。	电气伤害	管	一般	符合□ 不符□	

项目	现场辨识内容	违反后果	风险评估		现场风险评估	评估人
			类别	等级		
8 防雷电保护	8.0.1 经由地面架空线路引入井下的供电电缆,必须在入井处装设防雷电装置。	雷电	管	较大	符合□ 不符□	
	8.0.2 建(构)筑物的防雷分类及设计应符合现行国家标准的规定。	雷电	管	较大	符合□ 不符□	
	8.0.3 微波通信系统、共用天线电视系统应按特殊建筑物设防。	雷电	管	较大	符合□ 不符□	
	8.0.4 井上、下必须装设防雷电装置,并遵守现行《煤矿安全规程》的有关规定。	雷电	管	较大	符合□ 不符□	
	8.0.5 电力设备的雷电保护或过电压保护,应按国家有关规定执行。	雷电	管	较大	符合□ 不符□	
	8.0.6 地面牵引网络装设直流阀型避雷器或角型放电间隙的地点,应符合下列规定: (1)牵引变电所架空馈电线出口及线路上每个独立区段内; (2)接触线与馈电线连接处; (3)地面电机车接触线终端; (4)平硐硐口。	雷电	管	较大	符合□ 不符□	

第四节 机电系统(设备部分)安全风险现场辨识评估清单

项目	现场辨识内容	违反后果	风险评估		现场风险评估	评估人
			类别	等级		
1 基本规定	1.0.1 机电设备有产品合格证、煤矿矿用产品安全标志,防爆设备有防爆合格证。	瓦斯爆炸	管	重大	符合□ 不符□	
	1.0.2 机电设备综合完好率不低于90%,大型在用固定设备完好,小型电气设备完好率不低于95%。	机械伤害	管	重大	符合□ 不符□	
	1.0.3 机电事故率不高于1%,设备待修率不高于5%,设备更新改造按计划执行,设备大修计划应完成90%以上。	机械伤害	管	较大	符合□ 不符□	
	1.0.4 必须建立机电专业组织机构,分工明确、配齐专职管理人员,建立健全机电设备及其安全保护装置、安全设施的技术档案,有专人统一管理。	人身伤害	管	一般	符合□ 不符□	

项目	现场辨识内容	违反后果	风险评估		现场风险评估	评估人
			类别	等级		
1 基本规定	1.0.5　每月对大型设备进行一次彻底检查,发现安全隐患必须停机并及时组织处理,对于矿方解决不了的问题应及时上报集团公司备案解决。	人身伤害	管	较大	符合□ 不符□	
	1.0.6　安装主副井提升机钢丝绳、主通风机及主斜井输送带在线监测装置,确保监测装置运行良好,及时传输设备运行数据。	机械伤害	管	较大	符合□ 不符□	
	1.0.7　严格执行大型设备"五检制",即班检、日检、旬检、月检、年检,并留有详细记录。严格执行包机制,详细记录设备的运行状况,有分析、处理事故经过的详细记录。	机械伤害	机	较大	符合□ 不符□	
	1.0.8　必须由具有国家安全生产检测检验资质的单位定期对大型设备进行技术测试,根据测试结果进行整改并留有记录存档。	机械伤害	管	重大	符合□ 不符□	
	1.0.9　对大型设备的关键零部件,如:提升机主轴、制动杆件、深度指示器传动杆件、天轮轴、连接装置、主通风机的主轴、主通风机传动轴轴头及焊接部分、风叶、叶柄等,按规定进行定期探伤,若无规定,可视为两年一次。	机械伤害	管	重大	符合□ 不符□	
	1.0.10　定期对井下杂散电流进行测定。	瓦斯爆炸	管	重大	符合□ 不符□	
	1.0.11　设备零部件完整齐全,设备完好,有铭牌、责任牌及完好牌。	其他伤害	管	一般	符合□ 不符□	
	1.0.12　井下所有运行防爆电气设备必须保证其防爆性能和电气性能。	瓦斯爆炸	管	重大	符合□ 不符□	
	1.0.13　不得使用国家明令禁止淘汰的电气设备和产品。	机械伤害	管	重大	符合□ 不符□	
	1.0.14　防爆电气设备到矿验收时应当检查产品合格证、煤矿矿用产品安全标志;入井前进行防爆检查,签发合格证后方准入井。	瓦斯爆炸	管	重大	符合□ 不符□	
2 主运输带式输送机	2.0.1　带式输送机必须配齐堆煤保护装置、驱动滚筒防滑保护装置、防跑偏装置、温度保护装置、烟雾保护装置、自动洒水装置、输送带张紧力下降保护装置、防撕裂保护装置。	机械伤害	机	较大	符合□ 不符□	
	2.0.2　斜井中使用的带式输送机应加设软启动装置,上运时,必须同时装设防逆转装置和制动装置、断带保护装置。	机械伤害	机	较大	符合□ 不符□	
	2.0.3　有沿线紧急停车、闭锁装置,装、卸载处有摄像头。	机械伤害	机	较大	符合□ 不符□	

项目	现场辨识内容	违反后果	风险评估 类别	风险评估 等级	现场风险评估	评估人
2 主运输带式输送机	2.0.4 机尾张紧装置应有限位保护,并定期检查,保证灵敏可靠;对在中部安有重锤张紧装置的输送机,应时常检查跑道有无卡阻和变形现象。	机械伤害	机	一般	符合□ 不符□	
	2.0.5 钢丝绳芯强力带式输送机须装设能对胶带钢丝绳芯及接头状态进行实时检测的在线监测装置。	机械伤害	机	一般	符合□ 不符□	
	2.0.6 必须使用阻燃输送带,托辊的非金属材料零部件和包胶滚筒的胶料的阻燃性和抗静电性必须符合国家标准。	火灾	机	重大	符合□ 不符□	
	2.0.7 在机头、机尾、联轴器、输送带与托辊、滚筒等运动部件及易咬入或挤夹的部位,必须设置防护栏或防护罩。	机械伤害	机	较大	符合□ 不符□	
	2.0.8 行人跨越带式输送机处,应当设过桥。	机械伤害	机	较大	符合□ 不符□	
	2.0.9 煤仓、溜煤眼必须有防止人员坠入的设施。	高处坠落	管	较大	符合□ 不符□	
	2.0.10 机头前后两端各 20 m 范围内必须用不燃性材料支护。在井下和井口房,严禁采用可燃性材料搭设临时操作间、休息间。	火灾	机	较大	符合□ 不符□	
	2.0.11 及时清除巷道中的浮煤,清扫和冲洗沉积煤尘。	粉尘爆炸	环	较大	符合□ 不符□	
	2.0.12 严禁煤仓、溜煤(矸)眼兼作流水道。	人身伤害	管	较大	符合□ 不符□	
	2.0.13 煤仓与溜煤(矸)眼内有淋水时,必须采取封堵疏干措施;没有得到妥善处理不得使用。	人身伤害	管	一般	符合□ 不符□	
	2.0.14 电动机保护齐全可靠。	其他伤害	管	一般	符合□ 不符□	
	2.0.15 机头、机尾及搭接处设有照明。	其他伤害	管	低	符合□ 不符□	
	2.0.16 连续运输系统安设有联锁、闭锁控制装置,沿线安设有通信和信号装置。	其他伤害	管	一般	符合□ 不符□	
	2.0.17 集中控制硐室安设有与矿调度室直通电话。	其他伤害	管	一般	符合□ 不符□	
	2.0.18 使用低耗、先进、可靠的电控装置。	其他伤害	管	一般	符合□ 不符□	

续表

项目	现场辨识内容	违反后果	风险评估		现场风险评估	评估人
			类别	等级		
3 主要通风机	3.0.1　主要通风机机房必须有两趟直接由变（配）电所馈出的专用供电线路，两条线路分别来自不同的变压器和母线段，线路上不得分接其他负荷。设备的控制回路和辅助设备，必须有与主要设备同等可靠的备用电源。	人身伤害	管	重大	符合□ 不符□	
	3.0.2　机房有完善的防雷设施、应急照明设施，必须安装校验合格的水柱计、电流表、电压表等仪表。	人身伤害	管	较大	符合□ 不符□	
	3.0.3　电动机保护齐全、可靠；使用在线监测装置，并且具备通风机轴承、电动机轴承、电动机定子绕组温度检测和超温报警功能，具备震动监测及报警功能。	人身伤害	管	较大	符合□ 不符□	
	3.0.4　主要、备用通风机各操作机构灵活，备用通风机必须保证在 10 min 内开动。	人身伤害	管	重大	符合□ 不符□	
	3.0.5　必须完善过流、无压释放保护，每年对电动机的绝缘性能进行测试。	人身伤害	管	较大	符合□ 不符□	
	3.0.6　风机房内必须有可靠的调度室直通电话，电话线路不得与其他地点共用。	其他伤害	管	低	符合□ 不符□	
	3.0.7　叶轮、轮毂、导叶完整齐全，无裂纹，保证有充足的原厂备品、备件。	人身伤害	管	较大	符合□ 不符□	
	3.0.8　主要通风机必须装有反风设施，并能在 10 min 内改变巷道中的风流方向。	人身伤害	管	重大	符合□ 不符□	
	3.0.9　新安装的主要通风机投入使用前，进行 1 次通风机性能测定和试运转工作，投入使用后每 5 年至少进行 1 次性能测定。	人身伤害	管	重大	符合□ 不符□	
	3.0.10　主要通风机性能必须满足通风安全需要。	人身伤害	管	重大	符合□ 不符□	
	3.0.11　每月倒机、检查 1 次。	人身伤害	管	一般	符合□ 不符□	
	3.0.12　通风机房安设应急照明装置。	人身伤害	管	低	符合□ 不符□	
	3.0.13　使用低耗、先进、可靠的电控装置。	其他伤害	管	低	符合□ 不符□	
	3.0.14　通风机房附近 20 m 内，不得有烟火或者用火炉取暖。	水灾	机	重大	符合□ 不符□	

项目	现场辨识内容	违反后果	风险评估		现场风险评估	评估人
			类别	等级		
4 主排水泵	4.0.1 主排水泵房必须装备与涌水量相匹配的水泵、排水管路、配电设备和水仓等,并满足排水的需要。	水灾	机	重大	符合□ 不符□	
	4.0.2 除配备正在检修的水泵外,还应当有工作水泵和备用水泵。工作水泵的能力,应当能在 20 h 内排出 24 h 的正常涌水量(包括充填水及其他用水)。备用水泵的能力,应当不小于工作水泵能力的 70%。检修水泵的能力,应当不小于工作水泵能力的 25%。工作和备用水泵的总能力,应当能在 20 h 内排出 24 h 的最大涌水量。	水灾	机	重大	符合□ 不符□	
	4.0.3 排水管路应当有工作和备用水管。工作排水管路的能力,应当能配合工作水泵在 20 h 内排出 24 h 的正常涌水量。工作和备用排水管路的总能力,应当能配合工作和备用水泵在 20 h 内排出 24 h 的最大涌水量。	水灾	机	重大	符合□ 不符□	
	4.0.4 配电设备的能力应当与工作、备用和检修水泵的能力相匹配,能够保证全部水泵同时运转。	人身伤害	管	较大	符合□ 不符□	
	4.0.5 中央水泵房至少有 2 个出口,一个出口用斜巷通到井筒,并高出泵房底板 7 m 以上;另一个出口通到井底车场,在此出口通路内,应当设置易于关闭的既能防水又能防火的密闭门。泵房和水仓的连接通道,应当设置控制闸门。	人身伤害	管	较大	符合□ 不符□	
	4.0.6 主要水仓应当有主仓和副仓,当一个水仓清理时,另一个水仓能够正常使用。	水灾	管	较大	符合□ 不符□	
	4.0.7 水泵、水管、闸阀、配电设备和线路必须经常检查和维护。每年雨季之前必须全面检修 1 次,并对工作水泵和备用水泵进行 1 次联合排水试验,提交联合排水试验报告。	水灾	管	较大	符合□ 不符□	
	4.0.8 水仓、沉淀池和水沟中的淤泥每年雨季前必须清理 1 次。	水灾	管	较大	符合□ 不符□	
	4.0.9 供电线路不得少于两回路,当任一回路停止供电时,另一回路能担负全部负荷。	人身伤害	管	重大	符合□ 不符□	
	4.0.10 各种阀门操作灵活、动作可靠,盘根不得过热,漏水不成线。	机械伤害	机	较大	符合□ 不符□	
	4.0.11 泵体不得有裂纹,泵体与管路不得有漏水、漏气现象。	机械伤害	机	较大	符合□ 不符□	
	4.0.12 吸水井无杂物,底阀不淤埋和堵塞。	水灾	机	较大	符合□ 不符□	
	4.0.13 吸水管管径不小于水泵吸水口径,吸水高度不超过水泵设计允许值。	水灾	机	较大	符合□ 不符□	
	4.0.14 排水设备各部件运转无异常声音、震动和温升。	机械伤害	机	较大	符合□ 不符□	

续表

项目	现场辨识内容	违反后果	风险评估 类别	风险评估 等级	现场风险评估	评估人
4 主排水泵	4.0.15 有可靠的引水装置;设有高、低水位声光报警装置。	水灾	机	较大	符合□ 不符□	
	4.0.16 电动机保护装置齐全、可靠。	机械伤害	机	较大	符合□ 不符□	
	4.0.17 水泵房安设有与矿调度室的直通电话。	其他伤害	管	一般	符合□ 不符□	
	4.0.18 各种仪表齐全,及时校准。	机械伤害	机	一般	符合□ 不符□	
	4.0.19 使用低耗、先进、可靠的电控装置。	其他伤害	管	低	符合□ 不符□	
5 材料斜井提升机	5.0.1 提升机必须装设下列安全保护,严禁甩保护运行: (1)过卷和过放保护:当提升容器超过正常终端停止位置或者出车平台0.5 m时,必须能自动断电,且使制动器实施安全制动。 (2)超速保护:当提升速度超过最大速度15%时,必须能自动断电,且使制动器实施安全制动。 (3)过负荷和欠电压保护。 (4)限速保护:提升速度超过3 m/s的提升机应当装设限速保护,以保证提升容器到达终端位置时的速度不超过2 m/s。当减速段速度超过设定值的10%时,必须能自动断电,且使制动器实施安全制动。 (5)位置指示保护:当位置指示失效时能自动断电,且使制动器实施安全制动。 (6)闸瓦间隙保护:当闸瓦间隙超过规定值时,能报警并闭锁下次开车。 (7)减速功能保护:当提升容器或者平衡锤到达设计减速点时,能示警并开始减速。 (8)错向运行保护:当发生错向时,能自动断电,且使制动器实施安全制动。 (9)过卷保护、超速保护、限速保护和减速功能保护应设置为相互独立的双线形式。 (10)松绳保护。	机械伤害	机	较大	符合□ 不符□	
	5.0.2 机械制动装置采用弹簧式,能实现工作制动和安全制动。工作制动必须采用可调节的机械制动装置。安全制动必须有并联冗余的回油通道。	机械伤害	机	较大	符合□ 不符□	
	5.0.3 提升机制动闸空动时间:盘式制动装置不得超过0.3 s,径向制动装置不得超过0.5 s。	机械伤害	机	较大	符合□ 不符□	

续表

项目	现场辨识内容	违反后果	风险评估		现场风险评估	评估人
			类别	等级		
5 材料斜井提升机	5.0.4 提升机操作必须遵守下列规定： (1) 配有正、副司机，严禁司机擅自离开工作岗位。 (2) 提升机司机必须执行一人开车、一人监护的规定，两名司机必须轮流操作，轮流监护，每班工作时间不得超过8 h。 (3) 如发生故障，必须立即停止提升机运行，并向矿调度室报告。	人身伤害	管	较大	符合□ 不符□	
	5.0.5 新安装的斜井提升机，必须验收合格后方可投入运行。以后每3年进行1次性能检测，检测合格后方可继续使用。	机械伤害	机	较大	符合□ 不符□	
	5.0.6 提升机的电控系统、液压及机械制动系统必须可靠，各种闭锁关系正确，制动能力满足安全控制要求。	机械伤害	机	较大	符合□ 不符□	
	5.0.7 材料斜井提升机卷筒的钢丝绳缠绕层数不得超过3层。	机械伤害	机	较大	符合□ 不符□	
	5.0.8 缠绕2层或者2层以上钢丝绳的卷筒，必须符合下列要求： (1) 卷筒边缘高出最外层钢丝绳的高度，至少为钢丝绳直径的2.5倍。 (2) 卷筒上必须设有带绳槽的衬垫。 (3) 钢丝绳由下层转到上层的临界段（相当于绳圈1/4长的部分）必须经常检查，并每季度将钢丝绳移动1/4绳圈的位置。	机械伤害	机	较大	符合□ 不符□	
	5.0.9 钢丝绳绳头固定在卷筒上时，应当符合下列要求： (1) 必须有特备的容绳或者卡绳装置，严禁系在卷筒轴上； (2) 绳孔不得有锐利的边缘，钢丝绳的弯曲不得形成锐角； (3) 卷筒上应当缠留3圈绳，以减轻固定处的张力，还必须留有定期检验用绳。	机械伤害	机	较大	符合□ 不符□	
	5.0.10 新到钢丝绳的使用与管理必须遵守下列规定： (1) 钢丝绳到货后必须进行性能检验。合格后妥善保管备用，防止损坏或者锈蚀。 (2) 每根钢丝绳的出厂合格证、验收检验报告等原始资料应当保存完整。 (3) 存放时间超过1年的钢丝绳在悬挂前必须再进行性能检测，合格后方可使用。 (4) 钢丝绳悬挂前，必须对每根钢丝做拉断、弯曲和扭转3种试验，以公称直径为准对试验结果进行计算和判定： ① 不合格钢丝的断面积与钢丝总断面积之比达到10%，不得用作升降物料。 ② 钢丝绳的安全系数小于《煤矿安全规程》的规定时，该钢丝绳不得使用。	机械伤害	机	较大	符合□ 不符□	

项目	现场辨识内容	违反后果	风险评估		现场风险评估	评估人
			类别	等级		
	5.0.11　在用钢丝绳的检验、检查与维护,应当遵守下列规定: (1)升降物料用的缠绕式提升钢丝绳悬挂使用 12 个月内必须进行第一次性能检验,以后每 6 个月检验 1 次。 (2)缠绕式提升钢丝绳的定期检验,可以只做每根钢丝的拉断和弯曲 2 种试验。试验结果以公称直径为准进行计算和判定。出现下列情况的钢丝绳,必须停止使用: ① 不合格钢丝的断面积与钢丝总断面积之比达到 25％时; ② 钢丝绳的安全系数小于《煤矿安全规程》的规定时。	机械伤害	机	较大	符合□ 不符□	
	5.0.12　雨季打雷期间,严禁提升机运行。	机械伤害	机	较大	符合□ 不符□	
	5.0.13　上、下井口及各水平安设有摄像头,机房有视频监视器。	其他伤害	机	较大	符合□ 不符□	
	5.0.14　机房安设有应急照明装置。	机械伤害	机	低	符合□ 不符□	
5 材料斜井提升机	5.0.15　倾斜井巷内使用串车提升时,必须遵守下列规定: (1)在倾斜井巷内安设能够将运行中断绳、脱钩的车辆阻止住的跑车防护装置。 (2)在各车场安设能够防止带绳车辆误入非运行车场或区段的阻车器。 (3)在上部平车场入口安设能够控制车辆进入摘挂钩地点的阻车器。 (4)在上部平车场接近变坡点处,安设能够阻止未连挂车辆滑入斜巷的阻车器。 (5)在变坡点下方略大于一列车长度的地点,设置能够防止未连挂的车辆继续往下跑车的挡车栏。 (6)在各车场安设甩车时能发出警号的信号装置。 (7)上述挡车装置必须经常关闭,放车时方准打开。 (8)轨道的铺设必须符合标准规定,并采取轨道防滑措施。 (9)轮辊按设计要求配置,并保持转动灵活。 (10)倾斜井巷上端有足够的过卷距离。过卷距离根据巷道倾角、设计载荷、最大提升速度和实际制动力等参量计算确定,并有 1.5 倍的备用系数。 (11)串车提升的各车场设有信号硐室及躲避硐。 (12)斜井提升时,严禁蹬钩、行人。 (13)运送物料时,开车前把钩工必须检查牵引车数、各车的连接和装载情况。牵引车数超过规定,连接不良或装载物料超高、超宽、超重或偏载严重有翻车危险时,严禁发出开车信号。	机械伤害	机	较大	符合□ 不符□	

项目		现场辨识内容	违反后果	风险评估		现场风险评估	评估人
				类别	等级		
5 材料斜井提升机		5.0.16 跑车防护装置使用前或使用条件改变时,必须进行试验。试验合格后方可正式投入使用。试验条件必须符合实际情况,试验记录应存档备查。	机械伤害	机	较大	符合□ 不符□	
		5.0.17 倾斜井巷运输线路上部车场口,在距离变坡点不少于 2 m 的水平线路处,必须安设一组抱轨式阻车器与变坡点下方略大于一列车长度地点设置的挡车栏实现联锁。	机械伤害	机	较大	符合□ 不符□	
		5.0.18 斜井上部车场摘挂钩处,必须设一组阻车器。	机械伤害	机	较大	符合□ 不符□	
		5.0.19 斜井中间段根据斜长设置若干挡跑车防护装置,有人作业的地点上方 20 m 处,增设 1 组跑车防护装置,确保作业人员安全。	机械伤害	机	较大	符合□ 不符□	
		5.0.20 倾斜巷道装卸或停放车辆时,必须设置可靠的阻车器。	机械伤害	机	较大	符合□ 不符□	
		5.0.21 多水平运输时,从各水平发出的信号必须有区别。人员上、下地点应悬挂信号牌。任一区段行车时,各水平必须有信号显示。	其他伤害	管	较大	符合□ 不符□	
6 采掘机械	6.1 采煤机	6.1.1 采煤机必须安装内、外喷雾装置。截煤时必须喷雾降尘,内喷雾压力不得小于 2 MPa,外喷雾压力不得小于 4 MPa。	粉尘伤害	机	一般	符合□ 不符□	
		6.1.2 采煤机设置甲烷断电仪或者便携式甲烷检测报警仪,且灵敏可靠。	瓦斯爆炸	机	较大	符合□ 不符□	
		6.1.3 采煤机上装有能停止工作面刮板输送机运行的闭锁装置。	机械伤害	机	较大	符合□ 不符□	
		6.1.4 启动采煤机前,必须先巡视采煤机四周,发出预警信号,确认人员无危险后,方可接通电源。	机械伤害	机	较大	符合□ 不符□	
		6.1.5 采煤机因故暂停时,必须打开隔离开关和离合器。	机械伤害	机	较大	符合□ 不符□	
		6.1.6 采煤机停止工作或者检修时,必须切断采煤机前级供电开关电源并断开其隔离开关,断开采煤机隔离开关,打开截割离合器。	机械伤害	机	较大	符合□ 不符□	
		6.1.7 工作面遇有坚硬夹矸或者黄铁矿结核时,应当采取松动爆破处理措施,严禁用采煤机强行截割。	其他伤害	机	低	符合□ 不符□	
		6.1.8 工作面倾角在 15° 以上时,必须有可靠的防滑装置。	机械伤害	机	较大	符合□ 不符□	

项目		现场辨识内容	违反后果	风险评估		现场风险评估	评估人
				类别	等级		
6 采掘机械	6.1 采煤机	6.1.9　更换截齿和滚筒时,采煤机上下 3 m 范围内,必须护帮护顶,禁止操作液压支架。必须切断采煤机前级供电开关电源并断其隔离开关,断开采煤机隔离开关,打开截割部离合器,并对工作面输送机实行闭锁。	机械伤害	机	较大	符合□ 不符□	
		6.1.10　刮板输送机齿轨的安设必须紧固、完好,并经常检查。	机械伤害	机	较大	符合□ 不符□	
		6.1.11　采煤机对口螺栓及底托架螺栓齐全紧固,每个滚筒缺齿数不超过 5 个(包括失效截齿)。	机械伤害	机	较大	符合□ 不符□	
	6.2 液压支架	6.2.1　倾角大于 15°时,液压支架必须采取防倒、防滑措施。倾角大于 25°时,必须有防止煤(矸)窜出刮板输送机伤人的措施。	机械伤害	机	较大	符合□ 不符□	
		6.2.2　液压支架的完好率不低于 90%。	机械伤害	机	较大	符合□ 不符□	
		6.2.3　在使用过程中更换配件(含胶管)必须使用原厂规格、型号相同的产品,如使用其他替代产品,必须经集团公司机电管理部门认可。	机械伤害	机	较大	符合□ 不符□	
		6.2.4　乳化液的配制必须使用自动配比装置,确保乳化液浓度在 3%~5% 的范围内。	机械伤害	机	较大	符合□ 不符□	
		6.2.5　严禁用铅丝替代销子。	物体打击	机	重大	符合□ 不符□	
		6.2.6　液压支架必须接顶,顶板破碎时必须超前支护,在处理液压支架上方冒顶时,必须制定安全措施。	冒顶片帮	管	较大	符合□ 不符□	
		6.2.7　采煤机采煤时必须及时移架。移架滞后采煤机的距离,应当根据顶板的具体情况在作业规程中明确规定;超过规定距离或者发生冒顶、片帮时,必须停止采煤。	冒顶片帮	管	较大	符合□ 不符□	
		6.2.8　严格控制采高,严禁采高大于支架的最大有效支护高度。当煤层变薄时,采高不得小于支架的最小有效支护高度。	冒顶片帮	管	较大	符合□ 不符□	
		6.2.9　当采高超过 3 m 或者煤壁片帮严重时,液压支架必须设护帮板。当采高超过 4.5 m 时,必须采取防片帮伤人措施。	冒顶片帮	管	较大	符合□ 不符□	
		6.2.10　工作面两端必须使用端头支架或者增设其他形式的支护。	冒顶片帮	管	较大	符合□ 不符□	
		6.2.11　处理倒架、歪架、压架,更换支架,以及拆修顶梁、支柱、座箱等大型部件时,必须有安全措施。	机械伤害	管	较大	符合□ 不符□	
		6.2.12　在工作面内进行爆破作业时,必须有保护液压支架和其他设备的安全措施。	爆破伤害	管	较大	符合□ 不符□	

项目		现场辨识内容	违反后果	风险评估		现场风险评估	评估人
				类别	等级		
6 采掘机械	6.3 刮板输送机、转载机、破碎机	6.3.1 采煤工作面刮板输送机必须安设能发出停止、启动信号和通信的装置,发出信号点的间距不得超过15 m。	机械伤害	机	较大	符合□ 不符□	
		6.3.2 刮板输送机和转载机使用的液力偶合器必须按功率大小注入规定量的难燃液。易熔合金塞必须符合标准,经常检查、清除塞内污物;严禁使用不符合标准的物品代替。	机械伤害	机	较大	符合□ 不符□	
		6.3.3 倾角大于25°时,必须有防止煤(矸)窜出刮板输送机伤人的措施。	机械伤害	管	较大	符合□ 不符□	
		6.3.4 刮板输送机严禁乘人。用刮板输送机运送物料时,必须有防止顶人和顶倒支架的安全措施。	机械伤害	管	较大	符合□ 不符□	
		6.3.5 移动刮板输送机时,必须有防止冒顶、顶伤人员和损坏设备的安全措施。	冒顶片帮	管	较大	符合□ 不符□	
		6.3.6 转载机实行全封闭式运行,尾挡板内侧有能停止转载机、破碎机的拉线开关。	机械伤害	机	较大	符合□ 不符□	
		6.3.7 工作面转载机安装破碎机时,必须有安全防护装置,在破碎机入口前安装红外保护装置。	机械伤害	机	较大	符合□ 不符□	
		6.3.8 刮板输送机、转载机、破碎机电气保护齐全可靠,电动机采用水冷方式时,水量、水压符合要求。	机械伤害	管	较大	符合□ 不符□	
	6.4 带式输送机	6.4.1 必须使用阻燃输送带。	火灾	机	重大	符合□ 不符□	
		6.4.2 带式输送机巷道中行人跨越带式输送机处必须设过桥。	机械伤害	机	较大	符合□ 不符□	
		6.4.3 带式输送机机头处必须备有数量充足的灭火器材。	火灾	管	较大	符合□ 不符□	
		6.4.4 驱动、伸缩部位两侧必须设置防护栏,机尾必须安装护罩。	机械伤害	机	较大	符合□ 不符□	
		6.4.5 带式输送机必须安装防滑、堆煤、防跑偏、温度、烟雾、撕裂和自动洒水保护装置,所有保护装置安装规范,并保证装置灵敏可靠,且应当具备沿线急停闭锁功能。	机械伤害	机	较大	符合□ 不符□	
		6.4.6 带式输送机上、下托辊齐全,转动灵活,损坏的托辊必须及时更换。	机械伤害	机	低	符合□ 不符□	

项目		现场辨识内容	违反后果	风险评估		现场风险评估		评估人
				类别	等级			
6 采掘机械	6.4 带式输送机	6.4.7 带式输送机的减速器与电动机采用软连接或软启动控制,液力偶合器不使用可燃性传动介质,并使用合格的易熔塞和防爆片。	机械伤害	机	低风险	符合□ 不符□		
		6.4.8 带式输送机机头前后两端各20 m范围内,都必须用不燃性材料支护。严禁采用可燃性材料搭设临时操作间、休息间。	火灾	管	较大	符合□ 不符□		
		6.4.9 机头、机尾及搭接处,应当有照明。	其他伤害	管	低	符合□ 不符□		
	6.5 乳化液泵站	6.5.1 乳化液泵站完好。	机械伤害	机	较大	符合□ 不符□		
		6.5.2 使用自动配液装置,水质、配比等必须符合有关要求;泵箱必须设自动给液装置,防止吸空。	机械伤害	机	较大	符合□ 不符□		
		6.5.3 乳化液泵调定压力不得低于液压支架设计所需初撑力,保证支架对顶板的初撑力符合要求。	冒顶片帮	机	重大	符合□ 不符□		
		6.5.4 液压元件运行平稳无噪声,试运行齿轮箱、曲轴箱运行声音正常,无异响,无漏油、漏水现象,油温长时运行不超过80 ℃,各轴承端部温度无异常。	机械伤害	机	一般	符合□ 不符□		
		6.5.5 各部结合必须紧密无缝隙,各部销轴穿连、锁固良好,无松动退脱现象。对轮胶套完好,压紧牢固,对轮护罩紧固不变形。	机械伤害	机	一般	符合□ 不符□		
		6.5.6 液压系统无漏液、窜液,部件无缺损,管路无挤压。	机械伤害	机	较大	符合□ 不符□		
		6.5.7 采用电液阀控制时,净化水装置运行正常,水质、水量满足要求。	机械伤害	机	较大	符合□ 不符□		
		6.5.8 各种液压设备及辅件合格、齐全、完好,控制阀有效,耐压等级符合要求。	机械伤害	机	较大	符合□ 不符□		
	6.6 掘进机械	6.6.1 掘进机械设备完好。	机械伤害	机	较大	符合□ 不符□		
		6.6.2 掘进机前后照明灯齐全明亮。	机械伤害	机	较大	符合□ 不符□		
		6.6.3 紧急停止按钮动作可靠,并有常闭功能。	机械伤害	机	较大	符合□ 不符□		
		6.6.4 掘进机作业时,必须使用内、外喷雾装置,内喷雾装置的使用水压不得小于2 MPa,外喷雾装置的使用水压不得小于4 MPa。	机械伤害	粉尘	一般	符合□ 不符□		

项目		现场辨识内容	违反后果	风险评估		现场风险评估	评估人
				类别	等级		
6采掘机械	6.6掘进机械	6.6.5 掘进机各连接部位齐全紧固。电控箱固定可靠,接触器和隔离开关及各种保护功能齐全,动作灵活准确,防爆部位符合规定,报警器齐全响亮。	机械伤害	机	较大	符合□ 不符□	
		6.6.6 截割部运行时人员不在截割臂下停留和穿越,机身与煤(岩)壁之间不站人。	机械伤害	机	较大	符合□ 不符□	
		6.6.7 综掘机铲板前方和截割臂附近无人时可启动,停止工作和交接班时按要求停放综掘机,将切割头落地,并切断电源。	机械伤害	机	较大	符合□ 不符□	
		6.6.8 移动电缆有吊挂、拖曳、收放、防拔脱装置,并且完好。	机械伤害	机	一般	符合□ 不符□	
		6.6.9 掘进机装设甲烷断电仪或者便携式甲烷检测报警仪。	瓦斯爆炸	机	较大	符合□ 不符□	
		6.6.10 使用掘进机开机、退机、调机时发出报警信号,设备非操作侧设有急停按钮。	机械伤害	机	较大	符合□ 不符□	
7通信系统		7.0.1 在副井绞车房、井底车场、运输调度室、变电所、水泵房、压风机房、爆炸物品库等主要机电设备硐室、井下主运输带式输送机转载点、临时配电点等处应安设电话。	其他伤害	管	一般	符合□ 不符□	
		7.0.2 生产调度通信系统总容量不少于200门,无线语音通信系统总容量不少于200门。	其他伤害	管	一般	符合□ 不符□	
		7.0.3 掘进工作面距端头30~50 m范围内应安设电话;采煤工作面距两端10~20 m范围内应安设电话;采掘工作面的平巷长度大于1 000 m时在平巷中部应安设电话。	机械伤害	管	一般	符合□ 不符□	
		7.0.4 在井下避难硐室、井下主要水泵房、井下中央变电所和采掘工作面、爆炸物品库、爆破时撤离人员集中地点等,必须设有直通矿调度室的电话。	机械伤害	管	一般	符合□ 不符□	
		7.0.5 通信系统应具有井下固定电话与地面固定电话和手持移动电话之间互联互通的功能。	机械伤害	管	一般	符合□ 不符□	
		7.0.6 广播系统应具有广播主机向所有连接音箱进行广播和播放的功能,宜具有井下音箱与地面主机的对讲功能;广播系统应具有广播主机向特定用户(组)的选择播放功能。	机械伤害	管	一般	符合□ 不符□	
		7.0.7 井下通信联络系统的线路,严禁利用大地作回路。	机械伤害	管	一般	符合□ 不符□	
		7.0.8 入井通信电缆的入井口处应设有防雷设施。	雷电	管	一般	符合□ 不符□	

第五节 运输系统安全风险现场辨识评估清单

项目	现场辨识内容	违反后果	风险评估 类别	风险评估 等级	现场风险评估	评估人
1 基本规定	1.0.1 条件适宜的大、中型矿井,煤炭运输应优先选用带式输送方式。	其他伤害	机	一般	符合□ 不符□	
	1.0.2 大巷运输系统采用轨道运输时,应根据运距、运量选择机车和矿车。	其他伤害	机	一般	符合□ 不符□	
	1.0.3 开采缓倾斜煤层,采用普通带式输送机向上运煤倾角不宜大于18°,向下运煤倾角不应大于16°。	其他伤害	机	一般	符合□ 不符□	
	1.0.4 当大巷、采区上、下山沿煤层布置,且倾角适宜时,从井底车场至大巷,采区上、下山至采煤工作面巷道宜实行直达运输。	其他伤害	机	一般	符合□ 不符□	
	1.0.5 健全、完善各种技术资料,如:矿井运输系统图、运输设备、设施图纸,事故记录,各项工程施工技术措施、机车资料、斜巷跑车防护装置、窄轨车辆连接器静拉力试验和测试记录或试验报告等。	其他伤害	管	低	符合□ 不符□	
	1.0.6 矿井轨道运输各工种必须严格执行现场交接班制度。	其他伤害	管	低	符合□ 不符□	
	1.0.7 必须建立健全各级轨道运输岗位责任制。岗位责任制除书面形式外,工作场所还必须有醒目的岗位责任牌板。	其他伤害	管	低	符合□ 不符□	
	1.0.8 人行道严禁堆放杂物,水沟要畅通,盖板要完整、齐全、稳固。	其他伤害	环	低	符合□ 不符□	
	1.0.9 运输巷两侧(包括管、线、电缆)与运输设备最突出部分之间的距离,应符合规定要求。	其他伤害	环	一般	符合□ 不符□	
	1.0.10 机车、车辆发生落道事故后,必须立即停止运行,以防止事故扩大,待机车、车辆停稳后,立即采取措施处理。	车辆伤害	管	较大	符合□ 不符□	
	1.0.11 所有入井人员必须接受乘车及井下行走的安全教育,服从运输安全监察员和矿井运输业务人员的指挥。	其他伤害	管	一般	符合□ 不符□	
	1.0.12 必须严格执行"行车不行人,行人不行车"的规定。	人身伤害	管	较大	符合□ 不符□	

续表

项目	现场辨识内容	违反后果	风险评估		现场风险评估	评估人
			类别	等级		
2 带式输送机运输	2.0.1 必须使用阻燃输送带，并具有适合规定的宽度，保证输送机在所有正常工作条件下的稳定性和强度。	其他伤害	管	较大	符合□ 不符□	
	2.0.2 整个输送机线路上，特别是在装载、卸载或转载点，设防止煤炭溢出的装置，并采取降尘措施。	其他伤害	环	低	符合□ 不符□	
	2.0.3 与输送机配套的电动机、电控及保护设备必须具有防爆合格证明。	瓦斯爆炸	机	一般	符合□ 不符□	
	2.0.4 输送机任何零部件的表面最高温度不得超过150℃。机械摩擦制动时，不得出现火花。	火灾	机	一般	符合□ 不符□	
	2.0.5 带式输送机必须按规定位置设置清扫器，较高的带式输送机必须设置防护遮板。	其他伤害	机	一般	符合□ 不符□	
	2.0.6 输送机电控系统应具有启动预告声响或灯光（信号）、启动、停止、紧急停机、系统联锁及沿线通信等功能，其他功能宜按输送机的设计要求执行。	其他伤害	机	一般	符合□ 不符□	
	2.0.7 在输送机运动部件（如联轴器、输送带与托辊、滚筒等）易咬入或挤夹的部位，尤其是人员易于接近的地方，都应加以防护。机头煤仓周围必须设置栅栏以防止人员和异物坠入，机头段储带仓两侧必须设置护栏。机尾必须设置安全防护罩或栏杆。	机械伤害	机	一般	符合□ 不符□	
	2.0.8 输送机巷道内禁止烧焊，输送机机头、机尾前后10 m的巷道支护应用非燃性材料支护。	火灾	环	一般	符合□ 不符□	
	2.0.9 输送机巷道内应敷设消防水管，机头、机尾和巷道每隔50 m设一个阀门和不少于25 m长的软管。机头部要备有不少于0.2 m³消防砂、2个以上合格的电器火灾灭火器、2把防火锹、2只消防水桶和防火沙袋等防灭火设施。	火灾	环	重大	符合□ 不符□	
	2.0.10 机架、托辊齐全完好，输送带不跑偏。严禁输送机乘人、跨越输送机或从设备下面通过，需要行人跨越处必须设过桥。	人身伤害	机	一般	符合□ 不符□	
	2.0.11 矿用安全型和限矩型偶合器不允许使用可燃性传动介质。调速型液力偶合器使用油介质时必须确保良好的外循环系统和完善的超温保护措施。	其他伤害	机	一般	符合□ 不符□	

项目	现场辨识内容	违反后果	风险评估		现场风险评估	评估人
			类别	等级		
2 带式输送机运输	2.0.12 必须有防滑、堆煤、防跑偏、超温、烟雾以及自动洒水等六大保护;倾斜向上运输的带式输送机必须设置防逆转装置和制动装置;输送机长度超过 100 m 时,应在输送机人行道一侧设置沿线紧急停车装置。带式输送机需安装的保护及安装位置有: (1) 防滑保护装置 磁铁式:防滑保护装置应将磁铁安装在从动滚筒的侧面,速度传感器要安装在与磁铁相对应的支架上; 滚轮式防滑保护:传感器安装在下输送带上面或者上输送带下面。 (2) 堆煤保护装置 一种是安装在煤仓上口,堆煤保护传感器的安装高度,应在低于机头下输送带 200 mm 水平以下,其平面位置应在煤仓口范围之内; 另一种是安装在两部带式输送机搭接处,安装高度应在后部输送机机头滚筒轴线水平以下,其平面位置应在前部带式输送机的煤流方向,且距离应在前部带式输送机机架侧向 200～300 mm。 (3) 防跑偏保护装置 机头和机尾均安装一组跑偏保护传感器;中间部分安装自动纠偏装置。 (4) 温度保护 安装在带式输送机的主动滚筒附近,温度探头应安设在带式输送机的主动滚筒和输送带接触面的 5～10 mm 处。 (5) 烟雾保护 悬挂于输送带张紧段,距上输送带上方 0.6～0.8 m,同时在风流下行方向距驱动滚筒 5 m 内的下风口处。 (6) 自动洒水装置 安装在输送机驱动装置两侧,洒水时能起到对驱动输送带和驱动滚筒同时灭火降温的效果,其水源的阀门应是常开。 (7) 沿线急停保护装置 输送机巷道内每隔 100 m 要安装一个急停开关,在装载点、人行过桥处、机头、机尾均应设有急停开关,开关信号要接入带式输送机控制系统。	其他伤害	机	一般	符合□ 不符□	

项目	现场辨识内容	违反后果	风险评估		现场风险评估	评估人
			类别	等级		
3 信 号、通 信、照 明	3.0.1　信号装置的设置必须遵守以下规定： （1）警示信号 水平大巷各交叉点和弯道两端,必须设置能同时发出声和光的行车预报警信号；水平大巷的道岔应设置警冲标。 （2）警戒信号 ① 大巷施工作业地点前后 40 m 以外必须悬挂红色信号警戒灯； ② 斜巷上、下车场及中间通道口必须使用语言声光行车报警信号装置,并有"正在行车、不准进入"警示牌（灯箱）。 （3）指示信号 ① 大巷各车场必须设置机车停车位置指示牌。 ② 大巷各交叉口必须设置列车去向指示牌。 ③ 巷道中接近弯道和车场 40 m 处必须设列车限速标志。	其他伤害	环	一般	符合□ 不符□	
	3.0.2　提升、运输的各车场、绞车房和小绞车安装地点及各收发信号地点的一切信号装置,必须做到声光兼备,否则严禁进行轨道运输作业。	运输	环	一般	符合□ 不符□	
	3.0.3　所有信号必须班班检查,保持完好。运输作业前先对各收发点信号装置至少试查 2 次。信号装置不灵敏、不可靠,严禁作业。	其他伤害	机	一般	符合□ 不符□	
	3.0.4　调度信号必须专线专用,严禁非岗位工操作。	其他伤害	人	低	符合□ 不符□	
	3.0.5　机车信号的设置必须遵守以下规定： （1）列车或单独机车必须前有照明,后有红尾灯。 （2）机车车场必须信号齐全,信号控制按钮必须标明用途。 （3）乘人车场必须有区间闭锁信号,保证一列车进入车场时,其他列车不能进入该车场。	其他伤害	机	一般	符合□ 不符□	
	3.0.6　钢丝绳运输信号的设置必须遵守以下规定： （1）信号必须声光兼备,能"双向"对打,保证上、下部车场和各信号收发点均能打点、回点。 （2）井筒绞车提升,必须装有从井底发给井口,再由井口发给绞车房的信号装置。	其他伤害	机	一般	符合□ 不符□	
	3.0.7　通信装置必须遵守以下规定： （1）运输调度站、绞车房、车场、电机车检修硐室、车库等各处,都应有可靠、有效、适当的通信设施。 （2）主要提升井井口、井底信号房之间必须设置可靠的电话,并且能直通调度室。 （3）电机车应配备通信装置,完善机车司机与调度之间及机车司机相互之间的联系。	其他伤害	机	一般	符合□ 不符□	

项目	现场辨识内容	违反后果	风险评估 类别	风险评估 等级	现场风险评估	评估人
3 信号、通信、照明	3.0.8 照明设施必须遵守以下规定： (1)矿井下列地点必须有足够的照明： ① 井底车场及其附近。 ② 机车硐室、调度室、机车库、候车室等。 ③ 兼作人行道的集中胶带运输巷道和人行交替使用的绞车道。 ④ 主要巷道的交叉点和盘区车场。 (2)使用机车的主要运输巷道内，每隔30 m应安设一盏防爆灯。 (3)井底车场、盘区车场、小绞车运输车场及摘挂钩地点，都应装设一定亮度的防爆灯。	其他伤害	环	低	符合□ 不符□	
4 车场与轨道线路	4.0.1 矿井轨道必须按标准铺设,在使用期间应加强维护,定期检修。主要运输巷轨道的铺设质量应符合下列要求： (1)扣件必须齐全、牢固并与轨型相符。轨道接头的间隙不得大于5 mm,高低和左右错差不得大于2 mm。 (2)轨道直线段水平,以及曲线段外轨抬高后的水平,误差不得大于5 mm。 (3)直线和加宽后的曲线段轨距,上偏差为+5 mm,下偏差为－2 mm。 (4)在曲线段内应设置轨距拉杆。 (5)同一线路应使用同一型号钢轨;道岔的钢轨型号不得低于线路的钢轨型号。	其他伤害	环	低	符合□ 不符□	
	4.0.2 机车运输主要车场长度:使用1 t矿车不得小于120 m。 盘区车场不小于两列车长度;钢丝绳运输车场:井口、井底和上下山出口存车场长度不得小于规定列车长度的1.5倍;中间车场长度不得小于12 m;运送材料车场和临时车场不得小于8 m。	其他伤害	管	一般	符合□ 不符□	
	4.0.3 车场处理落道故障时,大巷必须先发送事故信号,盘区必须采取可靠的稳车措施,并有专人监视。	其他伤害	管	一般	符合□ 不符□	
	4.0.4 人员乘车车场必须有明显的停车位置指示、车站名,以及列车时刻表。	其他伤害	管	一般	符合□ 不符□	
	4.0.5 窄轨铁道线路铺设质量必须符合质量标准要求。	其他伤害	环	低	符合□ 不符□	
	4.0.6 钢轨在使用前必须校正,不得有扭转和弯曲现象,轨端要齐、严,孔位正确。	其他伤害	环	低	符合□ 不符□	
	4.0.7 钢轨铺设应采用悬接方式,直线部分的两股钢轨接头应对接,相对错距误差不大于50 mm;曲线段应错接,相互错距不得大于2 m。短轨长度不得小于3 m,短轨的插入应在曲线头尾2 m以外的直线段进行。曲线与直线的切点处及倾斜井巷变坡点处不得有接头。	其他伤害	环	低	符合□ 不符□	

项目	现场辨识内容	违反后果	风险评估		现场风险评估	评估人
			类别	等级		
4 车场与轨道线路	4.0.8 线路轨枕应符合以下要求: (1)轨枕按材质分为预制钢筋混凝土、木材。 (2)每节钢轨应有 3 种不同的轨枕间距,即:接头间距 c,过渡间距 b,中心间距 a。 线路采用 18 kg/m 钢轨时,取 $c=440$ mm,$b=570$ mm,$a=700$ mm。 线路采用 24 kg/m 以上钢轨时,取 $c=480$ mm,$b=560$ mm,$a=700$ mm。 (3)临时轨道轨枕最大间距不得大于 1 m。	其他伤害	环	低	符合□ 不符□	
	4.0.9 铺设木轨枕时,树心朝下,有圆角的大面朝下,将尺寸、强度及耐久性能相同的铺在一起。轨枕应排列整齐,选择一侧对齐方式,单线铁道应靠人行道一侧齐,双线铁道应在两线外侧齐。轨枕中线应与铁道中心线垂直。	其他伤害	环	低	符合□ 不符□	
	4.0.10 铺设钢筋混凝土轨枕时,钢轨与轨枕必须用胶垫或其他柔性材料垫层作缓冲,以避免钢轨压损轨枕的承载面。捣固时,不得使镐头碰在轨枕上,以免轨枕因撞击而产生裂缝、脱边等现象。	其他伤害	环	低	符合□ 不符□	
	4.0.11 使用钢筋混凝土轨枕的轨道,在距木枕道岔两端应铺设 5 根以上木轨枕。在与木枕分界处,如遇钢轨接头,应保持木枕延伸至钢轨接头内 5 根以上作为过渡段,以保持轨道的弹性一致。	其他伤害	环	低	符合□ 不符□	
	4.0.12 道岔的轨型不得小于线路轨型,道岔前后必须至少铺设一对与道岔轨型相同的整根钢轨,两相邻道岔间插入的短轨不宜小于 3 m,困难条件下可不设。	其他伤害	环	低	符合□ 不符□	
	4.0.13 电机车运行线路道床应符合以下规定: (1)道碴铺设厚度不得小于 80~100 mm,铺设宽度单轨巷为 1.6 m,双轨巷为 3.2 m。道碴要埋住轨枕的 2/3,最高不得超出枕面,捣固应均匀,无吊板。 (2)道碴采用石灰岩、河卵石以及不易风化、不自燃的坚硬矸石制成。碎石、矸石的粒度为 10~40 mm,不得掺有碎末,并应定期清理石子中的煤粉。 (3)道床要铺设平整、饱满,必要时应加设横截水沟。	其他伤害	环	低	符合□ 不符□	
	4.0.14 轨道扣件应符合以下规定: (1)鱼尾板规格必须与钢轨配套,对不同的接头,要用特制异型鱼尾板连接。 (2)每根木枕上只许钉 4 个道钉,打入道钉的位置应在轨面宽 1/3 处。 (3)鱼尾板与螺栓的规格要配套,并加弹簧垫圈,不准短缺、松动。	其他伤害	环	低	符合□ 不符□	

项目	现场辨识内容	违反后果	风险评估 类别	风险评估 等级	现场风险评估	评估人
	4.0.15 轨道铺设应做到平、直、实,扣件、道钉、绳轮和轨枕齐全。螺栓连接的轨道接头间隙,井下不大于 5 mm,井上夏季不大于 7 mm、冬季不大于 10 mm。接头端顶面、内错差不大于 2 mm。	其他伤害	环	低	符合□ 不符□	
	4.0.16 轨道中心线的曲线半径应符合以下要求:运行速度小于或等于 1.5 m/s 时,不得小于通行车辆最大固定轴距的 7 倍,运行速度为 1.5～3.5 m/s 时,不得小于通行车辆最大固定轴距的 10 倍;运行速度大于 3.5 m/s时,不得小于通行车辆最大固定轴距的 15 倍。但行驶机车的轨道中心曲线半径不得小于 12 m。	车辆伤害	环	一般	符合□ 不符□	
4 车场与轨道线路	4.0.17 铺设道岔应符合以下规定: (1) 根据使用地点的曲线半径、开口方向、两轨中心距离等条件选择道岔型号。 道岔必须符合标准,道岔的铺设应符合设计要求,轨型与线路轨型一致。铺设道岔要平顺,位置误差不应大于设计规定 300 mm。 (2) 道岔轨枕断面规格与线路轨枕相同,长度适当加大,以保证两端均距轨底外缘不少于 250～300 mm。 (3) 辙岔铺设方向要正确,翼轨前部、心轨尖部与心轨后部工作边三点要成一直线,误差不超过±1 mm;心轨、翼轨垂直磨损不超过 7 mm,各部不准有断裂及变形。 (4) 曲连接轨的曲线半径误差不超过 5%。连接轨与辙岔接头间隙不大于 5 mm。 (5) 岔尖应符合设计要求。岔尖竖切部分必须与基本轨侧面密贴,间隙不大于 2 mm。在尖轨顶面宽 20 mm 处不高于基本轨 2 mm;尖轨与连接轨的接头轨缝不大于 8 mm,岔尖开程为 80～110 mm,摆动要灵活可靠。 (6) 护轨的中心点要与辙岔心轨的尖端成直角,误差±50 mm。护轨槽宽为 28 mm,即心轨与护轨工作边间距为 572 mm,误差+2 mm。护轨槽深为 38～40 mm,要保持清洁。 (7) 垫板及轨撑配置必须符合设计要求,不准短缺和松动。 (8) 转辙器的种类、型号必须符合设计要求,铺设要平整,扳动要灵活。 (9) 道岔的曲线外轨水平不得加高。调整道岔纵向或横向水平,均要以直基本轨为准。 (10) 辙岔应采用锰钢材料整铸。 (11) 永久线路不得采用施工简易道岔。	其他伤害	环	一般	符合□ 不符□	
	4.0.18 轨距拉杆应符合以下要求:行驶 10 t 及以上机车的轨道无论曲线、直线、道岔,都必须安装轨距拉杆。直线段每 10 m、曲线段每 5 m 安装一根,道岔不少于 3 根。	其他伤害	环	低	符合□ 不符□	

项目	现场辨识内容	违反后果	风险评估		现场风险评估	评估人
			类别	等级		
5 倾斜井巷提升	5.0.1 倾斜井巷内使用串车提升时，必须遵守下列规定： (1) 在倾斜井巷内安设能够将运行中断绳、脱钩的车辆阻止住的跑车防护装置。 (2) 在各车场安设能够防止带绳车辆误入非运行车场或区段的阻车器。 (3) 在上部平车场入口安设能够控制车辆进入摘挂钩地点的阻车器。 (4) 在上部平车场接近变坡点处，安设能够阻止未连挂车辆滑入斜巷的阻车器。 (5) 在变坡点下方略大于一列车长度的地点，设置能够防止未连挂的车辆继续往下跑车的挡车栏。 (6) 在各车场安设甩车时能发出警号的信号装置。上述挡车装置必须经常关闭，放车时方准打开。 (7) 轨道的铺设必须符合标准规定，并采取轨道防滑措施。 (8) 托绳(轮辊)按设计要求配置，并保持转动灵活。 (9) 倾斜井巷上端有足够的过卷距离。过卷距离根据巷道倾角、设计载荷、最大提升速度和实际制动力等参量计算确定，并有 1.5 倍的备用系数。 (10) 串车提升的各车场设有信号硐室及躲避硐。 (11) 斜井提升时，严禁蹬钩、行人。运送物料时，开车前把钩工必须检查牵引车数、车的连接和装载情况。牵引车数超过规定，连接不良或装载物料超高、超宽、超重或偏载严重有翻车危险时，严禁发出开车信号。	车辆伤害	机	较大	符合□ 不符□	
	5.0.2 新设计的倾斜井巷运输线路，必须同时设计、安装、投入使用跑车防护装置，不得以任何借口弃之不用或随意拆除，不得失修和失效。外购跑车防护装置，必须具有煤安标志，满足防爆要求。	车辆伤害	机	较大	符合□ 不符□	
	5.0.3 跑车防护装置使用前或使用条件改变时，必须进行试验。试验合格后方可正式投入使用。试验条件必须符合实际情况，试验记录应存档备查。	其他伤害	机	一般	符合□ 不符□	
	5.0.4 井下运输生产过程中，如通过特殊车辆，需拆除跑车防护装置，必须经矿总工程师和生产、安监部门批准，并制定出特殊车辆通行期间的防跑车安全措施后，由该装置主管单位人员拆除，特殊车辆通过后立即重新安装并恢复其性能。	其他伤害	管	一般	符合□ 不符□	
	5.0.5 倾斜井巷运输线路推广安装复合式跑车防护系统。	其他伤害	机	一般	符合□ 不符□	
	5.0.6 倾斜井巷运输线路上部车场口，在距离变坡点不少于 2 m 的水平线路处，必须安设一组抱轨式阻车器与变坡点下方略大于一列车长度地点设置的挡车栏实现联锁。	其他伤害	机	一般	符合□ 不符□	

续表

项目		现场辨识内容	违反后果	风险评估		现场风险评估	评估人
				类别	等级		
5 倾斜井巷提升		5.0.7　斜井、暗斜井上部车场摘挂钩处,必须设一组阻车器。	其他伤害	机	一般	符合□ 不符□	
		5.0.8　斜井、暗斜井中间段根据斜长设置若干挡跑车防护装置,有人作业的地点上方 20 m 处,增设 1 组跑车防护装置,确保作业人员安全。	其他伤害	机	一般	符合□ 不符□	
		5.0.9　倾斜巷道装卸或停放车辆时,必须设置可靠的阻车器。	车辆伤害	机	一般	符合□ 不符□	
		5.0.10　必须对跑车防护装置实行建档管理,并做到数量清、状态明,定期进行检查,保证装置可靠有效。	其他伤害	管	一般	符合□ 不符□	
		5.0.11　多水平运输时,从各水平发出的信号必须有区别。任一区段行车时,各水平必须有信号显示。	其他伤害	环	一般	符合□ 不符□	
6 钢丝绳和连接装置	6.1 钢丝绳	6.1.1　使用和保管钢丝绳时,必须遵守下列规定: (1) 新绳到货后,应由检验单位进行验收检验。合格后应妥善保管备用,防止损坏或锈蚀。 (2) 对每卷钢丝绳必须保存有包括出厂厂家合格证、验收证书等完整的原始资料。 (3) 保管超过 1 年的钢丝绳,在悬挂前必须再进行 1 次检验,合格后方可使用。 (4) 直径为 18 mm 及以下的专为提升物料用的钢丝绳(立井提升用除外),有厂家合格证书,外观检查无锈蚀和损伤,可以不进行本条第 1 款、第 3 款所要求的检验。	其他伤害	管	重大	符合□ 不符□	
		6.1.2　提升钢丝绳的检验应使用符合条件的设备和方法,检验周期应符合下列要求: (1) 升降人员和物料用的钢丝绳,自悬挂时起每隔 6 个月检验 1 次。 (2) 升降物料用的钢丝绳自悬挂时起 12 个月后进行第 1 次检验,以后每隔 6 个月检验 1 次。	其他伤害	管	重大	符合□ 不符□	
		6.1.3　矿井轨道运输各种用途的钢丝绳,在悬挂时的安全系数必须符合规定。	其他伤害	管	重大	符合□ 不符□	
		6.1.4　提升装置使用中的钢丝绳做定期检验时,安全系数有下列情况之一的必须更换: (1) 专为升降人员用的小于 7。 (2) 升降人员和物料用的钢丝绳:升降人员时小于 7,升降物料时小于 6。 (3) 专为升降物料和悬挂吊盘用的小于 5。	其他伤害	管	重大	符合□ 不符□	

项目		现场辨识内容	违反后果	风险评估		现场风险评估	评估人
				类别	等级		
6 钢丝绳和连接装置	6.1 钢丝绳	6.1.5 新钢丝绳悬挂前的检验包括验收检验和在用绳的定期检验,必须按下列规定执行: (1) 新绳悬挂前的检验:必须对每根钢丝做拉断、弯曲和扭转 3 种试验,并以公称直径为标准对试验结果进行计算和判定: ① 不合格钢丝的断面积与钢丝总面积之比达到 6%,不得用作升降人员;达到 10%,不得用作升降物料。 ② 以合格钢丝拉断力总和为准算出的安全系数,如低于《煤矿安全规程》第四百零八条的规定时,该钢丝绳不得使用。 (2) 在用钢丝绳的定期检验:可只做每根钢丝的拉断和弯曲 2 种试验。试验结果,仍以公称直径为准进行计算和判定: ① 不合格钢丝的断面积与钢丝总断面积之比达到 25% 时,该钢丝绳必须更换。 ② 以合格钢丝绳拉断力总和为准算出安全系数,如低于《煤矿安全规程》第四百零八条的规定时,该钢丝绳必须更换。	其他伤害	管	重大	符合□ 不符□	
		6.1.6 各种股捻钢丝绳在 1 个捻距内断丝断面积与钢丝总面积之比,达到下列数值时,必须更换: (1) 升降人员和物料用的钢丝绳为 5%。 (2) 专为升降物料用的钢丝绳、平衡钢丝绳、防坠器的制动钢丝绳包括缓冲绳为 10%。	其他伤害	管	重大	符合□ 不符□	
		6.1.7 提升钢丝绳直径减小量达到 10% 时必须更换。	其他伤害	管	重大	符合□ 不符□	
		6.1.8 钢丝绳在运行中遭受到卡阻、突然停车等猛烈拉力时,必须立即停车检查,发现下列情况之一者,必须将受力段剁掉或更换全绳: (1) 钢丝绳产生严重扭曲或变形。 (2) 断丝超过规定。 (3) 直径减小量超过规定。 (4) 遭受猛烈拉力的一段的长度伸长 0.5% 以上。 (5) 在钢丝绳使用期间,断丝数突然增加或伸长突然加快。	其他伤害	管	重大	符合□ 不符□	
		6.1.9 钢丝绳的钢丝有变黑、锈皮、点蚀麻坑等损伤时,不得用作升降人员。 钢丝绳锈蚀严重或点蚀麻坑形成沟纹,或外层钢丝松动时,无论断丝多少或绳径是否变化,必须立即更换。	人身伤害	管	重大	符合□ 不符□	
		6.1.10 使用有接头的钢丝绳时,必须遵守下列规定: (1) 可用在平巷运输设备、架空乘人装置和钢丝绳牵引带式输送机。 (2) 在倾斜井巷中使用的钢丝绳,其插接长度不得小于钢丝绳直径的 1 000 倍。钢丝绳插接的质量应符合下列要求: ① 互相插接的两条钢丝绳,必须是同型号、同直径,两个端头的插接长度应相等。 ② 插入钢丝绳内部的绳股,必须塞满除去麻芯后的空间。 ③ 钢丝绳插接部位的直径不得大于原钢丝绳直径的 10%。 ④ 各对股相交的位置应均布,不得有松弛现象。	其他伤害	管	重大	符合□ 不符□	

项目	现场辨识内容	违反后果	风险评估		现场风险评估	评估人
			类别	等级		
6 钢丝绳和连接装置	6.1.11 主要提升装置必须有检验合格的备用钢丝绳。对使用中的钢丝绳应根据井巷条件及锈蚀情况,至少每月涂油1次。倾斜井巷运输时,矿车之间的连接、矿车与钢丝绳之间的连接,必须使用不能自行脱落的连接装置,并加装保险绳。倾斜井巷运输用的钢丝绳连接装置,在每次更换钢丝绳时,必须用2倍于其最大静荷重的拉力进行试验。	其他伤害	管	重大	符合□ 不符□	
	6.1.12 使用插接钢丝绳时,应做好下列工作: (1)经常检查接头在通过滚筒、绳轮和弯道挡绳轮时有无松动或其他变化情况。 (2)插接部分应每周涂浸一次防腐油。 (3)应进行钢丝绳插接试样的拉力试验,插接段抗拉力的损失不得大于原绳破断力的4%。	其他伤害	管	重大	符合□ 不符□	
	6.1.13 各种提升装置的滚筒上缠绕的钢丝绳的层数,严禁超过下列要求:在倾斜井巷中升降物料的,准许缠绕3层。	其他伤害	管	一般	符合□ 不符□	
	6.1.14 滚筒上缠绕两层或两层以上钢丝绳时,必须符合下列要求: (1)滚筒边缘应高出最外一层钢丝绳的高度,至少应为钢丝绳直径的2.5倍。 (2)滚筒上必须设有带绳槽的衬垫。 (3)钢丝绳由下层转到上层的临界段相当于绳圈1/4长的部分,必须经常加以检查,并应在每季度将钢丝绳移动1/4绳圈的位置。对现有不带绳槽衬垫的在用绞车,只要在滚筒板上刻有绳槽或用一层钢丝绳作底层,可继续使用。	其他伤害	管	一般	符合□ 不符□	
	6.1.15 钢丝绳绳头固定在滚筒上时,必须符合下列要求: (1)必须有特备的容绳或卡绳装置,严禁系在滚筒轴上。 (2)绳孔不得有锐利的边缘,钢丝绳的弯曲不得形成锐角。 (3)滚筒上应经常缠留三圈绳,用以减轻固定处的张力,还必须留有作定期试验用的补充绳。	其他伤害	机	一般	符合□ 不符□	
	6.1.16 在用小绞车使用的钢丝绳,除应符合以上有关规定外,还必须遵守以下规定: (1)钢丝绳在滚筒上应排列整齐。 (2)钢丝绳不得结疙瘩。 (3)钩头卡绳长度不得小于600 mm,绳卡不得少于4道;如果用插接方式接头强度必须达到正常绳标准。 (4)钩头必须上绳皮。绳皮要求与钩头钢丝绳配合紧密不松动,要在绳皮内环中间处加焊三角形支撑铁板,确保绳皮受拉力后不变形;钩头上必须连接一个单链环,单链环的破断拉力必须大于牵引钢丝绳的总破断拉力。 (5)缠绳不得大于牵引长度的2倍及允许容绳量。	其他伤害	管	一般	符合□ 不符□	

项目		现场辨识内容	违反后果	风险评估		现场风险评估	评估人
				类别	等级		
6 钢丝绳和连接装置	6.2 连接装置	6.2.1 连接装置除必须符合《煤矿安全规程》规定外,窄轨车辆连接器的订货、验收、使用、检验和报废等各环节的管理工作,还必须符合《煤矿窄轨车辆连接器管理细则》规定。	其他伤害	管	一般	符合□ 不符□	
		6.2.2 窄轨车辆连接器包括双环链、三环链等及其相应的连接销。	其他伤害	机	一般	符合□ 不符□	
		6.2.3 连接器入库前,要责任到人,按下列要求验收: (1)具有有效的产品检验合格证和出厂检验合格证; (2)外形尺寸、产品质量均应符合标准要求; (3)表面应光洁,不准有裂纹、过烧、毛刺高度、伤疤深度及重皮去除后凹下深度均不大于1 mm; (4)铸造链环的错模量不得大于1 mm; (5)焊接链环的焊缝处,直径不能小于原棒料直径,但也不得超过原棒料直径的15%,焊缝应在链环的直部,表面应光洁,不准出现气孔、夹渣、明显裂纹等缺陷; (6)链环、插销必须有永久标志,标明厂家、制造年份、等级并涂黑漆。	其他伤害	管	低	符合□ 不符□	
		6.2.4 倾斜时,矿车之间、矿车与井巷运输钢丝绳之间的连接,都必须使用不能自行脱落的连接器。	其他伤害	管	较大	符合□ 不符□	
		6.2.5 应按设计规定使用连接器,严禁超载、超挂,严禁使用不符合要求的连接器或其他代用品。在倾斜井巷中严禁使用平巷专用连接器。	其他伤害	管	较大	符合□ 不符□	
		6.2.6 提运超长设备、物料等专用车辆的连接可采用多环链,其安全系数必须符合规定。当采用其他方式连接时,必须制订安全措施,报矿总工程师批准。	其他伤害	管	较大	符合□ 不符□	
		6.2.7 连接车辆时,必须对连接器进行认真检查,发现裂纹、变形超限、严重外伤和锈蚀等现象,必须更换。	其他伤害	管	重大	符合□ 不符□	
		6.2.8 连接器在使用中遭受猛烈拉力后,应进行变形和无损探伤检查,如发现裂纹、变形超限、严重外伤和锈蚀等现象,不得继续使用。连接器在使用中出现开环、断销等情况,必须分析原因,明确责任,制订防范措施。	其他伤害	管	重大	符合□ 不符□	
		6.2.9 连接器要定期检查和测量,并做到责任到人。倾斜井巷使用的至少每月一次,平巷使用的至少每季一次,并有记录。检查测量内容为: (1)连接器和插销的直径磨损量; (2)连接器和插销的变形量; (3)连接器的表面质量、几何尺寸、锈蚀、变形等。	其他伤害	管	重大	符合□ 不符□	

项目		现场辨识内容	违反后果	风险评估		现场风险评估	评估人
				类别	等级		
6 钢丝绳和连接装置	6.2 连接装置	6.2.10　连接器有下列情况之一时,必须作报废处理: (1) 连接器出现裂纹、开焊、严重锈蚀等; (2) 连接器和插销直径的磨损量超过原尺寸的15%,人车连接器和插销的磨损量超过原尺寸的10%; (3) 连接器和插销的弯曲变形量超过其直径的10%; (4) 连接器表面质量、几何尺寸、拉力试验超过《煤矿窄轨车辆连接件》(MT 244—2005)标准规定; (5) 连接器的无损探伤发现裂纹和缺陷超限; (6) 连接器的使用周期达到5年。	其他伤害	管	重大	符合□ 不符□	
7 机车与车辆		7.0.1　在用机车必须经过年度审验,具有机车年审合格证,方准许在合格证规定的有效期内安全运行,不得超期运行。	车辆伤害	管	重大	符合□ 不符□	
		7.0.2　瓦斯矿井中使用机车运输时,应遵守下列规定: (1) 低瓦斯矿井进风的主要运输巷道,可以使用架线电机车,并使用不燃性材料支护。 (2) 新建高瓦斯矿井不得使用架线电机车运输。高瓦斯矿井在用的架线电机车运输,必须遵守下列规定: ① 沿煤层或者穿过煤层的巷道必须采用砌碹或者锚喷支护; ② 有瓦斯涌出的掘进巷道的回风流,不得进入有架线的巷道中; ③ 采用碳素滑板或者其他能减小火花的集电器。	瓦斯爆炸	环	重大	符合□ 不符□	
		7.0.3　采用机车运输时,应遵守下列规定: (1) 正常运行时,机车必须在列车前端。 (2) 同一区段轨道上,不得行驶非机动车辆。如果需要行驶时,必须经井下运输调度站同意。 (3) 巷道内应装设路标和警标。机车行近巷道口、硐室口、弯道、道岔、坡度较大或噪声大等地段,以及前面有车辆或视线有障碍时,都必须降低速度,并发出警号。 (4) 必须有矿灯发送紧急停车信号的规定。非危险情况,任何人不得使用紧急停车信号。 (5) 两机车或两列车在同一轨道同一方向行驶时,必须保持不少于100 m的距离。 (6) 列车的制动距离每年至少测定1次。运送物料时不得超过40 m;运送人员时不得超过20 m。	其他伤害	管	重大	符合□ 不符□	
		7.0.4　必须定期检查和维护机车,发现隐患及时处理。	车辆伤害	管	一般	符合□ 不符□	
		7.0.5　机车的闸、灯、警铃(喇叭)、连接装置和撒砂装置,任何一项不正常或防爆部分失去防爆性能时,都不得使用该机车。	车辆伤害	机	重大	符合□ 不符□	

续表

项目	现场辨识内容	违反后果	风险评估		现场风险评估	评估人
			类别	等级		
7 机 车 与 车 辆	7.0.6 机车司机开车前必须对机车进行安全检查确认；启动前，必须关闭车门并发出开车信号；机车运行中，严禁司机将头或者身体探出车外；司机离开座位时，必须切断电动机电源，取下控制手把(钥匙)，扳紧停车制动。在运输线路上临时停车时，不得关闭车灯。	车辆伤害	管	重大	符合□ 不符□	
	7.0.7 机车牵引的各种车辆，如：矿车、花栏车、平板车等必须符合《煤矿矿井机电设备完好标准》的有关规定和有关技术要求。	其他伤害	机	一般	符合□ 不符□	
	7.0.8 运输特殊设备、大吨位设备及超高、超宽、超长物料时必须使用专用车辆，各类车辆要专车专用。运输物料的车辆必须有可靠的紧固装置，必须捆绑牢靠。	其他伤害	管	一般	符合□ 不符□	
	7.0.9 自制的专用车辆宽度和轴距，必须符合巷道宽度及轨道线路曲率半径的要求。非标准车辆必须符合有关技术要求。	其他伤害	机	一般	符合□ 不符□	
	7.0.10 对各种车辆要实行统一编号管理。	其他伤害	管	低	符合□ 不符□	
8 小 绞 车	8.0.1 小绞车是指用于轨道运输的各种内齿轮绞车和滚筒直径1.2 m及以下的运输绞车。	其他伤害	机	低	符合□ 不符□	
	8.0.2 小绞车必须按设计合理稳设，尽可能使滚筒中心线与提升中心线保持一致。	其他伤害	机	低	符合□ 不符□	
	8.0.3 绞车信号必须声光兼备，能实现双打对打，否则严禁运输作业。	其他伤害	机	一般	符合□ 不符□	
	8.0.4 小绞车安装地点必须有可靠的支护，保证不漏矸、不漏水、不片帮，无积水、无淤泥、无杂物。	冒顶片帮	环	较大	符合□ 不符□	
	8.0.5 必须建立正规的小绞车日常检查、维护和定期检查、检修制度，并留有记录。	其他伤害	管	低	符合□ 不符□	
	8.0.6 多部小绞车接力运输时，各绞车信号系统不得串联。严禁同一轨道线路作业区间两部及以上小绞车同时进行运输作业。	其他伤害	管	一般	符合□ 不符□	
	8.0.7 当牵引区间巷道坡度在6°及以上时，单钩运输小绞车必须加装保险绳。保险绳直径应与主绳直径相符，并连接牢固。	其他伤害	管	一般	符合□ 不符□	
	8.0.8 在用小绞车必须有岗位责任制和操作规程，并实行挂牌管理，牌板内容分两部分：(1)绞车型号、牵引力、钢丝绳直径、电动机功率、容绳量、牵引长度、允许牵引空重车数、允许最大牵引载荷、绞车包机人、绞车编号、维护单位和维护负责人；(2)管理部分：操作规程和岗位责任制的要点。	其他伤害	管	低	符合□ 不符□	

项目	现场辨识内容	违反后果	风险评估		现场风险评估	评估人
			类别	等级		
	8.0.9 小绞车司机必须经专门技术培训,经考试合格后,持有效上岗操作证方可上岗操作。	人身伤害	人	低	符合□ 不符□	
	8.0.10 小绞车必须实行硐室管理。 盘区上下山、工作面巷道等设计时,必须同时设计出安装小绞车的硐室,施工时必须同时按设计完成安装小绞车的硐室。 在巷道交叉口安装的小绞车应安装在硐室内。绞车硐室宽不得小于 3 m,高不得低于 1.8 m,深不得小于 3 m。当深度大于 6 m 时,要有独立的通风系统。绞车护绳板后及非电机侧必须留有宽 0.7 m 以上的操作空间或通路,电动机与巷壁间距不得小于 0.2 m。为防止钢丝绳与轨道摩擦,应在适当位置安设地滚托绳。	其他伤害	管	低	符合□ 不符□	
	8.0.11 在大巷及井底车场巷道一帮安装的小绞车,其最突出部分,必须保证与最近轨道有不小于 0.5 m 的安全间距。	其他伤害	管	一般	符合□ 不符□	
8 小 绞 车	8.0.12 小绞车的固定必须遵守下列规定: (1)绞车安装必须平稳牢固,要有固定式混凝土基础或钢结构框架式基座,基础或基座要与巷道提升水平保持一致,不偏斜,不垫角。地锚或基础螺栓要紧固无松动,无变位,无多余垫片,外露不超长。 (2)使用锚杆固定小绞车时,锚杆杆体直径不得小于 16 mm,25 kW 及以上小绞车不得小于 18 mm,锚杆的锚固深度不得小于 1.4 m,锚杆应垂直机座,螺母、垫圈应齐全有效,螺杆在螺母紧固后应留有 3~5 个螺距。 (3)浇注混凝土底座固定小绞车时,基础坑深不得小于 1.4 m,使用的混凝土强度应不小于 150#。紧固机座时应螺母、垫圈齐全有效,螺杆在螺母紧固后应留有 3~5 个螺距。	其他伤害	机	低	符合□ 不符□	
	8.0.13 牵引钢丝绳必须用专门的卡绳装置压牢,不得系在滚筒上。绞车工作时松绳至终点,滚筒上至少应留有三圈绳不得放出,收绳后滚筒边沿应高出最外一层钢丝绳不少于 2.5 倍绳径的高度。	其他伤害	管	低	符合□ 不符□	
	8.0.14 绞车必须保持完好。护绳板不松动,不变形,安全可靠;安全防护罩、淋油装置安装牢固可靠;制动臂、闸块、拉杆、操作手把、定位手把、制动拉杆、调节拉杆、定位装置等齐全完整,无弯曲变形;各部螺栓、销轴、调节螺帽、背帽等齐全完整;闸带必须完整无断裂,磨损余量不得小于 4 mm,制动轮表面光洁光滑,无明显沟痕,无油泥,磨损不得大于 2 mm;刹闸后,闸把的工作行程不得超过全行程的 2/3~4/5,此位即应闸死;制运系统不完好,禁止使用。	其他伤害	机	一般	符合□ 不符□	

项目		现场辨识内容	违反后果	风险评估		现场风险评估	评估人
				类别	等级		
8 小绞车		8.0.15 牵引钢丝绳钩头必须上护绳皮,绳皮应有足够强度,绳皮要求与钩头钢丝绳配合紧密不松动,要在绳皮内环中间处加焊三角形支撑铁板,确保绳皮受拉力后不变形;钩头上必须连接一个单链环,单链环的破断拉力必须大于牵引钢丝绳的总破断拉力。使用插接方式接头,钢丝绳钩头插接交互捻插接应大于 3.5 个以上,接头强度必须达到正常绳标准。绳头卡绳长度不得小于 600 mm,绳卡不得少于 4 道,间距应均匀。打绳卡时应一反一正。	人身伤害	机	一般	符合□ 不符□	
		8.0.16 在用小绞车除必须符合《煤矿矿井机电设备完好标准》要求外,安全防护罩、托绳装置规格必须符合有关规定。	其他伤害	机	低	符合□ 不符□	
		8.0.17 小绞车控制按钮、信号按钮、电铃应安装在操作盘上。操作盘应固定在便于司机操作的合适位置。声光信号的发光装置,必须设在便于司机瞭望的位置。	其他伤害	管	低	符合□ 不符□	
		8.0.18 小绞车必须采用控制按钮远方控制方式操作,严禁用开关就地操作。	其他伤害	管	低	符合□ 不符□	
		8.0.19 在用小绞车,闸把在水平线以上 30°～40°即应死闸,其他小绞车闸的行程不得超过全行程的 2/3～4/5,闸把严禁打至水平线位置;调节螺栓拧入叉头螺母内的深度不得小于调节螺栓直径的 1.5 倍。	其他伤害	机	一般	符合□ 不符□	
		8.0.20 小绞车钢丝绳要无弯折、无硬伤、无打结、无严重锈蚀、断丝不超限;绳端要固定可靠,两道压绳板齐全,不允许断股穿绳;钢丝绳要排列整齐,无严重爬绳、咬绳现象。 钢丝绳直径要符合要求,缠绕长度不得超过容绳量。牵引到最大距离时,滚筒上的余绳不得少于 3 圈;钢丝绳钩头的插接或用绳卡的道数必须符合要求,运输结束后必须及时将绞车钢丝绳收回滚筒,排绳规范整齐。	其他伤害	管	一般	符合□ 不符□	
9 特殊运输	9.1 人员运送	9.1.1 长度超过 1.5 km 的主要运输平巷,必须采用专列平巷人车运送人员。用人车运送人员时,应遵守下列规定: (1) 必须在人车乘车场设运输安全监察员,维持乘车秩序,指挥、接发列车及检查进入大巷的人员。 (2) 每班发车前,应检查各车的连接装置、轮轴、车闸和车门(防护链)等。 (3) 严禁同时运送有爆炸性的、易燃性的或有腐蚀性的物品,或附挂物料车。 (4) 列车行驶速度不得超过 4 m/s。 (5) 人员上下车地点应有照明,架空线必须安设分区开关和自动停送电开关,人员上下车时必须切断该区段架空线电源。 (6) 双轨巷道乘车车场必须设信号区间闭锁,人员上下车时,严禁其他车辆进入乘车场。 (7) 两车在车场会车时,驶入车辆应当停止运行,让驶出车辆先行。	车辆伤害	管	重大	符合□ 不符□	

项目	现场辨识内容	违反后果	风险评估		现场风险评估	评估人
			类别	等级		
9 特殊运输	9.1 人员运送	9.1.2 井下所有人员乘坐人车时都必须遵守下列规定: (1) 听从司机、乘务人员、车场运输安全监察员的指挥,开车前必须关上车门或挂上防护链。 (2) 人体及所携带的工具和零件严禁露出车外。 (3) 列车行驶中和尚未停稳时,严禁上、下车和在车内站立。 (4) 严禁在机车上或任何两车厢之间搭乘。 (5) 严禁超员乘坐。 (6) 车辆掉道时,必须立即向司机发出停车信号。 (7) 严禁扒车、跳车和乘坐矿车。 (8) 携带的长铁器具应平进平出,倾斜时上方应距离架空线1 m以上,否则,用专车运送。 (9) 列车运行中或临时停车时,严禁探头张望。	人身伤害	管	一般	符合□ 不符□	
		9.1.3 用架空乘人装置运送人员,应遵守下列规定: (1) 巷道倾角不应超过25°。否则,必须制定安全措施,报集团公司总工程师批准,但最大倾角不得超过30°。 (2) 蹬座中心至巷道一侧的距离不得小于0.7 m,运行速度不得超过1.2 m/s,乘坐间距不小于8 m,蹬座底部离地距离不得小于0.1 m,钢丝绳离地距离不得小于1.8 m,钢丝绳间的中心距不小于1 m。 (3) 驱动装置必须有制动器。 (4) 抱索器和牵引钢丝绳之间的连接不得自动脱扣。 (5) 在下人地点的前方,必须设有能自动停车的安全装置。 (6) 在运行中人员要坐稳,尽量避免吊椅摆动,不得用手扶、摸牵引钢丝绳,不得触及附近的任何物体。 (7) 严禁同时运送携带爆炸物品的人员。 (8) 每日必须对整个装置检查一次,发现问题及时处理。	其他伤害	管	一般	符合□ 不符□	
	9.2 爆破材料运输	9.2.1 井下用机车运送爆破材料时,机车司机和运送人员必须遵守下列规定: (1) 炸药和电雷管在同一列车厢内运输,装有炸药与装有雷管的车辆之间以及装有炸药或者电雷管的车辆与机车之间,必须用空车分别隔开,隔开长度不得小于3 m。 (2) 电雷管必须装在专用的、带盖的、有木质隔板的车厢内,车厢内部应当铺有胶皮或者麻袋等软质垫层,并只准放置1层爆炸物品箱。炸药箱可以装在矿车内,但堆放高度不得超过矿车上缘。运输炸药、电雷管的矿车或者车厢必须有专门的警示标识。 (3) 爆炸物品必须由井下爆炸物品库负责人或者经过专门培训的人员专人护送。跟车工护送人员和装卸人员应当坐在尾车内,严禁其他人员乘车。 (4) 列车的行驶速度不得超过2 m/s。 (5) 装有爆炸物品的列车不得同时运送其他物品。 (6) 列车前后应设"危险"标志。	火药爆炸	管	重大	符合□ 不符□	

续表

项目		现场辨识内容	违反后果	风险评估		现场风险评估	评估人
				类别	等级		
	9.2爆破材料运输	9.2.2 水平巷道和倾斜巷道内有可靠的信号装置时,可用钢丝绳牵引的车辆运送爆破材料,但炸药和电雷管必须分开运输,运输速度不得超过1 m/s。运送电雷管的车辆必须加盖、加垫,车厢内用软质物塞紧,防止震动和撞击。	火药爆炸	管	重大	符合□ 不符□	
		9.2.3 严禁用刮板输送机、带式输送机等运输爆破材料。	火药爆炸	管	重大	符合□ 不符□	
9特殊运输	9.3重型、大型货物运输	9.3.1 重型货物系指质量为5 t及以上的货物;大型货物系指长度4.5 m及以上或长2.5 m,高1.25 m、宽1.2 m及以上的货物。	其他伤害	管	低	符合□ 不符□	
		9.3.2 重型、大型货物运输,必须制定专门的运输作业规程及安全措施(包括处理落道事故的措施),并经矿总工程师和有关部门批准后方可实施。	人身伤害	管	重大	符合□ 不符□	
		9.3.3 运输路线要符合《煤矿安全规程》和矿井轨道质量标准要求,并在运输前详细检查,达到不优良品时不得运输。	其他伤害	环	一般	符合□ 不符□	
		9.3.4 现场必须有专人指挥、监护。	其他伤害	管	低	符合□ 不符□	
		9.3.5 运送的车辆及辅助设备必须符合《煤矿矿井机电设备完好标准》要求,严禁使用不符合要求的车辆、设备。	其他伤害	管	低	符合□ 不符□	
		9.3.6 装载货物时要重心适中,两旁突出部分保持平衡,货物紧固牢靠,运输过程中,随时检查紧固情况。车辆临时停车时,应停放在车场内,坡度大于4°时,坡道下方第一辆车必须用阻车器可靠支掩。	其他伤害	管	一般	符合□ 不符□	
		9.3.7 运输线路必须通信信号齐全且动作灵敏、准确、可靠,声音清晰。严禁用晃灯、喊话、敲击物件等其他方法代替。	其他伤害	管	低	符合□ 不符□	
		9.3.8 严格按车辆的载重量装载,不得超载,并且必须设专人检查验收装车情况,不符合装车要求不得启运。	其他伤害	管	一般	符合□ 不符□	
		9.3.9 运输综采设备的轨道,不得低于30 kg/m。当运送物件的单车质量超过12 t时,应密轨枕(盘区轨道轨枕间距最大0.7 m),弯道应加设轨距拉杆,或采取其他措施,以保证运输安全。	其他伤害	环	一般	符合□ 不符□	
		9.3.10 运输综采设备必须使用专用平板车,车上应有可靠的紧固装置。自制的专用车辆,宽度和轴距必须符合巷道宽度和曲率半径的要求,非标准车轮的强度要符合要求。	其他伤害	管	一般	符合□ 不符□	

续表

项目		现场辨识内容	违反后果	风险评估		现场风险评估	评估人
				类别	等级		
9 特殊运输	9.3 重型、大型货物运输	9.3.11　根据被运送设备的外形尺寸、重量、结构性能,核对运输能力,并根据巷道坡度、曲率半径、车场竖曲线等来确定整体或解体运输。	其他伤害	管	一般	符合□ 不符□	
		9.3.12　整体运输液压支架时,侧护板除锁紧液压装置外,还必须用机械锁紧装置或其他方法锁紧,以免在运输过程中因侧护板突然伸出造成事故。	其他伤害	管	一般	符合□ 不符□	
		9.3.13　同一车辆装载两件以上重型、大型货物时,要有防止货物间滑动的措施。	其他伤害	管	一般	符合□ 不符□	
		9.3.14　在有架空线的线路上运送支架或其他重型、大型货物时,要根据情况在被运货物的上方采用绝缘或其他必要的防导电措施。	触电	管	一般	符合□ 不符□	
		9.3.15　电机车挂车必须满足下列规定: (1)重型、大型货物车辆与机车及其他车辆之间采用刚性连接时,应有足够的长度。 (2)采用普通连接装置连接时,承载车辆与机车或其他车辆之间,必须用足够的矿车或平板车隔开。 (3)长型材料的承载车辆与机车之间,必须至少用一辆矿车或平板车隔开。	车辆伤害	管	重大	符合□ 不符□	
		9.3.16　运送重型、大型货物的护送人员,应用专车运送。	人身伤害	•管	较大	符合□ 不符□	
		9.3.17　机车运行速度不得超过 3 m/s,特殊情况制定专门措施,经矿总工程师批准后执行。	车辆伤害	管	重大	符合□ 不符□	
		9.3.18　盘区单钩绞车运输时,应遵守下列规定: (1)绞车必须按规定固定可靠,确保运输安全。 (2)绞车性能参数、钢丝绳强度必须满足《煤矿安全规程》要求。	车辆伤害	管	重大	符合□ 不符□	
	9.4 人力推车运输	9.4.1　人力推车运输时,必须设专人负责,推车人员必须服从负责人的指挥。	人身伤害	人	低	符合□ 不符□	
		9.4.2　人力推车前,必须有专人探道。探道人员应认真检查轨道、巷道情况,发现问题及时通知负责人员。	人身伤害	人	低	符合□ 不符□	
		9.4.3　每辆车必须至少两个人,不得在车辆两帮推车。	人身伤害	人	低	符合□ 不符□	
		9.4.4　同向推车的间距在轨道坡度小于或等于 0.5%时,不得小于 10 m;坡度大于 0.5%时,得小于 30 m;坡度大于 0.7%时,禁止人力推车。	人身伤害	管	低	符合□ 不符□	

项目		现场辨识内容	违反后果	风险评估		现场风险评估	评估人
				类别	等级		
9 特殊运输	9.4 人力推车运输	9.4.5 在夜间或井下,推车人必须备有矿灯,在照明不足的区段,应将矿灯挂在矿车行进方向的前端。	人身伤害	管	低	符合□ 不符□	
		9.4.6 推车时必须注意前方情况。在开始推车、停车、掉道、发现前方有人或障碍物,从坡度较大的地方向下推车以及接近道岔、弯道、巷口、风门、硐室出口时,推车人必须发出警号。	人身伤害	管	一般	符合□ 不符□	
		9.4.7 严禁放飞车。	车辆伤害	管	重大	符合□ 不符□	
		9.4.8 在能自动滑行的坡道上停放车辆,必须用可靠的阻车器将车辆稳牢。	其他伤害	管	一般	符合□ 不符□	
	9.5 易燃易爆腐蚀品运输	9.5.1 易燃、易爆、腐蚀品系指汽油、煤油、柴油、稀料、沥青等物品。	其他伤害	环	一般	符合□ 不符□	
		9.5.2 运输易燃、易爆、腐蚀品,必须盛放在专用容器中。	其他伤害	人	一般	符合□ 不符□	
		9.5.3 人工抬运时,要相互照应,不得与其他物体碰撞。	其他伤害	人	一般	符合□ 不符□	
		9.5.4 在电机车运输的水平大巷内,必须专车送运,但不得在专用人车上运输。	其他伤害	管	重大	符合□ 不符□	
		9.5.5 运送易燃、易爆、腐蚀品时,必须配有消防器材,并必须避开人员集中上下班的时间。	其他伤害	管	一般	符合□ 不符□	

第六节 通风系统安全风险现场辨识评估清单

项目		现场辨识内容	违反后果	风险评估		现场风险评估	评估人
				类别	等级		
1 基本规定		1.0.1 矿井在组织煤炭生产时,应合理安排、调整采掘接续工作,防止出现采掘工作面的过分集中,造成配风困难或欠风生产隐患。配风困难时,必须执行"以风定产"原则,根据风量调整采掘队组数量,风量不足的工作面不准生产。	瓦斯	管	重大	符合□ 不符□	

项目	现场辨识内容	违反后果	风险评估 类别	风险评估 等级	现场风险评估	评估人
1 基本规定	1.0.2 矿井必须有完整的独立通风系统。改变全矿井通风系统时,必须编制通风设计及安全措施,由企业技术负责人审批。	瓦斯	管	重大	符合□ 不符□	
	1.0.3 生产水平必须实行分区通风,严禁不合理的串联通风、扩散通风和采空区通风。	瓦斯	管	重大	符合□ 不符□	
	1.0.4 进行矿井、采区及采掘工作面设计时,必须保证通风系统完善、合理,设计审查必须有通风部门参加。	瓦斯	环	较大	符合□ 不符□	
	1.0.5 矿总工程师必须定期组织有关人员进行通风系统审查,全面分析矿井通风网路结构及阻力分布状况,发现阻力分布不合理、火区及采空区压差较大时,应制定措施进行处理。	瓦斯	管	重大	符合□ 不符□	
	1.0.6 回风井应实现专用,兼作其他用途时,必须编制专项安全技术组织措施,报上一级公司审批。	瓦斯	环	重大	符合□ 不符□	
	1.0.7 新建及改扩建矿井必须设计建井期间的通风方式。新水平的开拓延深必须首先形成合理的通风系统,之后方可开掘其他巷道。	火灾	管	重大	符合□ 不符□	
	1.0.8 井下采区变电所、爆破材料库、瓦斯抽采硐室、注氮硐室、胶轮车检修硐室、充电硐室等必须设置独立的通风系统。	火灾	管	重大	符合□ 不符□	
	1.0.9 井下固定式空压机和储气罐应分别设置在2个独立硐室内,且应保证独立通风。井下移动式空压机应设置在采用不燃性材料支护且具有新鲜风流的巷道中。	火灾	管	重大	符合□ 不符□	
	1.0.10 装设主要通风机的风井必须安装2套同等能力的通风机装置,其中1套作备用,要保持矿井主要通风机能力与风网风阻相匹配,工况点处于合理工作范围。矿井主要通风机系统的通风阻力应符合如下要求: 主要通风机风量通风阻力	瓦斯	机	重大	符合□ 不符□	
	1.0.11 停用、启用主要通风机或进行矿井通风系统改造时,必须编制专项方案设计和措施,报集团公司审批。	瓦斯	管	重大	符合□ 不符□	

主要通风机风量通风阻力表:

$Q_{扇}<3\,000\ \text{m}^3/\text{min}$	$h_{阻}<1\,500\ \text{Pa}$
$Q_{扇}=3\,000\sim5\,000\ \text{m}^3/\text{min}$	$h_{阻}<2\,000\ \text{Pa}$
$Q_{扇}=5\,000\sim10\,000\ \text{m}^3/\text{min}$	$h_{阻}<2\,500\ \text{Pa}$
$Q_{扇}=10\,000\sim20\,000\ \text{m}^3/\text{min}$	$h_{阻}<2\,940\ \text{Pa}$
$Q_{扇}>20\,000\ \text{m}^3/\text{min}$	$h_{阻}<3\,920\ \text{Pa}$

续表

项目	现场辨识内容	违反后果	风险评估类别	风险评估等级	现场风险评估	评估人
1 基本规定	1.0.12 改变主要通风机叶片角度或转速时,必须编制安全技术组织措施,报矿总工程师批准后执行。	瓦斯	管	重大	符合□ 不符□	
	1.0.13 新安装或改造后的主要通风机投入使用前,必须至少进行72 h空运转试验,正式运行前进行1次性能测定。	其他	管	重大	符合□ 不符□	
	1.0.14 矿井必须编制主要通风机停风应急处置预案。在倒换主要通风机前,矿井应提前制定安全措施,事先通知井下各掘进工作面生产队组。高瓦斯矿井应停止掘进工作面内工作,切断巷道内全部非本质安全型电气设备电源,人员全部撤到全风压新鲜风流中。	瓦斯	管	重大	符合□ 不符□	
	1.0.15 矿井主要通风机因故单机运行期间,必须制定专项措施。单机运行在一周之内的,报矿总工程师批准;时间超过一周的,必须报上一级公司审批。	瓦斯	管	重大	符合□ 不符□	
	1.0.16 两台及以上主要通风机联合运转的矿井,必须制定联合运转的专项安全技术措施,报矿总工程师批准,每年修订一次,并符合下列要求: (1) 各主要通风机回风系统有连通关系的巷道必须构筑密闭实现彻底隔离; (2) 其中一台或几台主要通风机因故停运,备用主要通风机5 min内不能启运时,必须立即切断停运主要通风机担负区域内的所有电源; (3) 一个风井主、备风机同时停运时间超过10 min时,其他主要通风机担负的相关区域必须停电。	瓦斯	管	重大	符合□ 不符□	
	1.0.17 矿井投产前必须进行一次通风阻力测定。转入新水平生产或改变一翼通风系统后,必须重新进行测定。	瓦斯	管	重大	符合□ 不符□	
	1.0.18 已经报废或无用的井巷、风眼、溜煤眼必须及时封闭和充填,以简化通风系统,保持通风系统的稳定性和合理性。	瓦斯	管	一般	符合□ 不符□	
	1.0.19 在两个并联通风支路之间,严格控制开掘连通巷道,避免形成角联支路。	瓦斯	管	一般	符合□ 不符□	
	1.0.20 矿井主皮带斜井、主井皮带运输巷应有分区通风系统,有瓦斯异常涌出的煤仓必须有引排瓦斯的通风系统。	瓦斯	管	重大	符合□ 不符□	
	1.0.21 井下所有煤仓和溜煤眼都应当保持一定的存煤,不得放空;有涌水的煤仓和溜煤眼,可以放空,但放空后放煤口闸板必须关闭,并设置引水管。溜煤眼不得兼作风眼使用。	瓦斯	管	重大	符合□ 不符□	
	1.0.22 严格控制盲巷的产生,从设计到施工均不得出现盲巷。凡出现盲巷要追究有关部门和施工单位的责任。	瓦斯	管	重大	符合□ 不符□	

项目	现场辨识内容	违反后果	风险评估 类别	风险评估 等级	现场风险评估	评估人
2 采区通风系统	2.0.1　采区必须实现分区通风,设置至少1条专用回风巷,双翼采区宜布置2条专用回风巷。专用回风巷必须贯穿整个采区的长度,不得兼作运输、行人等其他用途。	瓦斯	管	重大	符合□ 不符□	
	2.0.2　采区开拓和延伸巷道的掘进工作面必须构建正规完善的独立通风系统,不允许3条及3条以上巷道共用同一回风通道回风。专用回风巷应优先掘进且超前其他巷道。	瓦斯	管	重大	符合□ 不符□	
	2.0.3　采区内部调整通风系统时,必须编制调整通风系统安全技术组织措施,报矿总工程师审批;采区通风系统改变时,必须编制改变通风系统方案设计,报上一级公司审批。	瓦斯	管	重大	符合□ 不符□	
3 采掘工作面通风系统	3.0.1　采掘工作面除采区、工作面巷道的开口外,都必须采用独立通风。严禁有不符合《煤矿安全规程》规定的扩散通风、采空区通风、串联通风和采煤工作面利用局部通风机通风(均压工作面除外)。	瓦斯	管	重大	符合□ 不符□	
	3.0.2　采掘工作面如构成独立通风系统确有困难,需串联通风时(包括采煤工作面内新开切眼),必须编制串联通风安全技术措施,报矿总工程师审批或签字后报上一级公司审批。	瓦斯	管	重大	符合□ 不符□	
	3.0.3　回采、准备工作面必须在构成全风压通风系统以后,方可进行回采和准备,不准在掘进或停掘供风期间进行工作面切眼开帮、刷大或回采设备安装工作。	瓦斯	管	重大	符合□ 不符□	
	3.0.4　采煤工作面回采结束撤退期间必须布置全风压通风系统,不得采用局部通风机通风(均压面和处理局部瓦斯积聚除外)。	瓦斯	管	重大	符合□ 不符□	
	3.0.5　采煤工作面巷道之间严禁开掘联络巷道,因特殊情况需要开掘时,必须编制专项措施,经矿总工程师审批或报上一级公司审批。	瓦斯	管	重大	符合□ 不符□	
	3.0.6　采区巷道未形成全风压通风系统时,严禁开掘工作面巷道。	瓦斯	管	重大	符合□ 不符□	
	3.0.7　布置顶回风巷的采煤工作面必须采取防止杂散电流导入采空区的措施,顶回风巷必须与采区回风巷或总回风巷直接连通。	瓦斯	管	重大	符合□ 不符□	
	3.0.8　工作面巷道开口掘到距回风口40 m之前必须形成独立通风系统。	瓦斯	管	重大	符合□ 不符□	
	3.0.9　掘进工作面掘进期间,用于掘进出煤(矸)的溜煤眼严禁处于回风绕道系统中。	瓦斯	管	重大	符合□ 不符□	
	3.0.10　掘进工作面应按设计和工程计划连续施工,中途不得停工,当停风时间超过24 h时,必须用不燃性材料对巷道进行封闭。	瓦斯	管	重大	符合□ 不符□	
	3.0.11　掘进工作面必须坚持正常的掘进顺序,严禁一巷多头作业。	瓦斯	管	重大	符合□ 不符□	

项目	现场辨识内容	违反后果	风险评估		现场风险评估	评估人
			类别	等级		
4 局 部 通 风	4.0.1 掘进巷道在施工前必须由通风区编制局部通风设计,局部通风设计应包括以下内容: (1) 巷道概况; (2) 巷道的施工顺序; (3) 巷道的通风方式,风量计算,通风机、风筒的选型; (4) 局部通风机的安装位置; (5) 监测监控装置的安装; (6) 供电系统图; (7) 通风系统平面示意图。	瓦斯	管	重大	符合□ 不符□	
	4.0.2 掘进巷道的通风方式、局部通风机型号、局部通风机供电方式、风筒规格、安装和使用要求等,都应在掘进作业规程中明确规定。	瓦斯	管	一般	符合□ 不符□	
	4.0.3 掘进工作面供风量必须充足,能够满足稀释 CH_4、CO_2 等气体和《煤矿安全规程》规定的最低风速要求。	瓦斯	管	重大	符合□ 不符□	
	4.0.4 掘进工作面不得出现不符合规定的串联通风;局部通风机严禁吸循环风(除尘风机除外)。	瓦斯	管	重大	符合□ 不符□	
	4.0.5 掘进巷道必须安设 2 台同等能力的局部通风机,实现"三专两闭锁"和"双风机、双电源"自动切换。每天进行主、备局部通风机自动切换试验和风电闭锁试验,并留有记录。	瓦斯	管	重大	符合□ 不符□	
	4.0.6 当掘进工作面主要通风机发生故障停止运转,副通风机运转期间,工作面必须停止作业,撤出人员。	瓦斯	管	重大	符合□ 不符□	
	4.0.7 严禁采用 3 台(含 3 台)以上局部通风机为 1 个掘进工作面供风;严禁 1 台局部通风机同时为 2 个掘进工作面供风。采用 2 台通风机同时为 1 个掘进工作面供风时,必须制定专项通风管理措施,且 2 台局部通风机必须同时实现风电闭锁。	瓦斯	管	重大	符合□ 不符□	
	4.0.8 局部通风机的安装或迁移实行三联单申请制,使用队组提出申请,由矿通风副总、开拓副总以及通风、机电部门审签。安装或迁移具体位置由通风区长或通风技术主管现场指定。	瓦斯	管	重大	符合□ 不符□	
	4.0.9 局部通风机由所在掘进或施工队长指定专人负责,实行挂牌管理。局部通风机管理牌板必须标明通风机型号、功率、通风距离、风筒直径、看管通风机责任人姓名以及通风机所在位置巷道通过的风量、测定日期等。	其他	管	一般	符合□ 不符□	
	4.0.10 无人工作、临时停工地点,不得停风,局部通风机由矿明确单位负责管理,且必须进行正常的瓦斯检查、排水和顶板支护巡查工作。	瓦斯	管	重大	符合□ 不符□	
	4.0.11 压入式局部通风机及其启动装置必须安设在进风巷道中,距掘进巷道回风口不得小于 10 m;局部通风机必须安装消音器(低噪声局部通风机和除尘风机除外)。	瓦斯	机	重大	符合□ 不符□	

续表

项目	现场辨识内容	违反后果	风险评估		现场风险评估	评估人
			类别	等级		
4 局部通风机	4.0.12 使用耙斗机的掘进工作面不得使用接力耙斗,耙斗绞车距工作面的最大距离不得超过 30 m。	瓦斯	管	重大	符合□ 不符□	
	4.0.13 严格工作面供电管理,杜绝局部通风机无计划停电、停风,对有计划的停电、停风要严格执行审批手续,向有关单位下达停电、停风通知书。停电、停风前必须撤出人员,在回风口绕道以里的正巷(盲巷口)设置栅栏并由专人看管。	瓦斯	管	重大	符合□ 不符□	
	4.0.14 矿井应制定局部通风机停风应急预案。如出现无计划停电、停风,必须立即将工作面开关打到零位,切断局部通风机供风范围内的所有非本安型设备的供电,撤出人员,在回风绕道口以里的正巷(盲巷口)设置栅栏、揭示警标,派专人把守,禁止人员入内。	瓦斯	管	重大	符合□ 不符□	
	4.0.15 停风地点恢复局部通风机运转前必须先检查瓦斯,只有停风区最高瓦斯浓度不超过 1% 和二氧化碳浓度不超过 1.5%,局部通风机和开关地点附近 10 m 范围内风流中的瓦斯浓度都不超过 0.5%,方可人工给局部通风机送电。	瓦斯	管	重大	符合□ 不符□	
	4.0.16 掘进工作面必须使用抗静电、阻燃风筒,风筒直径要一致,转弯处必须设弯头,不得拐死弯。	瓦斯	管	重大	符合□ 不符□	
	4.0.17 风筒末端到工作面的距离不得大于 10 m,并保证工作面的瓦斯浓度不超限。作业地点的风筒备用量应满足一个工作日的掘进长度。	瓦斯	管	重大	符合□ 不符□	
	4.0.18 掘进工作面局部通风机出口至全风压通风区段的风筒应设"三通",平时关闭或扎紧,排瓦斯时用来控制风量。	瓦斯	管	重大	符合□ 不符□	
	4.0.19 炮掘工作面应推广使用风筒连接器、拉链风筒、专门的防炮崩风筒或抗冲击风筒,或在爆破时用掩护物遮挡末端一节风筒,以防止爆破崩坏风筒。	瓦斯	管	重大	符合□ 不符□	
5 通风能力和风量管理	5.0.1 各矿通风部门每月对矿井及采区配风量核定一次,对供风能力不足的区域必须及时调整队组数量或对通风系统进行优化,做到"以风定产"。	瓦斯	管	重大	符合□ 不符□	
	5.0.2 根据实际情况,及时对全矿井进行通风能力核定,通风能力核定周期为每年一次,一般安排在第四季度进行。	瓦斯	管	重大	符合□ 不符□	
	5.0.3 矿井通风管理部门每月要根据采掘衔接,编制下一月度的配风计划,报矿通风副总批准。	瓦斯	管	重大	符合□ 不符□	
	5.0.4 所有独立供风地点的风量都要在月度配风计划中明确规定,执行过程中根据用风地点气体涌出、温度变化等情况及时进行调整。	瓦斯	管	重大	符合□ 不符□	

项目	现场辨识内容	违反后果	风险评估 类别	风险评估 等级	现场风险评估		评估人
5 通风能力和风量管理	5.0.5 矿井每旬进行一次全面测风,测定结果应按风井担负区域或采区(盘区)分别填写,及时编制测风报表,报通风区长、通风副总、矿总工程师审阅。	瓦斯	管	重大	符合□ 不符□		
	5.0.6 每旬测风后要进行通风系统和风量分析,发现问题,及时处理。井下通风系统发生以下变化时必须及时进行风量测定: (1)矿井外部漏风每季测定一次,遇到特殊情况随时进行测定; (2)测风点的设置应齐全,测点布置要求能够准确反映出所测区域所有用风点及进回风分支的实际风量。测风点要相对固定,并设有风量管理牌板。	瓦斯	管	重大	符合□ 不符□		
	5.0.7 采煤工作面进风巷道在距巷口50～80 m范围内、回风巷道在回风绕道口以里30～50 m范围内、掘进巷道在回风绕道口以里30～50 m范围内应分别设置测风牌板,每次测风结果必须填写在牌板上。	瓦斯	管	一般	符合□ 不符□		
	5.0.8 矿井有效风量率不得低于87%(压入式通风矿井不得低于80%),配风合格率应达到100%。主要通风机外部漏风率在无提升任务时不得超过5%(压入式通风矿井不得超过10%),有提升任务时不得超过15%。	瓦斯	管	重大	符合□ 不符□		
	5.0.9 矿井主要通风机的检修门、反风道、反风门及井口附近的其他漏风通道均应封堵严密,每季度进行一次详细检查,发现问题及时处理,以降低外部漏风。	瓦斯	管	重大	符合□ 不符□		
	5.0.10 矿井主要通风机每次倒运行前,矿机电部门要下达倒机通知单,经机电、通风部门负责人、机电副总、通风副总审阅签字,报机电矿长和总工程师审批。	瓦斯	管	重大	符合□ 不符□		
6 巷道贯通	6.0.1 掘进巷道同其他各类巷道贯通前,由施工单位编制专项施工安全技术组织措施,通风部门编制贯通时调整通风系统的安全技术组织措施,由矿总工程师、分管开拓的副矿长共同组织有关部门会审,一并贯彻执行。	瓦斯	管	重大	符合□ 不符□		
	6.0.2 机掘巷道距贯通点50 m前,其他掘进巷道距贯通点20 m前,必须停止一个工作面作业,做好调整通风系统的准备工作。	瓦斯	管	重大	符合□ 不符□		
	6.0.3 巷道贯通调整通风系统安全技术组织措施内容应包括: (1)贯通区域概况、预计贯通时间、贯通施工队伍; (2)贯通时的组织机构及人员分工; (3)贯通前的准备工作; (4)贯通区域的风量调配,对影响区域的风量测定、瓦斯检查安排; (5)调整通风系统的具体步骤; (6)贯通的安全技术措施; (7)贯通前、后的通风系统示意图。	瓦斯	管	重大	符合□ 不符□		

续表

项目	现场辨识内容	违反后果	风险评估		现场风险评估	评估人
			类别	等级		
6 巷道贯通	6.0.4 贯通前矿通风部门要分析贯通前后的通风系统和网络变化,特别要对存在角联支路和邻近有封闭区的巷道做风量、瓦斯预测,对贯通过程中可能出现的无风、微风及瓦斯超限等问题提前做好预处理准备。	瓦斯	管	重大	符合□ 不符□	
	6.0.5 贯通前停掘工作面必须保持正常通风,除进行瓦斯检查、排水工作外,不准做其他工作;停掘巷道进行瓦斯等气体检查时,对方巷道不得进行装药和爆破。	瓦斯	管	重大	符合□ 不符□	
	6.0.6 在预计巷道贯通前 5 d,施工单位技术主管每班要绘制进度图表,及时掌握巷道贯通的具体时间并通知有关人员。	瓦斯	管	重大	符合□ 不符□	
	6.0.7 施工单位在距贯通前 10 m 时,必须采取"长探短掘"的方式掘进。炮掘巷道每次爆破前瓦检员要检查被贯通侧的瓦斯情况。	瓦斯	管	重大	符合□ 不符□	
	6.0.8 巷道探通后必须将工作面浮煤矸全部清出,支护到位,然后由施工单位提出允许贯通申请单,经分管开拓的副矿长、总工程师、通风副总、安监站长、施工单位区(队)长、通风区长或技术主管签字批准后方可贯通。	瓦斯	管	重大	符合□ 不符□	
	6.0.9 巷道贯通的前提是确认已经探通,原则上应安排在早班或二班进行,贯通全过程由分管开拓的副矿长统一指挥。	瓦斯	管	重大	符合□ 不符□	
	6.0.10 贯通前,要向参加贯通的所有人员贯彻安全技术组织措施。贯通时,通风区区长、施工单位区(队)长、安监站主任工程师必须到现场指挥。贯通后,立即调整通风系统。调整通风系统期间,受影响区域必须断电、撤人(调整系统人员除外)。每次贯通,通风区都要留有记录。	瓦斯	管	重大	符合□ 不符□	
	6.0.11 与已封闭的采空区、古窑及其他情况不明的区域贯通时,必须由矿总工程师组织人员进行调查,对被贯通区采取排瓦斯、排水、充填隔离等措施,同步制定专项措施后报上一级公司审批。只有在确认被贯通区域具备安全贯通的条件时方可贯通,贯通时总工程师、安全矿长、分管开拓的副矿长要亲临现场,由总工程师统一指挥。	瓦斯	管	重大	符合□ 不符□	
	6.0.12 发现大矿与旧井、废弃井或古窑、老窑出现非正常连通或贯通,要及时组织力量用防爆密闭予以隔绝,并掌握对方的开采范围、通风方式及发火情况,以便及早在本矿可影响的区域内采取有效的预防措施,同时将贯通处理情况及时向上一级公司通风部门汇报。	瓦斯	管	重大	符合□ 不符□	

续表

项目	现场辨识内容	违反后果	风险评估		现场风险评估	评估人
			类别	等级		
7 矿井反风演习	7.0.1 每季度应当至少检查1次反风设施,每年应当进行1次反风演习;矿井通风系统有较大变化时,应当进行1次反风演习,如有特殊原因不能演习的,必须报上一级公司批准。	瓦斯	管	重大	符合□ 不符□	
	7.0.2 矿井反风前,由通风部门编制反风演习安全技术组织措施,经矿总工程师组织审查后,报上一级公司审批。	瓦斯	管	重大	符合□ 不符□	
	7.0.3 反风演习安全技术组织措施内容包括: (1)矿井通风概况、主要通风机运行参数、采掘队组分布; (2)反风组织领导机构和职责; (3)按照矿井灾害应急预案的要求假设火灾发生地点; (4)反风演习开始时间和持续时间; (5)反风设备的操作程序; (6)反风演习的观测项目及其方法; (7)预计反风后的通风网路、风量和瓦斯情况; (8)参加反风演习的人员分工; (9)恢复正常通风及送电的操作顺序。	瓦斯	管	重大	符合□ 不符□	
	7.0.4 矿井反风演习结束后,应在一周内完成反风演习报告的编制,并报上一级通风管理部门备案。反风演习报告包括: (1)矿井通风情况; (2)主要通风机运转情况; (3)井巷中风量和瓦斯浓度; (4)反风演习时空气中瓦斯或二氧化碳浓度达到2%的井巷及火区气体情况; (5)反风操作时间和恢复正常通风的操作时间; (6)矿井通风系统图(包括反风前和反风时的通风系统); (7)反风演习参加人数; (8)存在问题、解决办法和日期。	瓦斯	管	重大	符合□ 不符□	
8 风巷管理规定	8.0.1 加强对主要进、回风巷道的管理与维护,保持井巷处于完好状态,回风巷失修率不得高于7%,消除严重失修巷道。	瓦斯	管	重大	符合□ 不符□	
	8.0.2 风巷内的风速和瓦斯浓度均不得超过《煤矿安全规程》的规定。风井和风硐的风速不得超过15 m/s,主要进、回风巷的风速不得超过8 m/s,采区进、回风巷的风速不得超过6 m/s且不小于0.25 m/s。	瓦斯	管	重大	符合□ 不符□	
	8.0.3 矿井主要回风巷、采区回风巷必须实现专回专用。	瓦斯	管	重大	符合□ 不符□	
	8.0.4 矿井主要进、回风巷、采区进、回风巷必须设立正规的测风站,测风站内设置测风牌板,内容包括:地点、断面、风量、风速、温度、瓦斯浓度、测定人、测定时间。	瓦斯	管	重大	符合□ 不符□	

项目	现场辨识内容	违反后果	风险评估		现场风险评估	评估人
			类别	等级		
8 风巷管理规定	8.0.5 回风巷内报废的风桥必须及时拆除、回填,保持巷道平整,顶部容易积聚瓦斯处必须使用不燃性材料进行充填。	瓦斯	管	重大	符合□ 不符□	
	8.0.6 开采自燃、容易自燃煤层矿井的主要回风巷、采区回风巷应布置在岩层内,已布置在煤层中的必须全断面喷浆,严禁用木支柱、木背板等可燃性材料进行支护。	瓦斯	管	重大	符合□ 不符□	
	8.0.7 井下防爆柴油机无轨胶轮车不应进入总回风巷、专用回风巷、无全风压通风巷道,不得进入微风、无风区域。	瓦斯	管	重大	符合□ 不符□	
	8.0.8 回风暗斜井、回风斜井必须设置台阶和扶手。回风巷应做到安全畅通,便于行人避灾。	其他	管	一般	符合□ 不符□	
	8.0.9 采区回风巷、主要回风巷、回风大巷、回风斜井内必须设置避灾路线、岔路标识等安全标志牌,间隔距离不得大于200 m,标志牌应设置在巷道的显著位置,在矿灯照明下清晰可见。	其他	管	重大	符合□ 不符□	
	8.0.10 矿井每月至少组织一次专用回风巷检查,发现存在煤尘、炸帮、浮煤、顶板冒落、离层、支护失效等问题,必须及时处理。	瓦斯	管	重大	符合□ 不符□	
	8.0.11 对于失修和严重失修的风巷必须列入年度或月度计划,安排施工队伍组织维修。对回风巷内存在的杂物和炸帮煤要定期进行清理。	火灾	管	重大	符合□ 不符□	
9 矿井通风图纸管理	9.0.1 通风系统平面图必须在矿井采掘工程平面图上绘制,不得随意删减等高线、地质构造、钻孔、废弃井筒、采空区、矿界等任何原图要素,绘制比例为1∶2 000和1∶5 000两种。	其他	管	重大	符合□ 不符□	
	9.0.2 同一采区有多层煤同时开采的,必须绘制分层通风系统平面图。	其他	管	重大	符合□ 不符□	
	9.0.3 无采掘活动但仍在供风的采区必须同步绘制通风系统平面图。	其他	管	重大	符合□ 不符□	
	9.0.4 井下通风系统发生变化、通风设施增减,必须24 h内反映在通风系统图上。	其他	管	重大	符合□ 不符□	
	9.0.5 通风系统平面图必须经矿长和总工程师本人审签,并标注审签日期,不得使用签字复印件,不得代签。	其他	管	重大	符合□ 不符□	

第七节　瓦斯防治系统安全风险现场辨识评估清单

项目	现场辨识内容	违反后果	风险评估		现场风险评估	评估人
			类别	等级		
1 基本规定	1.0.1　必须根据瓦斯检查范围、类型、法定出勤等配备足够的专职瓦斯检查工。瓦斯检查工必须具备相关学历,责任强,有 2 年以上井下工作经验,熟悉通风瓦斯管理的基本知识和要求,能熟练使用瓦斯检查仪器(光干涉甲烷测定器等),并取得特殊工种操作资格证。	瓦斯	管	重大	符合□ 不符□	
	1.0.2　建立瓦斯检查工档案,每半年对瓦斯检查工进行一次人员核定,确保人员满足需要,并报上一级公司备案。	瓦斯	管	较大	符合□ 不符□	
	1.0.3　要根据矿井通风系统和检查任务的大小制定瓦斯检查计划,确定每个区域的瓦斯检查工、检查时间、检查地点、检查内容、检查范围、交接班地点及方式等。	瓦斯	管	重大	符合□ 不符□	
	1.0.4　检查计划应每月制定一次,报矿总工程师审批,当月内原确定的瓦斯检查区域发生变化时,检查计划应及时修改,月度中检查计划发生重大变化时,应重新修订审批,临时增减检查点时可在瓦斯日报表中备注审批或单独审批。	瓦斯	管	重大	符合□ 不符□	
	1.0.5　根据月度检查计划制定瓦斯巡回检查图表,瓦斯检查工要按图表路线进行检查,每次巡检结束向通风调度汇报检查情况,如发现问题必须及时汇报。	瓦斯	管	重大	符合□ 不符□	
	1.0.6　高瓦斯矿井及瓦斯矿井瓦斯和二氧化碳涌出异常的所有回采、掘进、准备、撤退及均压工作面都必须设专人专职检查瓦斯,每班至少检查 3 次。	瓦斯	管	重大	符合□ 不符□	
	1.0.7　瓦斯矿井的采、掘工作面每班至少检查 2 次。每名瓦斯检查工最多检查一个采煤工作面(或一个掘进工作面)和就近的 1~2 个硐室或其他地点。	瓦斯	管	重大	符合□ 不符□	
	1.0.8　无人作业的采掘工作面,采区进回风巷、各类硐室执行巡回检查制,每班至少检查 1 次。	瓦斯	管	重大	符合□ 不符□	
	1.0.9　矿井的主要回风巷、盲巷、窒息区密闭每旬至少进行 1 次检查;回风井每月至少检查 1 次;瓦斯和二氧化碳涌出有变化或可能积聚有害气体的硐室、巷道和特殊地点(如高冒区)的瓦斯检查次数和方法由矿总工程师决定。	瓦斯	管	重大	符合□ 不符□	

项目	现场辨识内容	违反后果	风险评估		现场风险评估	评估人
			类别	等级		
1 基本规定	1.0.10　瓦斯检查点的设置和要求： (1) 采煤工作面设 5 个点：中部、尾部、回风隅角、工作面、回风流(绕道口以里 10～15 m 处)； (2) 掘进工作面设 3 个点：工作面、回风流、通风机吸风流； (3) 硐室设 1 个点：回风口处； (4) 封闭的盲巷、窒息区设 2 个点：孔内、墙外； (5) 矿井主要回风、采区回风检查点设在该巷道下风侧； (6) 回风井设 1 个点：井筒与风硐交点以下 15 m 处； (7) 对有异常涌出、气体变化较大的地点及角联区域，要根据实际情况增设瓦斯检查点，要做到能够全面掌握各地点的瓦斯情况； (8) 回风流经路线上的电气设备处； (9) 备用工作面、准备工作面、撤退工作面瓦斯检查点的设置由矿总工程师根据工作面实际情况确定。	瓦斯	管	重大	符合□ 不符□	
	1.0.11　瓦斯检查工须对每个检查点的瓦斯、二氧化碳和温度等参数进行检查，存在一氧化碳、氧气异常的测点检查频次和内容由矿总工程师确定。	瓦斯	管	一般	符合□ 不符□	
	1.0.12　采掘工作面、硐室及其他检查地点都要设瓦斯检查牌板。牌板设置的位置：采煤工作面在回风巷距工作面 30～50 m 处和回风绕道口以里 10～15 m 处各设一块，掘进工作面设在距工作面 60～80 m 处，其他地点设在检查点处。	瓦斯	管	较大	符合□ 不符□	
	1.0.13　瓦斯检查工每检查一个地点，都要将检查的时间和内容填写在瓦斯巡回检查图表(或手册)和牌板上，将检查结果通知该作业点负责人并签字。	瓦斯	管	较大	符合□ 不符□	
	1.0.14　瓦斯检查工必须在检查范围内的指定地点交接班，严防空班漏检。具体交接班地点在月度检查计划中明确。	瓦斯	管	较大	符合□ 不符□	
	1.0.15　瓦斯检查工交接班时，必须交清所负责区域的通风系统情况、瓦斯检查情况及下一班须注意的问题，相互在瓦斯检查图表(或手册)上签字确认。瓦斯检查工发现瓦斯超限、局部通风机无计划停运等特殊情况，必须在工作地点或现场安全地点交接班。	其他	管	重大	符合□ 不符□	
	1.0.16　瓦斯检查工每班应对所管辖区域内安全监控系统的甲烷传感器数值变化情况进行检查。使用光学瓦检仪与甲烷传感器进行对照，并记录检查结果。当两者误差大于允许误差(0～1%，±0.1%；1%～2%，±0.2%；2%～4%，±0.3%)时，先以读数较大者为依据，采取安全措施，并将对照检查结果及时汇报，通风部门和监测部门必须在 8 h 之内将两种仪器校准。	瓦斯	管	较大	符合□ 不符□	

项目	现场辨识内容	违反后果	风险评估		现场风险评估	评估人
			类别	等级		
1 瓦斯检查	1.0.17 采、掘工作面及其他地点,在爆破时必须按规定使用水炮泥和炮泥,严禁裸露爆破或放明炮、糊炮;在处理大块煤(矸)和煤仓(眼)堵塞时,严禁采用炸药爆破方式处理;在对顶板(顶煤)进行预裂爆破时,必须在工作面前方未采动区域进行,严禁在工作面架间(后)爆破;爆破必须严格执行"一炮三检"和"三人连锁爆破"制度。	瓦斯	管	重大	符合□ 不符□	
	1.0.18 "一炮三检"制就是在采掘工作面装药前、爆破前和爆破后,爆破员、班组长和瓦斯检查工都必须在现场,由瓦斯检查工检查瓦斯。	瓦斯	管	重大	符合□ 不符□	
	1.0.19 "三人连锁爆破"制就是爆破员、班组长和瓦斯检查工三人必须自始至终参加爆破工作的全过程,并严格执行换牌制度。	瓦斯	管	重大	符合□ 不符□	
	1.0.20 通风区值班人员每日必须审查调度台账,亲自填写当日存在的主要问题及处理结果。通风区每日必须编制瓦斯检查日报,报通风区区长、总工程师、矿长审查签字。瓦斯检查日报由矿调度室、总工程师、通风区各留一份。	瓦斯	管	较大	符合□ 不符□	
	1.0.21 各矿要制定"一炮三检"日报表,每日由通风区值班干部审查签字。	瓦斯	管	较大	符合□ 不符□	
	1.0.22 井下防爆柴油机无轨胶轮车必须配置灭火器和甲烷便携仪,行驶过程中驾驶员发现瓦斯浓度超过《煤矿安全规程》相关规定值时,必须立即停车关闭发动机,撤出人员并及时报告。	瓦斯	管	较大	符合□ 不符□	
2 盲巷窒息区管理	2.0.1 井下凡长度超过6 m依靠扩散通风的敞口独头巷道均称之为盲巷。	瓦斯	管	较大	符合□ 不符□	
	2.0.2 井下空气成分不符合《煤矿安全规程》规定且达到使人中毒或窒息的区域,称为窒息区。	瓦斯	管	重大	符合□ 不符□	
	2.0.3 严格控制盲巷的产生,井下严禁随意留设盲巷,从设计到施工均不得出现盲巷,人为造成盲巷的要追究有关部门和施工单位的责任。盲巷、窒息区必须进行封闭管理。	瓦斯	管	重大	符合□ 不符□	
	2.0.4 盲巷、窒息区启封时,必须由通风区制定专项安全措施,经矿总工程师批准后,由救护队实施。实现正常通风后,各种气体符合《煤矿安全规程》的规定,其他人员方可进入。	瓦斯	管	重大	符合□ 不符□	

续表

项目	现场辨识内容	违反后果	风险评估		现场风险评估	评估人
			类别	等级		
3 瓦斯排放	3.0.1 矿井因故造成瓦斯超限时,必须严格按排放瓦斯规定进行排放。	瓦斯	管	重大	符合□ 不符□	
	3.0.2 全矿性的停电、停风检修前,必须制定通风瓦斯专项安全技术措施,报上一级公司审批。	瓦斯	管	重大	符合□ 不符□	
	3.0.3 矿井主要通风机因故停止运转,受该通风机影响的停风区域必须全部断电撤人,并安排专人在通向影响区的各巷(井)口设警拦人。	瓦斯	管	重大	符合□ 不符□	
	3.0.4 矿井主要通风机恢复运转或利用主要通风机排放矿井瓦斯时,主要通风机出口处的瓦斯浓度不得超过2%,否则必须采取加大短路风量的措施。在恢复矿井或采区通风系统后,当主要通风机出口处的瓦斯浓度不超过1%时,通风救护人员方可入井检查通风瓦斯情况。矿井总回风流瓦斯浓度不超过0.75%时,其他人员方可入井。	瓦斯	管	重大	符合□ 不符□	
	3.0.5 因有计划停风导致掘进巷道瓦斯超限后,不论巷道内瓦斯多大,都必须按照预先制定的排放瓦斯安全技术措施,由救护队负责排放,同时通风区副区长以上干部在现场指挥。	瓦斯	管	重大	符合□ 不符□	
	3.0.6 采区及以上范围瓦斯积聚且浓度超过3%时,排放瓦斯措施必须由矿总工程师组织会审签字后,由矿山救护队按措施进行排放。	瓦斯	管	重大	符合□ 不符□	
	3.0.7 巷道启封恢复通风必须制定专项排放瓦斯安全技术组织措施,经矿总工程师批准后严格执行。	瓦斯	管	重大	符合□ 不符□	
	3.0.8 排放瓦斯的安全措施,由矿总工程师或通风副总工程师负责贯彻并组织实施,整个排放过程必须有安监人员在现场监督检查。	瓦斯	管	重大	符合□ 不符□	
4 矿井瓦斯等级和二氧化碳涌出量鉴定	4.0.1 所有生产矿井和正在建设的矿井都必须进行矿井瓦斯等级和二氧化碳涌出量的鉴定,鉴定为瓦斯矿井的以后每2年进行1次瓦斯等级鉴定。	瓦斯	管	重大	符合□ 不符□	
	4.0.2 矿井瓦斯等级鉴定以独立生产系统的自然井为单位,有多个自然井的煤矿应当按自然井分别鉴定。	瓦斯	管	重大	符合□ 不符□	
	4.0.3 瓦斯矿井出现下列情况之一的,应当在6个月内完成瓦斯等级鉴定工作: (1)建设矿井建设完成进入联合试运转期间的; (2)矿井核定生产能力提高的; (3)矿井开采新水平或新煤层揭露煤层的。	瓦斯	管	重大	符合□ 不符□	
	4.0.4 矿井瓦斯等级鉴定应根据当地气候条件选择在矿井绝对瓦斯涌出量最大的月份,且在矿井正常生产或建设时进行。	瓦斯	管	重大	符合□ 不符□	

项目	现场辨识内容	违反后果	风险评估 类别	风险评估 等级	现场风险评估	评估人
4 矿井瓦斯等级和二氧化碳涌出量鉴定	4.0.5 瓦斯鉴定测点的设置必须齐全合理。在矿井抽出式主要通风机风硐(或回风井筒井底的总回风位置)、每一水平、每一翼、每一煤层及各采区、各采掘工作面均应布置测点。	瓦斯	管	重大	符合□ 不符□	
	4.0.6 矿井根据测定、化验结果,编制矿井瓦斯等级和二氧化碳涌出量鉴定报告。鉴定报告中对瓦斯和二氧化碳涌出来源、鉴定月产量是否正常、上一个鉴定年度煤层自然发火及火区发展变化以及近年度的瓦斯鉴定等情况应有详细说明,并提出等级鉴定意见。要求附矿井通风系统示意图,图中标明风流方向、通风设施、测点位置等。	瓦斯	管	重大	符合□ 不符□	
5 瓦斯抽采一般规定	5.0.1 有下列情况之一的矿井必须进行瓦斯抽采,并实现抽采达标: (1) 一个采煤工作面绝对瓦斯涌出量大于 5 m³/min 或一个掘进工作面绝对瓦斯涌出量大于 3 m³/min 的; (2) 矿井绝对瓦斯涌出量大于或等于 40 m³/min 的; (3) 矿井年产量为 1.0~1.5 Mt,其绝对瓦斯涌出量大于 30 m³/min 的; (4) 矿井年产量为 0.6~1.0 Mt,其绝对瓦斯涌出量大于 25 m/min 的; (5) 矿井年产量为 0.4~0.6 Mt,其绝对瓦斯涌出量大于 20 m/min 的; (6) 矿井年产量等于或小于 0.4 Mt,其绝对瓦斯涌出量大于 15 m³/min 的。	瓦斯	管	重大	符合□ 不符□	
	5.0.2 凡进行瓦斯抽采的矿井,应严格执行《煤矿安全规程》《煤矿瓦斯抽采达标暂行规定》《煤矿瓦斯抽采基本指标》和通风安全质量标准化标准中有关瓦斯抽采的规定。	瓦斯	管	重大	符合□ 不符□	
	5.0.3 矿井在编制生产发展规划和年度生产计划时,必须同时组织编制相应的瓦斯抽采达标规划和年度实施计划,确保"抽掘采平衡"。	瓦斯	管	重大	符合□ 不符□	
	5.0.4 经矿井瓦斯涌出量预测或者矿井瓦斯等级鉴定、评估,符合应当进行瓦斯抽采条件的新建、技改和资源整合矿井,其矿井初步设计必须包括瓦斯抽采工程设计内容。	瓦斯	管	重大	符合□ 不符□	
	5.0.5 矿井瓦斯抽采工程设计应当与矿井开采设计同步进行;分期建设、分期投产的矿井,其瓦斯抽采工程必须一次设计,并满足分期建设过程中瓦斯抽采达标的要求。	瓦斯	管	重大	符合□ 不符□	
	5.0.6 矿井地面瓦斯抽采工程必须由具有资质的单位或机构进行专项设计,报省煤炭厅审批。	瓦斯	管	较大	符合□ 不符□	

项目	现场辨识内容	违反后果	风险评估		现场风险评估	评估人
			类别	等级		
5 瓦斯抽采一般规定	5.0.7 井下临时瓦斯抽采工程设计应包括以下主要内容: (1)矿井概况:煤层赋存条件、矿井煤炭储量、生产能力、巷道布置、采煤方法及通风状况; (2)瓦斯基础数据:瓦斯鉴定或预测参数,矿井瓦斯涌出量,煤层瓦斯压力、含量,矿井瓦斯储量,煤层透气性系数与钻孔瓦斯流量及其衰减系数等; (3)抽采方法:钻孔(巷道)布置及抽采工艺参数; (4)抽采设备:抽采泵、管路系统、监测及安全装置; (5)泵站建筑:硐室、供水、供电及其他; (6)设计包括:设计说明书、设备与器材清册、资金概算、图纸。	瓦斯	管	重大	符合□ 不符□	
	5.0.8 凡进行抽采瓦斯的采掘工作面,必须编制瓦斯抽采专项设计,报矿总工程师审批。	瓦斯	管	重大	符合□ 不符□	
	5.0.9 采掘工作面瓦斯抽采专项设计主要内容应包括抽采钻孔布置图、钻孔参数表(钻孔直径、间距、开孔位置、钻孔方位、倾角、深度等)、施工要求、钻孔(钻场)工程量、施工设备与进度计划、有效抽采瓦斯时间、预期效果以及组织管理、安全技术措施等。采掘工作面抽采工程竣工后,由矿总工程师牵头,组织有关部门及施工单位人员进行验收。	瓦斯	管	重大	符合□ 不符□	
	5.0.10 抽采瓦斯矿井应当对瓦斯抽采的基础条件和抽采效果进行评判。在基础条件满足瓦斯先抽后采要求的基础上,再对抽采效果是否达标进行评判。瓦斯抽采不达标的煤矿,不得组织采掘作业。	瓦斯	管	重大	符合□ 不符□	
	5.0.11 工作面采掘作业前,应当编制瓦斯抽采达标评判报告,并由矿井总工程师和主要负责人批准。采掘工作面生产期间每推进 10～50 m,至少进行 2 次区域验证。	瓦斯	管	重大	符合□ 不符□	
	5.0.12 有下列情况之一的,应当判定为抽采基础条件不达标: (1)未按要求建立瓦斯抽采系统,或者瓦斯抽采系统没有正常、连续运行的; (2)无瓦斯抽采规划和年度计划; (3)无矿井瓦斯抽采达标工艺方案设计、无采掘工作面瓦斯抽采施工设计; (4)无采掘工作面瓦斯抽采工程竣工验收资料、竣工验收资料不真实; (5)没有建立矿井瓦斯抽采达标自评价体系和瓦斯抽采管理制度的; (6)瓦斯抽采泵站能力和备用泵能力、抽采管网能力等达不到要求的; (7)瓦斯抽采系统的抽采计量测点不足、计量器具不符合相关计量标准和规范要求或者计量器具使用超过检定有效期,不能进行准确计量的; (8)缺乏符合标准要求的抽采效果评判相关测试条件的。	瓦斯	管	重大	符合□ 不符□	

项目	现场辨识内容	违反后果	风险评估 类别	风险评估 等级	现场风险评估	评估人
5 瓦斯抽采一般规定	5.0.13 抽采矿井必须成立专门的抽采队伍,配备专业技术人员,建立抽采岗位责任制和岗位作业操作规程。抽采岗位操作工必须接受专业培训,持证上岗。	瓦斯	管	一般	符合□ 不符□	
	5.0.14 瓦斯抽采的矿井,应根据有关规定,结合本矿具体情况,由矿总工程师主持制定钻孔(场)施工、瓦斯抽采的安全技术措施,并严格贯彻执行,以确保打钻和抽采的安全。	瓦斯	管	重大	符合□ 不符□	
	5.0.15 抽采瓦斯的矿井必须建立以下管理制度: (1)抽采工程质量验收制度; (2)抽采设备停、运联系制度; (3)抽采瓦斯基础参数定期检测制度; (4)抽采瓦斯设备检验制度; (5)抽采瓦斯系统管理制度等。	瓦斯	管	一般	符合□ 不符□	
6 抽采系统及管理	6.0.1 高瓦斯矿井原则上必须建立地面固定抽采瓦斯系统,其他应当抽采瓦斯的矿井可以建立井下临时抽采瓦斯系统;同时具有煤层瓦斯预抽和采空区瓦斯抽采方式的矿井,应根据需要分别建立高、低负压抽采瓦斯系统。	瓦斯	管	重大	符合□ 不符□	
	6.0.2 泵站的装机能力和管网能力应当满足瓦斯抽采达标的要求。抽采瓦斯泵及其附属设备,至少应有1套备用,运行泵的装机能力不得小于瓦斯抽采达标时应抽采瓦斯量对应工况流量的2倍,备用泵能力不得小于运行泵中最大一台单泵的能力。	瓦斯	机	重大	符合□ 不符□	
	6.0.3 井下临时瓦斯抽采系统完工后,由矿总工程师组织有关部门进行初验,合格后报集团公司验收。临时瓦斯抽采系统必须满足以下条件: (1)抽采泵台数、抽采泵运行能力满足设计要求; (2)抽采泵站必须具有独立通风系统,风量符合要求; (3)必须安装在线监测系统,对瓦斯浓度、流量、负压、温度和一氧化碳进行监测,应与矿井安全监控系统实现联网; (4)瓦斯抽采管路的材质必须符合有关要求; (5)抽采系统必须采用"三专"供电。	瓦斯	管	重大	符合□ 不符□	
	6.0.4 抽采容易自燃和自燃煤层的采空区瓦斯时,抽采管路应安设一氧化碳、甲烷、温度传感器,实现实时监测监控。发现有自然发火征兆时,应当立即采取措施。	瓦斯	管	重大	符合□ 不符□	
	6.0.5 易自燃、自燃煤层的井下采空区低浓度瓦斯抽采,应在靠近可能的火源点一侧的管道上安设抑爆装置。	瓦斯	管	重大	符合□ 不符□	
	6.0.6 井下临时瓦斯抽采系统抽出的瓦斯排入回风巷时,在排瓦斯管路出口必须设置栅栏、悬挂警戒牌。栅栏设置位置:上风侧距管路出口5 m、下风侧距管路出口30 m。两栅栏间禁止任何作业、行人和运输;下风侧栅栏外1 m以内必须安设甲烷传感器,并具有瓦斯超限断电功能,栅栏外的瓦斯浓度应符合该巷道瓦斯浓度管理要求。	瓦斯	管	重大	符合□ 不符□	
	6.0.7 瓦斯抽采泵有计划检修、停运和调整运行工况时,要制定方案及安全技术措施,由矿总工程师审批后报集团公司备案。如因停电、故障等原因瓦斯抽采泵无计划停止运转,矿通风部门应及时向集团公司相关部门汇报。	瓦斯	管	重大	符合□ 不符□	

项目	现场辨识内容	违反后果	风险评估 类别	风险评估 等级	现场风险评估	评估人
6 抽采系统及管理	6.0.8 采掘工作面瓦斯抽采管路的延长或拆除,由矿通风部门批准;矿井采(盘)区及其以上瓦斯抽采管路延伸或拆除,由总工程师批准。	瓦斯	管	重大	符合□ 不符□	
	6.0.9 瓦斯抽采泵站、主管、干管、支管及需要单独评价的区域分支、钻场等地点必须设置检测瓦斯浓度、流量、压力等参数的计量装置,并设置抽采观测牌板。	瓦斯	管	一般	符合□ 不符□	
	6.0.10 每旬必须对抽采系统进行一次检查,及时除渣、堵漏、放水、排除故障,保证系统正常运行。	瓦斯	管	较大	符合□ 不符□	
	6.0.11 抽采容易自燃和自燃煤层的瓦斯时,本煤层预抽管路每周至少检查一次管路中一氧化碳浓度和气体温度等有关参数,采空区抽采管路每班至少检查一次管路中一氧化碳浓度和气体温度等有关参数,发现有自然发火征兆应立即采取措施。	火灾	管	重大	符合□ 不符□	
	6.0.12 抽采钻场、管路拐弯、低洼、温度突变处及管路适当距离(间距一般为200~300 m,最大不超过500 m)应设置放水器,必要时应设置除渣装置,防止煤泥堵塞管路断面。	瓦斯	管	重大	符合□ 不符□	

第八节　防灭火系统安全风险现场辨识评估清单

项目	现场辨识内容	违反后果	风险评估 类别	风险评估 等级	现场风险评估	评估人
1 基本规定	1.0.1 矿井所有煤层都应进行自燃倾向性鉴定,划分煤层的自燃倾向,并根据不同自燃倾向采取合理的防灭火措施,防止自然发火事故发生。	火灾	环	一般	符合□ 不符□	
	1.0.2 开采容易自燃和自燃煤层的矿井,必须编制专项防灭火设计,建立完善的防灭火系统,制定防治采空区(特别是工作面初采线、终采线、"两道"和"三角点")、冒区、煤柱破坏区自然发火的专项技术措施。防灭火设计每年年初根据本矿实际重新进行修订完善,报上一级公司审批。各类防灭火系统必须经常保持良好的工作或备用状态,能够随时投入防灭火工作。	火灾	管	重大	符合□ 不符□	
	1.0.3 开采容易自燃和自燃的煤层时,采区和采煤工作面必须采用后退式开采,选择丢煤少、采空区漏风小、回采速度快的采煤方法。凡是一次不能采全高的,必须沿顶开采,不能留顶煤。	火灾	环	较大	符合□ 不符□	

项目	现场辨识内容	违反后果	风险评估		现场风险评估	评估人
			类别	等级		
1 基本规定	1.0.4　各矿在正常的生产过程中,必须建立自然发火预测预报系统,开展自燃火灾的预测预报工作。 (1) 对重点区域应绘制气体变化曲线图,发现异常及时采取措施并上报集团公司通风部门; (2) 对采煤工作面、层别回风巷以及高温地点和可能发火地点的气体成分每班检查一次; (3) 对火区、采空区、采区回风巷等地点每周至少取样分析一次; (4) 对异常点随时检查、取样化验分析,及时掌握其变化动态; (5) 化验报表要由通风区长或技术主管签字审核,每月要有一份火情分析报告。	火灾	管	重大	符合□ 不符□	
	1.0.5　自燃和容易自燃矿井的主要通风机风压不得超过 3 000 Pa,已经超过者必须列入矿井通风系统改造规划,进行改造。	火灾	管	重大	符合□ 不符□	
	1.0.6　要定期对矿井压能分布状况进行分析,消除高阻区对火区和采空区的影响。采区内阻力损失不宜超过 600 Pa,采煤工作面阻力损失不宜超过 200 Pa。	火灾	环	一般	符合□ 不符□	
	1.0.7　依照矿井压能分布规律正确选择通风设施的位置,以尽可能降低采空区、火区和煤柱裂隙的漏风压差。	火灾	环	一般	符合□ 不符□	
	1.0.8　采煤工作面回采结束后,必须在 45 d 内撤出一切设备、材料,进行永久性封闭。	火灾	环	重大	符合□ 不符□	
	1.0.9　对因故不能按时封闭或停采长期供风的工作面,必须制定专项防灭火措施,报上一级公司批准。	火灾	管	一般	符合□ 不符□	
	1.0.10　矿井主要进、回风巷道和采区进、回风巷道不得采用可燃性背板或装修板修整装饰巷道断面,砌碹巷道碹后与巷壁间的空隙和冒落处必须用不燃性材料进行充实。	火灾	环	一般	符合□ 不符□	
	1.0.11　穿越煤层的回风井应对裸露的煤巷全部实施挂网喷浆,厚度不小于 100 mm。	火灾	环	一般	符合□ 不符□	
	1.0.12　与回风井直接连通的采空区密闭,其下风侧 10 m 范围内必须安设 CO 传感器。	火灾	机	一般	符合□ 不符□	
	1.0.13　严禁使用穿层溜煤眼,对废弃的溜煤眼、暗斜井和风眼必须进行层间永久性封闭,以防止自然发火及层间有毒、有害气体扩散。	火灾	环	一般	符合□ 不符□	
	1.0.14　与采空区相连通的废弃不用的各类电缆孔、灌浆孔、下(输、送)料孔、放水孔、排水孔等所有漏风通道必须用水泥砂浆灌实或采取可靠的封堵措施,保证隔绝严密,并在上下口设置明显的标示。	火灾	机	一般	符合□ 不符□	
	1.0.15　矿井应定期普查地表塌陷裂缝,对产生的裂缝必须进行充填,防止因地表裂缝漏风导致采空区自燃。	火灾	环	重大	符合□ 不符□	

项目	现场辨识内容	违反后果	风险评估		现场风险评估	评估人
			类别	等级		
1 基本规定	1.0.16 每一矿井都必须按《煤矿安全规程》要求建立健全井下明火和可燃物管理制度。	火灾	管	一般	符合□ 不符□	
	1.0.17 回风巷、硐室回风道、联络巷等地点浮煤、电缆皮等可燃物必须明确责任单位管理,定期检查,及时清理干净。	火灾	环	一般	符合□ 不符□	
	1.0.18 井下消防管路系统要完善(可与防尘管路系统共用),水源总控阀门应接在进风巷,在井下各硐室进风口前后 10 m 范围设置三通阀门,主要硐室要配备消防器材,并定期检修、维护。	火灾	机	一般	符合□ 不符□	
2 灌浆系统	2.0.1 凡开采自燃或容易自燃煤层的矿井,必须建立适合本矿的防灭火灌浆系统,成立专业灌浆队伍。	火灾	管	一般	符合□ 不符□	
	2.0.2 建立防灭火灌浆系统时,必须有详细的灌浆方案设计,主要内容包括: (1) 矿井概况; (2) 采空区(火区)发火隐患分析; (3) 选用的灌浆材料种类及其性能分析; (4) 灌浆系统构成及主要灌浆参数计算(灌浆方式方法、供电方式、水源、取土、输送浆液管路的选型及计算); (5) 灌浆防灭火效果考察; (6) 组织机构及安全技术措施。	火灾	管	一般	符合□ 不符□	
	2.0.3 应针对灌浆情况制定防止溃浆和疏水的安全技术措施,且灌浆时要确保灌浆的连续性。	其他	管	重大	符合□ 不符□	
	2.0.4 建立预防性灌浆系统前必须对钻孔的布置进行技术分析,尽可能采用集中式灌浆。	火灾	人	一般	符合□ 不符□	
	2.0.5 输浆管路系统应避免"两头高中间低"的布置方式,并尽量减少拐弯。井下输浆管路应紧靠井巷壁铺设,固定牢固,并涂以防锈漆。每次灌浆后应立即用清水冲洗管路。	其他	管	一般	符合□ 不符□	
	2.0.6 灌浆期间,每班必须测定一次浆液的流量和土水比,流量测定可用电磁流量计或体积法,土水比测定可采用比重法,泥浆的土水比以 1:3~1:5 为宜。	火灾	人	一般	符合□ 不符□	
	2.0.7 在浆液流入输浆管路前,必须设置筛网过滤,网的孔径以 15~20 mm 为宜。	其他	机	一般	符合□ 不符□	
	2.0.8 采煤工作面采用埋管灌浆时,随着工作面的推进,向采空区内埋设管道的出浆口距工作面的距离应不小于 15 m。	火灾	机	一般	符合□ 不符□	
	2.0.9 采用从密闭墙上插管灌浆时,密闭墙的强度应满足灌浆的要求,灌浆时应派专人监护,一旦发现有溃浆征兆时,应立即停止灌浆。	其他	管	重大	符合□ 不符□	

项目	现场辨识内容	违反后果	风险评估 类别	风险评估 等级	现场风险评估	评估人
2 灌浆系统	2.0.10　灌浆站因故停灌期间要具备随时复灌的条件,实施冬季灌浆应采取相应措施消除因气候变化、温度降低而发生冻土及堵管现象。	其他	机	一般	符合□ 不符□	
	2.0.11　加强对灌浆系统的维护管理,建立防灭火灌浆台账,认真填写灌浆记录。	火灾	管	一般	符合□ 不符□	
	2.0.12　灌浆系统需要报废时,必须报上一级公司审定,经现场核实认可后,方可拆除。	其他	管	一般	符合□ 不符□	
	2.0.13　按规定绘制灌浆系统图,并符合以下要求: (1) 在1∶2 000或1∶5 000的井上下对照图上绘制; (2) 图上标明火区范围、采土场、泥浆池、水池、灌浆管路、钻孔、水枪、截门等; (3) 图上注明水池容量、管路直径、钻孔直径、钻孔深度、泥浆泵或水泵型号、系统建立时间等。	其他	管	一般	符合□ 不符□	
3 束管监测系统	3.0.1　矿井必须明确束管监测系统的分管领导和责任部门,确保系统装备、运行所需的资金和人员到位。要制定系统的安装、使用、维护制度和相应的岗位责任制、操作规程,确保系统安全、可靠、正常运行。	火灾	管	一般	符合□ 不符□	
	3.0.2　矿井应配备满足束管监测系统正常使用所需的系统操作、维修人员,每矿不少于2名,要求熟练掌握使用方法及色谱仪的维护方法,具备对仪器的简单故障进行处置的能力,需经专门培训并考试合格后,方可上岗。	火灾	管	一般	符合□ 不符□	
	3.0.3　矿井束管监测系统必须制定完善的采样化验和报告制度,对主要生产作业区域设点定期取样分析和连续监测,特别是综采放顶煤工作面,必须按作业规程规定,在开采前和初采时在相关地点设束管监测系统的采样点,每班取样不少于3次,每天必须出具分析化验报告,送总工程师、通风区长或技术主管审阅。	火灾	管	一般	符合□ 不符□	
	3.0.4　正在回采的放顶煤工作面进风、回风巷道必须分别布置不少于3束带有保护套的束管,两个束管监测取样点间距为30～50 m,埋入采空区最远取样点距工作面为150 m,埋入采空区的束管要用 $DN(25～50)$ mm的护管加以保护,防止损坏束管;如埋入采空区内采样点外 O_2 浓度<5%时,CO浓度稳定后,该采样点可以提前停止采样;如果 O_2 浓度≥5%且CO浓度有上升趋势则根据实际情况,加大两取样点间距,同时通过束管监测确定采空区"三带"范围。	火灾	管	一般	符合□ 不符□	
	3.0.5　工作面回采结束收尾期间,工作面的束管监测系统必须正常使用,只有工作面收尾结束后,方可撤出监测系统并及时封闭工作面。	火灾	管	一般	符合□ 不符□	
	3.0.6　束管监测分析室必须专人值班,系统须24 h连续、稳定运行。	火灾	管	一般	符合□ 不符□	

续表

项目	现场辨识内容	违反后果	风险评估 类别	风险评估 等级	现场风险评估	评估人
3 束管监测系统	3.0.7　束管监测系统须具备对检测点气样的综合气体成分(包括 CO、CH_4、CO_2、O_2、H_2、C_2H_2、C_2H_4、C_2H_6、C_3H_6、C_3H_8、N_2)进行分析的功能,并可自动输出每路束管气体的分析结果。	火灾	机	一般	符合□ 不符□	
	3.0.8　束管监测系统可将监测数据以日报、月报和趋势曲线的形式显示或打印,数据至少存储1年,重点区域每年进行备份。	其他	管	一般	符合□ 不符□	
	3.0.9　当监测点的有毒有害气体成分超过《煤矿安全规程》的规定时,束管监测系统必须能自动报警提示。	火灾	机	一般	符合□ 不符□	
	3.0.10　定期对地面监测设备和井下取样设备、束管管路进行维护检修,保证系统畅通,运行正常,监测准确,无堵塞和漏气现象。	火灾	管	一般	符合□ 不符□	
	3.0.11　每周将束管监测数据与监测点的人工取样化验分析数据进行比较,数据误差不得超过10%。	火灾	管	一般	符合□ 不符□	
4 注氮系统	4.0.1　开采自燃及容易自燃煤层的放顶煤工作面必须建立注氮防灭火系统,实施注氮的工作面必须编制注氮防灭火设计。	火灾	管	一般	符合□ 不符□	
	4.0.2　制氮机总装机量至少为所有工作面注氮量的2倍,制氮机输出氮气浓度不得小于97%。	其他	机	一般	符合□ 不符□	
	4.0.3　注氮作业必须在束管监测系统的指导下实施,根据采空区"三带"位置及时调整注氮步距。	火灾	管	一般	符合□ 不符□	
	4.0.4　注氮工作面上隅角必须安设甲烷、一氧化碳、氧气、温度传感器,报警点分别为≥0.8%、≥0.005、<18.5%、≥26 ℃。	其他	机	较大	符合□ 不符□	
	4.0.5　注氮过程中,工作场所的氧气浓度不得低于18.5%,否则应立即停止作业撤出人员,同时降低注氮流量或停止注氮。	其他	环	较大	符合□ 不符□	
	4.0.6　注氮地点及与其相连巷道的安全通风量必须保证氮气泄漏量最大时工作场所的氧气浓度仍不低于18.5%。	其他	环	一般	符合□ 不符□	
	4.0.7　井下制氮硐室必须有独立通风系统,其顶部及两帮必须喷浆,厚度不小于100 mm,硐室内挂有完善的管理牌板,按规定配备消防器材。	火灾	机	一般	符合□ 不符□	
	4.0.8　制氮设备的管理人员和操作人员,必须经过培训、考试合格,并取得结业证和上岗证后,方可上岗。	其他	管	一般	符合□ 不符□	
	4.0.9　注氮管路在进入工作面采空区前须至少安设1组流量计和压力表。	其他	机	一般	符合□ 不符□	

项目	现场辨识内容	违反后果	风险评估 类别	风险评估 等级	现场风险评估	评估人
4 注氮系统	4.0.10 输氮管路的铺设应尽量减少拐弯,要求平、直、稳,接头不漏气。每节钢管的支点不少于两点,每节软管的吊挂不少于4点,不允许在管路上堆放他物。低洼处可设置放水阀。	其他	机	一般	符合☐ 不符☐	
	4.0.11 输氮管路的分岔处应设置三通和截止阀及压力表。输氮管路应进行防锈处理,表面涂黄色油漆。	其他	机	一般	符合☐ 不符☐	
	4.0.12 矿井必须建立制氮设备的操作规程、工种岗位责任制、机电设备维护检修规程等规章制度,同时建立注氮防灭火台账。	其他	管	一般	符合☐ 不符☐	
5 火区管理	5.0.1 井下火灾无法直接扑灭而予以封闭的区域,称为火区。	其他	管	一般	符合☐ 不符☐	
	5.0.2 每一火区都要按《煤矿安全规程》要求建立火区管理台账,要按时间顺序予以编号,建立火区管理技术卡片并绘制火区位置关系图,记录火灾的发生、发展和处理经过及火区管理的全过程,火区永久防火墙应统一编号,防火墙内的气体成分和气温、水温等参数要定期取样化验,随时掌握火区发展状态。	火灾	管	一般	符合☐ 不符☐	
	5.0.3 由矿总工程师组织定期对矿井井田范围内的火区进行排查,确定范围,排查结果存档备查,对火区和疑似火区要全部按火区管理要求进行严格管理。	火灾	管	一般	符合☐ 不符☐	
	5.0.4 火区管理技术卡片内容包括: (1) 火区基本情况登记; (2) 防火墙及其观测记录; (3) 灌浆或其他灭火记录; (4) 火区位置关系图。	火灾	管	一般	符合☐ 不符☐	
	5.0.5 火区位置关系图以通风系统图为基础绘制,即在通风系统图上标明所有火区的边界、防火墙的位置、火源点、漏风路线及防灭火系统布置,同时标明火区编号、名称、发火时间。	火灾	管	一般	符合☐ 不符☐	
	5.0.6 当井下发现自然发火征兆时,必须停止作业,立即采取有效措施进行处理。在发火征兆不能得到有效控制时,必须撤离人员,远距离封闭发火危险区域。进行封闭施工作业时,其他区域所有人员必须全部撤出。	火灾	环	重大	符合☐ 不符☐	
	5.0.7 火区封闭后应积极采取措施加速火区熄灭进程。	火灾	环	重大	符合☐ 不符☐	
	5.0.8 工作面上覆和周边存在火区隐患的区域,要预先采取打钻探测确定,存在火灾隐患的要采取有效的灭火措施,火灾隐患未消除的不得强行进行采掘作业。	火灾	环	一般	符合☐ 不符☐	

续表

项目	现场辨识内容	违反后果	风险评估 类别	风险评估 等级	现场风险评估	评估人
5 火区管理	5.0.9 火区经连续取样分析符合《煤矿安全规程》规定的火区熄灭条件时,由矿总工程师组织有关部门鉴定确认火区已经熄灭,提出火区注销报告,报上一级公司审批。	火灾	管	一般	符合□ 不符□	
	5.0.10 火区注销报告内容包括: (1) 火区的基本情况; (2) 灭火总结(包括灭火过程、灭火费用和灭火效果等); (3) 火区注销依据与鉴定结果。	火灾	管	一般	符合□ 不符□	
5 火区管理	5.0.11 火区注销后,要绘制注销火区图,并符合以下要求: (1) 在1:5 000的井上下对照图上绘制; (2) 标明治理火区方案或措施的规格、参数; (3) 注明火区注销范围、时间。	火灾	管	一般	符合□ 不符□	
	5.0.12 启封已注销的火区时,必须制定完善的启封火区和恢复通风的启封方案及安全技术措施,报上一级公司审批,要保证火区的启封在安全前提下进行。启封火区安全措施应包括以下内容: (1) 火区基本情况、灭火与注销情况; (2) 火区侦察顺序与防火墙启封顺序; (3) 启封时有防止人员中毒、火区复燃和爆炸的通风安全措施。	火灾	管	一般	符合□ 不符□	
	5.0.13 启封火区和恢复火区初期通风等工作必须由矿山救护队进行,必须采用锁风方法启封,发现有复燃现象必须立即停止启封,重新封闭。	火灾	管	较大	符合□ 不符□	
	5.0.14 火区启封后7 d内必须由救护队每班进行检查测定和取样分析气体成分,确认火区无复燃可能后方可恢复正常生产。	火灾	管	一般	符合□ 不符□	

第九节 地质防治水安全风险现场辨识评估清单

项目	现场辨识内容	违反后果	风险评估 类别	风险评估 等级	现场风险评估	评估人
1 基本规定	1.0.1 矿井必须按规定绘制各种矿图,矿图及充水性图必须反映现状,月度填绘交换,基础图件必须与实际相符。	水害	管	重大	符合□ 不符□	
	1.0.2 矿井地质部门必须进行水情水患和采掘工作面地质构造预测预报,发至矿有关领导、部门和区队,采掘区队未接到预报不得进行生产作业。	水害	管	重大	符合□ 不符□	
	1.0.3 矿井水文地质类型复杂以上,编制中长期防治水规划(5～10年)、年度计划,并组织实施。应当建立水文地质观测系统,加强水文地质动态观测和水害预测分析工作。应当建立灾害性天气预警和预防机制,加强与周边相邻矿井的信息沟通,发现矿井水害可能影响相邻矿井时,立即向周边相邻矿井进行预警。	水害	管	重大	符合□ 不符□	

续表

项目	现场辨识内容	违反后果	风险评估 类别	风险评估 等级	现场风险评估	评估人
1 基本规定	1.0.4 编制水文地质类型划分报告,按照报告要求采取相应的安全技术措施,未编制实施安全措施不得进行生产作业,水文地质类型划分报告超过3年期限必须重新编制。	水害	管	较大	符合□ 不符□	
	1.0.5 矿井的井田范围内及周边区域水文地质条件不清楚的,应当采取有效措施,查明水害情况。在水害情况查明前,严禁进行采掘活动。	水害	环	重大	符合□ 不符□	
	1.0.6 探放水工程必须编制专项探放水设计和作业规程,设计及规程按照作业规程审批程序履行审批。	水害	管	重大	符合□ 不符□	
	1.0.7 配备足够的专门探放水钻机,严禁使用非专用探放水钻机实施探放水工程。探放水钻机要配备3台以上,且至少有1台钻进能力在200 m以上。	水害	机	较大	符合□ 不符□	
	1.0.8 实行探、掘队伍分离管理,制定探、掘连锁验收制度,各矿地质部门、探放水队和掘进队组必须建立探放水管理台账,必须做到图表齐全、记录齐全。	水害	管	重大	符合□ 不符□	
	1.0.9 实行"三线"(警戒线、探水线、积水线)管理古空、老空、采空积水,探放水作业场所必须悬挂探放水技术牌板,标明当班可安全掘进的进度,严禁超安全距离掘进。	水害	管	重大	符合□ 不符□	
	1.0.10 矿井作业区域范围必须先行进行地面物探,并至少配备一台适合本矿水害特点的物探装备,保证日常工作需要。物探作业外包的,承担单位要具备乙级以上物探资质,且成果具有连续性。	水害	管	一般	符合□ 不符□	
	1.0.11 带压开采矿井必须进行安全分区,未进行专门水文地质勘探或安全开采区域未经专家论证的,不得进入带压开采区进行开拓或回采。	水害	管	一般	符合□ 不符□	
	1.0.12 有突水危险矿井必须请有资质单位编制专门防治水技术方案。有突水危险的采掘区域,应当在其附近设置防水闸门,不具备设置防水闸门条件的,应当制定防突水措施,由矿井主要负责人审批。	水害	管	重大	符合□ 不符□	
	1.0.13 矿井、盘区、工作面排水系统未建成不得投产,排水系统能力不足不得生产,排水系统电源不可靠或无备用设备不得生产,主水仓未投入使用不得超前施工二期建设工程,采区水仓未投入使用不得施工采煤工作面。矿井延深必须进行总排水系统能力核定,上部主排水系统必须满足上下水平合并排水能力,否则矿井不得生产。	水害	管	重大	符合□ 不符□	
	1.0.14 矿井必须做好水文地质类型划分工作,集中进行区域水害隐患普查和论证,探明矿井及周边老窑区分布及水文地质情况,做到一个矿一张预测图,做到掘前、采前水害资料清晰、安防措施到位。	水害	管	较大	符合□ 不符□	

项目	现场辨识内容	违反后果	风险评估		现场风险评估	评估人
			类别	等级		
1 基 本 规 定	1.0.15 按规定进行防治水培训,职工必须掌握透水预兆常识及防治水应知应会。	水害	管	较大	符合□ 不符□	
	1.0.16 按规定对废弃井筒、地表塌陷进行巡查,及时掌握汛情水情,落实雨季"三防"各项工作措施。雨季受水威胁的矿井,应当制定雨季防治水措施,建立雨季巡视制度并组织抢险队伍,储备足够的防洪抢险物资。	水害	管	较大	符合□ 不符□	
	1.0.17 制定水害应急预案,每年进行一次水害应急演练。	水害	管	重大	符合□ 不符□	
2 基 础 资 料	2.0.1 矿井应建立健全以下防治水管理制度: (1) 水害防治岗位责任制; (2) 水害防治技术管理制度; (3) 水害预测预报制度; (4) 水害隐患排查治理制度; (5) 防治水管理运行制度; (6) 防治水安全确认移交制度; (7) 防治水日常巡检考核制度; (8) 防治水工作绩效考核制度; (9) 探放水作业质量验收制度(含单孔和循环验收); (10) 防治水作业优先制度; (11) 探掘(回采、抽采、通风、注水)分离管理制度; (12) 探放水作业现场图牌板管理制度; (13) 暴雨期间巡视及停产撤人制度。	水害	管	重大	符合□ 不符□	
	2.0.2 矿井应配齐以下矿图,其他有关防治水图件由矿井根据实际需要编制,按规定时限对图纸内容进行修正完善。 (1) 采掘工程平面图; (2) 主要保安煤柱图; (3) 主要井巷图; (4) 矿井排水系统图; (5) 井底车场平面图; (6) 工业广场平面图; (7) 井田区域地形图; (8) 井上下对照图; (9) 矿井充水性图; (10) 矿井涌水量与各种相关因素动态曲线图; (11) 矿井综合水文地质图; (12) 矿井综合水文地质柱状图; (13) 井筒断面图及瓦斯地质图(瓦斯矿井可不编制瓦斯地质图)。	水害	管	较大	符合□ 不符□	

项目	现场辨识内容	违反后果	风险评估		现场风险评估	评估人
			类别	等级		
2 基础资料	2.0.3 矿井应建立健全防治水台账和测量台账、矿井防治水基础台账,应当认真收集、整理,实行计算机数据库管理,长期保存,并每半年修正 1 次。 (1) 矿井涌水量观测成果台账; (2) 气象资料台账; (3) 地表水文观测成果台账; (4) 钻孔水位、井泉动态观测成果及河流渗漏台账; (5) 抽放水试验成果台账; (6) 矿井突水点台账; (7) 井田地质钻孔综合成果台账; (8) 井上下水文地质钻孔成果台账; (9) 水质分析成果台账; (10) 水源水质受污染观测资料台账; (11) 水源井(孔)资料台账; (12) 封孔不良钻孔资料台账; (13) 矿井和周边煤矿采空区相关资料台账; (14) 水闸门(墙)观测资料台账; (15) 矿井、采区、工作面排水系统台账; (16) 地面等级网和近井点坐标成果台账; (17) 井上、下水准测量成果台账; (18) 井上、下导线计算成果台账; (19) 工程标定解算台账。	水害	管	较大	符合□ 不符□	
	2.0.4 新建矿井按照矿井建井的有关规定,在建井期间收集、整理、分析有关矿井水文地质资料,并编制下列主要图件: (1) 水文地质观测台账和成果; (2) 突水点台账、记录和有关防治水的技术总结,以及注浆堵水记录和有关资料; (3) 井筒及主要巷道水文地质实测剖面; (4) 建井水文地质补充勘探成果; (5) 建井水文地质报告(可与建井地质报告合在一起)	水害	管	较大	符合□ 不符□	
3 防治水机构	3.0.1 水文地质类型复杂以上矿井要成立防治水机构,明确主要负责人(含法定代表人、实际控制人)是本单位防治水工作的第一责任人,对防治水工作负主要责任;总工程师负责本单位防治水技术管理工作,对防治水工作负技术责任;其他各级人员负责防治水措施的实施,负落实责任。	水害	管	重大	符合□ 不符□	
	3.0.2 矿井必须有专门探放水队伍,设立专职的防治水副总工程师,并配备 3 名以上水文地质类工程的技术人员。至少有 1 名大专以上水文地质专业的技术人员,分管防治水的副总工程师必须由副高级工程师以上职称的人员担任。	水害	管	重大	符合□ 不符□	
	3.0.3 建立健全专业专职的探放水作业队伍,建立健全防治水各项制度,装备必要的防治水抢险救灾设备。探放水队伍人员数量要满足矿井探放水工作需要,作业人员必须实行特殊工种持证上岗。	水害	管	较大	符合□ 不符□	

续表

项目		现场辨识内容	违反后果	风险评估		现场风险评估	评估人
				类别	等级		
4 技术管理	4.1 防治水设计	4.1.1 矿井在每个开拓、掘进、采煤工作面开工前必须编制与作业规程相对应的防治水设计,设计中要明确老空水、小窑水、采空水区域,探放水孔位置、角度、个数等参数及相关图纸,分析与现有开采作业场所的关系,制定具体安全技术措施。	水害	管	重大	符合□ 不符□	
		4.1.2 严禁顶水作业。在矿界、导水构造等受水害威胁区域,按规定留设防隔水煤(岩)柱,并编制专门设计报矿井总工程师批准后执行。	水害	管	重大	符合□ 不符□	
		4.1.3 探放水设计应包括以下内容: (1)探放水的采掘工作面及周围的水文地质条件、水害类型、水量及水压预计; (2)探放水巷道的开拓方向、施工次序、规格和支护方式; (3)探放水钻孔组数、个数、方向、角度、深度、孔径、施工技术要求和采用的超前距、帮距及探水线的确定; (4)探放钻孔孔口安全装置及耐压要求等; (5)探放水施工与掘进工作的安全规定; (6)受水威胁地区信号联系和避灾路线; (7)通风措施和瓦斯检查制度; (8)防排水设施,如水闸门、水闸墙、水仓、水泵、管路、水沟等排水系统及能力的安排; (9)水情及避灾联系汇报制度和灾害处理措施; (10)钻窝设计、探放水孔布置的平面图、剖面图等。	水害	管	较大	符合□ 不符□	
	4.2 水文地质类型划分	4.2.1 编制矿井水文地质类型划分报告,并确定本单位的矿井水文地质类型。矿井水文地质类型划分报告,由煤矿企业总工程师负责组织审定。	水害	管	重大	符合□ 不符□	
		4.2.2 矿井水文地质类型应当每 3 年进行重新确定。当发生突水量首次达到 300 m³/h 以上或者造成死亡 3 人以上的突水事故后,矿井应当在 1 年内重新确定本单位的水文地质类型。	水害	管	重大	符合□ 不符□	
	4.3 带压开采	4.3.1 受奥灰水威胁的矿井,要通过专门的水文地质勘探,对底板承压水危险性进行综合评价,确定带压开采范围,制定带压开采方案和安全保障措施。	水害	管	重大	符合□ 不符□	
		4.3.2 未提交专门的水文地质报告和未进行承压开采可行性研究的矿井不得进入承压开采区进行开拓和回采。	水害	管	重大	符合□ 不符□	
		4.3.3 目前已经进入承压区回采的矿井,应立即补充专项水文地质勘探,并制订承压开采的安全措施。	水害	管	重大	符合□ 不符□	
		4.3.4 带压开采工作面用物探、化探和钻探手段查明隐伏构造及构造破碎带及其含(导)水情况,提出防治措施。	水害	管	重大	符合□ 不符□	
		4.3.5 带压开采水平或采区构筑防水闸门,每年开展 2 次防水闸门关闭试验,不能安设防水闸门的,应有防治水安全技术措施。	水害	管	重大	符合□ 不符□	

项目	现场辨识内容	违反后果	风险评估		现场风险评估	评估人
			类别	等级		
4 技术管理	4.4 探放水钻孔布置	4.4.1　探放老空水、陷落柱水和钻孔水时,应按巷道的设计方向在其水平面和竖直面内呈扇形布置;钻孔应成组布设,其孔数视超前距和帮距而定。 (1)厚煤层内竖直扇形面内钻孔间的终孔垂距不得超过1.5 m; (2)水平扇形面内各组钻孔间的终孔水平距离不得大于3 m; (3)探水钻孔的最小超前距或帮距一般不得小于10～20 m; (4)一般倾斜煤层平巷的探放水孔,应呈半扇面形布置在巷道正前和上帮; (5)倾斜煤层上山巷道探放水孔,呈扇面形布置在巷道的前方。	水害	管	较大	符合□ 不符□	
		4.4.2　探放断裂构造水及底板岩溶水的钻孔,必须沿掘进方向的前方及下方布置;底板方向的钻孔不得少于2个。	水害	管	较大	符合□ 不符□	
		4.4.3　探放水钻孔除兼作堵水或疏水用外,终孔孔径一般不得大于75 mm。	水害	管	较大	符合□ 不符□	
		4.4.4　沿岩层探放强含水层水、断层水或陷落柱水,其超前距按规定要求确定。	水害	管	重大	符合□ 不符□	
		4.4.5　巷道接近可能导水的探水线时,应布设扇形探水钻孔。	水害	管	重大	符合□ 不符□	
		4.4.6　对水压大于1 MPa的断层水、陷落柱水或强含水层水,不宜沿煤层布置探放水钻孔。必要时可先建筑防水闸墙,并在闸墙外向内探放水。	水害	管	较大	符合□ 不符□	
	4.5 探放水钻孔安全装置	4.5.1　探放水钻孔应安设孔口安全装置。孔口安全装置由孔口管、泄水测压三通、孔口水门和钻杆逆止阀(必要时安装)等组成。	水害	管	较大	符合□ 不符□	
		4.5.2　选择岩层坚硬完整地段开孔,注浆使孔口管与孔壁间充满水泥浆。扫孔后必须对孔口管进行耐压试验,孔口管周围不漏水时,方可钻进。	水害	管	较大	符合□ 不符□	
		4.5.3　探放强含水层水或需要收集放水时的水量、水压等资料时,应在孔口管上安装水压表、水门(闸门)和汇水短管等。	水害	管	较大	符合□ 不符□	
		4.5.4　钻孔内水压大于1.5 MPa时,孔口应安设防喷逆止阀。	水害	管	较大	符合□ 不符□	

项目	现场辨识内容	违反后果	风险评估		现场风险评估	评估人
			类别	等级		
	5.0.1　建立可靠的矿井防排水系统。排水设备和管路要定期检修,保证正常运转。矿井排水能力应符合以下规定: (1)矿井应当配备与矿井涌水量相匹配的水泵、排水管路、配电设备和水仓等,确保矿井排水能力充足。 (2)矿井井下排水设备应当满足矿井排水的要求。除正在检修的水泵外,应当有工作水泵和备用水泵。工作水泵的能力,应当能在20 h内排出矿井24 h的正常涌水量(包括充填水及其他用水)。 (3)备用水泵的能力应当不小于工作水泵能力的70%。检修水泵的能力,应当不小于工作水泵能力的25%。工作和备用水泵的总能力,应当能在20 h内排出矿井24 h的最大涌水量。 (4)排水管路应当有工作和备用水管。工作排水管路的能力,应当能配合工作水泵在20 h内排出矿井24 h的正常涌水量。工作和备用排水管路的总能力,应当能配合工作和备用水泵在20 h内排出矿井24 h的最大涌水量。 (5)配电设备的能力应当与工作、备用和检修水泵的能力相匹配,能够保证全部水泵同时运转。	水害	管	重大	符合□ 不符□	
5 矿井防治水	5.0.2　主要泵房至少有2个出口,一个出口用斜巷通到井筒,并应高出泵房7 m以上;另一个出口通到井底车场,在此出口通路内,应设置易于关闭的既能防水又能防火的密闭门。泵房和水仓的连接通道,应设置可靠的控制闸门。	水害	管	重大	符合□ 不符□	
	5.0.3　矿井主要水仓应当有主仓和副仓,当一个水仓清理时,另一个水仓能够正常使用。新建、改扩建矿井或者生产矿井的新水平,正常涌水量在1 000 m³/h以下时,主要水仓的有效容量应当能容纳8 h的正常涌水量。					
	5.0.4　有突水危险的矿井,应当在井底车场周围设置防水闸门或在正常排水系统基础上,另外安设有独立供电系统且排水能力不小于最大涌水量的潜水泵。	水害	管	重大	符合□ 不符□	
	5.0.5　水泵、水管、闸阀、排水用的配电设备和输电线路,必须经常检查和维护。在每年雨季以前,必须全面检修1次,并对全部工作水泵和备用水泵进行1次联合排水试验,提交联合排水报告。水仓、沉淀池和水沟中的淤泥,应及时清理,每年雨季前必须清理1次,并对矿井工作水泵、备用水泵、检修水泵进行1次联合排水试验。	水害	管	重大	符合□ 不符□	
	5.0.6　新建矿井揭露的水文地质条件比地质报告复杂的,应当进行水文地质补充勘探,及时查明水害隐患,采取可靠的安全防范措施。井下探放水应当采用专用钻机,由专业人员和专职探放水队伍进行施工。	水害	管	重大	符合□ 不符□	

项目	现场辨识内容	违反后果	风险评估 类别	风险评估 等级	现场风险评估	评估人
5 矿井防治水	5.0.7 井筒开凿到底后,应当先施工永久排水系统。永久排水系统应当在进入采区施工前完成。在永久排水系统完成前,井底附近应当先设置具有足够能力的临时排水设施,保证永久排水系统形成之前的施工安全。	水害	管	重大	符合□ 不符□	
	5.0.8 井下采区、巷道有突水或者可能积水的,应当优先施工安装防、排水系统,并保证有足够的排水能力。	水害	管	重大	符合□ 不符□	
	5.0.9 查明井田内废弃井筒和采空区的位置并准确标注在采掘工程平面图上,在探查清楚废弃井筒和采空区的积水范围、积水量的基础上,进行彻底治理。	水害	管	重大	符合□ 不符□	
	5.0.10 井下采掘工程接近废弃井筒和采空区时,必须按规定留设防隔水煤柱;不具备留设防隔水煤柱条件时,要预先进行探放水,排除水害隐患。	水害	管	重大	符合□ 不符□	
	5.0.11 雨季期间要实行24 h巡视检查,24 h降雨量超过50 mm,必须在第一时间立即撤出井下所有作业人员。	水害	管	重大	符合□ 不符□	
	5.0.12 工业广场必须采取防洪排涝措施。	水害	管	较大	符合□ 不符□	
6 井下探放水	6.0.1 为探放水作业队伍配备不同钻距的专用的探放水钻机等探放水设备和物探设备,探放水钻机至少3台以上,且有钻进能力在200 m以上的钻机,严禁使用煤电钻探放水作业。	水害	管	较大	符合□ 不符□	
	6.0.2 探放水作业队伍在防治水管理机构的领导下开展工作,不得与掘进队、回采队、通风队、瓦斯抽采队和注水队合并管理,并不得以抽采孔、注水孔代替探水孔。	水害	管	较大	符合□ 不符□	
	6.0.3 未经探放水确认安全的开拓、掘进和采煤工作面不得生产作业。对不按设计和规程、措施进行探放水的、探放水钻孔深度不符合要求的或超前距离小于规定的,要停止作业并上报跟班领导。	水害	管	重大	符合□ 不符□	
	6.0.4 建立探放水验收制度和探放水钻孔工程量计件制度,保证每孔必验,使探放水孔质量满足防治水设计规定。	水害	管	较大	符合□ 不符□	
	6.0.5 建立防治水作业优先制度,安排生产计划前首先安排探放水计划。	水害	管	较大	符合□ 不符□	
	6.0.6 在开拓、掘进、回采及采区封闭前要征求防治水机构的意见,防治水机构要提前介入。	水害	管	较大	符合□ 不符□	
	6.0.7 日常井下开拓、掘进工作面(探水警戒线以外的区域)探放水作业必须先行进行物探超前探测,钻探验证经验收确认安全后方可作业。	水害	管	较大	符合□ 不符□	

项目	现场辨识内容	违反后果	风险评估 类别	风险评估 等级	现场风险评估	评估人
6 井下探放水	6.0.8　开拓、掘进工作面进行钻探验证时必须保证掘进中心水平上不得少于3个孔、在垂向上每1.5 m至少布置1个探放水孔。采煤工作面在物探资料可疑点进行钻探验证的基础上,沿工作面巷道方向每50 m应保证1个钻探验证孔。	水害	管	较大	符合□ 不符□	
	6.0.9　在井下进行综合探测时,物探资料未连续覆盖或两种物探成果相互矛盾时,必须按照超前探放老空水要求进行钻探探放水设计施工。	水害	管	较大	符合□ 不符□	
	6.0.10　受奥灰水影响或地下水源较多的矿井,矿井或其上级煤炭集团公司要建立水化学实验室,因条件不足无法建立水化学实验室的矿井可就近委托有资质的单位进行化探;新水平或新采区未取得化探成果的不得进行掘进或回采。	水害	环	重大	符合□ 不符□	
	6.0.11　对于煤层顶、底板带压的采掘工作面,应当提前编制防治水设计,制定并落实开采期间各项安全防范措施。	水害	管	重大	符合□ 不符□	
	6.0.12　安装钻机进行探水前,应当符合下列规定: (1)加强钻孔附近的巷道支护,并在工作面迎头打好坚固的立柱和拦板。 (2)清理巷道,挖好排水沟。探水钻孔位于巷道低洼处时,配备与探放水量相适应的排水设备。 (3)在打钻地点或其附近安设专用电话,人员撤离通道畅通。 (4)依据设计,确定主要探水孔位置时,由测量人员进行标定。负责探放水工作的人员必须亲临现场,共同确定钻孔的方位、倾角、深度和钻孔数量。	水害	管	较大	符合□ 不符□	
	6.0.13　在预计水压大于1 MPa的地点探水时,应当预先固结套管,在套管口安装闸阀,进行耐压试验。套管长度应当在探放水设计中规定。预先开掘安全躲避硐,制定包括撤人的避灾路线等安全措施,并使每个作业人员了解和掌握。	水害	管	较大	符合□ 不符□	
	6.0.14　钻孔内水压大于1.5 MPa时,应当采用反压和有防喷装置的方法钻进,并制定防止孔口管和煤(岩)壁突然鼓出的措施。	水害	管	较大	符合□ 不符□	
	6.0.15　在探放水钻进时,发现煤岩松软、片帮、来压或者钻眼中水压,水量突然增大和顶钻等透水征兆时,应当立即停止钻进,但不得拔出钻杆,现场负责人员应当立即向矿井调度室汇报,立即撤出所有受水威胁区域的人员到安全地点。然后采取安全措施,派专业技术人员监测水情并进行分析,妥善处理。	水害	管	重大	符合□ 不符□	

项目	现场辨识内容	违反后果	风险评估		现场风险评估	评估人
			类别	等级		
6 井下探放水	6.0.16 探放老空水前,应当首先分析查明老空水体的空间位置、积水量和水压等。探放水应当使用专用钻机,由专业人员和专职队伍进行施工,钻孔应当钻入老空水体最底部,并监视放水全过程,核对放水量和水压等,直到老空水放完为止。	水害	管	重大	符合□ 不符□	
	6.0.17 钻孔放水前,应当估计积水量,并根据矿井排水能力和水仓容量,控制放水流量,放水时制定专项措施,应当设有专人监测钻孔出水情况,测定水量和水压,做好记录。如果水量突然变化,应当立即报告矿调度室,分析原因,及时处理。	水害	管	较大	符合□ 不符□	
	6.0.18 排除井筒和下山的积水及恢复被淹井巷前,应当制定可靠的安全措施,防止被水封住的有毒、有害气体突然涌出。	水害	管	重大	符合□ 不符□	
	6.0.19 排水过程中,应当定时观测排水量、水位和观测孔水位,并由矿山救护队随时检查水面上的空气成分,发现有害气体,及时采取措施进行处理。	水害	管	较大	符合□ 不符□	
7 水害应急救援	7.0.1 制订并执行矿井水害应急预案和现场处置方案,制订发生不可预见性水害事故时人员安全撤离的具体措施,每年对应急预案进行修订完善,并进行1次演练。	水害	管	重大	符合□ 不符□	
	7.0.2 有透水征兆时,现场负责人员要立即向矿井调度室汇报,立即停止作业并迅速将受水威胁区域的人员撤到安全地点。	水害	管	重大	符合□ 不符□	
	7.0.3 发现水情危急时,要立即向煤矿企业总调度室汇报,并立即启动本矿井的水害应急预案,组织井下人员撤离到安全地点或升井,确保人员安全。	水害	管	重大	符合□ 不符□	
	7.0.4 定期进行防治水知识教育和培训,保证职工具备必要的防治水知识,掌握井下透水征兆,熟悉避水灾路线,每年至少进行1次水害应急救援演练,提高职工防治水工作技能和防范水害事故能力。	水害	管	重大	符合□ 不符□	
	7.0.5 在查明矿井水文地质条件的基础上,正确合理地预计矿井涌水量,建立与涌水量相匹配的水泵、管路、配电设备和水仓,加大应急救援人力、物力和资金投入,装备必要的抢险排水设备,确保一旦发生透水事故,能够及时运到现场并发挥作用。	水害	管	重大	符合□ 不符□	
	7.0.6 处理水灾事故时,矿山救护队到达事故矿井后,要了解灾区情况、水源、事故前人员分布、矿井具有生存条件的地点及其进入的通道等,并根据被堵人员所在地点的空间、氧气、瓦斯浓度以及救出被困人员所需的大致时间制订相应救灾方案。	水害	管	重大	符合□ 不符□	

第六章 煤矿事故隐患排查治理体系的建设

第一节 事故隐患排查治理工作要求及目标

一、基本要求

（1）编制事故隐患排查治理制度、事故隐患排查治理上报制度、重大事故隐患排查治理制度、事故隐患排查治理责任追究制度、事故隐患排查治理举报制度、事故隐患排查治理日常检查制度、事故隐患排查治理统计分析通报制度、事故隐患排查治理资金保障制度、事故隐患排查治理通报监督制度、事故隐患排查治理教育培训制度等制度标准规范体系建设。

（2）针对各个风险点制订隐患排查治理标准和清单，明确企业内部各部门、各岗位、各设备设施排查范围和要求，建立起全员参与、全岗位覆盖、全过程衔接的闭环管理隐患排查治理机制，实现企业隐患自查自改自报常态化。

（3）企业建立健全排查与治理档案，档案资料应至少包括以下内容：隐患排查治理各项制度、隐患排查治理清单、隐患排查治理记录表、隐患排查治理公示、隐患排查治理通知单、隐患登记及整改销号审批表、隐患分类汇总表等。

二、总体要求

实现作业现场事故隐患的动态管理，按照责任制要求，确保事故隐患能够及时发现、及时治理，最大限度防止各类事故发生。

三、总体目标

实现作业现场隐患排查治理的覆盖率100％、治理率100％，杜绝重大隐患。

第二节 事故隐患排查治理工作基本术语

一、隐患

我们通常所说的隐患是生产安全事故隐患，是指生产经营单位违反安全生产法律、法规、规章、标准、规程和安全生产管理制度的规定，或者因其他因素在生产经营活动中存在可能导致事故发生的物的危险状态、人的不安全行为和管理上的缺陷。（引自《安全生产事故隐患排查治理暂行规定》国家安全监管总局令第16号）

二、隐患排查

企业组织安全生产管理人员、工程技术人员和其他相关人员对本单位的事故隐患进行排查，并对排查出的事故隐患，按照事故隐患的等级进行登记，建立事故隐患信息档案的工作过程。

三、隐患分级

隐患的分级是根据隐患的整改、治理和排除的难度及其导致事故后果和影响范围为标准而进行的级别划分,可分为一般事故隐患和重大事故隐患。其中:一般事故隐患,是指危害和整改难度较小,发现后能够立即整改排除的隐患。重大事故隐患,是指危害和整改难度较大,应当全部或者局部停产停业,并经过一定时间整改治理方能排除的隐患,或者因外部因素影响致使生产经营单位自身难以排除的隐患。对重大隐患,相关行业可制定重大事故隐患目录。

国家安全生产监督管理总局令第 85 号《煤矿重大生产安全事故隐患判定标准》第三条规定:煤矿重大事故隐患包括以下 15 个方面:

(1) 超能力、超强度或者超定员组织生产;

(2) 瓦斯超限作业;

(3) 煤与瓦斯突出矿井,未依照规定实施防突出措施;

(4) 高瓦斯矿井未建立瓦斯抽采系统和监控系统,或者不能正常运行;

(5) 通风系统不完善、不可靠;

(6) 有严重水患,未采取有效措施;

(7) 超层越界开采;

(8) 有冲击地压危险,未采取有效措施;

(9) 自然发火严重,未采取有效措施;

(10) 使用明令禁止使用或者淘汰的设备、工艺;

(11) 煤矿没有双回路供电系统;

(12) 新建煤矿边建设边生产,煤矿改扩建期间,在改扩建的区域生产,或者在其他区域的生产超出安全设计规定的范围和规模;

(13) 煤矿实行整体承包生产经营后,未重新取得或者及时变更安全生产许可证而从事生产,或者承包方再次转包,以及将井下采掘工作面和井巷维修作业进行劳务承包;

(14) 煤矿改制期间,未明确安全生产责任人和安全管理机构,或者在完成改制后,未重新取得或者变更采矿许可证、安全生产许可证和营业执照;

(15) 其他重大事故隐患。

一般事故隐患,是指危害和整改难度较小,在采取有效安全措施后可以边治理边生产的隐患,按严重程度、解决难易、工程量大小等分为 A、B、C 三级。

A 级:危害严重,有可能造成重大人身伤亡或者重大经济损失;治理难度及工程量大,或需由集团公司或煤炭管理部门协调解决的事故隐患。

B 级:危害比较严重,有可能导致人身伤亡或者较大经济损失,或治理难度及工程量较大,须由矿井限期解决的事故隐患。

C 级:危害较轻,治理难度和工程量较小,业务部门、区队或单位能够解决的事故隐患。

四、隐患治理

隐患治理就是指消除或控制隐患的活动或过程,包括对排查出的事故隐患按照职责分工明确整改责任、制定整改计划、落实整改资金、实施监控治理和复查验收的全过程。

五、隐患信息

隐患信息是指包括隐患名称、位置、状态描述、可能导致后果及其严重程度、治理目标、治理措施、职责划分、治理期限等信息的总称。企业对事故隐患信息应建档管理。

第三节　事故隐患排查治理工作的程序和内容

一、编制排查项目清单

企业应依据确定的各类风险的全部控制措施和基础安全管理要求，编制包含全部应该排查的项目清单。

二、确定排查项目

实施隐患排查前，应根据排查类型、人员数量、时间安排和季节特点，在排查项目清单中选择确定具有针对性的具体排查项目，作为隐患排查的内容。隐患排查可分为生产现场类隐患排查或基础管理类隐患排查，两类隐患排查可同时进行。

三、组织实施

1. 排查类型

排查类型主要包括日常隐患排查、综合性隐患排查、专业性隐患排查、专项或季节性隐患排查、专家诊断性检查和企业各级负责人履职检查等。

2. 排查要求

隐患排查应做到全面覆盖、责任到人，定期排查与日常管理相结合，专业排查与综合排查相结合，一般排查与重点排查相结合。

3. 组织级别

企业应根据自身组织架构确定不同的排查组织级别和频次。排查组织级别一般包括公司、专业、区队、班组、岗位。

4. 治理建议

按照隐患排查治理要求，各相关层级的部门和单位对照隐患排查清单进行隐患排查，填写隐患排查记录。

根据排查出的隐患类别，提出治理建议，一般应包含：

（1）针对排查出的每项隐患，明确治理责任单位和主要责任人；

（2）经排查评估后，提出初步整改或处置建议；

（3）依据隐患治理难易程度或严重程度，确定隐患治理期限。

四、隐患治理

1. 隐患治理要求

隐患治理实行分级治理、分类实施的原则。企业应建立五级安全隐患排查与治理网络，即：矿井、专业、区队、班组、岗位五级安全隐患防控体系。严格执行董事长、总工程师牵头的安全隐患全矿月排查、分管副总工程师牵头的专业隐患旬排查、区队"三大员"负责的区队周排查、跟班管理人员及班组长负责的班前及施工过程中排查制度。

2. 事故隐患治理流程

事故隐患治理流程包括：排查、记录、汇报、整改、验收、考核。

隐患排查结束后，将隐患名称、存在位置、不符合状况、隐患等级、治理期限及治理措施要求等信息向从业人员进行通报。隐患排查组织部门应制发隐患整改通知书，应对隐患整改责任单位、措施建议、完成期限等提出要求。隐患存在单位在实施隐患治理前应当对隐存在的原因进行分析,并制定可靠的治理措施。隐患整改通知制发部门应当对隐患整改效果组织验收。

3. 一般事故隐患治理

对于一般事故隐患,根据隐患治理的分级,切实落实好"六步骤"、"五落实"工作,"六步骤"即抓好隐患的排查、记录、汇报、整改、验收、考核等六个治理步骤,"五落实"即事故隐患治理符合责任、措施、资金、时限、预案的落实,实现隐患的全方位排查、闭合式整改。

4. 重大事故隐患治理

经判定或评估属于重大事故隐患的,企业应当及时组织评估,并编制事故隐患评估报告书。评估报告书应当包括事故隐患的基本情况和产生原因、隐患危害程度、波及范围和治理难易程度、需要停产治理的区域、发现隐患后采取的安全措施等内容。

企业应根据评估报告书制定重大事故隐患治理方案。治理方案应当包括下列主要内容:

(1) 治理的目标和任务;

(2) 采取的方法和措施;

(3) 经费和物资的落实;

(4) 负责治理的机构和人员;

(5) 治理的时限和要求;

(6) 安全措施和应急预案。

对不能在规定期限内完成治理重大事故隐患,企业要在规定的治理期限内向负有督办职责的煤炭管理部门提交重大事故隐患治理延期说明。

延期说明应当包括以下内容:

(1) 申请延期的原因;

(2) 已完成的治理工作情况;

(3) 申请延期期限及采取的安全措施。

5. 重大事故隐患督办

对于煤矿企业报告的重大事故隐患、煤炭管理部门在监督检查中发现的重大事故隐患、举报并经查实的重大事故隐患、其他移交并经核实的重大事故隐患,一经具有安全监管权限的煤炭管理部门确认后,必须及时向隐患治理单位下达重大事故隐患治理督办通知书。督办通知书应当包括以下内容:

(1) 重大事故隐患基本情况;

(2) 治理方案报送期限;

(3) 治理进度定期报告要求;

(4) 治理完成期限;

(5) 停产区域和治理期间的安全要求;

(6) 督办销号程序。

6. 隐患治理验收

隐患治理完成后,应根据隐患级别组织相关人员对治理情况进行验收,实现闭环管理。重大隐患治理工作结束后,企业应当组织对治理情况进行复查评估。对政府督办的重大隐患,按有关规定执行。

五、隐患排查周期

企业应根据法律、法规要求,结合企业生产工艺特点,确定综合、专业、专项、季节、日常等隐患排查类型的周期。《国家安全监管总局办公厅 国家煤矿安监局办公室关于印发〈煤矿生产安全事故隐患排查治理制度建设指南(试行)〉和〈煤矿重大事故隐患治理督办制度建设指南(试行)〉的通知》(安监总厅煤行〔2015〕116号)规定企业应每月、专业每旬、生产单位每班、岗位随时排查施工隐患。

六、隐患分级管控

1. 第一环:岗位隐患管控

第1步:排查

岗位实行时时排查,员工在上岗前,要对本岗位和相关岗位的安全状况进行排查,包括本人安全状态、岗位范围内存在的隐患等。对存在隐患的地点,要立即按照隐患类别悬挂"隐患警示点"的警示牌。

第2步:记录

岗位隐患排查后,将本人排查出的隐患记录在"岗位安全隐患防控日志"上。

第3步:汇报

将排查的隐患如实汇报给巡查的班组长和安监员。如有重大隐患危及安全时,必须立即停止作业,向班组长或跟班干部汇报,紧急情况下直接向调度室汇报。

第4步:整改

(1) 对排查出的隐患,自己能够解决的要立即进行处理。

(2) 如排查出的隐患自己解决不了,要立即向现场跟班干部或班长汇报,协调班中力量进行处理。

(3) 整改情况要在本人"岗位安全隐患防控日志"上填写清楚。

第5步:验收

工作前,由班长和安监员联合对各岗位隐患整改情况进行验收,并在"岗位安全隐患防控日志"上签字确认隐患完全消除,摘掉警示牌后,方可开始工作。

如治理过程危险性较大的事故隐患,治理过程中现场要有专人指挥,安监员现场监督,设置警示标识。

如排查出的隐患不能彻底消除,需区队及上级部门协调解决的,通过现场采取一些措施,能确保人身及设备设施安全后,方可以暂时生产,但警示牌严禁摘除,以警示他人。另外班组长应向区队及时汇报,并在"现场隐患排查治理登记本"详细记录。如果严重威胁人身安全时,应立即停止工作,撤出人员。

第6步:考核

对个人岗位隐患防控情况,每月检查评比一次。要严格执行好日常性检查制度,各类奖惩要有落实痕迹。

2. 第二环:班组隐患防控

第1步:排查

(1) 班组排查在交接班前进行,跟班干部、班组长和安监员对班组所辖范围内的安全状况进行全面摸底排查。

(2) 由班组长对各岗位排查的隐患进行汇总,连同本班组排查的隐患和上班未处理完的隐患,一并纳入班组隐患排查治理的内容。

(3)对存在隐患的地点要立即按照隐患类别悬挂"隐患警示点"的警示牌。

第2步:记录

排查后,由班组长将排查出的隐患记录在"现场隐患排查治理登记本"上,并落实整改责任人。

第3步:公示上报

由班组长和安监员负责,将当班排查的隐患,按隐患 A、B、C 等级分别用红、橙、黄颜色标识在"岗点隐患分布动态防控图"上。同时标明隐患类别,对隐患问题进行公示,让每一名工作和检查人员能够直观地了解现场的安全状况。发现重大隐患应及时向区队汇报,由技术员负责记录登记。

"岗点隐患分布动态防控图"与现场隐患牌板配合使用,隐患内容与岗点隐患要对应一致。

第4步:整改

(1)排查出的隐患本班组能整改的,要立即组织本班组力量及时处理。

(2)如本班组排查出的隐患不能彻底消除的,要立即向区队值班人员汇报,由工区组织力量进行处理,但警示牌不能摘除。班组现场采取必要措施,确保人身及设备设施安全后可以生产,但如严重威胁人身安全,应立即停止工作,必要时撤出人员。

第5步:验收

由跟班干部、安监员联合对班组隐患整改情况进行班中动态检查、班后验收,并在"现场隐患排查治理登记本"记录整改情况。在班后会上通报各岗点隐患排查治理情况,并将没有整改完成的隐患除向区队值班人员汇报外,还要向下一班交接清楚。

第6步:考核

区队要对班组隐患排查治理进行严格考核,对发现和治理隐患及时、避免重大事故发生的有功人员给予一定的奖励。凡因隐患排查不利,造成漏排或采取措施不利的,要落实考核。

3.第三环:区队隐患防控

第1步:排查

每周各区队由区长于周三前组织一次隐患排查会,对本单位井下所辖范围内地质、水文、顶板、机电、运输、通防等各类隐患实行周排查。

第2步:记录

各区队技术员要按照企业统一要求,建立隐患排查与治理台账和会议记录,及时将隐患排查治理情况记录在治理台账上,技术员负责隐患排查治理日常管理工作。

第3步:公示及上报

各区队要针对排查出的隐患,进行筛选分类,制订治理措施,及时利用班前会向员工传达通报,并于每周三的隐患集中审查会上将上周隐患的治理情况及本周隐患排查情况、治理措施等进行汇报,填表后分别报专业部室和安监处。

第4步:整改

(1)区队排查出的隐患由区长组织人员按照整改措施进行整改,整改完毕后摘掉警示牌。

（2）本区队不能整改，需上级单位协调治理的隐患，由区队上报专业部室，由区队协同专业部室制订治理措施，专业部室协调力量进行治理，没有治理完毕的隐患警示牌严禁摘除。

第5步：验收

区队排查的所有隐患治理后，由专业部室和区队联合验收，并填写验收记录单。

第6步：考核

区队排查治理的隐患由专业部室验收考核，验收考核结果报安监处备案。

4.第四环：专业部室隐患防控

第1步：排查

专业部室隐患排查实行每旬排查一次，每月对分管范围内所有隐患进行一次全面排查。

第2步：记录

各专业部室将本部室排查出的隐患及区队上报需部门协调解决的隐患，纳入本部室治理范围，记录在隐患排查治理台账上，并建立隐患排查会议记录。

第3步：上报与反馈

各部室要把排查出的隐患，进行筛选分类，制订防控措施。每旬第二天将隐患的治理情况及排查的隐患、治理措施、整改责任人等，填表后分别报安监处、专业副总和企业分管领导，并向隐患所属单位进行反馈。

第4步：治理

由专业副总、分管领导牵头，各部室具体负责，组织力量落实治理，并定期检查、督促整改。

第5步：验收

隐患治理完成后，由专业副总牵头组织，职能部室及施工单位有关人员参加进行验收，并将验收结果报安监处。安监处接到部室治理验收结果后，组织有关人员进行复查，实现隐患闭合。

第6步：考核

由安监处隐患排查治理考核办公室负责，每月末对职能部室及施工单位集中考核。

5.第五环：企业隐患防控

第1步：排查

每月25日前，由执行董事主持，总工程师协助召集各专业负责人及工程技术人员，对全企业范围内安全生产事故隐患进行月排查，由专人做好记录，对所排查隐患进行整理并存档。

第2步：公示

由安监处负责，将企业每月排查出的事故隐患、治理措施、责任部门、整改责任人、整改期限等在企业协同办公系统上公示。及时在井口公示重大事故隐患的地点、主要内容、治理时限、责任人、停产停工范围。

第3步：上报

由安监处负责，于每月27日前将本月事故隐患治理情况及下月隐患排查情况，制成表格在集团公司协同办公系统上上报集团公司安监局。

第4步：治理

（1）企业重大安全隐患，由执行董事和分管单位领导负责组织力量进行治理。

（2）企业排查出的重大隐患中需要集团公司协调治理的，由分管部室和安监处分别报请集团公司业务管理处室和安监处，进行协调治理。

第 5 步：验收

（1）企业治理的隐患由验收责任单位（部门）负责验收，验收合格后予以销号，报集团公司备案。

（2）由集团公司协调治理的隐患，治理完成后由安监处申请集团公司组织验收。

第 6 步：考核

（1）企业协调治理的隐患治理完成后，由企业隐患治理办公室进行考核。

（2）集团公司协调治理的重大隐患治理完成后，由集团公司验收并进行考核。

（3）由安监处负责，根据考核结果兑现奖惩。

第四节　事故隐患治理措施

在煤矿事故隐患排查治理体系范畴内的安全措施就是为了防范生产安全事故发生，保障人民生命财产安全等目的而采取的举措与行动。而且标准中强调，对治理过程危险性较大的事故隐患，治理过程中现场有专人指挥，并设置警示标识；安检员现场监督，确保安全，强调不安全不生产。

对当班能够立即治理完成的隐患，安全技术措施可以采取口头告知形式。对于不能立即整改完成的事故隐患，应该制定详细的安全措施。安全措施的制定要符合相关规定的基本要求、制定原则、制定流程以及程序运行模式。

一、基本要求

根据《安全生产事故隐患排查治理体系建设实施指南》，隐患治理措施应满足以下基本要求：

（1）能消除或减弱生产过程中产生的危险、有害因素。

（2）处置危险和有害物，并降低到国家规定的限值内。

（3）预防生产装置失灵和操作失误产生的危险、有害因素。

（4）能有效地预防重大事故和职业危害的发生。

（5）发生意外事故时，能为遇险人员提供自救和互救条件。

隐患治理的方式方法是多种多样的，企业必须考虑成本投入，需要以适当的代价取得最适当（不一定是最好）的结果。有时候隐患治理很难彻底消除隐患，这就必须在遵守法律法规和标准规范的前提下，将其风险降低到企业可以接受的程度。可以说，"最好"的方法不一定是最适当的，而最适当的方法一定是"最好"的。

例如，职工未正确佩戴安全帽是一个典型的一般隐患，其治理方式在企业中主要是排查（检查）人员对其批评，责令其马上纠正，通常只需口述整改方案。但如果经过统计分析，发现这种现象普遍存在，成为一种习惯性和群体性违章，那么要将其隐患级别升级，并制定治理方案，采取多种措施和手段进行治理。

二、制定原则

煤矿安全事故隐患治理涉及煤矿生产的方方面面，为了使安全措施具有可操作性、有效性、完备性，在制定安全措施时应遵循如下原则：

1. 自下而上与自上而下相结合的原则

安全措施的生命力在于两个方面，第一是要符合国家相关法律法规；第二是贯彻执行的力度。自下而上的方式保证了安全措施的群众基础，便于安全措施的贯彻落实，自上而下的方式保证了制定的安全措施不违背国家法律法规和行业的安全规程。

2. 全面性原则

全面性原则包含两层含义：一是指煤矿所有隐患都应该有管理措施，重大隐患和需要限时整改的隐患应该有书面形式的管理措施，当班能立即治理完成的隐患至少有口头形式的管理措施。二是针对每一个具体的隐患，制定的安全措施应能全面治理该隐患，通过安全措施的落实能够达到相关安全管理标准的要求。

3. 可操作性原则

安全措施只有具备了可操作性才能起到保证矿井的安全生产，因此制定的安全措施要做到明确具体，责任落实到具体的部门、具体的人员，安全措施不仅应规定在什么时间、什么地点应当做什么，还应规定应当如何做，以使相关当事人正确做出行为，并能够对于自己行为的后果有较为准确的判断。

4. 适用性原则

由于不同煤矿的地质条件、开采条件、人员条件、装备条件差异较大，安全事故隐患的差异也较大。在安全措施的制定过程中，应充分考虑这种差异性，不同的煤矿应根据自身的实际条件制定安全措施。

5. 动态性原则

随着煤矿作业环境的变化，其地质条件、开采条件、工作人员条件、机器装备状况等都会发生变化，安全措施应随着这些条件的变化不断地进行调整，以适应新的条件。

6. 全过程性原则

全过程性原则是指安全措施的制定和执行应贯穿矿井设计、矿井建设、矿井生产（生产计划、生产准备、实施生产、生产接替、生产总结和分析）直到矿井报废的全过程中，辨识出的每个事故隐患都应有相应的安全措施来保证生产的安全性。

三、安全措施类型

1. 工程安全技术措施

工程安全技术措施是指运用工程技术手段消除物的不安全因素，实现生产工艺和机械设备等生产条件本质安全的措施。工程安全技术措施的实施等级顺序是直接安全技术措施、间接安全技术措施、指示性安全技术措施；根据等级顺序的要求应遵循的具体原则按消除、预防、减弱、隔离、连锁、警告的等级顺序选择安全技术措施；工程安全技术措施应具有针对性、可操作性和经济合理性并符合国家有关法规、标准和设计规范的规定。

根据工程安全技术措施等级顺序的要求，应遵循以下具体原则：

（1）消除

尽可能从根本上消除危险、有害因素，如采用无害化工艺技术，生产中以无害物质代替有害物质、实现自动化作业、遥控技术等。例如用压气或液压系统代替电力系统，防止发生电气事故；用液压系统代替压气系统，避免压力容器、管路破裂造成冲击波；用不燃性材料代替可燃性材料，防止发生火灾。但需注意的是有时采取措施消除了某种危险源，却又可能带来新的危险源。例如,用压气系统代替电力系统可以防止电气事故发生,但是压气系统却可能发生物理爆炸事故。

（2）预防

当消除危险、有害因素有困难时,可采取预防性技术措施,预防危险、危害的发生,如使用安全阀、安全屏护、漏电保护装置、安全电压、熔断器、防爆膜、事故排放装置等故障－安全设计。它是一种能在系统、设备的一部分发生故障或破坏的情况下,在一定时间内也能保证安全的安全技术措施。一般来说,通过精心的技术设计,使系统、设备发生故障时处于低能量状态,防止能量意外开释。例如,电气系统中的熔断器就是典型的故障－安全设计,当系统过负荷时熔断器熔断、把电路断开而保证安全。尽管故障－安全设计是一种有效的安全技术措施,但考虑到故障－安全设计本身可能因故障而不起作用,所以选择安全技术措施时不应该优先采用这种设计。

（3）减弱

受技术和经济条件限制,有些危险源不能被彻底根除,这时应想办法减少其拥有的能量或危险物质的量,以减弱其危险性。具体可以采用以下方法:

① 减少能量或危险物质的量。例如在必须使用电力时,采用低电压防止触电;在使用可燃气体的场所,通过限制可燃性气体浓度,使其达不到爆炸极限;在有化学物质反应的场所,控制化学反应速度,防止产生过多的热或过高的压力等。

② 防止能量蓄积。能量蓄积会使危险源拥有的能量增加,从而增加发生事故和造成损失的危险性。采取措施防止能量蓄积,可以避免能量意外开释。例如:利用金属喷层或导电涂层防止静电蓄积控制工艺参数,如温度、压力、流量等。

③ 安全地开释能量。在可能发生能量蓄积或能量意外开释的场合,人为地开辟能量泄放渠道,安全地开释能量。例如:压力容器上安装安全阀、破裂片等,防止容器内部能量蓄积;在有爆炸危险的建筑物上设置泄压窗,防止爆炸摧毁建筑物;电气系统设置接地保护;设施、建筑物安装避雷保护装置等。

（4）隔离

这是一种常用的控制能量或危险物质的安全技术措施,既可用于防止事故发生,也可用于避免或减少事故损失。预防事故发生的隔离措施有分离和屏蔽两种。前者是指时间上或空间上的分离,防止一旦相遇则可能产生或开释能量或危险物质的相遇;后者是指利用物理的屏蔽措施局限、约束能量或危险物质。一般来说,屏蔽较分离更可靠,因而得到广泛应用。其主要作用是把不能共存的物质分开,防止产生新的能量或危险物质。例如把燃烧三要素中的任何一种要素与其余的要素分开,防止发生火灾;局限、约束能量或危险物质在某一范围,防止其意外开释。例如在带电体外部加上尽缘物,防止漏电,防止职工接触危险源。通常把这些措施称为安全防护装置。例如利用防护罩、防护栅等把设备的转动部件、高温热源或危险区域屏蔽起来。

（5）连锁

连锁是当操作者失误或设备运行一旦达到危险状态时,通过精心地设计,使得职工不能发生失误或者发生失误也不会带来事故等严重后果的设计。如利用不同的外形或尺寸防止安装、连接操纵失误;采用连锁装置防止职工误操纵等具体方法终止危险、危害发生。

（6）警告

警告是提醒人们留意的主要方法,它让人把注意力集中于可能会被遗漏的信息,也可以提示人调用自己的知识和经验。可以通过人的各种感官实现警告,相应地有视觉警告、听觉警告、触觉警告和味觉警告。其中,视觉警告、听觉警告应用得最多。此外,煤矿还应考虑避难与救援措施。事故发生后应该努力采取措施控制事态的发展,但是,当判明事态已经发展到不可控制的地步时则应迅速避难,撤离危险区。为了满足事故发生时的应急需要,要充分考虑一旦发生事故时的职工避难和救援问题:

① 采取隔离措施保护职工,如设置避难硐室等。

② 使职工能迅速撤离危险区域,如规定撤退路线等。

③ 假如危险区域里的职工无法逃脱的话,能够被援救人员搭救。

同时,为了在一旦发生事故时职工能够迅速地脱离危险区域,事前应该做好应急计划,并且平时应该进行应急演练。

2. 安全管理措施

安全管理措施往往在隐患治理工作方面受到忽视,即使有也是老生常谈式地提高安全意识、加强培训教育和加强安全检查等几种。其实管理措施往往能系统性地解决很多普遍和长期存在的隐患,这就需要在实施隐患治理时,主动地和有意识地研究分析隐患产生原因中的管理因素,发现和掌握其管理规律,通过修订有关规章制度和操作规程并贯彻执行,从根本上解决问题。安全管理措施的具体内容主要包括:

(1) 有计划地开展隐患的排查治理工作。无论是煤矿总体的隐患排查治理工作,还是一个具体的隐患治理工作,都需要有计划地开展工作,以确保安全。因此制定安全管理措施时首先要制定隐患排查治理计划。制定计划时要考虑"过去、现在、未来"三个时期,总结过去的经验,制定好当前隐患的治理计划,对未来类似隐患如何预防。这些内容都应该涵盖在计划中。

(2) 配备相应的治理及监督人员。在管理措施中明确隐患治理及监督的人员及职责,确保配备的人员有能力开展该隐患的治理工作。

(3) 配备相应的资金和设备等。在具体的隐患治理过程中,应严格审核隐患治理所需要的资金和相应的设备物资等,虽然应控制治理成本,但要保障事故隐患排查治理工作资金充足。

(4) 隐患排查治理制度及相关技术文件的完善。通过隐患排查治理工作,发现制度和文件中的缺陷,将事故隐患排查治理的具体措施,应用于指导生产计划、作业规程、操作规程、灾害预防与处理计划、应急救援预案及安全技术措施等技术文件和有关制度的编制和完善。

(5) 安全教育培训,提高职工的素质。通过适当的教育、培训或实践等方式,将事故隐患管控措施融入煤矿安全生产的每个工作流程中,确保每个职工都掌握与本岗位相关的隐患管控措施,具备预防和治理隐患的能力。

(6) 安全互助体系。建立职工安全互助体系,使职工之间做到相互学习、相互监督、相互约束、相互帮助,共同实现安全作业。

(7) 现场环境管理。物态环境越好,生产安全事故发生的可能性越小。因此做好基本生产环境管理也是隐患预防和治理的重要措施。

(8) 安全文化。在制定隐患治理安全措施的时候,尤其是针对重大隐患和经常重复出现的隐患,应该考虑在安全文化方面制定措施,使该类隐患的预防和治理措施深入人心,使职工能够自觉、主动地预防该类隐患出现。

(9) 风险转移。风险转移是指通过合同或非合同的方式将风险转嫁给另一个人或单位的一种风险处理方式。风险转移是对风险造成的损失的承担的转移,例如为职工购买工伤保险就是一种风险转移,当职工在工作中遭受意外伤害导致暂时或永久丧失劳动能力甚至死亡时,该职工或其家属就可以获得相应的补偿。

(10) 应急训练。通过应急训练可以提升职工安全决策的响应速度和决策质量,从而提升职工行为的可靠性程度。应急训练可采取模拟培训、应急演练、岗位技能竞赛等方式进行。

3. 个体防护措施

在事故隐患治理过程中,如果工程控制措施不能消除或减弱危险有害因素或处置异常或紧急情况或者当发生变更但控制措施还没有及时到位时,应考虑制定并实施个体防护措施。

个体防护措施主要是佩戴各类相应个体防护用品。个人防护用品是指劳动者在劳动过程中为免遭或者减轻事故伤害和职业危害所配备的防护装备,包括防护服、耳塞、听力防护罩、防护眼镜、防护手套、绝缘鞋、呼吸器等。

正确使用劳动防护用品是保障从业人员人身安全的最后一道防线,也是保障煤矿安全生产的基础。《安全生产法》与《职业病防治法》中都规定,生产经营单位必须为从业人员提供符合国家标准或者行业标准的劳动防护用品,监督、教育从业人员按照使用规则佩戴使用。

在制定个体防护措施时,应保证职工的个体防护用品佩戴齐全有效。

4. 应急处置措施

事故隐患治理应符合责任、措施、资金、时限、预案"五落实"的要求。其中预案指的就是应急处置和应急预案,即要求煤矿在进行事故隐患治理时应制定相应的应急处置措施和应急预案,以提高煤矿应对"现实风险"的能力。若在治理隐患时出现事故,能做到最大限度地减少人员伤亡、财产损失、环境损害和社会影响。针对不同事故应急处置措施各不相同,通用应急处置措施案例如下:

(1) 发生事故后,立即将事故情况报告给矿应急指挥中心(矿生产调度指挥中心)。

(2) 指挥中心迅速了解事故的发生位置、波及范围、人员伤亡及其他基本情况。

(3) 指挥中心立即通知医院,并按事故汇报流程汇报矿相关领导和有关部门负责人。

(4) 指挥中心立即安排具体的应急处置工作,如安排现场采取施救措施,安排有关人员撤离等。

(5) 指挥中心人员到位后,按照指挥中心的命令和应急预案执行应急处置措施。

(6) 抢救伤员时,必须判断伤势轻重,按照"三先三后"的原则处理:一是对窒息或心跳、呼吸刚停止不久的伤员,必须先复苏,后搬运;二是对于出血的伤员,必须先止血,后搬运;三是对于骨折的伤员,必须先固定,后搬运。

(7) 为救灾供应所需的应急物资和设备。

(8) 每一生产班组至少任命 2 名经过培训的专(兼)职急救员,急救员名单应在本单位张贴、公布,以保证在现场作业的班组都能保证有急救员。每年至少有 10% 的职工接受急救培训,逐步使所有职工通过急救员培训。

（9）在所有重点作业场所配置急救箱,急救箱应放置在无淋水、方便取用的位置并进行标识;急救箱内保存一份急救用品清单,由专人定期检查,保证医疗器械、药品的完好齐全;相关管理人员有急救箱配置分布图及急救用品明细表;有急救用品使用记录,并定期对使用记录进行分析,可以查找受伤害原因。

第五节　事故隐患治理督办与验收销号

一、煤矿事故隐患闭环管理概述

隐患治理闭环管理是指煤矿企业内部为了进一步加强安全隐患排查、统计、分析、治理工作,逐步掌握隐患发生规律,建立的安全隐患编码分析防控闭环体系。隐患治理闭环管理包含以下 10 个环节:

（1）隐患排查环节:各类安全检查、安监人员日常安全督查、管理人员下井及带班督查、其他从业人员发现或提供的信息。

（2）填单登记环节:作业现场隐患确认登记、隐患整改通知单录入登记、安全信息站汇报信息登记。

（3）签字确认环节:检查单位和被检查单位责任人对存在的隐患及整改措施签字、确认。本环节包含做出处罚决定。

（4）收集整理环节:将隐患信息收集后,进行筛选、分类、建档。

（5）下达通知环节:按整改责任区划、责任范围向责任人送达整改通知单。

（6）整改实施环节:按整改要求,落实整改措施,限期消除事故隐患。

（7）监控督查环节:在整改限期时间内,对整改情况进行监督检查。

（8）复查验收环节:接到整改完成报告后,进行整改情况检查、验收。

（9）信息反馈环节:收集整改信息,对完成情况进行登记、报告。

（10）销号登录环节:完成整改项目,销号登记;未完成项目,处罚责任单位、责任人,再下达整改通知,落实整改,直至完成整改、销号。

二、煤矿事故隐患闭环管理体系

众所周知,安全生产是煤矿的永恒主题,隐患是煤炭开采的大敌。动态的生产过程中,人的不安全行为、物的不安全状态和环境的不安全条件构成了隐患,因此,隐患在煤矿生产过程中是普遍存在的。对客观存在的各类隐患,我们已清楚地认识到它的危害性。"事后处理不如事前防范",为认真吸取事故教训,防患于未然。近年以来,各级领导高度重视煤矿隐患治理工作,在煤矿安全监管工作中积极探索、大胆创新,针对煤矿隐患危害特点和隐患产生规律,总结出一套科学的闭环式隐患排查治理体系。并确定了把"闭环式隐患排查治理"引到煤矿企业文化建设中,使安全隐患从排查发现、到整改措施、方案的制定和落实,整改效果的验证,实现了有效的闭合,杜绝了生产安全事故的发生。

1.推行闭环式隐患排查治理的背景

目前我国煤矿的采掘一线职工的构成较为复杂,文化程度和业务素质普遍不高,在安全生产过程中组织观念不太强,自律意识较差,规程、措施学习不到位,危险源的辨识能力低。尽管煤矿企业加大了安全培训力度,强调隐患排查治理的重要性,施工中不断加大安全督查工作力度,开展职工思想观念教育,但是由于基础较差,并没有完全达到预期效果。加之隐患发展为事故并不是必然事件,而是具有一定的偶然性,造成个别生产管理人员,对现场安全隐患整改落实认识不足。因此在隐患的整改过程中就会存在管理人员不重视、职工不愿做的现象,或者表面上将隐患整改情况反馈到安监部门,而实际上隐患仍未得到有效处理,从而屡屡出现隐患整改不彻底现象。加之监管部门对隐患的假整改现象习以为常,在监督隐患整改方面存在漏洞,最后必然诱发事故。

2. 推行闭环式隐患排查治理的必要性

"隐患不除,事故不止",只有治理一项隐患,才有可能增加一分安全,我们要深刻认识到安全工作的长期性、复杂性、艰巨性,克服处理隐患的种种不良现象,提高处理安全隐患的责任意识,使管理人员、职工由被动执行变为主动参与、上下联动,形成强有力的文化氛围。

3. 推行闭环式隐患排查治理的目标

通过闭环式隐患排查治理,确保安全生产系统的闭环控制,做到凡事有目标、有管理、有制度、有考核、有结果、有反馈,形成"事事有人管、管理靠闭环、闭环保安全"的闭环式管理模式。以安全文化理念为先导,以制度落实为中心,以动态考核为核心内容,不断提高并持续改进,达到安全信息的循环检查和验收,实现本质型安全矿井,达到国家一级、二级、三级标准化矿井标准要求。

4. 推行闭环式隐患排查治理措施

(1)强化培训教育、树立安全闭环式隐患排查治理文化理念

加强对煤矿新聘职工和在岗职工培训力度。充分利用培训学校集中学习、班前班后会等各种有效形式加强管理人员、职工的学习,大讲特讲闭环式隐患排查治理的意义目的,使隐患闭环管理的理念内化于心、固化于行。

(2)创新工艺流程、规范闭环式隐患排查治理工作体系

通过积极总结探索提炼,对总结检查的结果进行处理,成功的经验加以肯定、失败的教训加以总结,把"闭环管理"传统的 P、D、C、A 的四个环节,细化到查、登、确、梳、通、落、检、验、馈、销 10 个步骤。把未解决的问题放到下一个 PDCA 循环里。周而复始阶梯式上升,彻底解决一个又一个隐患,使矿井管理水平再上一个新台阶。

(3)严控运行过程、强化隐患整改闭环管理责任落实

① 查:隐患排查。一是上级安全监管单位检查;二是矿井自查;三是安监站、区队日常现场检查和督察组薄弱环节的巡查。检查时,对所查出的安全隐患能够现场处理的,立即通知所在生产班组安排人员立即落实整改。对现场不能解决或者不能立即解决的,按照"闭环式隐患排查治理"的运行程序,填写隐患排查执法文书。

② 登:填表登记。上级安全监管部门检查留有"安全检查执法文书";矿组织的安全自查填写"安全隐患检查整改统计表";矿领导、职能科室区队现场检查发现的隐患,通过口头报告、电话汇报、填写"管理干部下井汇报卡"或登记在"安全信息汇报登记台账"上,通过信息站筛选填写"隐患整改通知单",并对现场"三违"行为的个人和隐患单位,视情节轻重,做出处罚决定。同时在三班调度会上通报检查情况和现场处置意见。

③ 确:签字确认。每次检查必须制作隐患排查文书,检查人员和隐患单位在的隐患及整改措施上签字确认。信息站必须每天查阅"安全信息汇报登记台账",分类汇报分管安全矿领导并落实清楚整改责任人,并签字确认。

④ 梳:收集梳理。信息站将事故隐患分为采、掘、机、运、通、支等类别(顶板、机电、提运、一通三防、防治水、火工品),通过筛选再分为一般和重大安全隐患登记建档,做到日清日结。

⑤ 通:下达通知。一是一般事故隐患,信息员按整改责任范围、整改单位,分别填写"整改通知单",经分管安全副矿长或安监站签字,送达责任单位或在调度会送达责任单位,接到"整改通知单"后接收人签字,做出承诺。二是重大安全隐患,由矿研究、制定整改方案。矿井能自行整改,立即组织整改;需要请求上级帮助解决的,提出报告,经批复后,落实整改。对于重大事故隐患,实行挂牌督办整改。信息站悬挂"重大事故隐患整改牌",监督整改过程,公示整改进度和整改结果。

⑥ 落:落实整改。隐患单位接到"整改通知单"后,单位负责人必须按照整改通知要求,安排人员,落实整改措施,限期内消除事故隐患,并及时汇报整改情况。

⑦ 检:检查监督。在整改限期内,安监站安排人员,对整改进度进行督查,并接受上级部门对整改情况的监督检查。

⑧ 验:复查验收环节。上级安全监管单位、监管部门检查的隐患,由安监站按照签到的整改日期按时检查验收,需要上级验收的,呈报验收申请。

⑨ 馈:信息反馈。信息员对收集到的整改信息,对完成或未完成的隐患限期内未完成的进行登记,及时报告矿领导、分管领导,并说明原因。

⑩ 销:登记销号。一是信息站将已完成经验收合格的整改项目,在隐患整改台账上,做出销号登记,在管理牌板上消除该条隐患内容。未按时按质完成整改项目的,视情节做出处罚决定,重新下达整改通知,进入下一环节,一直到整改完成后才能销号,并每周将隐患整改情况在井口电子大屏上公示。

对所有登记表格"现场隐患排查通知单"、"安全检查执法文书"、"安全隐患检查整改统计表"、"管理干部下井汇报卡"、"安全信息汇报登记台账"、"隐患整改通知单",必须注明作业地点、施工单位、检查时间、隐患内容、整改措施、整改期限、整改责任人、检查人签字确认等,并收集整理装订存档,以备后查。

(4)完善规章制度、加大闭环式隐患排查治理检查力度

为全力推进闭环式隐患排查治理的实施开展,煤矿组织安监站结合工作实际,制定《×××煤矿闭环式隐患排查治理管理实施办法》《×××煤矿管理人员下井带班及抓"三违"的管理办法》《×××煤矿矿级管理人员下井带班制度》等制度,进一步明确工作要求。同时成立工作推进领导小组,加强矿井的安全管理,规范隐患排查治理,为全面实施闭环式隐患排查治理奠定组织和制度保障。

(5)推行隐患整改闭环管理达到的效果

通过推行安全隐患闭环管理能够有效堵塞安全管理中的漏洞,消灭安全管理中的盲区,提高隐患治理执行力,增强职工安全意识,减少"三违"现象,实现安全管理水平升级提高。

三、煤矿事故隐患治理督办

1. 督办责任

所有事故隐患(包括一般事故隐患和重大事故隐患)除明确隐患治理的责任单位(部门)、责任人外,还要同时明确隐患治理督办和验收的责任单位(部门)和责任人,对隐患治理进度和过程实施监督管理,以确保事故隐患得到尽早消除。

《煤矿生产安全事故隐患排查治理制度建设指南（试行）》中第三条要求："煤矿企业和煤矿应当建立健全从主要负责人到每位作业人员，覆盖各部门、各单位、各岗位的事故隐患排查治理责任体系，明确主要负责人为本单位隐患排查治理工作的第一责任人，统一组织领导和协调指挥本单位事故隐患排查治理工作；明确本单位负责事故隐患排查、治理、记录、上报和督办、验收等工作的责任部门。"第四条要求："煤矿企业和煤矿应当建立事故隐患分级管控机制，根据事故隐患的影响范围、危害程度和治理难度等制定本企业（煤矿）的事故隐患分级标准，明确负责不同等级事故隐患的治理、督办和验收等工作的责任单位和责任人员。"

（1）企业督办责任

为使隐患整改的督办工作行之有效地开展，避免督办工作流于形式，督办责任一般由上一级安全管理部门及其负责人承担。同时，按照主责明确、主体唯一的原则，由分管安全工作的领导承担领导督办职责。

煤矿的隐患整改情况督办工作由上级公司安全管理部门及其部门负责人承担；督办领导为公司分管安全工作的负责人。

公司级隐患整改情况督办工作由上级集团公司级安全管理部门及其部门负责人承担；督办领导为集团公司分管安全工作的负责人。

（2）政府督办责任

地方安全监察部门要有计划地对企业的重大事故隐患治理过程实施监督检查。必要时，要将事故隐患整改纳入重点行业领域的安全专项整治范围加以治理。凡是地方监察部门查出的重大事故隐患，治理完成具备验收条件时，煤矿要及时以书面报告形式报告地方监察部门，申请予以验收。

《安全生产法》第三十八条规定："县级以上地方各级人民政府负有安全生产监督管理职责的部门应当建立健全重大事故隐患治理督办制度，督促生产经营单位消除重大事故隐患。"

《安全生产事故隐患排查治理暂行规定》第二十一条要求："已经取得安全生产许可证的生产经营单位，在其被挂牌督办的重大事故隐患治理结束前，安全监管监察部门应当加强监督检查。必要时，可以提请原许可证颁发机关依法暂扣其安全生产许可证。"第二十二条要求："安全监管监察部门应当会同有关部门把重大事故隐患整改纳入重点行业领域的安全专项整治中加以治理，落实相应责任。"

2.督办升级

未按规定完成治理的事故隐患，煤矿负责督办的，要升级为上级公司来督办；公司级督办的事故隐患，要升级为集团总部来督办；县级煤矿安全监察机构督办的事故隐患，要升级为地市级煤矿安全监察机构来督办，以此类推。

《煤矿生产安全事故隐患排查治理制度建设指南（试行）》中第九条要求："煤矿企业和煤矿应当建立事故隐患治理分级督办、分级验收机制，依据排查出的事故隐患等级在其治理过程中实施分级跟踪督办，对不能按规定时限完成治理的事故隐患，及时提高督办层级、发出提级督办警示，加大治理的督促力度。事故隐患治理完成后，相应的验收责任单位应当及时对事故隐患治理结果进行验收，验收合格后解除督办、予以销号。对于企业主动上报并按规定停产治理的重大事故隐患，治理完成并经本企业验收责任单位验收合格、确认达到安全生产条件的，可自行恢复生产，同时及时报告负责督办的部门。对于有关单位实施督办的其他重大事故隐患,治理完成后,应当书面报请负责督办的单位组织验收,验收合格后,方可恢复生产。"

3. 记录和上报

(1) 治理情况记录

煤矿要全过程记录隐患排查治理、督办、销号的全面信息,并与政府部门互联互通,实现信息共享。条件允许时,煤矿要建立信息化系统,高效、准确传达隐患治理信息。

《煤矿生产安全事故隐患排查治理制度建设指南(试行)》第十二条要求:"煤矿企业和煤矿应当建立事故隐患统计分析和汇总建档工作制度,定期对事故隐患和治理情况进行汇总分析,及时发现安全生产和隐患排查治理工作中出现的普遍性、苗头性和倾向性问题,研究制定预防性措施;并及时将事故隐患排查、治理和督办、验收过程中形成的电子信息、纸质信息归档立卷。煤矿企业和煤矿应当建设具备事故隐患内容记录、治理过程跟踪、统计分析、逾期警示、信息上报等功能的事故隐患排查治理信息系统,实现对事故隐患从排查发现到治理完成销号全过程的信息化管理。事故隐患排查治理信息系统应当接入煤矿调度中心(生产信息平台),并确保事故隐患记录无法被篡改或删除。"

《国务院安委会办公室关于实施遏制重特大事故工作指南构建双重预防机制的意见》(安委办〔2016〕11 号)中要求:"建立完善隐患排查治理体系。要通过与政府部门互联互通的隐患排查治理信息系统,全过程记录报告隐患排查治理情况。对于排查发现的重大事故隐患,应当在向负有安全生产监督管理职责的部门报告的同时,制定并实施严格的隐患治理方案,做到责任、措施、资金、时限和预案'五落实',实现隐患排查治理的闭环管理。"

(2) 闭环管理

所有督办范围的事故隐患均要通过有效治理、检查和验收,实现彻底整改,做到隐患闭环管理。

《国务院安委会办公室关于印发标本兼治遏制重特大事故工作指南的通知》(安委办〔2016〕3 号)中要求:"实施事故隐患排查治理闭环管理。推进企业安全生产标准化和隐患排查治理体系建设,建立自查、自改、自报事故隐患的排查治理信息系统,建设政府部门信息化、数字化、智能化事故隐患排查治理网络管理平台并与企业互联互通,实现隐患排查、登记、评估、报告、监控、治理、销账的全过程记录和闭环管理。"

四、验收销号

1. 一般事故隐患的验收与销号

《安全生产事故隐患排查治理暂行规定》第十五条规定:"对于一般事故隐患,由生产经营单位(车间、分厂、区队等)负责人或者有关人员立即组织整改"。一般隐患不列入督办隐患清单,只对整改情况进行复查。

2. 重大事故隐患的验收与销号

《安全生产事故隐患排查治理暂行规定》第十八条规定:"地方人民政府或者安全监管监察部门及有关部门挂牌督办并责令全部或者局部停产停业治理的重大事故隐患,治理工作结束后,有条件的生产经营单位应当组织本单位的技术人员和专家对重大事故隐患的治理情况进行评估;其他生产经营单位应当委托具备相应资质的安全评价机构对重大事故隐患的治理情况进行评估。"这种评估主要针对治理结果的效果进行,确认其措施的合理性和有效性,确认对隐患及其可能导致的事故的预防效果。评估需要有一定条件和资质的技术人员和专家或有相应资质的安全评价机构实施，以保证评估本身的权威性和有效性。

以上规定表明，重大事故隐患完成治理后，要由验收责任单位（部门）负责验收，验收合格后方可予以销号。

3. 重大事故隐患治理后的工作

《安全生产事故隐患排查治理暂行规定》第十八条规定："经治理后，符合安全生产条件的，生产经营单位应当向安全监管监察部门和有关部门提出恢复生产的书面申请，经安全监管监察部门和有关部门审查同意后，方可恢复生产经营。申请报告应当包括治理方案的内容、项目和安全评价机构出具的评价报告等。"第二十三条规定："对挂牌督办并采取全部或者局部停产停业治理的重大事故隐患，安全监管监察部门收到生产经营单位恢复生产的申请报告后，应当在 10 日内进行现场审查。审查合格的，对事故隐患进行核销，同意恢复生产经营；审查不合格的，依法责令改正或者下达停产整改指令。对整改无望或者生产经营单位拒不执行整改指令的，依法实施行政处罚；不具备安全生产条件的，依法提请县级以上人民政府按照国务院规定的权限予以关闭。"

以上规定表明，重大事故隐患验收后，是否能够组织生产，要根据安全监察监管部门的验收意见来确定。

第六节　企业事故隐患排查治理举例

一、排查类型

根据《国家安全监管总局办公厅 国家煤矿安监局办公室关于印发〈煤矿生产安全事故隐患排查治理制度建设指南（试行）〉和〈煤矿重大事故隐患治理督办制度建设指南（试行）〉的通知》（安监总厅煤行〔2015〕116 号）规定企业应每月、专业每旬、生产单位每班、岗位随时排查施工隐患。执行董事组织每月至少开展一次覆盖生产各系统和各岗位的事故隐患排查，排查前制定工作方案，明确检查时间、方式、范围、内容和参加人员，见表 6-1。

表 6-1　　　　　　　　　　隐患排查工作方案

检查方式			组织人			检查时间		
检查重点内容								
检查人员及分工								
序号	检查路线	检查人	序号	检查路线	检查人	序号	检查路线	检查人
1			4			7		
2			5			8		
3			6			9		

二、工作方案

企业应适时和定期对隐患排查治理体系运行情况进行评审，以确保其持续适宜性、充分性和有效性。评审应包括体系改进的可能性和对体系进行修改的需求。评审每年应不少于一次，当发生更新时应及时组织评审，应保存评审记录。

××煤矿月度事故隐患排查治理工作方案

为进一步加强安全隐患排查治理工作,全面消除各类事故隐患,夯实安全生产基础,确保矿井安全生产,制定本方案。

1. 工作目标

(1) 各责任单位有效开展隐患排查治理专项行动,排查隐患并及时整改。

(2) 全面加强矿井安全管理工作,健全事故预防预警机制,提高职工安全防范意识。

(3) 杜绝发生重大隐患。

2. 隐患治理工作领导机构

组　　长:执行董事

副组长:总工程师

成　　员:矿其他领导班子成员、各副总工程师、生产业务科室主要负责人、生产单位主要负责人

3. 隐患排查时间

×月×日~×月×日

4. 隐患排查方式

(1) 各生产单位根据现场生产情况,组织开展自查,并将排查情况在隐患排查会议上进行通报。

(2) 按照专业分工,专业科室参与现场检查,确保对矿井各生产系统进行全覆盖。

5. 隐患排查范围和内容

全面排查作业地点生产系统、基础设施、技术装备、作业环境等方面存在的安全隐患,按照专业分工,结合矿井重大灾害防治工作,由各专业分管负责人牵头,各专业科室负责具体落实。重点排查矿井采掘工作面顶板管理、机电及提升运输管理、通风系统、防灭火管理、防治水、采煤工作面安撤作业等方面的隐患。

(1) 矿井通风情况。矿井通风系统合理,设施完善可靠。采区实行分区通风,并设置专用回风巷,总风量和各作业点实际风量要达到规程要求。重点查无风、微风作业现象,掘进工作面实现"三专两闭锁",综合防尘系统运行正常。由通防专业负责排查、整改、验收工作。

(2) 瓦斯治理情况。健全完善瓦斯检查、监控系统、瓦斯探头安设位置、配备数量、质量和校验符合规定,严格执行"一炮三检"、"三人连锁爆破"制度,井上、下监测、通信电气设备完好、畅通无阻。工作面回风隅角、陷落处、回风巷转角处、掘进排风巷、密闭处等容易积聚瓦斯的地点,确保安全。由通防专业负责排查、整改、验收工作。

(3) 采掘情况。作业环境、防控手段、现场管理等方面安全可靠,有规范真实的填制,及时的采掘工程平面图等图纸。由采煤、掘进专业负责排查、整改、验收工作。

(4) 顶板管理情况。采掘工作面是否严格按作业规程的规定及时支护,有无空顶作业;采煤工作面是否遇到顶底板松软、过断层、过老空、过煤柱或冒顶区以及托伪顶开采时,是否制定安全措施。由通防专业负责排查、整改、验收工作。

(5) 机电、运输管理情况。实现双回路供电,井下机电设备完好,电气设备无失爆,提升、运输设备、保护装置和安全防护设施齐全有效,安全可靠。由机电、运输专业负责排查、整改、验收。

(6) 水害防治情况。落实矿井水文地质、采空区、相邻矿井、废弃矿井、老空(窑)积水防

治措施,及地表水监控防范措施,重点查:与相邻矿井连通情况,防排水系统是否完善,执行超前探钻情况。由地测防治水专业负责排查、整改、验收。

(7) 应急救援落实情况。应急救援机构队伍健全,按规定配置救援物资、设备,做到安全管理人员及调度值班人员熟悉应急救援措施,井下作业人员熟悉避灾路线。由安全管理专人员负责排查、整改、验收。

(8) 火工品管理情况。严禁购买非法火工品,井下火工品发放及存放量要符合有关规定,建立并严格执行火工品储存、运输、发放、领用、退还、报废制度。由安监处负责、排查、整改、验收工作。

(9) 制度落实情况。健全岗位安全生产责任制,落实领导干部下井带班制度,主要负责人、安全管理人员及特殊工种人员要培训合格,持证上岗。严格执行煤矿安全费用提取使用,建立隐患排查各项制度。编制规程、措施要与井下实际相符,审批符合规定,井下作业人员经培训合格上岗。依法签订劳动合同,按规定配备劳动防护用品,入井人员佩戴有效自救器,严格执行入井人员检身制度和出入井人员清点制度。由安监处专业人员负责。

6. 工作要求

(1) 提高认识,精心组织。各单位要提高认识,增强做好隐患排查治理工作的责任感、紧迫感,切实加强对隐患排查治理工作的组织领导,建立和落实安全隐患排查治理工作机制,以高度负责的精神研究布置好安全隐患排查治理工作,精神心布置落实,抓好此项工作。

(2) 突出重点、落实责任。认真开展隐患排查治理,做到排查不留死角、治理不留后患,对存在的重大安全隐患队组,要明确监管责任人,做到挂牌督办,确保隐患治理工作的落实。

(3) 建立台账,完善机制。建立安全隐患排查治理台账,把排查的安全隐患逐一建档,做到安全隐患有登记,落实整改有措施,检查督导有记录,隐患销号有验收;做到安全隐患治理不留盲区,不留死角,形成安全隐患排查治理长效机制。

三、隐患闭合

根据工作面地点、采掘工艺、岗位特点等选择检查清单进行检查,对照相应风险管控措施排查现场安全隐患,检查清单交由责任单位整改、闭合,安监处及专业科室对照检查清单进行督导、复查。

四、信息化管理

实施信息化管理系统意义在于,可以实现隐患和违章的现场快速录入,拍照录像现场取证隐患和"四违",检查任务的信息化派发,历史问题查看,升井一键上传检查数据等,帮助煤矿构建井上井下一体化的风险分级管控、隐患排查治理的管理信息系统。

五、文件归档

企业在隐患排查治理体系策划、实施及持续改进过程中,应完整保存体现隐患排查全过程的记录资料,并分类建档管理。至少应包括:

(1) 隐患排查治理制度;

(2) 隐患排查治理年度、月度、旬排查计划;

(3) 隐患排查治理台账;

(4) 隐患排查项目清单等内容的文件成果。

(5) 重大事故隐患排查、评估记录,隐患整改复查验收记录等,应单独建档管理。

第七节　事故隐患排查治理工作持续改进

通过隐患排查治理体系的建设,企业应至少在以下方面有所改进:

(1) 风险控制措施全面持续有效;

(2) 风险管控能力得到加强和提升;

(3) 隐患排查治理制度进一步完善;

(4) 各级排查责任得到进一步落实;

(5) 员工隐患排查水平进一步提高;

(6) 对隐患频率较高的风险重新进行评价、分级,并制定完善控制措施;

(7) 生产安全事故明显减少。

一、评审

企业应适时和定期对隐患排查治理体系运行情况进行评审,以确保其持续适宜性、充分性和有效性。评审应包括体系改进的可能性和对体系进行修改的需求。评审每年应不少于一次,当发生更新时应及时组织评审,应保存评审记录。

二、更新

企业应主动根据以下情况对隐患排查治理体系的影响,及时更新隐患排查治理的范围、隐患等级和类别、隐患信息等内容,主要包括:

(1) 法律、法规及标准、规程变化或更新;

(2) 政府规范性文件提出新要求;

(3) 企业组织机构及安全管理机制发生变化;

(4) 企业生产工艺发生变化、设备设施增减、使用原辅材料变化等;

(5) 企业自身提出更高要求;

(6) 事故事件、紧急情况或应急预案演练结果反馈的需求。

其他情形出现应当进行评审。

三、信息支撑

加强事故隐患信息化管理。企业建立隐患排查治理系统,利用该系统录入排查治理信息,履行隐患自查自改自报主体责任。通过信息化管理手段,实现对事故隐患记录、跟踪、统计、分析、上报等全过程的信息化管理。

四、沟通

企业应建立不同职能和层级间的内部沟通和用于与相关方的外部沟通机制,及时有效传递隐患信息,提高隐患排查治理的效果和效率。

企业应主动识别内部各级人员隐患排查治理相关培训需求,并纳入企业培训计划,组织相关培训。企业应不断增强从业人员的安全意识和能力,使其熟悉、掌握隐患排查的方法,消除各类隐患,有效控制岗位风险,减少和杜绝安全生产事故发生,保证安全生产。

第八节　事故隐患排查治理过程记录样表

开展事故隐患排查与治理过程需要满足可追溯性,各类记录就成为可追溯性的最直接证据。本节给出了系列样表供企业参考,以方便建立健全事故隐患排查与治理档案。

一、隐患排查清单

(1)采煤工作面隐患排查清单(综采)(表 6-2)。

表 6-2 采煤工作面隐患排查清单(综采)

排查单元	序号	排查内容及标准	是否符合
巷道状况	1	两顺槽巷道净高≥1.8 m。	
	2	巷道无失修,无片帮漏顶。	
	3	巷道顶帮支护齐全有效。	
	4	按规定设置顶板离层检测仪,按时填写观测牌板。	
超前支护	5	超前支护长度≥30 m且符合作业规程规定,超前支护范围内的硐室或老巷同时进行支护。	
	6	支柱拴绳防倒合格,三用阀朝向一致,顶梁(钢梁)无变形、损坏,背顶实。	
	7	超前支护直线性、柱距、活柱伸出量符合规程规定,编号管理。	
	8	支柱迎山合格,初撑力≥6.4 MPa,无空顶空肩、失脚现象。现场备有测力计。	
	9	人行道宽度≥0.8 m,巷道高度≥1.8 m。	
	10	支柱垫使铁鞋,钻底量≤100 mm,铁鞋链子挂在支柱把手上。	
	11	套支的钢梁要达到一梁不少于 3 柱。	
	12	支护材料性能、型号一致,不超期使用。	
端头支护	13	端头的支护形式、密度达到规程措施要求。	
	14	支设的趄柱、对柱质量符合要求,初撑力≥11.4 MPa。	
	15	支设的长钢梁,双楔顶梁必须齐全牢固、无变形。	
	16	按规定使用端头支架。	
	17	端头支架距巷道支护不大于 0.5 m,端头人行道宽≥0.8 m。	
	18	回柱执行"先支后回"制度,执行远距离操作。	
	19	回柱把手拴绳长度、强度、材质等符合作业规程要求。	
	20	套支的钢梁要达到一梁不少于 3 柱。	
工作面支护	21	工作面"三直一平",支架要排成一条直线,其偏差不得超过±50 mm,中心距符合作业规程要求,偏差不超过±100 mm,支架编号管理。	
	22	液压系统及部件完好,密封良好,动作灵敏可靠,不漏液,不窜液,U 形销使用合格,插入到位。	
	23	工作面采高必须与支架高度相适应,支架不超高,支架的最大支撑高度不得大于支架的最大允许高度,最小支撑高度不得小于支架的最小使用高度,活柱伸出量符合规程;杜绝死架、超高架。	
	24	支架间隙<0.2 m。相邻支架不能有明显的错茬(不超过顶梁侧护板高的 2/3),支架不挤、不咬、不歪。	
	25	支架端面距≤340 mm。按规定使用护帮板,片帮严重时有加强支护措施。	
	26	支架垂直煤帮,倾斜度在标准规定内。	

排查单元	序号	排查内容及标准	是否符合
工作面支护	27	支架与顶板接触严密,迎山有力,初撑力≥24 MPa,不许有空顶现象,漏顶处背实,矿压监测设备齐全,按要求固定,并观测记录。	
	28	端面冒高<0.3 m,煤帮平直,伞檐不超规定。	
	29	支架要垂直顶板、底板,工作面倾角>15°时,支架要有防倒、防滑措施,倾角>25°,工作面有防煤(矸)伤人措施。	
	30	移架滞后割煤的距离符合规定。	
	31	按顺序移溜,弯曲段的长度≥20 m。	
	32	支架操作把手使用完毕后及时回位闭锁。	
	33	支架构件受到损坏后及时修复,拆卸管路及阀门,液压部件要卸载。	
	34	严禁随意拆除和调整支架上的安全阀。	
	35	架内无浮煤、浮矸堆积。	
	36	过断层顺好坡,断层上下盘支架支护有效。	
	37	工作面停采准备期间,现场连网合格,不得有破口、网兜。	
	38	工作面降架、移架时按规定使用喷雾。	
爆破管理	39	爆破工持证上岗,爆破工要认真填写"一炮三检"手册和现场牌板。	
	40	炮眼布置、眼深、装药量符合作业规程规定。	
	41	打眼、装药与回柱放顶不得平行作业。	
	42	湿式打眼,正向定炮,定炮使用水炮泥,炮泥封量符合规定。	
	43	只允许使用一台发爆器,发爆器完好无失爆,电压稳定符合标准;一次装药一次起爆;爆破母线接线符合规定;无放明炮、糊炮;无打浅眼、放小炮现象。	
	44	爆破时执行"一炮三检"和"三人连联爆破"制度;处理瞎炮符合规程规定。	
	45	爆破打倒支柱及时扶起支牢,爆破前对支柱(支架活柱)、机电设备、管路、电缆进行保护。	
	46	炸药、雷管、母线等合格、完好,使用符合规定。不同品质的炸药和不同厂家的雷管不得混用。	
	47	爆破站岗距离符合规程规定,爆破警戒距离不低于50 m,设岗齐全,警戒标志正规,将爆炸材料箱放于警戒线之外。	
	48	坚持火药、雷管领取和运送及退库制度;炸药、雷管分开存放于专用箱内,账物相符,锁具完好。置于支护完好、避开机电设备地点,无乱扔、乱放现象。	
	49	装药时捣药卷用力均匀,严禁用力过猛。	
	50	瓦斯报警仪悬挂使用正确,无瓦斯超限作业。	
泵站管理	51	司机持证上岗;操作正规。	
	52	乳化液泵站和液压系统完好,不漏液;按规定使用过滤网、自动配比仪,高压保护完好。	
	53	综采泵站压力不低于30 MPa;乳化液浓度不低于3%～5%,配糖量计,有监测记录,清水泵工作正常。	

排查单元	序号	排查内容及标准	是否符合
泵站管理	54	乳化液泵站安设位置符合规程要求。斜巷停放泵站列车时,每节列车按规定拴保险链锁车固定。	
	55	泵站管路吊挂标准,设备面貌清洁。	
	56	泵站列车车盘及电缆上无杂物,备品备件码放到备品车上。	
	57	泵站、休息地点、油脂库等场所照明达到要求。砂箱、灭火器等消防设施配置齐全,符合要求。	
采煤机管理	58	采煤机司机持证上岗;操作正规。	
	59	仪表齐全、指示准确,液压系统无滴漏,遥控发射机使用保护良好。	
	60	机组内外喷雾符合要求,机组无内喷时,外喷雾压力不小于 4 MPa。	
	61	采煤机牵引齿(销、链)轨的安设必须紧固完整,滚筒齿座完整,滚筒机刀缺失不多于 2 把。	
	62	使用电缆托架,电缆夹完好,电缆不出槽。	
	63	采煤机与工作面刮板输送机的闭锁装置可靠。	
	64	采煤机停止工作或检修时,必须切断电源,并打开其磁力启动器的隔离开关,闭锁并挂停电工作牌。	
	65	更换截齿和滚筒上下 3 m 以内有人工作时,必须护帮护顶,切断电源,打开采煤机隔离开关和离合器,并对工作面输送机施行闭锁。	
	66	严禁用采煤机强行截割硬岩。	
	67	启动采煤机时应先送水后送电,停机时先断电后停水,严禁无水或水压不足开机。	
	68	有链牵引采煤机牵引链转环外 15 m 内不得有连接环。牵引链的连接环、转环合格。	
刮板输送机管理	69	刮板输送机司机持证上岗,操作正规。	
	70	工作面刮板运输机平直,弯曲度、行人宽度、搭接高度、长度符合规定,刮板输送机链条无漂链。	
	71	刮板、链条、螺丝、连接环、销子等无缺失,刮板间距符合规定,弯曲、变形的刮板连续不超过 3 块。	
	72	齿(销、链)轨的安设必须完整固紧,紧链装置完好可靠。	
	73	信号装置齐全,可靠、传输畅通。工作面刮板输送机安设能发出停止和启动信号的装置,发出信号点的间距不得超过 15 m。	
	74	使用液力偶合器时必须按所传递的功率大小,注入规定量的难燃液,使用合格的易熔塞和防爆片。	
	75	刮板输送机运行时,严禁清理转动部位的煤粉或用手调整刮板链	
	76	工作面倾角大于 12°时,对输送机采取防滑措施。	
	77	严禁用刮板输送机运送或回撤物料。	

排查 单元	序号	排查内容及标准	是否 符合
转载机 管理	78	转载机司机持证上岗,操作正规。	
	79	刮板、链条、螺丝、连接环等无缺失,刮板间距符合规定。	
	80	信号装置齐全可靠,传输畅通。	
	81	转载机行人宽度符合规定,设置行人过桥,稳固可靠。转载机运行时人员不得在桥拱下行走 或逗留。	
	82	转载机的机尾保护等安全装置失效,破碎机的安全保护网损坏或失效时,必须立即停机。	
	83	设备运行期间不得拉移转载机,转载机移后与带式输送机机尾搭接符合要求。	
	84	处理故障时,必须切断电源,闭锁控制开关,挂停电牌。	
胶带 输送机 管理	85	带式输送机司机持证上岗,操作正规。	
	86	输送带六种保护(堆煤、自动洒水、温度、速度、烟雾、防跑偏)齐全、有效。	
	87	输送带支架无变形,吊挂输送带使用花篮螺丝吊挂,挂架整齐。	
	88	托辊齐全、运转灵活;转动部位及带式输送机机架无缠绕的线绳。	
	89	信号装置齐全,可靠,多台输送机电气连锁符合要求。	
	90	防跑偏装置设置符合要求,无跑偏现象。	
	91	机头、机尾防护装置齐全合格。	
	92	巷道照明充足。	
	93	带式输送机机头、机尾固定牢固,机头、机尾清扫器工作状况良好。	
	94	人员跨越处行人过桥,稳固可靠。	
	95	各种记录齐全、填写要规范。	
	96	输送带接头必须牢固合格,长度不小于带宽的 90%;使用的输送带宽度不应少于原宽度 的 80%。	
	97	底输送带距底板高度符合要求,底输送带下无堆积浮煤及杂物;输送带不得磨顶板、支护体。	
	98	机头、机尾前后两端 20 m 范围内应用不燃性材料支护,机头处砂箱、灭火器等消防设施配 置齐全,符合要求。	
	99	机头、机尾的设备与巷道壁之间的距离不小于 500 mm;机巷两侧间隙符合要求。	
机电 管理	100	电工持证上岗,有合格的工作牌。	
	101	风水管路、电缆吊挂平直,符合要求。	
	102	电气设备三大保护(接地、漏电、过流)齐全、灵敏可靠。	
	103	移动、检修电气设备,严格执行停电、检电、验电、放电程序;无带电作业。	
	104	照明综保灵敏可靠,正常使用。	
	105	严禁失爆。	
	106	开关完好,挂牌管理,摆放整齐,上台上架,高度大于 200 mm。	
	107	电气设备、小型电器、电缆标志牌完好、齐全、清晰、规范,物见本色。	
	108	电缆无破皮、漏电现象,连接符合规定,使用单轨吊吊挂、拖移出口电缆,电缆悬挂合格。	
	109	电气设备摆放地点顶板完整、无淋水。	

排查单元	序号	排查内容及标准	是否符合
机电管理	110	设备上方与顶板的距离不小于 0.3 m,安全间隙人行道大于 800 mm,非人行道侧大于 300 mm。	
	111	电气设备使用 3 300 V 供电时,必须制定专门的安全措施。	
	112	局部接地极悬挂责任牌。	
	113	综采工作面有照明装置,照明灯间距不得大于 15 m,工作面每隔 15 m 及变电站、乳化液压站、各转载点应有扩音通信装置,使用效果良好。	
	114	配电点采用不燃性材料支护,整洁规范,牌板清晰,有照明,悬挂供电系统图,设备间隙符合要求。砂箱、灭火器等消防设施配置齐全,符合要求。	
	115	机械外露转动部位有护罩或遮栏等防护设施,并悬挂警示牌。	
	116	各部紧固螺栓符合要求。	
	117	各固定部位销、轴齐全合格。	
	118	现场管理记录符合规定要求。	
无极绳绞车管理	119	司机持证上岗,操作正规。	
	120	无极绳绞车固定合格,绞车安装方向正确、平整、稳固可靠,安全距离合格(不小于 0.5 m)。	
	121	绞车运转平稳、可靠、无异常声响,各紧固及连接部分无松动现象。	
	122	绞车制动装置及声光信号齐全、灵敏可靠,设置过位保护。	
	123	绞车滚筒完好,坚固件齐全,护板完整,固定牢固。	
	124	绞车电机完好、无失爆。	
	125	钢丝绳完好,使用符合规定。	
	126	尾轮完好,有护罩,轮辊齐全,设置符合规定。	
	127	张紧装置安设合格。	
	128	梭车断绳插爪式防跑车装置、灵敏可靠;轮对、连接装置等完好。	
	129	固定钢丝绳的楔块紧固,定位销插入储绳滚筒孔内,储绳筒固定牢靠。	
轨道及安全设施管理	130	铁路各部件连接符合规定,轨道、轨枕、道岔、弯道铺设质量合格,轨道接头合格。	
	131	轨道中心线符合设计,安全间隙、曲率半径符合规程要求。	
	132	按照规定设置斜巷声光报警装置,悬挂"正在行车,严禁行人"警示牌板。	
	133	执行"行车不行人"制度;严禁爬、蹬、跳。	
	134	防跑车设施[挡车棍、卧闸、吊梁、挡车门(栏)]齐全、合格,使用正常。	
	135	无超高、超宽、超载、超挂车现象。	
	136	托绳轮齐全,转动灵活,无磨绳现象。	
	137	各类安全设施牌板齐全、正确、规范。	
	138	信号室施工位置合理,符合规程措施要求。	
	139	信号设施齐全、安设规范;气动挡车操作装置集中设置在信号室内,安设规范。	
	140	捆绑用具完好、可靠。	

排查单元	序号	排查内容及标准	是否符合
绞车管理	141	司机、信号把钩工,持证上岗,正规操作。	
	142	绞车的安装固定牢固,符合规定。护身柱合格、数量符合规程规定。	
	143	绞车制动系统完好可靠;护板牢固无变形。零部件齐全紧固,无渗漏油现象,转动部位护罩齐全牢固。	
	144	信号设施齐全,安设规范、灵敏、可靠。按钮操作灵活固定牢固。	
	145	绞车提升参数与实际相符;提升数量未超过规程规定。	
	146	绞车突出部分至铁路内沿 0.5 m 以上。	
	147	钢丝绳质量合格,排绳整齐。	
	148	保险绳、三环、销子合格正常使用;钩头插接符合规定。	
	149	绞车铭牌、标志牌、管理牌板齐全清晰醒目、内容合格,检查维修符合规定并有记录。	
一通三防管理	150	通风系统完善,无未封闭盲巷。无不合理的串联风,通风可靠。	
	151	工作面风速、风量符合规定,风门、风窗安设符合规定。	
	152	通风断面不得小于设计断面的 2/3。	
	153	两道风门严禁同时打开。	
	154	行车风门要自动,安装可视窗、声光语音报警和防撞装置。	
	155	管线、电缆穿过风门墙体设置防护套管或封堵严密。风门过水沟设有反水池或挡风帘。	
	156	通风设施完好,风门材料砌筑,墙面平整,四周抹裙边,安有完好闭锁装置,风门包边沿口且严密,周围 5 m 范围内支护完好、无杂物。	
	157	测风牌板设置规范、齐全,填写清晰。	
	158	瓦斯监测装置齐全、灵敏、到位,悬挂位置正确(回风巷出口 10 m 范围内,距顶板 0.2 m,距巷帮 0.3 m),使用正常。	
	159	按规定携带瓦斯报警仪,瓦斯报警仪悬挂正确。	
	160	瓦斯检查做到牌板、手册、日报"三对口",瓦斯检查员现场检查次数、时间符合规定;瓦斯检查手册清晰、规范。瓦斯检查牌板完好,安设位置及填写内容符合规定。无瓦斯超限作业。	
	161	瓦斯异常区工作面必须落实专职瓦斯检查员、监测监控、隅角瓦斯抽采等安全技术措施。	
	162	工作面回风流距离工作面切眼≤10 m 处、工作面回风巷距回风口 10~15 m 处分别安装甲烷传感器,悬挂位置距离顶板≤0.3 m、距离巷帮≥0.2 m。	
	163	防尘水幕覆盖全断面,位置符合要求,巷道定期洒水防尘,巷道内不能出现厚度超过 2 mm 且连续长度超过 5 m 的积尘,或有明显积尘,洒水记录齐全。	
	164	防尘管路吊挂平直,编号管理,轨道巷 100 m 三通阀门(带式输送机巷 50 m)设置齐全,不漏水。	
	165	工作面实行煤层注水,现场有记录。	
	166	防尘设施实行挂牌管理,阀门便于操作,喷雾效果好,使用正常。	
	167	各转载点安装使用自动喷雾,喷雾设施安设齐全,位置正确、有效。	

排查 单元	序号	排查内容及标准	是否 符合
一通 三防 管理	168	隔爆设施齐全、合格;按规定安设隔爆设施,安装质量齐全、合格,符合标准,棚区两端设置管理牌板。	
	169	工作面必须按规定配备消防器材,其数量、规格和存放位置,符合灾害预防和处理计划要求。	
	170	风筒无破口漏风,逢环必挂、吊挂平直,编号管理。	
	171	抽排风机设置管理牌板,牌板内容与实际相符,有兼职司机管理。	
	172	风机实现双风机双电源,做到自动切换,按规定做好切换记录。	
	173	瓦斯抽采风机出风口的下风侧 5～10 m 处设置甲烷传感器和瓦斯检查点。	
	174	自然发火煤层工作面回风巷内距回风口 10～15 m 处设置 CO、温度传感器。	
	175	自然发火煤层工作面必须构筑防火门墙,储备足够的封闭材料。	
	176	易自燃厚煤层随工作面推采每隔 20～30 m 在上、下两巷采空区一侧施工一道防火墙。	
	177	自然发火煤层工作面采用后退式开采,对采空区、高冒区等空隙采取预防性灌浆或全部充填、喷洒阻化剂、注惰性气体、注凝胶、注高分子材料等综合防火措施。	
	178	自然发火煤层工作面必须检查 CO 浓度,并安装束管监测系统。	
	179	落实各项治理高温热害措施。	
防冲 管理	180	冲击危险工作面出现冲击危险预警时,及时采取解危措施。	
	181	冲击危险工作面停产 3 d 以上的,恢复生产的前一班内,进行冲击地压危险程度鉴定并采取安全措施。	
	182	冲击危险工作面两巷道超前支护长度不低于 100 m,孤岛工作面不低于 150 m。	
	183	冲击危险工作面卸压孔参数与规程相符,超前工作面 300 m 施工卸压孔。	
	184	煤粉监测孔频度、钻孔数量、钻孔深度合格。	
	185	卸压孔内无杂物。	
	186	冲击危险工作面两巷道 300 m 范围内不得存放备用闲置物料、设备。	
	187	冲击危险工作面两巷道 300 m 范围内物料、设备生根固定。两帮及顶部锚盘进行防崩固定。	
	188	冲击危险工作面爆破卸压期间躲炮距离不小于 150 m,躲炮时间不小于 30 min。	
	189	冲击危险工作面要正常使用在线应力及微震监测系统,并按规定进行监测、维护。	
	190	危险区、卸压孔、避灾路线、微震及在线监测点挂牌管理。	
	191	卸压孔、煤粉监测孔施工原始记录填写及时、准确。	
	192	施工监测孔和卸压孔的煤粉要及时清理,不得堵塞水沟。	
	193	钻探设备操作手把、按钮、仪表齐全,灵敏可靠。钻具、工具分类码放,上架挂牌管理,安全间隙符合规定。	
	194	监测系统的各型号电缆,油路,按要求敷设,吊挂整齐,不漏油。	
	195	牌板图文清晰正确,清洁,放置悬挂位置合理,固定牢固。	
	196	凡进行煤粉监测的地点,配备齐全监测工具。	

排查单元	序号	排查内容及标准	是否符合
防治水管理	197	临时水仓位置合理,实现全封闭管理,自动排水。	
	198	排水管路接头严密,不漏水;吊挂整齐。备用设备完好,摆放整齐。	
	199	水沟规格符合规程措施要求,水沟畅通、无杂物。	
	200	落实各项防治水措施。	
职业卫生	201	劳动保护符合规定,使用正常。	
	202	现场设置职业危害警示标识及警示说明符合规定。	
	203	现场设置公告栏、警示标识和中文警示说明。	
	204	现场职业危害因素浓度、温度(强度)符合规定。	
文明生产	205	无淤泥、积水,积水面积小于 5×0.2 m²。2 m² 内浮煤平均厚度不到 30 mm。无浮矸、无杂物、无积尘。	
	206	底板平整,管线吊挂整齐、美观。	
	207	工具、备用设备、物料分类码放整齐,安全间隙符合规定,挂牌管理,责任到人。	
	208	人员工装整齐、矿灯、自救器完好,防尘装备合格。	
技术管理	209	工作面设计及批复齐全,符合上级有关规定。严禁在采煤工作面内随意布置施工巷道。	
	210	作业规程内容齐全,有针对性。	
	211	工作面支护形式要符合规程措施要求。	
	212	工作面安装、初次放顶、收尾、回撤、过地质构造带、过老巷、托顶煤开采等必须有专项措施。安全技术措施现场存放,并严格落实。	
	213	规程措施管理"十个环节"落实到位。	
	214	冲击危险工作面要编制防冲设计,经审批后组织生产。	
	215	在冲击危险区域内作业时,提前编制防冲安全技术措施,并现场落实。	
	216	开采冲击地压煤层时,在同一煤层的同一区段集中应力影响范围内,不得布置 2 个工作面同时回采。	
	217	无冲击地压危险矿井,其煤柱应力区、地质构造应力区在采掘工程图纸上注明,并划定为冲击地压危险区域,制定落实有关冲击地压防治措施。	
	218	"六图一表"及其他各类牌板齐全、正确、规范,巷道交叉口有避灾路线牌板,施工工艺与图牌板标示相符。	
	219	初采工作面执行初垮、初压预测预报制度,矿压观测及时整理存档。	
	220	矿压观测方法或测点布置符合规定,对底板进行比压测试。	
	221	设计和地质、水文、冲击地压、通风、运输、设备、人员等发生变化,超前分析并采取措施。	
其他	222	紧急避险系统硐室门口有明显标志,巷道内有警示标识,各应急物资配备齐全、设施完好、整洁。	
	223	紧急避险各种资料、图纸、台账、记录齐全,填写及时。	
	224	供水施救、压风自救、紧急避险设施完好、正常使用,挂牌管理。	

排查单元	序号	排查内容及标准	是否符合
其他	225	及时排查各类隐患,整改措施要具体,明确责任人,及时销号,资料管理规范。	
	226	各类验收记录齐全、合格,符合规定要求。	
	227	采煤工作面的工程质量要符合验收标准,支护器材要有煤安标志。	
	228	运人装备通信信号齐全可靠,应具备通话和信号发送功能。	

备注:检查人员对表中检查内容的项目逐项对照检查,无问题的项目在"是否符合"栏中画"√",有问题的画"×",不存在的项目画"〇"。

(2)采煤工作面隐患排查清单(高档普采)(表 6-3)。

表 6-3　　　　　　　　采煤工作面隐患排查清单(高档普采)

排查单元	序号	排查内容及标准	是否符合
巷道状况	1	工作面两巷道净高≥1.8 m。	
	2	巷道无失修,无片帮漏顶。	
	3	巷道顶帮支护齐全有效。	
	4	按规定设置顶板离层检测仪,按时填写观测牌板。	
超前支护	5	工作面安全出口畅通,人行道宽度≥0.8 m,巷道高度≥1.6 m。	
	6	超前支护长度≥20 m且符合作业规程规定,超前支护范围内的硐室或老巷同时进行支护。	
	7	超前支护直线性、柱距、活柱伸出量符合规程规定,编号管理。	
	8	超前支柱拴绳防倒合格。	
	9	超前支护支柱初撑力≥6.4 MPa,无空顶空肩、失脚现象。铁鞋符合要求,支柱钻底量≤100 mm。现场备有测力计。	
端头支护	10	四对八架长钢梁长度≥3.8 m,间距 300 mm,牢固,无开焊变形,符合要求。	
	11	双楔顶梁不少于 6 架,双楔齐全牢固,无开焊变形,符合规程要求。	
	12	机头、机尾压柱位置正确,齐全、牢固,拴绳防倒。	
	13	工作面超前缺口尺寸符合作业规程。两端头靠放顶线各保持 1 组丛柱。	
	14	工作面两出口高度不低于设计采高的 80%,并符合作业规程。	
	15	工作面两横头支护两竖两趄齐全牢固,间距不大于 0.5 m,无喷矸,无材料、杂物堆积。	
	16	端头支护距巷道支护不大于 0.5 m,端头人行道宽≥0.8 m。	
	17	套支的钢梁要达到一梁三柱。	
	18	工作面与巷道刮板输送机搭接合理,不拉回头煤。	
	19	巷道刮板输送机机尾在特殊情况允许拖后 1 m。	

排查单元	序号	排查内容及标准	是否符合
工作面支护	20	工作面"三直一平",支柱要排成一条直线,其偏差不得超过±50 mm。	
	21	柱、排距符合作业规程,偏差不超±100 mm,三用阀朝向一致。	
	22	端面距不大于450 mm,并符合作业规程规定。	
	23	机道顶板冒高≤200 mm。	
	24	伞檐和煤壁开裂及时摘除;机(炮)道临时柱、贴帮柱数量齐全,质量合格。	
	25	工作面采高符合作业规程规定,不割顶底板。	
	26	工作面倾角>15°时,支柱要有防倒、防滑措施,倾角>25°,工作面有防煤(矸)伤人措施。	
	27	工作面挂牌管理支柱编号、运输机节数编号。	
	28	工作面特殊支护齐全,采空区靠放顶线局部悬顶面积≤2×5 m²,超过时及时加强支护和强制放顶。	
	29	回柱分段距离:工作面坡度≤15°时,分段≥15 m;工作面倾角>15°时,分段≥20 m。	
	30	放顶排挡矸有效,无喷矸。	
	31	支柱穿鞋符合作业规程规定,支柱钻底量≤100 mm。	
	32	放顶排侧按规程规定支设起柱。	
	33	铁鞋链子挂在单体支柱把手上,规格符合作业规程规定。	
	34	顶梁垂直于煤壁,水平销子按标准固定,背顶规范、接顶严密。	
	35	支柱无空载、失效,支柱不超高,活柱伸出量符合规定。	
	36	支护材料性能、型号一致,完好,不超期使用。	
	37	新下井的单体液压支柱阀孔或高压胶管两端头合格封堵。管路接头使用标准"U"形卡。	
	38	支柱顶梁与顶板接触严密,迎山有力,支柱初撑力≥11.4 MPa,不许有空顶现象,漏顶处背实顶板。	
	39	注液枪放置用完后放置于第二排支柱手把上。	
	40	过断层、顶板破碎带、压力大时,必须在顶梁之间套支长钢梁,长钢梁不得代替顶梁使用。	
	41	回柱工具齐全、合格,回柱退路畅通,并坚持远距离回柱,严禁单人回柱。工作面上备有处理顶帮专用长柄工具。	
	42	顶网铺设搭接正规,连网规范,无破网、垂网,挡矸效果好。	
	43	工作面挂梁、支柱、移溜符合规定距离。	
爆破管理	44	爆破工持证上岗,爆破工要认真填写"一炮三检"手册和现场牌板。	
	45	炮眼布置、眼深、装药量符合作业规程规定。	
	46	打眼、装药与回柱放顶不得平行作业。	
	47	湿式打眼,正向定炮,定炮使用水炮泥,炮泥封量符合规定。	
	48	只允许使用一台发爆器,发爆器完好无失爆,电压稳定符合标准;一次装药一次起爆;爆破母线接线符合规定;无放明炮、糊炮;无打浅眼、放小炮现象。	
	49	爆破时执行"一炮三检"和"三人连锁爆破"制度;处理瞎炮符合规程规定。	

排查单元	序号	排查内容及标准	是否符合
爆破管理	50	爆破打倒支柱及时扶起支牢,爆破前对支柱(支架活柱)、机电设备、管路、电缆进行保护。	
	51	炸药、雷管、母线等合格、完好,使用符合规定。不同品质的炸药和不同厂家的雷管不得混用。	
	52	爆破站岗距离符合规程规定,爆破警戒距离不低于 50 m,设岗齐全,警戒标志正规,将爆炸材料箱放于警戒线之外。	
	53	坚持火药、雷管领取和运送及退库制度;炸药、雷管分开存放于专用箱内,账物相符,锁具完好。置于支护完好、避开机电设备地点,无乱扔、乱放现象。	
	54	装药时捣药卷用力均匀,严禁用力过猛。	
	55	瓦斯报警仪悬挂使用正确,无瓦斯超限作业。	
泵站管理	56	司机持证上岗;操作正规。	
	57	乳化液泵站和液压系统完好,不漏液;按规定使用过滤网、自动配比仪,高压保护完好。	
	58	乳化液泵站压力≥18 MPa;乳化液浓度不低于 2%~3%,配糖量计,有监测记录。采煤机防尘用水加压泵完好,使用正常。	
	59	乳化液泵站安设位置符合规程要求,斜巷停放泵站列车时,每节列车按规定拴保险链锁车固定。	
	60	泵站管路吊挂标准,设备面貌清洁。	
	61	泵站列车车盘及电缆上无杂物,备品、备件码放到备品车上。	
	62	泵站、休息地点、油脂库等场所照明达到要求。砂箱、灭火器等消防设施配置齐全,符合要求。	
刮板输送机管理	63	刮板输送机司机持证上岗;操作正规。	
	64	工作面刮板运输机平直,弯曲度、行人宽度符合规定,刮板输送机链条无漂链。	
	65	刮板、链条、螺丝、连接环等无缺失,刮板间距符合规定,弯曲、变形的刮板连续不超过 3 块。	
	66	齿(销、链)轨的安设必须完整紧固,紧链装置完好可靠。	
	67	通信系统信号传输畅通,信号点的间距不超过 15 m,闭锁可靠。	
	68	移动刮板输送机的液压装置必须完整可靠。	
	69	使用液力偶合器时必须按所传递的功率大小,注入规定量的难燃液,使用合格的易熔塞和防爆片。	
	70	刮板输送机运行时,严禁清理转动部位的煤粉或用手调整刮板链。	
	71	工作面倾角>12°时,对输送机采取防滑措施。	
	72	机头、尾固定牢固。	
	73	输送机人员跨越处要设过桥,安全间隙符合要求。	
	74	延缩刮板输送机必须符合作业规程规定。	
	75	严禁用支柱代替移溜器推移刮板输送机。	
	76	严禁用刮板输送机运送或回撤物料。	

排查单元	序号	排查内容及标准	是否符合
带式输送机管理	77	带式输送机司机持证上岗,操作正规。	
	78	输送带六种保护(堆煤、自动洒水、温度、速度、烟雾、防跑偏)齐全、有效。	
	79	输送带支架无变形,吊挂输送带使用花篮螺丝吊挂,挂架整齐。	
	80	托辊齐全、运转灵活;转动部位及带式输送机机架无缠绕的线绳。	
	81	信号装置齐全,可靠,多台输送机电气连锁符合要求。	
	82	防跑偏装置设置符合要求,无跑偏现象。	
	83	机头、机尾防护装置齐全合格。	
	84	巷道照明充足。	
	85	带式输送机机头、机尾固定牢固,机头、机尾清扫器工作状况良好。	
	86	人员跨越处设行人过桥,稳固可靠。	
	87	各种记录齐全、填写要规范。	
	88	输送带接头必须牢固合格,长度不小于带宽的 90%;使用的输送带宽度不应少于原宽度的 80%。	
	89	底输送带距底板高度符合要求,底输送带下无堆积浮煤及杂物;输送带不得磨顶板、支护体。	
	90	机头、机尾前后两端 20 m 范围内应用不燃性材料支护,机头处砂箱、灭火器等消防设施配置齐全,符合要求。	
	91	机头、机尾的设备与巷道壁之间的距离不小于 500 mm;机巷两侧间隙符合要求。	
机电管理	92	电工持证上岗,有合格的工作牌。	
	93	风水管路、电缆吊挂平直,符合要求。	
	94	电气设备三大保护(接地、漏电、过流)齐全、灵敏可靠。	
	95	移动、检修电气设备,严格执行停电、检电、验电、放电程序;无带电作业。	
	96	照明综保灵敏可靠,正常使用。	
	97	严禁失爆。	
	98	开关完好,挂牌管理,摆放整齐,上台上架,高度大于 200 mm。	
	99	电气设备、小型电器、电缆标志牌完好、齐全、清晰、规范,物见本色。	
	100	电缆无破皮、漏电现象,连接符合规定,使用单轨吊吊挂、拖移出口电缆,电缆悬挂合格。	
	101	电气设备摆放地点顶板完整、无淋水。	
	102	设备上方与顶板的距离不小于 0.3 m,安全间隙人行道大于 800 mm,非人行道侧大于 300 mm。	
	103	局部接地极悬挂责任牌。	
	104	工作面每隔 15 m 及变电站、乳化液压站、各转载点应有扩音通信装置,使用效果良好。	
	105	配电点采用不燃性材料支护,整洁规范,牌板清晰,有照明,悬挂供电系统图,设备间隙符合要求。砂箱、灭火器等消防设施配置齐全,符合要求。	
	106	机械外露转动部位有护罩或遮栏等防护设施,并悬挂警示牌。	
	107	各部紧固螺栓符合要求。	
	108	各固定部位销、轴齐全合格。	
	109	现场管理记录符合规定要求。	

排查单元	序号	排查内容及标准	是否符合
无极绳绞车管理	110	司机持证上岗,操作正规。	
	111	无极绳绞车固定合格,绞车安装方向正、平整、稳固可靠,安全距离合格(不小于 0.5 m)。	
	112	绞车运转平稳、可靠、无异常声响,各紧固及连接部分无松动现象。	
	113	绞车制动装置及声光信号齐全、灵敏可靠,设置过位保护。	
	114	绞车滚筒完好,坚固件齐全,护板完整,固定牢固。	
	115	绞车电机完好、无失爆。	
	116	钢丝绳完好,使用符合规定。	
	117	尾轮完好,有护罩,轮辊齐全,设置符合规定。	
	118	张紧装置安设合格。	
	119	梭车断绳插爪式防跑车装置、灵敏可靠;轮对、连接装置等完好。	
	120	固定钢丝绳的楔块紧固,定位销插入储绳滚筒孔内,储绳筒固定牢靠。	
轨道及安全设施管理	121	铁路各部件连接符合规定,轨道、轨枕、道岔、弯道铺设质量合格,轨道接头合格。	
	122	轨道中心线符合设计,安全间隙、曲率半径符合规程要求。	
	123	按照规定设置斜巷声光报警装置,悬挂"正在行车,严禁行人"警示牌板。	
	124	执行"行车不行人"制度;严禁爬、蹬、跳。	
	125	防跑车设施[挡车棍、卧闸、吊梁、挡车门(栏)]齐全、合格,使用正常。	
	126	无超高、超宽、超载、超挂车现象。	
	127	托绳轮齐全,转动灵活,无磨绳现象。	
	128	各类安全设施牌板齐全、正确、规范。	
	129	信号室施工位置合理,符合规程措施要求。	
	130	信号设施齐全、安设规范;气动挡车操作装置集中设置在信号室内,安设规范。	
	131	捆绑用具完好、可靠。	
绞车管理	132	司机、信号把钩工,持证上岗,正规操作。	
	133	绞车的安装固定牢固,符合规定。护身柱合格、数量符合规程规定。	
	134	绞车制动系统完好可靠;护板牢固无变形。零部件齐全紧固,无渗漏油现象,转动部位护罩齐全牢固。	
	135	信号设施齐全、安设规范,灵敏、可靠。按钮操作灵活固定牢固。	
	136	绞车提升参数与实际相符;提升数量未超过规程规定。	
	137	绞车突出部分至铁路内沿 0.5 m 以上。	
	138	钢丝绳质量合格,排绳整齐。	
	139	保险绳、三环、销子合格正常使用;钩头插接符合规定。	
	140	绞车铭牌、标志牌、管理牌板齐全清晰醒目、内容合格,检查维修符合规定并有记录。	

排查单元	序号	排查内容及标准	是否符合
	141	通风系统完善,无未封闭盲巷,无不合理的串联风,通风可靠。	
	142	工作面风速、风量符合规定,风门、风窗安设符合规定。	
	143	通风断面不得小于设计断面的 2/3。	
	144	两道风门严禁同时打开。	
	145	行车风门要自动,安装可视窗、声光语音报警和防撞装置。	
	146	管线、电缆穿过风门墙体设置防护套管或封堵严密。风门过水沟设有反水池或挡风帘。	
	147	通风设施完好,风门材料砌筑,墙面平整,四周抹裙边,安有完好闭锁装置,风门包边沿口且严密,周围 5 m 范围内支护完好、无杂物。	
	148	测风牌板设置规范、齐全,填写清晰。	
	149	瓦斯监测装置齐全、灵敏、到位,悬挂位置正确(回风巷出口 10 m 范围内,距顶板 0.2 m,距巷帮 0.3 m),使用正常。	
	150	按规定携带瓦斯报警仪,瓦斯报警仪悬挂正确。	
	151	瓦斯检查做到牌板、手册、日报"三对口",瓦斯检查员现场检查次数、时间符合规定;瓦斯检查手册清晰、规范。瓦斯检查牌板完好,安设位置及填写内容符合规定。无瓦斯超限作业。	
	152	瓦斯异常区工作面必须落实专职瓦斯检查员、监测监控、隔角瓦斯抽采等安全技术措施。	
	153	工作面回风流距离工作面切眼≤10 m 处、工作面回风巷距回风口 10～15 m 处分别安装甲烷传感器,悬挂位置距离顶板≤0.3 m,距离巷帮≥0.2 m。	
一通三防管理	154	防尘水幕覆盖全断面,位置符合要求,巷道定期洒水防尘,巷道内不能出现厚度超过 2 mm 且连续长度超过 5 m 的积尘,或有明显积尘,洒水记录齐全。	
	155	防尘管路吊挂平直,编号管理,轨道巷 100 m 三通阀门(带式输送机巷 50 m)设置齐全,不漏水。	
	156	工作面实行煤层注水,现场有记录。	
	157	防尘设施实行挂牌管理,阀门便于操作,喷雾效果好,使用正常。	
	158	各转载点安装使用自动喷雾,喷雾设施安设齐全、位置正确、有效。	
	159	隔爆设施齐全、合格;按规定安设隔爆设施,安装质量齐全、合格,符合标准,棚区两端设置管理牌板。	
	160	工作面必须按规定配备消防器材,其数量、规格和存放位置,符合灾害预防和处理计划要求。	
	161	风筒无破口漏风,逢环必挂、吊挂平直,编号管理。	
	162	抽排风机设置管理牌板,牌板内容与实际相符,有兼职司机管理。	
	163	风机实现双风机双电源,做到自动切换,按规定做好安查切换记录。	
	164	瓦斯抽排风机出风口的下风侧 5～10 m 处设置甲烷传感器和瓦斯检查点。	
	165	自然发火煤层工作面回风巷内距回风口 10～15 m 处设置 CO、温度传感器。	
	166	自然发火煤层工作面必须构筑防火门墙,储备足够的封闭材料。	
	167	易自燃厚煤层随工作面推采每隔 20～30 m 在上、下两巷采空区一侧施工一道防火墙。	
	168	自然发火煤层工作面采用后退式开采,对采空区、高冒区等空隙采取预防性灌浆或全部充填、喷洒阻化剂、注惰性气体、注凝胶、注高分子材料等综合防火措施。	
	169	自然发火煤层工作面必须检查 CO 浓度,并安装束管监测系统。	
	170	落实各项治理高温热害措施。	

排查单元	序号	排查内容及标准	是否符合
防冲管理	171	落实冲击地压各项措施。	
防治水管理	172	临时水仓位置合理,实现全封闭管理,自动排水。	
	173	排水管路接头严密,不漏水;吊挂整齐。备用设备完好,摆放整齐。	
	174	水沟规格符合规程措施要求,水沟畅通、无杂物。	
	175	落实各项防治水措施。	
职业卫生	176	劳动保护符合规定,使用正常。	
	177	现场设置职业危害警示标识及警示说明符合规定。	
	178	现场设置公告栏、警示标识和中文警示说明。	
	179	现场职业危害因素浓度、温度(强度)符合规定。	
文明生产	180	无淤泥、积水,积水面积小于 $5 \times 0.2 \ m^2$。$2 \ m^2$ 内浮煤平均厚度不到 30 mm。无浮矸、无杂物、无积尘。	
	181	底板平整,管线吊挂整齐,美观。	
	182	工具、备用设备、物料分类码放整齐,安全间隙符合规定,挂牌管理,责任到人。	
	183	人员工装整齐,矿灯、自救器完好,防尘装备合格。	
技术管理	184	工作面设计及批复齐全,符合上级有关规定。严禁在采煤工作面内随意布置施工巷道。	
	185	作业规程,内容齐全,有针对性。	
	186	工作面支护形式要符合规程措施要求。	
	187	工作面安装、初次放顶、收尾、回撤、过地质构造带、过老巷、托顶煤开采等必须有专项措施。安全技术措施现场存放,并严格落实。	
	188	规程措施管理"十个环节"落实到位。	
	189	冲击危险工作面要编制防冲设计,经审批后组织生产。	
	190	在冲击危险区域内作业时,提前编制防冲安全技术措施,并现场落实。	
	191	开采冲击地压煤层时,在同一煤层的同一区段集中应力影响范围内,不得布置 2 个工作面同时回采。	
	192	无冲击地压危险矿井,其煤柱应力区、地质构造应力区在采掘工程图纸上注明,并划定为冲击地压危险区域,制定落实有关冲击地压防治措施。	
	193	"六图一表"及其他各类牌板齐全、正确、规范,巷道交叉口有避灾路线牌板,施工工艺与图牌板标示相符。	
	194	初采工作面执行初垮、初压预测预报制度,矿压观测及时整理存档。	
	195	矿压观测方法或测点布置符合规定,对底板进行比压测试。	
	196	设计和地质、水文、冲击地压、通风、运输、设备、人员等发生变化,超前分析并采取措施。	

排查单元	序号	排查内容及标准	是否符合
其他	197	紧急避险系统硐室门口有明显标志,巷道内有警示路标,各应急物资配备齐全、设施完好、整洁。	
	198	紧急避险各种资料、图纸、台账、记录齐全,填写及时。	
	199	供水施救、压风自救、紧急避险设施完好、正常使用,挂牌管理。	
	200	及时排查各类隐患,整改措施要具体,明确责任人,及时销号,资料管理规范。	
	201	各类验收记录齐全、合格,符合规定要求。	
	202	采煤工作面的工程质量要符合验收标准,支护器材要有煤安标志。	
	203	运人装备通信信号齐全可靠,应具备通话和信号发送功能。	

（3）采煤工作面隐患排查清单（炮采）（表 6-4）。

表 6-4　　　　　　　采煤工作面隐患排查清单（炮采）

排查单元	序号	排查内容及标准	是否符合
巷道状况	1	工作面两巷道净高≥1.8 m。	
	2	巷道无失修,无片帮漏顶。	
	3	巷道顶帮支护齐全有效。	
	4	按规定设置顶板离层检测仪,按时填写观测牌板。	
超前支护	5	工作面安全出口畅通,人行道宽度≥0.8 m,巷道高度≥1.6 m。	
	6	超前支护长度≥20 m且符合作业规程规定,超前支护范围内的硐室或老巷同时进行支护。	
	7	超前支护直线性、柱距、活柱伸出量符合规程规定,编号管理。	
	8	超前支柱拴绳防倒合格。	
	9	超前支护支柱初撑力≥6.4 MPa,无空顶空肩、失脚现象。铁鞋符合要求,支柱钻底量≤100 mm。现场备有测力计。	
端头支护	10	四对八架长钢梁长度≥3.8 m,间距 300 mm,牢固,无开焊变形,符合要求。	
	11	双楔顶梁不少于 6 架,双楔齐全牢固,无开焊变形,符合规程要求。	
	12	机头、机尾压柱位置正确,齐全、牢固,拴绳防倒。	
	13	工作面超前缺口尺寸符合作业规程。两端头靠放顶线各保持一组丛柱。	
	14	工作面两出口高度不低于设计采高的 80%,并符合作业规程。	
	15	工作面两横头支护两竖两趄齐全牢固,间距不大于 0.5 m,无喷矸,无材料、杂物堆积。	
	16	端头支护距巷道支护不大于 0.5 m,端头人行道宽≥0.8 m。	
	17	套支的钢梁要达到一梁 3 柱。	
	18	工作面与巷道刮板输送机搭接合理,不拉回头煤。	
	19	巷道刮板输送机尾在特殊情况允许拖后 1 m。	

排查单元	序号	排查内容及标准	是否符合
工作面支护	20	工作面"三直一平",支柱要排成一条直线,其偏差不得超过±50 mm。	
	21	柱、排距符合作业规程,偏差不超±100 mm,三用阀朝向一致。	
	22	端面距不大于450 mm,并符合作业规程规定。	
	23	机道顶板冒高≤200 mm。	
	24	伞檐和煤壁开裂及时摘除;机(炮)道临时柱、贴帮柱数量齐全、质量合格。	
	25	工作面采高符合作业规程规定,不割顶底板。	
	26	工作面倾角>15°时,支柱要有防倒、防滑措施;倾角>25°,工作面有防煤(矸)伤人措施。	
	27	工作面挂牌管理支柱编号,运输机节数编号。	
	28	工作面特殊支护齐全,采空区靠放顶线局部悬顶面积≤2×5 m²,超过时及时加强支护和强制放顶。	
	29	回柱分段距离:工作面坡度≤15°时,分段≥15 m;工作面倾角>15°时,分段≥20 m。	
	30	放顶排挡矸有效,无喷矸。	
	31	支柱穿鞋符合作业规程规定,支柱钻底量≤100 mm。	
	32	放顶排侧按规程规定支设赶柱。	
	33	铁鞋链子挂在单体支柱把手上,规格符合作业规程规定。	
	34	顶梁垂直于煤壁,水平销子按标准固定,背顶规范、接顶严密。	
	35	支柱无空载、失效。支柱不超高,活柱伸出量符合规定。	
	36	支护材料性能、型号一致,完好,不超期使用。	
	37	新下井的单体液压支柱阀孔或高压胶管两端头合格封堵。管路接头使用标准"U"形卡。	
	38	支柱顶梁与顶板接触严密,迎山有力,支柱初撑力≥11.4 MPa,不许有空顶现象,漏顶处背实顶板。	
	39	注液枪放置用完后放置于第二排支柱手把上。	
	40	过断层、顶板破碎带、压力大时,必须在顶梁之间套支长钢梁,长钢梁不得代替顶梁使用。	
	41	回柱工具齐全、合格,回柱退路畅通,并坚持远距离回柱,严禁单人回柱。工作面上备有处理顶帮专用长柄工具。	
	42	顶网铺设搭接正规,连网规范,无破网、垂网,挡矸效果好。	
	43	工作面挂梁、支柱、移溜符合规定距离。	
爆破管理	44	爆破工持证上岗,爆破工要认真填写"一炮三检"手册和现场牌板。	
	45	炮眼布置、眼深、装药量符合作业规程规定。	
	46	打眼、装药与回柱放顶不得平行作业。	
	47	湿式打眼,正向定炮,定炮使用水炮泥,炮泥封量符合规定。	
	48	只允许使用一台发爆器,发爆器完好无失爆,电压稳定符合标准;一次装药一次起爆;爆破母线接线符合规定;无放明炮、糊炮;无打浅眼、放小炮现象。	
	49	爆破时执行"一炮三检"和"三人连锁爆破"制度;处理瞎炮符合规程规定。	

排查单元	序号	排查内容及标准	是否符合
爆破管理	50	爆破打倒支柱及时扶起支牢,爆破前对支柱(支架活柱)、机电设备、管路、电缆进行保护。	
	51	炸药、雷管、母线等合格、完好,使用符合规定。不同品质的炸药和不同厂家的雷管不得混用。	
	52	爆破站岗距离符合规程规定,爆破警戒距离不低于 50 m,设岗齐全,警戒标志正规,将爆炸材料箱放于警戒线之外。	
	53	坚持火药、雷管领取和运送及退库制度;炸药、雷管分开存放于专用箱内,账物相符,锁具完好。置于支护完好、避开机电设备地点,无乱扔、乱放现象。	
	54	装药时捣药卷用力均匀,严禁用力过猛。	
	55	瓦斯报警仪悬挂使用正确,无瓦斯超限作业。	
泵站管理	56	司机持证上岗,操作正规。	
	57	乳化液泵站和液压系统完好,不漏液;按规定使用过滤网、自动配比仪,高压保护完好。	
	58	乳化液泵站压力≥18 MPa;乳化液浓度不低于 2%～3%,配糖量计,有监测记录。采煤机防尘用水加压泵完好,使用正常。	
	59	乳化液泵站安设位置符合规程要求,斜巷停放泵站列车时,每节列车按规定拴保险链锁车固定。	
	60	泵站管路吊挂标准,设备面貌清洁。	
	61	泵站列车车盘及电缆上无杂物,备品备件码放到备品车上。	
	62	泵站、休息地点、油脂库等场所照明达到要求。砂箱、灭火器等消防设施配置齐全,符合要求。	
刮板输送机管理	63	刮板输送机司机持证上岗;操作正规。	
	64	工作面刮板运输机平直,弯曲度、行人宽度符合规定,刮板输送机链条无漂链。	
	65	刮板、链条、螺丝、连接环等无缺失,刮板间距符合规定,弯曲、变形的刮板连续不超过 3 块。	
	66	齿(销、链)轨的安设必须完整紧固,紧链装置完好可靠。	
	67	通信系统信号传输畅通,信号点的间距不超过 15 m,闭锁可靠。	
	68	移动刮板输送机的液压装置,必须完整可靠。	
	69	使用液力偶合器时必须按所传递的功率大小,注入规定量的难燃液,使用合格的易熔塞和防爆片。	
	70	刮板输送机运行时,严禁清理转动部位的煤粉或用手调整刮板链。	
	71	工作面倾角＞12°时,对输送机采取防滑措施。	
	72	机头、机尾固定牢固。	
	73	输送机人员跨越处要设过桥,安全间隙符合要求。	
	74	延缩刮板输送机必须符合作业规程规定。	
	75	严禁用支柱代替移溜器推移刮板输送机。	
	76	严禁用刮板输送机运送或回撤物料。	

排查单元	序号	排查内容及标准	是否符合
带式输送机管理	77	带式输送机司机持证上岗,操作正规。	
	78	输送带六种保护(堆煤、自动洒水、温度、速度、烟雾、防跑偏)齐全、有效。	
	79	输送带支架无变形,吊挂输送带使用花篮螺丝吊挂,挂架整齐。	
	80	托辊齐全、运转灵活;转动部位及带式输送机机架无缠绕的线绳。	
	81	信号装置齐全,可靠,多台输送机电气连锁符合要求。	
	82	防跑偏装置设置符合要求,无跑偏现象。	
	83	机头、机尾防护装置齐全合格。	
	84	巷道照明充足。	
	85	带式输送机机头、机尾固定牢固,机头、机尾清扫器工作状况良好。	
	86	人员跨越处设行人过桥,稳固可靠。	
	87	各种记录齐全、填写要规范。	
	88	输送带接头必须牢固合格,长度不小于带宽的 90%;使用的输送带宽度不应少于原宽度的 80%。	
	89	底输送带距底板高度符合要求,底输送带下无堆积浮煤及杂物;输送带不得磨顶板、支护体。	
	90	机头、机尾前后两端 20 m 范围内应用不燃性材料支护,机头处砂箱、灭火器等消防设施配置齐全,符合要求。	
	91	机头、机尾的设备与巷道壁之间的距离不小于 500 mm;机巷两侧间隙符合要求。	
机电管理	92	电工持证上岗,有合格的工作牌。	
	93	风水管路、电缆吊挂平直,符合要求。	
	94	电气设备三大保护(接地、漏电、过流)齐全、灵敏可靠。	
	95	移动、检修电气设备,严格执行停电、检电、验电、放电程序;无带电作业。	
	96	照明综保灵敏可靠,正常使用。	
	97	严禁失爆。	
	98	开关完好,挂牌管理,摆放整齐,上台上架,高度大于 200 mm。	
	99	电气设备、小型电器、电缆标志牌完好、齐全、清晰、规范,物见本色。	
	100	电缆无破皮、漏电现象,连接符合规定,使用单轨吊挂、拖移出口电缆,电缆悬挂合格。	
	101	电气设备摆放地点顶板完整、无淋水。	
	102	设备上方与顶板的距离不小于 0.3 m,安全间隙人行道大于 800 mm,非人行道侧大于 300 mm。	
	103	局部接地极悬挂责任牌。	
	104	工作面每隔 15 m 及变电站、乳化液压站、各转载点应有扩音通信装置,使用效果良好。	
	105	配电点采用不燃性材料支护,整洁规范,牌板清晰,有照明,悬挂供电系统图,设备间隙符合要求。砂箱、灭火器等消防设施配置齐全,符合要求。	
	106	机械外露转动部位有护罩或遮栏等防护设施,并悬挂警示牌。	
	107	各部紧固螺栓符合要求。	
	108	各固定部位销、轴齐全合格。	
	109	现场管理记录符合规定要求。	

排查单元	序号	排查内容及标准	是否符合
无极绳绞车管理	110	司机持证上岗,操作正规。	
	111	无极绳绞车固定合格,绞车安装方向正、平整、稳固可靠,安全距离合格(不小于 0.5 m)。	
	112	绞车运转平稳、可靠、无异常声响,各紧固及连接部分无松动现象。	
	113	绞车制动装置及声光信号齐全、灵敏可靠。设置过位保护。	
	114	绞车滚筒完好,坚固件齐全,护板完整,固定牢固。	
	115	绞车电机完好、无失爆。	
	116	钢丝绳完好,使用符合规定。	
	117	尾轮完好,有护罩,轮辊齐全,设置符合规定。	
	118	张紧装置安设合格。	
	119	梭车断绳插爪式防跑车装置、灵敏可靠;轮对、连接装置等完好。	
	120	固定钢丝绳的楔块紧固,定位销插入储绳滚筒孔内,储绳筒固定牢靠。	
轨道及安全设施管理	121	铁路各部件连接符合规定,轨道、轨枕、道岔、弯道铺设质量合格,轨道接头合格。	
	122	轨道中心线符合设计,安全间隙、曲率半径符合规程要求。	
	123	按照规定设置斜巷声光报警装置,悬挂"正在行车,严禁行人"警示牌板。	
	124	执行"行车不行人"制度;严禁爬、蹬、跳。	
	125	防跑车设施[挡车棍、卧闸、吊梁、挡车门(栏)]齐全、合格,使用正常。	
	126	无超高、超宽、超载、超挂车现象。	
	127	托绳轮齐全,转动灵活,无磨绳现象。	
	128	各类安全设施牌板齐全、正确、规范。	
	129	信号室施工位置合理,符合规程措施要求。	
	130	信号设施齐全、安设规范;气动挡车操作装置集中设置在信号室内,安设规范。	
	131	捆绑用具完好、可靠。	
绞车管理	132	司机、信号把钩工持证上岗,正规操作。	
	133	绞车的安装固定牢固,符合规定。护身柱合格,数量符合规程规定。	
	134	绞车制动系统完好可靠;护板牢固无变形。零部件齐全紧固,无渗漏油现象,转动部位护罩齐全牢固。	
	135	信号设施齐全,安设规范,灵敏、可靠。按钮操作灵活固定牢固。	
	136	绞车提升参数与实际相符;提升数量未超过规程规定。	
	137	绞车突出部分至铁路内沿 0.5 m 以上。	
	138	钢丝绳质量合格,排绳整齐。	
	139	保险绳、三环、销子合格正常使用;钩头插接符合规定。	
	140	绞车铭牌、标志牌、管理牌板齐全清晰醒目、内容合格,检查维修符合规定并有记录。	

排查单元	序号	排查内容及标准	是否符合
一通三防管理	141	通风系统完善,无未封闭盲巷。无不合理的串联风,通风可靠。	
	142	工作面风速、风量符合规定,风门、风窗安设符合规定。	
	143	通风断面不得小于设计断面的 2/3。	
	144	两道风门严禁同时打开。	
	145	行车风门要自动,安装可视窗、声光语音报警和防撞装置。	
	146	管线、电缆穿过风门墙体设置防护套管或封堵严密。风门过水沟设有反水池或挡风帘。	
	147	通风设施完好,风门材料砌筑,墙面平整,四周抹裙边,安有完好闭锁装置,风门包边沿口且严密,周围 5 m 范围内支护完好、无杂物。	
	148	测风牌板设置规范、齐全,填写清晰。	
	149	瓦斯监测装置齐全、灵敏、到位,悬挂位置正确(回风巷出口 10 m 范围内,距顶板 0.2 m,距巷帮 0.3 m),使用正常。	
	150	按规定佩带瓦斯报警仪,瓦斯报警仪悬挂正确。	
	151	瓦斯检查做到牌板、手册、日报"三对口",瓦斯检查员现场检查次数、时间符合规定;瓦斯检查手册清晰、规范。瓦斯检查牌板完好,安设位置及填写内容符合规定。无瓦斯超限作业。	
	152	瓦斯异常区工作面必须落实专职瓦斯检查员、监测监控、隅角瓦斯抽采等安全技术措施。	
	153	工作面回风流距离工作面切眼≤10 m 处、工作面回风巷距回风口 10～15 m 处分别安装甲烷传感器,悬挂位置距离顶板≤0.3 m,距离巷帮≥0.2 m。	
	154	防尘水幕覆盖全断面,位置符合要求,巷道定期洒水防尘,巷道内不能出现厚度超过 2 mm 且连续长度超过 5 m 的积尘,或有明显积尘,洒水记录齐全。	
	155	防尘管路吊挂平直,编号管理,轨道巷 100 m 三通阀门(带式输送机巷 50 m)设置齐全,不漏水。	
	156	工作面实行煤层注水,现场有记录。	
	157	防尘设施实行挂牌管理,阀门便于操作,喷雾效果好,使用正常。	
	158	各转载点安装使用自动喷雾,喷雾设施安设齐全、位置正确、有效。	
	159	隔爆设施齐全、合格;按规定安设隔爆设施,安装质量齐全、合格,符合标准,棚区两端设置管理牌板。	
	160	工作面必须按规定配备消防器材,其数量、规格和存放位置,符合灾害预防和处理计划要求。	
	161	风筒无破口漏风,逢环必挂、吊挂平直,编号管理。	
	162	抽排风机设置管理牌板,牌板内容与实际相符,有兼职司机管理。	
	163	风机实现双风机双电源,做到自动切换,按规定做好查切换记录。	
	164	瓦斯抽排风机出风口的下风侧 5～10 m 处设置甲烷传感器和瓦斯检查点。	
	165	自然发火煤层工作面回风巷内距回风口 10～15 m 处设置 CO、温度传感器。	
	166	自然发火煤层工作面必须构筑防火门墙,储备足够的封闭材料。	
	167	易自燃厚煤层随工作面推采每隔 20～30 m 在上、下两巷采空区一侧施工一道防火墙。	
	168	自然发火煤层工作面采用后退式开采,对采空区、高冒区等空隙采取预防性灌浆或全部充填、喷洒阻化剂、注惰性气体、注凝胶、注高分子材料等综合防火措施。	
	169	自然发火煤层工作面必须检查 CO 浓度,并安装束管监测系统。	
	170	落实各项治理高温热害措施。	

排查单元	序号	排查内容及标准	是否符合
防冲管理	171	落实冲击地压各项措施。	
防治水管理	172	临时水仓位置合理,实现全封闭管理,自动排水。	
	173	排水管路接头严密,不漏水;吊挂整齐。备用设备完好、摆放整齐。	
	174	水沟规格符合规程措施要求,水沟畅通、无杂物。	
	175	落实各项防治水措施。	
职业卫生	176	劳动保护符合规定,使用正常。	
	177	现场设置职业危害警示标识及警示说明符合规定。	
	178	现场设置公告栏、警示标识和中文警示说明。	
	179	现场职业危害因素浓度、温度(强度)符合规定。	
文明生产	180	无淤泥、积水,积水面积小于 $5 \times 0.2 \text{ m}^2$。 2 m^2 内浮煤平均厚度不到 30 mm。无浮矸、无杂物、无积尘。	
	181	底板平整,管线吊挂整齐,美观。	
	182	工具、备用设备、物料分类码放整齐,安全间隙符合规定,挂牌管理,责任到人。	
	183	人员工装整齐,矿灯、自救器完好,防尘装备合格。	
技术管理	184	工作面设计及批复齐全,符合上级有关规定。严禁在采煤工作面内随意布置施工巷道。	
	185	作业规程内容齐全,有针对性。	
	186	工作面支护形式要符合规程措施要求。	
	187	工作面安装、初次放顶、收尾、回撤、过地质构造带、过老巷、托顶煤开采等必须有专项措施。安全技术措施现场存放,并严格落实。	
	188	规程措施管理"十个环节"落实到位。	
	189	冲击危险工作面要编制防冲设计,经审批后组织生产。	
	190	在冲击危险区域内作业时,提前编制防冲安全技术措施并现场落实。	
	191	开采冲击地压煤层时,在同一煤层的同一区段集中应力影响范围内,不得布置 2 个工作面同时回采。	
	192	无冲击地压危险矿井,其煤柱应力区、地质构造应力区在采掘工程图纸上注明,并划定为冲击地压危险区域,制定落实有关冲击地压防治措施。	
	193	"六图一表"及其他各类牌板齐全、正确、规范,巷道交叉口有避灾路线牌板,施工工艺与图牌板标示相符。	
	194	初采工作面执行初垮、初压预测预报制度,矿压观测及时整理存档。	
	195	矿压观测方法或测点布置符合规定,对底板进行比压测试。	
	196	设计和地质、水文、冲击地压、通风、运输、设备、人员等发生变化,超前分析并采取措施。	
其他	197	紧急避险系统硐室门口有明显标志,巷道内有警示路标,各应急物资配备齐全、设施完好、整洁。	
	198	紧急避险各种资料、图纸、台账、记录齐全,填写及时。	
	199	供水施救、压风自救、紧急避险设施完好、正常使用,挂牌管理。	
	200	及时排查各类隐患,整改措施要具体,明确责任人,及时销号,资料管理规范。	
	201	各类验收记录齐全、合格,符合规定要求。	
	202	采煤工作面的工程质量要符合验收标准,支护器材要有煤安标志。	
	203	运人装备通信信号齐全可靠,应具备通话和信号发送功能。	

（4）掘进工作面隐患排查清单(综掘)(表6-5)。

表 6-5 掘进工作面隐患排查清单(综掘)

排查单元	序号	排查内容及标准	是否符合
技术管理	1	工程设计及批复齐全。	
	2	工程按照设计施工。	
	3	工程施工前作业规程、施工措施齐全,符合上级规定,内容具有针对性。	
	4	现场施工符合作业规程、施工措施要求。	
	5	"五图一表"齐全,正确、规范。其他各类牌板齐全、正确、规范。	
	6	巷道开门、贯通、过断层、穿过或跨巷等特殊条件编制专项措施。	
	7	规程措施管理"十个环节"落实到位。	
	8	开拓准备安排合理、三量平衡、接续合理、矿井产量稳定。	
	9	各类验收记录齐全、合格,符合规定要求。	
	10	设计和地质、水文、冲击地压、通风、运输设备、人员等发生变化,应超前分析并采取措施。	
锚网索支护管理	11	隐蔽工程施工质量验收记录齐全。	
	12	支护材料验收及试验资料符合(GB 50213—2010)要求。	
	13	新型支护材料有性能检验和鉴定报告。	
	14	临时支护数量、规格符合规程、措施规定。	
	15	临时支护的布置、固定、背顶符合规程、措施要求。	
	16	锚杆间排距、外露长度、角度符合规程规定。	
	17	锚杆盘与岩面接触严密,无垫矸石、木楔现象。	
	18	锚杆预紧力、锚固力符合规定。	
	19	锚索间排距、外露长度、角度符合规程规定。	
	20	锚索初锚力(张拉预紧力)、锚索锚固力达到设计要求。	
	21	锚索盘与岩面接触严密,无垫矸石、木楔现象。	
	22	网的铺设、搭接、连网符合规程要求;无网兜或开网漏矸。	
	23	帮部支护滞后迎头距离符合规程规定。	
	24	钢带的规格、布置符合规程措施要求。	
	25	检测工具齐全、有效。	
	26	顶板离层仪管理符合规程规定。	
	27	三岔门、四岔门按规定进行加强支护。	
	28	软岩巷道现场执行全长锚固。	
	29	巷道备用不少于10架与本巷道断面相适应的架棚支护材料。	
	30	工具的使用、维修、摆放等符合规定。	

排查单元	序号	排查内容及标准	是否符合
一通三防管理	31	局部通风机安装位置符合规定；无循环风；无不合理的串联风。	
	32	局部通风机风电闭锁齐全有效；无随意停风现象，停风及时撤人。	
	33	局部通风机安有消音器，噪声不超标。	
	34	风机选型符合规定；风筒直径与风机选型匹配。	
	35	不得使用 3 台及以上局部通风机同时向 1 个掘进工作面供风；1 台局部通风机不得同时向 2 个地点供风。	
	36	局部通风机临时停风地点设置栅栏、揭示警标。	
	37	局部通风机管理牌板内容正确；局部通风机有兼职司机管理。	
	38	实现双风机双电源，做到自动切换，按规定做好切换记录。	
	39	风筒无大破口或多处小破口，风筒至迎头距离符合规程规定。	
	40	风筒吊挂平直、逢环必挂、编号管理。	
	41	风筒拐弯处使用弯头；风筒穿墙采用刚性风筒。	
	42	风筒变径处使用过度节；风筒挤压变形量不超过风筒直径的 1/3。	
	43	(煤巷、半煤岩巷)防爆打风筒使用符合规定。	
	44	盲巷及时封闭；迎头风量符合作业规程规定。	
	45	防尘水幕覆盖全断面，位置符合要求，巷道定期洒水防尘，洒水记录齐全。	
	46	各转载点喷雾设施安设齐全，位置正确、有效。	
	47	防尘管路敷设符合规定、连接合格、编号管理、无漏水。	
	48	防尘管路阀门设置齐全(轨道巷 100 m，运输巷 50 m)，安设位置便于操作。	
	49	煤巷、半煤巷煤层注水正常，记录符合规定。	
	50	除尘风机完好、使用正常。	
	51	隔爆设施齐全，质量、位置符合《煤矿井巷工程质量验收规范》(GB 50213—2010)规定。	
	52	风门安有完好闭锁装置；风门包边沿口且严密。	
	53	通车风门设有完好的底坎、声光语音报警、可视窗、防撞设施。	
	54	管线、电缆穿过风门墙体设置防护套管或封堵严密。风门过水沟设有反水池或挡风帘。	
	55	调节风窗管理符合规定。	
	56	通风设施完好，周围 5 m 范围内支护完好、无杂物。	
	57	两道风门严禁同时打开。	
	58	盲巷实行砖墙封闭；通往采空区的联络巷及时封闭。	
	59	瓦斯浓度不超规定，瓦斯超限时立即停电、撤人。	
	60	瓦斯检查牌板完好，安设位置及填写内容符合规定。	
	61	瓦斯异常区掘进工作面供电采用专用开关、电缆、变压器，并实现瓦斯电闭锁。	
	62	瓦斯检查手册清晰、规范。	
	63	甲烷传感器设置、使用符合规定。	

排查单元	序号	排查内容及标准	是否符合
机电管理	64	电钳工持证上岗、有合格的工作牌。	
	65	临时风水管路、电缆吊挂平直,符合要求。	
	66	采掘供电分开;严禁无计划停电停风。	
	67	电气设备三大保护(接地、漏电、过流)齐全、灵敏可靠。	
	68	移动、检修电气设备,严格执行停电、验电、放电程序;无带电作业。	
	69	严禁失爆。	
	70	电气设备和小型电器防爆固定螺丝齐全、紧固。	
	71	开关完好、上架,挂牌管理;照明综保灵敏可靠,正常使用。	
	72	电气设备、小型电器、电缆标志牌完好、齐全、清晰、规范。	
	73	电缆无破皮漏电现象,吊挂符合要求。	
	74	电缆连接符合规定。	
	75	电气设备摆放地点顶板完整、无淋水。	
综掘机管理	76	综掘机司机持证上岗。	
	77	所有机械转动、电气裸露部分防护设施齐全、可靠。	
	78	截割头、铲板和后支撑靴质量合格、安装符合要求。	
	79	油温、冷却及喷雾系统符合规程规定。	
	80	液压系统、油压系统完好可靠,通气孔畅通。	
	81	各种控制开关、按钮合格、灵敏可靠。	
	82	综掘机运行时综掘机前侧范围内严禁有人。	
	83	行走履带链、输送机刮板松紧适度。	
	84	综掘机内、外喷雾装置使用正常,水压分别不小于 3 MPa 和 1.5 MPa。	
	85	开、闭电气控制回路有专用工具,并由专职司机掌握和保管。	
	86	综掘机停止工作,必须将综掘机切割头落地。	
	87	综掘机停止工作,必须断开综掘机上的电源开关和磁力启动器的隔离开关。	
	88	综掘机应有机载瓦斯报警断电装置,且灵敏可靠。	
	89	综掘机使用符合规定。	
	90	紧急开关灵敏可靠;急停按钮完好;截齿齐全、完好,损坏缺失截齿超过 3 把。	
	91	转载输送机完好;转载输送机与带式输送机机尾架搭接符合规定。	
刮板输送机管理	92	刮板输送机司机持证上岗;操作正规。	
	93	刮板输送机不存在严重歪斜,无严重漂链。	
	94	刮板输送机机头、机尾固定牢固,不得用刮板输送机运送人员、设备。	
	95	刮板输送机刮板、刮板链连接环、连接螺栓符合规定要求。	
	96	刮板输送机的行人过桥符合规定,便于行人。	
	97	挡煤板设置符合要求;机尾保护罩完好、稳固。	
	98	刮板输送机搭接高度和长度均不小于 0.5 m。	

排查单元	序号	排查内容及标准	是否符合
带式输送机管理	99	带式输送机司机持证上岗,操作正规。	
	100	各种记录齐全、填写规范。	
	101	人员跨越处设行人过桥,稳固可靠。	
	102	输送带六种保护(煤位、灭火洒水、温度、速度、烟雾、防跑偏)齐全、有效。	
	103	控制系统灵敏、可靠。	
	104	倾斜井巷中使用的带式输送机,下运时,必须装设制动装置。	
	105	带式输送机机头、机尾相互搭接高度和长度均不小于 0.5 m;刮板输送机与带式输送机机尾搭接高度和长度均不小于 0.5 m。	
	106	带式输送机运行期间,不得在转载机下、输送带里侧施工。	
	107	机头、机尾清扫器工作状况良好;严禁采用底输送带运输物料。	
	108	输送带无跑偏现象;防跑偏装置设置符合要求。	
	109	托辊齐全、运转灵活;转动部位及带式输送机机架无缠绕的线绳。	
	110	输送带接头必须牢固合格,长度不小于带宽的 90%;使用的输送带宽度不应少于原宽度的 80%。	
	111	底输送带距底板高度符合要求;输送带不得磨顶板、支护体;底输送带下不允许堆积浮煤等杂物。	
	112	机头、机尾前后两端 20 m 范围内应用不燃性材料支护。	
	113	机头、机尾的设备与巷道壁之间的距离不小于 500 mm;机巷两侧间隙符合要求。	
	114	机头、机尾防护装置齐全、合格。	
	115	带式输送机头安设的灭火器及砂箱符合规定。	
无极绳管理	116	司机持证上岗,操作正规。	
	117	无极绳绞车固定合格,绞车安装方向正、平整、稳固可靠,安全距离合格(不小于 0.5 m)。	
	118	绞车运转平稳、可靠、无异常声响,各紧固及连接部分无松动现象。	
	119	绞车制动装置齐全、完好、灵敏可靠。	
	120	绞车滚筒完好,坚固件齐全,护板完整,固定牢固。	
	121	绞车电机完好、无失爆。	
	122	钢丝绳完好,使用符合规定。	
	123	尾轮、轮组齐全、完好,设置符合规定。	
	124	张紧装置安设合格。	
	125	梭车断绳插爪式防跑车装置灵敏可靠;轮对、连接装置等完好。	
	126	固定钢丝绳的楔块紧固,定位销插入储绳滚筒孔内,储绳筒固定牢靠。	
轨道及安全设施管理	127	铁路各部件连接符合规定;轨枕安装、轨道接头符合要求。	
	128	轨道中心线符合设计。	
	129	按照规定设置斜巷声光报警装置,悬挂"正在行车,严禁行人"警示标志。	

排查 单元	序号	排查内容及标准	是否 符合
轨道及 安全设 施管理	130	执行"行车不行人"制度；严禁爬、蹬、跳。	
	131	轨道、道岔、弯道铺设质量合格，安全间隙符合规程要求；曲率半径符合规程规定。	
	132	防跑车设施[挡车棍、卧闸、吊梁、挡车门(绳栏)]齐全、合格，使用正常。	
	133	无超高、超宽、超载、超挂车现象。	
	134	各类安全设施牌板齐全、正确、规范。	
	135	信号室施工位置合理，符合规程措施要求。信号设施齐全、安设规范；气动挡车操作装置集中设置在信号室内，安设规范。	
	136	托绳轮安设符合规定，齐全有效。	
冲击 地压 管理	137	冲击和冲击地压危险矿井开采新水平、新煤层前，重新进行煤层顶底板冲击倾向性鉴定。	
	138	无冲击地压危险矿井，其煤柱应力区、地质构造应力区在采掘工程图纸上注明。	
	139	无冲击地压危险矿井，其煤柱应力区、地质构造应力区应划定为冲击地压危险区域，制定落实有关冲击地压防治措施。	
	140	矿井开拓、延深设计及采区设计同时编制专项防冲设计。	
	141	冲击危险工作面停产 3 天以上的，恢复生产的前一班内，鉴定冲击地压危险程度且采取安全措施。	
	142	开拓巷道及永久硐室布置在岩层或无冲击危险的煤层中。	
	143	在冲击危险区域内作业时，提前编制防冲安全技术措施，并现场落实。	
	144	冲击地压煤层巷道支护不得采用混凝土、金属等刚性支架。	
	145	冲击地压煤层特殊条件(留底煤、爆破等)下编制专项安全技术措施，并现场落实。	
	146	埋深超过 800 m 巷道揭煤和穿层掘进，制定专门防冲措施。	
	147	中度及以上冲击危险区现场标注首尾边界和悬挂警示牌。	
	148	冲击地压煤层相向掘进 50 m 前，停止其中一个工作面施工。	
	149	卸压孔、煤粉监测孔施工原始记录填写及时、准确。	
	150	卸压孔参数与规程相符，管理符合规定。	
	151	凡进行煤粉监测的地点，配备齐全监测工具	
	152	煤粉监测间距符合作业规程或措施规定。	
	153	煤粉监测孔频度、钻孔数量、钻孔深度合格。	
	154	现场煤粉监测记录牌板齐全、规范。煤粉监测记录填写清晰、正确。	
	155	危险区、卸压孔、避灾路线挂牌管理。	
	156	冲击危险工作面迎头 100 m 范围物料、设备生根固定。两帮及顶部锚盘进行防崩固定。	
	157	钻探设备操作手把、按钮、仪表齐全，灵敏可靠。钻具、工具分类码放，上架挂牌管理，安全间隙符合规定。	

排查单元	序号	排查内容及标准	是否符合
防治水管理	158	受水威胁的工作面,掘进时执行"有疑必探,先探后掘"要求。	
	159	钻孔布置、施工符合措施要求。	
	160	探水记录填写认真、规范。	
	161	临时水仓位置合理、实现全封闭、自动排水。	
	162	下山掘进时有完善的排水系统;排水能力符合设计要求。	
	163	备用设备完好、摆放整齐。	
	164	水沟施工符合规程措施要求。	
	165	水沟畅通、无杂物。	
	166	水沟盖板完好齐全、牢固整齐。	
文明生产	167	卫生面貌干净整洁,无淤泥积水,无浮渣。	
	168	工具、备用设备、物料放置规范、上架、整齐划一,挂牌管理,责任到人。	
	169	人员装束工装整齐,矿灯、自救器完好。	
	170	电缆、风水、排水管路表面清洁、吊挂规范。	
	171	沿途照明布置合理、完好。	
	172	车场内车辆封车牢固,存放整齐有序,不占压道岔。	
职业卫生	173	劳动保护符合规定,使用正常。	
	174	现场设置职业危害警示标识及警示说明符合规定。	
	175	现场设置公告栏、警示标识和中文警示说明。	
	176	现场职业危害因素浓度、温度(强度)符合规定。	
其他	177	巷道成型符合规定。	
	178	巷道贯通距离小于 50 m 时设置警戒;撤出另一头施工人员。	
	179	巷道施工上山坡度超过 25°,人行道设有梯子和信号装置;施工台阶或敷设棕绳、扶手等设施。	
	180	斜井(巷)施工期间,按规定要求设置躲避硐;躲避硐内无堆积物料。	
	181	巷道支护高度超过 2 m 或在倾角大于 20°的上山进行支护时,配有脚手架,脚手架合格可靠。	
	182	材料设备采用机械运输,人工运料距离不得超过 300 m。	
	183	迎头 100 m 范围内巷道支护变形,及时修复施工。	
	184	迎头 100 m 以外巷道失修,及时安排整改。	
	185	修复巷道需挖地槽、砌碹时,未对原有支护进行加固。	
	186	巷道维护不得一人单独作业。	
	187	独头巷道修复,修复点以里严禁有人。	
	188	巷道修复按规程措施规定支设临时支护。	
	189	修复巷道时对施工地点前后 10 m 范围内的支护检查加固。	

（5）掘进工作面隐患排查清单（炮掘）（表 6-6）。

表 6-6 　　　　　　　　　　　掘进工作面隐患排查清单（炮掘）

排查单元	序号	排查内容及标准	是否符合
技术管理	1	工程设计及批复齐全。	
	2	工程按照设计施工。	
	3	工程施工前作业规程、施工措施齐全，符合上级规定，内容具有针对性。	
	4	现场施工符合作业规程、施工措施要求。	
	5	"五图一表"齐全、正确、规范。其他各类牌板齐全、正确、规范。	
	6	巷道开门、贯通、过断层、穿过或跨巷时等特殊条件编制专项措施。	
	7	规程措施管理"十个环节"落实到位。	
	8	开拓准备安排合理、三量平衡、接续合理、矿井产量稳定。	
	9	各类验收记录齐全、合格，符合规定要求。	
	10	设计和地质、水文、冲击地压、通风、运输设备、人员等发生变化，应超前分析并采取措施。	
锚网索支护管理	11	隐蔽工程施工质量验收记录齐全。	
	12	支护材料验收及试验资料符合《煤矿井巷工程质量验收规范》（GB 50213—2010）要求。	
	13	新型支护材料有性能检验和鉴定报告。	
	14	临时支护数量、规格符合规程措施规定。	
	15	临时支护的布置、固定、背顶符合规程、措施要求。	
	16	锚杆间排距、外露长度、角度符合规程规定。	
	17	锚杆盘与岩面接触严密，无垫矸石、木楔现象。	
	18	锚杆预紧力、锚固力符合规定。	
	19	锚索间排距、外露长度、角度符合规程规定。	
	20	锚索初锚力（张拉预紧力）、锚索锚固力达到设计要求。	
	21	锚索盘与岩面接触严密；无垫矸石、木楔现象。	
	22	网的铺设、搭接、连网符合规程要求；无网兜或开网漏矸。	
	23	帮部支护滞后迎头距离符合规程规定。	
	24	钢带的规格、布置符合规程措施要求。	
	25	检测工具齐全、有效。	
	26	顶板离层仪管理符合规程规定。	
	27	三岔门、四岔门按规定进行加强支护。	
	28	软岩巷道现场执行全长锚固。	
	29	巷道备用不少于 10 架与本巷道断面相适应的架棚支护材料。	
	30	工具的使用、维修、摆放等符合规定。	

排查单元	序号	排查内容及标准	是否符合
一通三防管理	31	局部通风机安装位置符合规定;无循环风;无不合理的串联风。	
	32	局部通风机风电闭锁齐全有效;无随意停风现象,停风及时撤人。	
	33	局部通风机安有消音器,噪声不超标。	
	34	风机选型符合规定;风筒直径与风机选型匹配。	
	35	不得使用 3 台及以上局部通风机同时向 1 个掘进工作面供风;1 台局部通风机不得同时向 2 个地点供风。	
	36	局部通风机临时停风地点设置栅栏、揭示警标。	
	37	局部通风机管理牌板内容正确;局部通风机有兼职司机管理。	
	38	实现双风机双电源,做到自动切换,按规定做好切换记录。	
	39	风筒无大破口或多处小破口,风筒至迎头距离符合规程规定。	
	40	风筒吊挂平直、逢环必挂、编号管理。	
	41	风筒拐弯处使用弯头;风筒穿墙采用刚性风筒。	
	42	风筒变径处使用过度节;风筒挤压变形量不超过风筒直径的 1/3。	
	43	(煤巷、半煤岩巷)防爆打风筒使用符合规定。	
	44	盲巷及时封闭;迎头风量符合作业规程规定。	
	45	防尘水幕覆盖全断面,位置符合要求,巷道定期洒水防尘,洒水记录齐全。	
	46	爆破远程喷雾位置符合要求、喷雾效果良好。	
	47	各转载点喷雾设施安设齐全,位置正确、有效。	
	48	防尘管路敷设符合规定、连接合格、编号管理、无漏水。	
	49	防尘管路阀门设置齐全(轨道巷 100 m,运输巷 50 m),安设位置便于操作。	
	50	煤巷、半煤巷煤层注水正常,记录符合规定。	
	51	除尘风机完好、使用正常。	
	52	隔爆设施齐全,质量、位置符合《煤矿井巷质量验收规范》(GB 50213—2010)规定。	
	53	风门安有完好闭锁装置;风门包边沿口且严密。	
	54	通车风门设有完好的底坎、声光语音报警、可视窗、防撞设施。	
	55	管线、电缆穿过风门墙体设置防护套管或封堵严密。风门过水沟设有反水池或挡风帘。	
	56	调节风窗管理符合规定。	
	57	通风设施完好,周围 5 m 范围内支护完好、无杂物。	
	58	两道风门严禁同时打开。	
	59	盲巷实行砖墙封闭;通往采空区的联络巷及时封闭。	
	60	瓦斯浓度不超规定,瓦斯超限时立即停电、撤人。	
	61	瓦斯检查牌板完好,安设位置及填写内容符合规定。	
	62	瓦斯异常区掘进工作面供电采用专用开关、电缆、变压器,并实现瓦斯电闭锁。	
	63	瓦斯检查手册清晰、规范。	
	64	甲烷传感器设置、使用符合规定。	
	65	爆破前、后及扒装时洒水灭尘;管线、设备煤尘积聚不超过规定。	

排查单元	序号	排查内容及标准	是否符合
爆破管理	66	爆破工持证上岗。	
	67	执行光面爆破。	
	68	炮眼布置、眼深符合作业规程规定。	
	69	无干打眼;炮眼封泥量符合规定;定炮使用水炮泥。	
	70	执行"一炮三检"、"三人连锁爆破"制度。	
	71	煤岩体最小抵抗线符合规程规定。	
	72	瓦斯报警仪悬挂使用正确,无瓦斯超限作业。瓦斯探头仪器正常。	
	73	爆破站岗距离(直线不低于100 m、曲线不低于75 m并有掩体)符合规程规定。	
	74	管线、设备保护符合规程、措施规定。	
	75	按规定处理瞎炮。	
	76	不得在旧眼、残眼中打眼。	
	77	炸药、雷管专用箱上锁并存放在规定地点。	
	78	雷管规格统一、脚线扭结。	
	79	坚持火药、雷管领取、运送、退库制度;无乱扔、混放现象。	
	80	装药时捣药卷用力均匀,严禁用力过猛。	
	81	爆破后母线完好,保存、使用符合规定。	
	82	起爆器规格、使用符合有关规定。	
	83	炮掘巷道贯通距离小于20 m时设置警戒;必须撤出另一头施工人员。	
机电管理	84	电钳工持证上岗,有合格的工作牌。	
	85	临时风水管路、电缆吊挂平直,符合要求。	
	86	采掘供电分开;严禁无计划停电停风。	
	87	电气设备三大保护(接地、漏电、过流)齐全、灵敏可靠。	
	88	移动、检修电气设备,严格执行停电、验电、放电程序;无带电作业。	
	89	严禁失爆。	
	90	电气设备和小型电器防爆固定螺丝齐全、紧固。	
	91	开关完好、上架,挂牌管理;照明综保灵敏可靠,正常使用。	
	92	电气设备、小型电器、电缆标志牌完好、齐全、清晰、规范。	
	93	电缆无破皮漏电现象,吊挂符合要求。	
	94	电缆连接符合规定。	
	95	电器设备摆放地点顶板完整、无淋水。	
耙装机管理	96	耙装机司机持证上岗,操作正规。	
	97	耙装机固定(卡轨器、拦绳)合格、有效。	
	98	耙装机后支撑、挡绳栏(防护栏)及回头轮固定可靠。	
	99	耙装机有照明、吊挂位置符合规定。	
	100	耙装机距迎头的距离符合规程规定。	

排查单元	序号	排查内容及标准	是否符合
耙装机管理	101	耙装机开关距耙装机距离不得超过 10 m,耙装机停止运行时,司机切断电源且闭锁。	
	102	制动闸灵活可靠,闸带无断裂,磨损余厚不小于 3 mm。	
	103	耙装机操作侧的安全间隙不小于 700 mm,另一侧安全间隙不小于 400 mm。	
	104	耙装机钢丝绳与扒斗连接牢固,接头符合规定。	
	105	耙装机绳符合规定。	
	106	耙装机运行时耙装机前侧范围内严禁有人。	
	107	斜巷移动耙装机要采取可靠的安全措施,下方严禁有人。	
	108	耙装机操作按钮灵敏可靠,按钮固定、位置符合要求。	
刮板输送机管理	109	刮板输送机司机持证上岗,操作正规。	
	110	刮板输送机不存在严重歪斜,无严重漂链。	
	111	刮板输送机机头、机尾固定牢固,不得用刮板输送机运送人员、设备。	
	112	刮板输送机刮板、刮板链连接环、连接螺栓符合规定要求。	
	113	刮板输送机的行人过桥符合规定,便于行人。	
	114	挡煤板设置符合要求;机尾保护罩完好、稳固。	
	115	刮板输送机搭接高度和长度均不小于 0.5 m。	
带式输送机管理	116	带式输送机司机持证上岗,操作正规。	
	117	各种记录齐全、填写规范。	
	118	人员跨越处设行人过桥,稳固可靠。	
	119	输送带六种保护(煤位、灭火洒水、温度、速度、烟雾、防跑偏)齐全、有效。	
	120	控制系统灵敏、可靠。	
	121	倾斜井巷中使用的带式输送机,下运时,必须装设制动装置。	
	122	带式输送机机头、机尾相互搭接高度和长度均不小于 0.5 m;刮板输送机与带式输送机机尾搭接高度和长度均不小于 0.5 m。	
	123	带式输送机运行期间,不得在转载机下、输送带里侧施工。	
	124	机头、机尾清扫器工作状况良好;严禁采用底输送带运输物料。	
	125	输送带无跑偏现象;防跑偏装置设置符合要求。	
	126	托辊齐全、运转灵活;转动部位及带式输送机机架无缠绕的线绳。	
	127	输送带接头必须牢固合格,长度不小于带宽的 90%;使用的输送带宽度不应少于原宽度的 80%。	
	128	底输送带距底板高度符合要求;输送带不得磨顶板、支护体;底输送带下不允许堆积浮煤等杂物。	
	129	机头、机尾前后两端 20 m 范围内应用不燃性材料支护。	
	130	机头、机尾的设备与巷道壁之间的距离不小于 500 mm;机巷两侧间隙符合要求。	
	131	机头、机尾防护装置齐全、合格。	
	132	带式输送机头安设的灭火器及砂箱符合规定。	

排查单元	序号	排查内容及标准	是否符合
绞车管理	133	绞车司机持证上岗,操作正规。	
	134	绞车的安装固定牢固,符合规定;按钮操作灵活固定牢固;声光信号齐全、灵敏、可靠。	
	135	绞车制动系统完好可靠;护板牢固无变形;转动部位护罩齐全牢固。	
	136	钢丝绳质量合格,排绳整齐,零部件齐全紧固,无渗漏油现象。	
	137	保险绳、三环、销子合格正常使用;钩头插接符合规定。	
	138	倒拉绞车及对拉绞车突出部分至铁路内沿 0.5 m 以上;护身柱合格、数量符合规程规定。	
	139	提升回头轮固定牢固。	
	140	绞车提升参数与实际相符;提升数量未超过规程措施规定。	
	141	绞车牌板齐全、正确、规范;各种记录齐全,填写正规。	
轨道及安全设施管理	142	铁路各部件连接符合规定;轨枕安装、轨道接头符合要求。	
	143	轨道中心线符合设计。	
	144	按照规定设置斜巷声光报警装置,悬挂"正在行车,严禁行人"警示标志。	
	145	执行"行车不行人"制度;严禁爬、蹬、跳。	
	146	轨道、道岔、弯道铺设质量合格,安全间隙符合规程要求;曲率半径符合规程规定。	
	147	防跑车设施[挡车棍、卧闸、吊梁、挡车门(栏)]齐全、合格,使用正常。	
	148	无超高、超宽、超载、超挂车现象。	
	149	各类安全设施牌板齐全、正确、规范。	
	150	信号室施工位置合理,符合规程措施要求。	
	151	信号设施齐全、安设规范;气动挡车操作装置集中设置在信号室内,安设规范。	
	152	托绳轮安设符合规定,齐全有效。	
冲击地压管理	153	冲击和冲击地压危险矿井开采新水平、新煤层前,重新进行煤层顶底板冲击倾向性鉴定。	
	154	无冲击地压危险矿井,其煤柱应力区、地质构造应力区在采掘工程图纸上注明。	
	155	无冲击地压危险矿井,其煤柱应力区、地质构造应力区应划定为冲击地压危险区域,制定落实有关冲击地压防治措施。	
	156	矿井开拓、延深设计及采区设计同时编制专项防冲设计。	
	157	冲击危险工作面停产 3 天以上的,恢复生产的前一班内,鉴定冲击地压危险程度且采取安全措施。	
	158	开拓巷道及永久硐室布置在岩层或无冲击危险的煤层中。	
	159	在冲击危险区域内作业时,提前编制防冲安全技术措施,并现场落实。	
	160	冲击地压煤层巷道支护不得采用混凝土、金属等刚性支架。	

排查单元	序号	排查内容及标准	是否符合
冲击地压管理	161	冲击地压煤层特殊条件(留底煤、爆破等)下编制专项安全技术措施,并现场落实。	
	162	埋深超过 800 m 巷道揭煤和穿层掘进,制定专门防冲措施。	
	163	中度及以上冲击危险区现场标注首尾边界和悬挂警示牌。	
	164	冲击地压煤层相向掘进 50 m 前,停止其中一个工作面施工。	
	165	冲击危险区爆破作业现场悬挂躲炮时间及躲炮距离标志牌。	
	166	冲击危险工作面卸压爆破期间躲炮距离不小于 150 m,躲炮时间不小于 30 min。	
	167	卸压孔、煤粉监测孔施工原始记录填写及时、准确。	
	168	卸压孔参数与规程相符、管理符合规定。	
	169	凡进行煤粉监测的地点,配备齐全监测工具	
	170	煤粉监测间距符合作业规程或措施规定。	
	171	煤粉监测孔频度、钻孔数量、钻孔深度合格。	
	172	现场煤粉监测记录牌板齐全、规范。煤粉监测记录填写清晰、正确。	
	173	危险区、卸压孔、避灾路线挂牌管理。	
	174	冲击危险工作面迎头 100 m 范围物料、设备生根固定。两帮及顶部锚盘进行防崩固定。	
	175	钻探设备操作手把、按钮、仪表齐全,灵敏可靠。钻具、工具分类码放,上架挂牌管理,安全间隙符合规定。	
防治水管理	176	受水威胁的工作面,掘进时执行"有疑必探,先探后掘"要求。	
	177	钻孔布置、施工符合措施要求。	
	178	探水记录填写认真、规范。	
	179	临时水仓位置合理、实现全封闭、自动排水。	
	180	下山掘进时有完善的排水系统;排水能力符合设计要求。	
	181	备用设备完好、摆放整齐。	
	182	水沟施工符合规程措施要求。	
	183	水沟畅通、无杂物。	
	184	水沟盖板完好齐全、牢固整齐。	
文明生产	185	卫生面貌干净整洁,无淤泥积水,无浮渣。	
	186	工具、备用设备、物料放置规范,上架、整齐划一,挂牌管理,责任到人。	
	187	人员装束工装整齐、矿灯、自救器完好。	
	188	电缆、风水、排水管路表面清洁、吊挂规范。	
	189	沿途照明布置合理、完好。	
	190	车场内车辆封车牢固,存放整齐有序,不占压道岔。	
职业卫生	191	劳动保护符合规定,使用正常。	
	192	现场设置职业危害警示标识及警示说明符合规定。	
	193	现场设置公告栏、警示标识和中文警示说明。	
	194	现场职业危害因素浓度、温度(强度)符合规定。	

排查单元	序号	排查内容及标准	是否符合
其他	195	巷道成型符合规定。	
	196	巷道施工上山坡度超过 25°,人行道设有梯子和信号装置;施工台阶或敷设棕绳、扶手等设施。	
	197	斜井(巷)施工期间,按规定要求设置躲避硐;躲避硐内无堆积物料。	
	198	巷道支护高度超过 2 m 或在倾角大于 20°的上山进行支护时,配有脚手架,脚手架合格可靠。	
	199	材料设备采用机械运输,人工运料距离不得超过 300 m。	
	200	风钻打眼时钻杆下方严禁有人工作。	
	201	迎头 100 m 范围内巷道支护变形,及时修复施工。	
	202	迎头 100 m 以外巷道失修,及时安排整改。	
	203	修复巷道需挖地槽、砌硐时,对原有支护进行加固。	
	204	巷道维护不得一人单独作业。	
	205	独头巷道修复,修复点以里严禁有人。	
	206	巷道修复按规程措施规定支设临时支护。	
	207	修复巷道时对施工地点前后 10 m 范围内的支护检查加固。	

(6) 受水威胁采煤工作面隐患排查清单(表 6-7)。

表 6-7　　　　　　　　　　　受水威胁采煤工作面隐患排查清单

排查单元	序号	排查内容及标准	是否符合
说明书	1	工作面注浆改造(疏水降压)工程设计,经矿(公司)审批。	
	2	回采地质说明书、水文地质情况报告经集团公司审批(查)。	
	3	编制、审批(查)时间符合规定。	
防水木垛料	4	木垛数量不少于 8~10 个。	
	5	挂牌管理。	
	6	专门地点存放。	
防隔水煤(岩)柱留设	7	计算准确,留设合理。	
	8	相邻矿井防隔水煤(岩)柱总宽度≥40 m,以断层为界时两侧留设。	
	9	含(导)水及落差大于 1.5 m 断层防隔水煤(岩)柱≥20 m。	
	10	陷落柱防水煤柱防隔水煤(岩)柱≥20 m。	
	11	煤层露头防隔水煤(岩)柱≥20 m。	
	12	封孔不良、通水钻孔防隔水煤(岩)柱≥20 m。	
	13	水淹区、老窑积水防隔水煤(岩)柱≥20 m。	

排查 单元	序号	排查内容及标准	是否 符合
强制放 顶泄水	14	放顶眼深度≥2.0 m,放顶眼孔距≤1 m,放顶眼角度≥70°。	
	15	放顶效果明显,老空区顶板冒落严实。	
	16	采空区悬顶面积不超过 2×5 m²。	
	17	锚杆托盘及时拆除。	
排水	18	低洼处设泵排水,排水能力符合设计要求。	
	19	有备用水泵。	
	20	水窝无淤积,达到设计容量。	
	21	排水设施管理牌板字迹清晰,固定牢靠。	
	22	水沟内无杂物、浮煤渣,泄水线路畅通。	
	23	巷道无淤泥积水。	
疏水 降压	24	疏降措施到位,突水系数<0.06 MPa/m。	
	25	不随意关闭放水孔。	
	26	观测孔满足设计要求,水量、水压观测及时。	
顶底板 管理	27	棵棵支柱垫铁鞋。	
	28	铁鞋规格符合规定。	
	29	松软地段、断层上下盘、应力集中区垫大鞋或加垫板梁条笆。	
老空水	30	分析工作面四周是否存在老空水威胁。	
	31	有探放水设计、措施、验收报告。	
	32	工程质量符合设计要求。	
储量 管理	33	不随意丢顶煤、底煤及断层煤柱。	
	34	边角煤回收及时合理,浮煤清扫及时,厚度≤5 mm。	
注浆改 造钻孔	35	封严注实,不漏水。	
	36	井巷揭露套管,安装堵盘。	
避灾 路线	37	井巷交叉点设置路标。	
	38	牌板字迹清晰,标明所在地点,指明通往安全出口方向。	
	39	施工人员熟知避灾路线。	
	40	避灾路线畅通。	

(7) 受水威胁掘进工作面隐患排查清单(表 6-8)。

表 6-8　　　　　　　　　　受水威胁掘进工作面隐患排查清单

排查 单元	序号	排查内容及标准	是否 符合
说明书	1	受水威胁工作面经企业负责人审批、专门水文地质情况报告经矿技术负责人审批。	
	2	有水害预测预报、探查工程设计、措施、验收报告。	
	3	编制、审批(查)时间符合规定。	

排查单元	序号	排查内容及标准	是否符合
超前探查	4	钻孔成组布置、数量符合规定。	
	5	终孔平距、垂距符合规定。	
	6	水压大于 0.1 MPa 应预先固结套管。	
	7	水压大于 1.5 使用防喷防压装置。	
	8	终孔孔径≤75 mm。	
	9	留足超前距,探放老空水水平超前钻距≥30 m。	
	10	止水套管长度符合规定,探放老空水≥10 m。	
老空水	11	分析工作面四周是否存在老空水威胁。	
	12	有探放水设计、措施、验收报告。	
	13	工程质量符合设计要求。	
底板破坏	14	水压大于 0.06 MPa,巷道起底≤0.5 m;水压小于 0.06 MPa,巷道起底≤1.0 m。	
	15	薄弱地点、过断层预注浆加固。	
排水	16	下山掘进时有完善的排水系统。排水能力符合设计要求。	
	17	水窝无淤积,达到设计容量。	
	18	排水设施管理牌板字迹清晰,固定牢靠。	
泄水	19	水沟内无杂物、浮煤渣,泄水线路畅通。	
	20	巷道无淤泥积水。	
防隔水煤(岩)柱留设	21	计算准确,留设合理。	
	22	相邻矿井防隔水煤(岩)柱总宽度≥40 m,以断层为界时两侧留设。	
	23	含(导)水及落差大于 1.5 m 断层防隔水煤(岩)柱≥20 m。	
	24	陷落柱防水煤柱防隔水煤(岩)柱≥20 m。	
	25	煤层露头防水煤(岩)柱≥20 m。	
	26	封孔不良、通水钻孔防隔水煤(岩)柱≥20 m。	
	27	水淹区、老窑积水防水煤(岩)柱≥20 m。	
避灾路线	28	井巷交叉点设置路标。	
	29	牌板字迹清晰,标明所在地点,指明通往安全出口方向。	
	30	施工人员熟知避灾路线。	
	31	避灾路线畅通。	

(8) 强力皮带隐患排查清单(表 6-9)。

表 6-9　　　　　　　　　　强力皮带隐患排查清单

排查单元	序号	排查内容及标准	是否符合
巷道	1	巷道内安全间隙符合《煤矿安全规程》和"机电管理规定"要求。	
	2	电气设备安装间隙符合《煤矿安全规程》和"机电管理规定"要求。	
	3	带式输送机驱动点配备 25 m 灭火软管、不少于 2 只合格的灭火器、0.2 m³ 的灭火砂和消防铁锹。	
	4	巷道内消防水管不锈蚀,每隔 50 m 设支管和阀门。	

排查 单元	序 号	排查内容及标准	是否 符合
保护装置	5	各种保护装置齐全,符合《煤矿安全规程》和机电管理规定要求。	
	6	软启动装置齐全、动作可靠。	
	7	转动部位设防护装置和警示标志。	
	8	防跑偏装置间距不得超过 20 m。	
	9	落实专人定期对各类保护装置进行检查、试验并做好记录。	
设备质量	10	输送机滚筒质量合格、固定牢固。	
	11	吊挂机架无变形、锈蚀现象。	
	12	各类托辊齐全合格,转动灵活。	
	13	电气设备质量合格。	
	14	清扫器使用正常、清扫效果达到要求。	
管理制度	15	各类制度种类配备齐全,符合"机电安全质量标准化标准"和"机电管理规定"要求。	
	16	各类制度内容完善,管理规范。	
记录	17	各类记录种类配备齐全,符合"机电安全质量标准化标准"和"机电管理规定"要求。	
	18	各类记录填写认真,管理规范。	
司机	19	司机经过安全和岗前培训,持证上岗作业。	
	20	司机正规操作,严格按照操作规程和"手指口述安全确认操作法"进行操作。	
文明生产	21	电缆表面清洁、吊挂规范。	
	22	巷道内照明间距不大于 30 m,吊挂规范。	
	23	管路不锈蚀、吊挂规范。	
	24	小型电器合格、吊挂规范。	
	25	标志牌齐全、正规。	
	26	巷道内无杂物和淤泥。	

（9）斜井提升系统隐患排查清单（表 6-10）。

表 6-10　　　　　　　　　　斜井提升系统隐患排查清单

排查 单元	序 号	排查内容及标准	是否 符合
图纸资料	1	技术资料齐全。	
	2	定期技术测定,报告符合要求。	
	3	按照要求必须悬挂在车房内的制度齐全。	
	4	设备"三证一标志"齐全。	
	5	防爆设备有防爆合格证。	

排查单元	序号	排查内容及标准	是否符合
安全保护	6	防止过卷装置。	
	7	防止过速装置。	
	8	过负荷装置。	
	9	欠电压保护装置。	
	10	2 m/s 限速保护装置。	
	11	深度指示器失效保护装置。	
	12	闸瓦间隙保护装置。	
	13	减速保护装置。	
	14	错向保护。	
	15	松绳保护装置。	
	16	防止过卷保护设相互独立的双线形式。	
	17	限速保护装置设相互独立的双线形式。	
	18	减速功能保护设相互独立的双线形式。	
制动系统	19	液压站油管整齐,不渗油。	
	20	制动油有过欠压保护与过压保护,动作灵敏可靠。	
	21	闸瓦与闸衬无缺损,表面无油迹。	
	22	松闸后的闸瓦间隙符合规定。	
	23	制动力矩符合要求。	
深度指示器	24	传动装置动作灵活。	
	25	有减速保护装置。	
	26	指示盘着色鲜明,不得反光刺眼。	
变频器	27	防爆变频器散热效果良好。	
	28	变频器过欠压保护灵敏可靠。	
	29	变频器通信故障保护灵敏可靠。	
	30	接地过载保护灵敏可靠。	
开关柜(防爆开关)	31	外壳无变形,无开焊,防腐良好。	
	32	过流和欠压保护装置动作可靠。	
	33	保护整定计算正确,并有记录。	
	34	符合"电气设备通用完好标准"防爆要求。	
电动机	35	电动机零部件齐全。	
	36	电动机保护接地齐全,符合要求。	
	37	电动机绕组及铁芯表面无积垢,不松动。	

续表 6-10

排查单元	序号	排查内容及标准	是否符合
钢丝绳	38	一个捻距内断丝断面积与钢丝绳总断丝面积之比:提人时不超过5%。	
	39	一个捻距内断丝断面积与钢丝绳总断丝面积之比:提物时,平衡钢丝绳不超过10%。安全系数符合要求。	
	40	一个捻距内断丝断面积与钢丝绳总断丝面积之比:平衡钢丝绳不超过10%。	
	41	直径不小于新绳公称直径的10%。	
	42	钢丝绳每月涂油1次。	
	43	钢丝绳每天检查1次。	
信号系统	44	信号必须与绞车的控制回路相闭锁。	
	45	信号系统各小型电气防爆标准达到"电气设备通用完好标准"防爆要求。	
巷道	46	巷道安全间隙人行道大于800 mm,非人行道侧大于300 mm。	
	47	信号硐室规格为高≥1.8 m,宽≥1.4 m,深≥1.4 m。	
安全设施	48	托绳轮齐全合格转动灵活,间距不大于20 m。	
	49	上部平车场和变坡点以下挡车装置以及跑车防护装置齐全有效。	
	50	行人监测报警齐全有效。	
	51	声光语音报警装置齐全。	
文明生产	52	绞车房和巷道内照明充足、吊挂规范。	
	53	绞车房和巷道内清洁卫生、无杂物、无积水。	
	54	消防设施齐全合格。	
	55	绞车司机经培训合格,持证上岗,正规操作、按章作业。	

(10)压风机系统隐患排查清单(表6-11)。

表 6-11　　　　　　　　压风机系统隐患排查清单

排查单元	序号	排查内容及标准	是否符合
图纸资料	1	技术档案资料、齐全。	
	2	技术测定报告符合要求。	
	3	操作规程及管理制度等悬挂在机房内。	
	4	大修后设备有检修、验收和试运转记录。	
	5	设备履历表填写及时准确。	
安全保护	6	水冷式空压机有断水保护或断水信号,灵敏可靠。	
	7	有断油保护或断油信号,灵敏可靠。	
	8	各冷却器及风包必须装有安全阀。	
	9	在风包主排气管路上必须安装释压阀。	

排查单元	序号	排查内容及标准	是否符合
仪表	10	压力表指示准确,定期进行校验。	
	11	温度计齐全可靠,指示准确。	
开关柜	12	外壳无变形,防腐良好。	
	13	母线排清洁无尘土。	
	14	接线装置齐全。	
	15	保护整定计算正确,并有记录。	
	16	"五防"闭锁装置完整、灵活、可靠。	
	17	接地保护齐全,符合要求。	
电动机	18	电动机零部件齐全、完整。	
	19	电动机定子与转子最大间隙与最小间隙符合规定要求。	
	20	电动机保护接地齐全,符合要求。	
	21	电动机绕组及铁芯表面无积垢,不松动。	
	22	防爆电动机符合防爆标准要求。	
机体	23	气缸无裂纹。	
	24	不漏水,不漏气,不漏油。	
	25	排气温度单缸不超过 190 ℃。	
	26	排气温度双缸不超过 160 ℃。	
	27	螺杆式压风机油位正常,观察孔玻璃清晰。	
	28	螺杆式压风机油气分离器正常使用。	
	29	紧固件应符合规定要求。	
	30	活塞与气缸余隙符合完好标准要求。	
水泵	31	水泵必须运转正常,无异响,无异常振动,不漏水。	
冷却系统	32	冷却系统不漏水,冷却水出水温度不超过 40 ℃,进水温度不超过 35 ℃。	
	33	冷却水压力不超过 0.25 MPa。	
	34	采用软化水,软化装置使用正常。	
	35	压风机房应根据压风机冷却水的需求量设立冷却水泵,并有备用泵。	
润滑系统	36	气缸润滑必须使用专用压缩机油,并有化验合格证。	
其他	37	防护用具齐全,有绝缘靴、绝缘手套、符合电压等级的验电笔,有接地线。	
	38	灭火器不少于 2 只,灭火砂不少于 0.2 m³,灭火砂包不少于 10 个。	
	39	管线吊挂整齐牢固,位置适当,布置美观,油管、水管不漏液。	
	40	岗位司机经过培训,持证上岗。	

(11) 主排水泵房隐患排查清单(表 6-12)。

表 6-12　　　　　　　　　　　　　　主排水泵房隐患排查清单

排查单元	序号	排查内容及标准	是否符合
图纸资料	1	技术资料齐全。	
	2	技术测定报告符合要求。	
	3	操作规程及管理制度等悬挂在机房内。	
	4	大修后设备有检修、验收和试运转记录。	
	5	设备"三证一标志"齐全,防爆设备有防爆合格证。	
安全保护	6	过流和欠压保护装置动作可靠。	
	7	水位报警装置齐全有效。	
	8	远程监测集控系统使用正常,定期试验远方控制。	
	9	集控操作台各种仪表数据显示准确。	
仪表	10	各种仪表齐全,指示正确。	
高低压开关柜	11	外壳无变形,无开焊,防腐良好,无锈蚀及大面积脱漆现象。	
	12	母线排清洁无尘土。	
	13	接线装置齐全、完整、紧固,导电良好。	
	14	保护整定计算正确,并有记录。	
	15	"五防"闭锁装置完整、灵活、可靠。	
	16	实现高低压双回路供电。	
电动机	17	电动机零部件齐全、完整。	
	18	电动机定子与转子最大间隙与最小间隙符合规定要求。	
	19	电动机保护接地齐全,符合要求。	
	20	电动机绕组及铁芯表面无积垢,不松动。	
	21	防爆电动机符合防爆标准要求。	
泵体	22	泵体无裂纹、锈蚀,不漏水。	
	23	盘根不过热,不漏水。	
	24	水泵基础不得因地压而出现变形。	
	25	轴承润滑良好,不过热。	
	26	对轮有护罩有警示,并固定牢靠。	
	27	联轴节端面间隙符合完好标准要求。	
管路	28	管路不漏水,防腐良好。	
闸阀	29	闸阀、逆止阀、底阀齐全、完整。	
	30	闸阀操纵灵活,动作可靠,并实现挂牌管理,标明编号,丝杆定期涂油。	
密闭门	31	密闭门门齐全、关闭灵活。	
引水装置	32	引水装置符合要求,有工作和备用两套引水装置。	
	33	保证 5 min 内启动水泵。	
其他	34	防护用具齐全,有绝缘靴、绝缘手套、符合电压等级的验电笔,有接地线。	
	35	灭火器不少于 2 只,灭火砂不少于 $0.2\ \mathrm{m^3}$,灭火砂包不少于 10 个。	
	36	管线吊挂整齐牢固,位置适当,布置美观,油管、水管不漏液。	
	37	岗位司机经过培训,持证上岗。	

（12）主提升系统隐患排查清单（表6-13）。

表6-13　　　　　　　　　　　　主提升系统隐患排查清单

排查单元	序号	排查内容及标准	是否符合
图纸资料	1	各种技术资料齐全。	
	2	定期技术测定报告符合要求。	
	3	按照要求必须在车房内悬挂的制度齐全。	
安全保护	4	防止过卷装置。	
	5	防止过速装置。	
	6	过负荷和欠电压装置。	
	7	2 m/s限速保护装置。	
	8	深度指示器失效保护装置。	
	9	闸瓦间隙保护装置。	
	10	减速保护装置。	
	11	错向保护。	
	12	防滑保护。	
	13	松绳保护装置。	
	14	主井箕斗提升有满仓保护。	
	15	防止过卷保护设相互独立的双线形式。	
	16	限速保护装置设相互独立的双线形式。	
	17	减速功能保护装置设相互独立的双线形式。	
制动系统	18	液压站油管整齐，不渗油。	
	19	制动油过、欠压保护动作灵敏可靠。	
	20	闸瓦与闸衬无缺损，表面无油迹。	
	21	松闸后的闸瓦间隙符合规定。	
	22	制动力矩符合要求。	
深度指示器	23	传动装置动作灵活，指示准确。	
	24	有失效保护。	
	25	多绳摩擦式提升机的调零机构灵活可靠。	
	26	指示盘着色鲜明，不得反光刺眼。	
变频器	27	变频器过欠压保护灵敏可靠。	
	28	变频器通信故障保护灵敏可靠。	
	29	接地过载保护灵敏可靠。	
开关柜	30	外壳无变形，无开焊，防腐良好。	
	31	过流和欠压保护装置动作可靠。	
	32	保护整定计算正确，并有记录。	

排查单元	序号	排查内容及标准	是否符合
电动机	33	电动机零部件齐全。	
	34	电动机保护接地齐全,符合要求。	
	35	电动机绕组及铁芯表面无积垢,不松动。	
钢丝绳	36	一个捻距内断丝断面积与钢丝绳总断丝面积之比:提人时不超过 5%。	
	37	一个捻距内断丝断面积与钢丝绳总断丝面积之比:提物时、平衡钢丝绳不超过 10%。安全系数符合要求。	
	38	一个捻距内断丝断面积与钢丝绳总断丝面积之比:平衡钢丝绳不超过 10%	
	39	直径不小于新绳公称直径的 10%。	
	40	多绳摩擦轮提升机钢丝绳的张力差符合±10%规定。	
	41	主绳每天检查 1 次,有合格备用钢丝绳。	
	42	平衡钢丝绳每周检查 1 次。	
	43	每月涂油 1 次,摩擦轮式提升装置的提升钢丝绳,只准涂、浸专用的钢丝绳油(增磨脂)。	
连接装置	44	连接装置可靠无变形。	
	45	连接装置定期试验。	
天轮、导向轮	46	天轮的轮缘、辐条不得有开焊、裂纹、松脱或明显变形。	
	47	导向轮的轮缘、辐条不得有开焊、裂纹、松脱或明显变形。	
	48	底部磨损量不超过钢丝绳的直径。	
提升容器	49	箕斗必须采用定重装载。	
	50	提升容器的罐耳磨损量不得超过规定。	
井筒装备	51	罐道梁及每根罐道都有编号。	
	52	接茬错位、磨损不超规定。	
信号系统	53	井口信号装置必须与绞车的控制回路相闭锁。	
	54	井上下操车系统与信号闭锁装置动作可靠。	
	55	除常用的信号装置外,必须有备用信号装置。	
其他	56	机房内清洁卫生无杂物,备品、备件、备用设备摆放整齐。	
	57	灭火器不少于 2 只,灭火砂不少于 0.2 m³,灭火砂包不少于 10 个。	
	58	防护用具齐全,有绝缘靴、绝缘手套、符合电压等级的验电笔,有接地线。	
	59	岗位司机经过培训,持证上岗。	

(13) 主通风机隐患排查清单(表 6-14)。

表 6-14 　　　　　　　　　　　　　　　主通风机隐患排查清单

排查单元	序号	排查内容及标准	是否符合
图纸资料	1	技术档案资料齐全。	
	2	技术测定报告符合要求。	
	3	操作规程及管理制度等悬挂在机房内。	
	4	大修后设备有检修、验收和试运转记录。	
	5	设备"三证一标志"齐全,防爆设备有防爆合格证。	
安全保护	6	过流和欠压保护装置动作可靠。	
	7	保护定值计算符合要求。	
仪表	8	在线监控系统各项功能显示数据准确。	
	9	压力表指示准确,定期进行校验。	
	10	水柱计指示准确。	
	11	温度计齐全可靠,指示准确。	
开关柜	12	外壳无变形,防腐良好。	
	13	母线排清洁无尘土。	
	14	接线装置齐全、完整、紧固,导电良好。	
	15	保护整定计算正确,并有记录。	
	16	"五防"闭锁装置完整、灵活、可靠。	
	17	实现高低压双回路供电。	
电动机	18	电动机零部件齐全、完整。	
	19	电动机定子与转子最大间隙与最小间隙符合规定要求。	
	20	电动机保护接地齐全,符合要求。	
	21	电动机绕组及铁芯表面无积垢,不松动。	
	22	防爆电动机符合防爆标准要求。	
反风设施	23	反风设施齐全有效,有反风操作系统图。	
	24	反风装置能在 10 min 内完成反风。	
	25	风门绞车符合完好标准,并启动,运转灵活。	
防爆门	26	防爆门应严密,重锤应悬挂得当。	
	27	防爆门应至少每半年检查 1 次,并留有记录。	
机体	28	叶片安装角度一致。	
	29	对旋式刹车装置完好。	
	30	轴承有超温指示和警报信号。	
	31	转动部分有保护设施和警示牌。	
	32	机体防腐良好,无明显的变形、裂纹、剥落等缺陷。	
	33	机壳结合面及轴穿过机壳处,密封严密,不漏风。	

排查单元	序号	排查内容及标准	是否符合
其他	34	防护用具齐全,有绝缘靴、绝缘手套、符合电压等级的验电笔,有接地线。	
	35	主通风机房不得用明火取暖,附近 20 m 内不得有烟火或堆放易燃物品。	
	36	无杂物,无积水,机房内线路布置整齐。	
	37	灭火器不少于 2 只,灭火砂不少于 0.2 m³,灭火砂包不少于 10 个。	
	38	岗位司机经过培训,持证上岗。	

(14) 主斜巷运输隐患排查清单(表 6-15)。

表 6-15　　　　　　　　主斜巷运输隐患排查清单

排查单元	序号	排查内容及标准	是否符合
设备质量	1	绞车滚筒无开裂、变形,质量完好。	
	2	电动机质量完好,转动部位防护设施齐全可靠。	
	3	液压系统完好、不漏油。	
	4	电气设备和小型电器质量完好、无失爆。	
保护装置	5	防过卷装置动作灵敏可靠。	
	6	制动装置合格,动作灵敏可靠。	
	7	电气保护装置齐全可靠。	
	8	接地保护系统合格。	
钢丝绳	9	钢丝绳质量合格。	
	10	钢丝绳和保安绳滑头插接不得小于 2.5 个捻距。	
	11	保安绳与主绳连接符合机电管理规定要求。	
管理制度	12	绞车房各类制度种类配备齐全,符合"机电安全质量标准化标准"要求。	
	13	各类制度内容完善,管理规范。	
记录	14	绞车房各类记录种类配备齐全,符合"机电安全质量标准化标准"要求。	
	15	各类记录填写认真,管理规范。	
安全设施	16	斜巷安全设施齐全有效,符合《煤矿安全规程》规定要求。	
	17	托绳轮齐全合格,间距不大于 20 m。	
	18	各车场行车声光语音报警齐全、合格,"行车时严禁行人"警示牌板齐全、醒目,吊挂规范。	
	19	信号系统灵敏可靠,悬挂位置合格。	
巷道	20	巷道支护牢固无失修现象。	
	21	巷道安全间隙人行道大于 800 mm,非人行道侧大于 300 mm。	
	22	斜巷坡度 8°以上设行人台阶,台阶沿巷道坡度铺设平直。	
	23	各车场信号躲避硐室规格为高≥1.8 m、宽≥1.4 m、深≥1.4 m,硐室内无杂物。	

排查 单元	序 号	排查内容及标准	是否 符合
轨道	24	轨道中间轨枕间距均匀不大于 1 m，运送综采支架不大于 0.7 m，接头处不大于 0.44 m。	
	25	轨枕质量合格，规格不小于 120 mm×120 mm×1 200 mm。	
	26	轨枕扣件、道钉齐全、有效，无八害道钉。	
	27	道碴充填均匀，埋没枕木的 2/3，粒度 2～4 mm，超出枕木端头不小于 100 mm。	
	28	水泥整体道床无破损。	
	29	轨道接头扣件齐全紧固。	
	30	轨缝间隙不大于 5 mm。	
	31	接头高低差不大于 2 mm。	
	32	轨道前后高低不大于 10 mm。	
	33	轨道中心线符合设计，直线段直顺。	
	34	轨道水平偏差不大于 5 mm。	
	35	轨距偏差不大于 +5 mm，−2 mm。	
	36	轨道轨型符合《煤矿安全规程》规定要求。	
道岔	37	道岔扳道器固定牢固，把手高于水平位置。	
	38	岔尖转辙灵活，开程 80～110 mm，垫板、开程板齐全。	
	39	岔尖根部错差不大于 2 mm。	
	40	道岔各处焊接铆固无失效，轨距拉杆齐全。	
	41	简易道岔轨枕不少于 5 根枕木，正规道岔轨枕按道岔型号配齐轨枕。	
文明生产	42	绞车房和巷道内清洁卫生无杂物、无积水。	
	43	绞车房内消防设施齐全合格，灭火器不少于 2 只，灭火砂不少于 0.2 m³。	
	44	管路、电缆、小型电器合格、吊挂规范。	
	45	标志牌齐全、正规。	
	46	巷道内照明间距不大于 30 m，吊挂规范。	
	47	绞车司机经培训持证上岗，严格按照操作规程和"手指口述"安全确认操作法进行操作。	

（15）地面变电所隐患排查清单（表 6-16）。

表 6-16   地面变电所隐患排查清单

排查 单元	序 号	排查内容及标准	是否 符合
安全保护 设施	1	有可靠的双回路供电电源。	
	2	有可靠的操作电源。	
	3	电气试验项目齐全、合格。	

排查 单元	序 号	排查内容及标准	是否 符合
安全保护 设施	4	电气试验有资质。	
	5	继电保护计算正确。	
	6	继电保护整定合格。	
	7	继电保护校验动作灵敏可靠。	
	8	继电保护校验周期为一年。	
	9	选择性高压接地保护装置灵敏可靠。	
	10	反送电开关加锁并有"注意反送电"明显标志。	
	11	应急照明设施合格有效。	
	12	实现在线监测监控。	
	13	模拟屏各种开关状态量显示齐全准确。	
	14	微机监控屏各种开关状态量显示齐全准确。	
	15	实现调度工业监视。	
	16	消防设施符合要求。	
	17	安全出口畅通。	
	18	变电所防火门合格。	
	19	安全栅栏设置齐全符合规定。	
	20	安全警示牌设置齐全合格。	
	21	有防止小动物进入的纱网。	
	22	验电笔、接地线、放电线等安全用具配备齐全合格。	
	23	绝缘用具配备齐全合格。	
	24	有合格的挡鼠板。	
	25	调度通信畅通。	
	26	进出电缆有穿墙套管、电缆孔洞封堵严密。	
供电管理	27	巡视路线标识清晰、畅通无阻。	
	28	供电事故应急抢险预案预想事故内容全面、演练达到熟练。	
	29	有"有权签发工作票人员名单"。	
	30	工作票执行规范。	
	31	操作票执行规范。	
	32	紧急拉闸顺序表符合要求。	
	33	变电所总停后优先送电重要用户负荷顺序表符合要求。	
设备状态	34	设备标志牌内容齐全合格。	
	35	主变压器不过负荷。	
	36	主变压器散热装置无破损变形。	
	37	主变压器冷却风扇完好。	
	38	主变压器油位、油色正常。	

排查单元	序号	排查内容及标准	是否符合
设备状态	39	主变压器无渗漏现象。	
	40	主变压器声音正常。	
	41	主变压器壳体无锈蚀。	
	42	主变压器外壳接地符合规定。	
	43	主变压器瓷套管清洁无破损、放电烧毁。	
	44	主变压器硅胶吸湿器无变色。	
	45	开关柜仪表、分合闸指示正确。	
	46	开关柜"五防"功能可靠。	
	47	补偿电容器自动控制系统正常。	
	48	补偿电容器无渗漏油。	
	49	补偿电容器外壳无凸凹。	
	50	直流电源仪表指示正确。	
	51	直流电源蓄电池无渗漏液。	
	52	直流电源蓄电池外壳无裂纹、变形、腐蚀。	
	53	金属构架和设备定期防腐处理,不脱漆、不生锈。	
	54	控制保护屏接线排列整齐。	
	55	控制保护屏二次回路编号清晰齐全。	
	56	控制保护屏仪表指示准确。	
	57	母线横平竖直、固定牢靠、相序排列方向及相色符合规定。	
	58	支柱绝缘子及套管瓷件表面无裂纹缺损。	
	59	电气接地符合要求。	
	60	防雷接地符合要求。	
	61	电缆及控制电缆敷设排列整齐均匀无交叉	
规章制度、图纸、资料、记录	62	有设备运行规程。	
	63	有供用电技术规程。	
	64	有操作规程。	
	65	有电气试验制度。	
	66	有要害场所管理制度。	
	67	有领导干部上岗查岗制度。	
	68	有事故处理规定。	
	69	有设备缺陷管理制度。	
	70	交接班制度。	
	71	有供电系统图。	
	72	有模拟图。	
	73	有变电所设备平面布置图。	

排查单元	序号	排查内容及标准	是否符合
规章制度、图纸、资料、记录	74	有继电保护方式及定值图表。	
	75	有巡回检查图表。	
	76	有紧急拉闸顺序表。	
	77	有变电所供用电设计资料。	
	78	有电气试验资料。	
	79	有继电保护的整定资料。	
	80	有历年重大事故的记录、分析、处理资料。	
	81	有 110 kV、35 kV、10 kV 系统主要设备的技术资料。	
	82	有运行记录。	
	83	有交接班记录。	
	84	有设备缺陷记录。	
	85	有设备检修记录。	
	86	有继电保护整定记录。	
	87	有事故记录。	
	88	有要害场所入内登记。	
	89	有干部上岗登记。	
	90	有安全活动记录。	
	91	有选择性高压接地保护试验记录。	
文明生产	92	室内整洁卫生,窗明几净。	
	93	室外环境清洁卫生,无积水杂物。	
	94	设备整洁,无积尘,无油垢,无滴漏。	
	95	室内外电缆沟、桥架排列整齐,盖板完整。	
	96	值班员配备合理(每班 2 名及以上)、经过培训且持有效证件上岗。	
	97	室内外照明亮度充足。	

（16）井下变电所隐患排查清单（表 6-17）。

表 6-17　　　　　　　　　　井下变电所隐患排查清单

排查单元	序号	排查内容及标准	是否符合
硐室结构	1	变电所硐室必须用不燃材料支护或砌碹(锚喷),并设在新鲜风流内。	
	2	必须有向外开、合格的防火铁门和栅栏门,门槛高度不得小于 100 mm,铁门关闭时的间隙不超过 10 mm。	
	3	从防火铁门起,5 m 内巷道应用不燃材料支护。	
	4	硐室长度超过 6 m 时必须在两端各设一个出口。	
	5	引出引入的电缆有穿墙套管,并必须严密封堵。	
	6	硐室的高度和宽度应能满足搬运最大设备的外形尺寸的要求。	
	7	硐室无变形。	

排查单元	序号	排查内容及标准	是否符合
设备及布置	8	设备台台完好。	
	9	小型电器台台合格。	
	10	防爆电气设备有产品合格证、防爆合格证、煤矿矿用产品安全标志。	
	11	防爆电气设备无失爆。	
	12	设备与电缆标志牌齐全,内容填写正确。	
	13	设备(电缆)布置排列整齐,设备距墙不得小于 0.5 m,设备之应留出 0.8 m 的通道。(如设备不需从两侧及后面工作的,可以不留间距)	
保护及安全设施	14	过流保护整定必须符合实际要求。	
	15	过流保护动作电流刻值每半年校对 1 次。	
	16	必须装有选择性的单相接地保护装置(中央变电所高压母线上)。	
	17	低压馈电线上应装设检漏保护装置。	
	18	检漏保护装置应并执行日试验制。	
	19	检漏保护装置应定期进行远方漏电试验。	
	20	与矿调度室有直通电话(中央变电所)。	
	21	接地系统、接地装置的材质、断面、连接以及接地电阻符合《煤矿井下保护接地装置的安装检查、测定工作细则》的要求	
	22	硐室两头分别设置 2～4 个合格的电气火灾灭火器和不少于 0.2 m³ 的灭火砂,单个砂箱或砂袋的质量不超过 10 kg。	
	23	有合格的绝缘手套、绝缘靴、验电笔。	
	24	绝缘手套、绝缘靴、验电笔每半年做 1 次试验。	
	25	开关仪表指示正确。	
	26	开关闭锁功能可靠。	
	27	开关保护齐全、灵敏可靠。	
	28	安全防护栅栏、遮栏设置齐全符合规定。	
	29	各种安全警示标识牌配备齐全。	
	30	安全出口畅通。	
文明生产	31	供配电系统图必须与实际配置相符,标注参数齐全,并有过流保护整定值。	
	32	硐室内清洁无积水、无杂物、无淋水。	
	33	有要害场所管理制度。	
	34	有干部上岗查岗制度。	
	35	有岗位责任制度。	
	36	有交接班制度。	
	37	有安全操作规程。	
	38	有机电设备定期检修制。	
	39	有包机制度。	

排查单元	序号	排查内容及标准	是否符合
文明生产	40	有电气试验制度。	
	41	有巡回检查制度。	
	42	有维修记录。	
	43	有检漏试验记录。	
	44	有照明综合保护试验记录。	
	45	有事故记录。	
	46	有交接班记录。	
	47	有巡回检查记录。	
	48	有干部上岗记录。	
	49	有停送电记录。	
	50	室内温度不超过 30 ℃。	
	51	入口有明显"非工作人员禁止入内"警示牌。	
	52	室内照明亮度充足,灯的距离为 3～6 m。	
	53	无人值守变电所应加锁。	
	54	值班员经过培训,且持有效证件上岗。	

(17) 地面架空线路隐患排查清单(表 6-18)。

表 6-18　　　　　　　　　　　　地面架空线路隐患排查清单

排查单元	序号	排查内容及标准	是否符合
杆塔部分	1	铁塔塔身正直无扭斜变形。	
	2	铁塔倾斜度不大于塔高的 1/200。	
	3	水泥杆杆身无纵向裂纹、无风化剥落露筋等缺陷,横向裂纹宽度不大于 0.5 mm,长度不超过周长 1/3。	
	4	水泥杆杆身正直,倾斜度不大于 1/4。	
	5	横担无扭转弯曲变形,歪斜度不大于横担主材的宽度。	
	6	拉线方向位置正确、牢固,拉线截面不小于设计规程最小截面,拉棒直径不小于 16 mm。	
	7	各金属元件需经防锈处理,无严重锈蚀。	
	8	杆、塔基础不下沉或鼓起,周围不缺少回填土,水泥基础无风化龟裂,铁塔固定件牢固安全。	
	9	杆、塔编号、名称、相色醒目清楚正确。	

排查单元	序号	排查内容及标准	是否符合
导地线	10	导地线无破股、断股等缺陷。	
	11	导线截面满足负荷、电压损失要求。	
	12	导地线松弛度符合规程要求。	
	13	导线对地及交叉跨越物的距离、线间距离符合规程要求。	
	14	连接线接头紧密牢固。	
绝缘子	15	绝缘子表面无明显裂纹烧伤,釉面硬伤直径小于 10 mm。	
	16	悬垂绝缘子偏斜不大于 15°。	
金具	17	地线及绝缘子串连接金具完整齐全,规格符合要求。	
	18	线夹、螺栓、螺帽、弹簧垫圈齐全,连接牢固,开口销分开不得代用。	
	19	金具用镀锌标准件或经防锈处理。	
防雷保护	20	装有架空地线及防雷保护设施的杆塔,逐杆、逐塔应接地。	
	21	接地引线截面满足规程要求。	
	22	接地电阻值合格。	
	23	接地引线无断股及严重锈蚀,引线连接线夹的螺栓、螺帽、弹簧垫齐全牢固。	
	24	避雷器每年雷雨季前进行 1 次试验。	
	25	接地电阻每年雷雨季前测试 1 次。	
线路走廊	26	线路走廊符合要求,导线边线与树木间的水平距离:6～10 kV,≥5 m;35～110 kV,≥10 m。	
	27	导线边线与建筑物间的水平距离:在最大风偏时,6～10 kV,≥1.5 m;35 kV,≥3 m;110 kV,≥4 m。	
	28	导线与树木间的垂直距离:6～10 kV,≥3 m;35～110 kV,≥4 m。	
	29	导线与建筑物的垂直距离:在计算导线最大弧垂情况下,6～10 kV,≥3 m;35 kV,≥4 m;110 kV,≥5 m。	
	30	导线与公路、铁路的距离:6～110 kV 线路下,公路 7 m,铁路 7.5 m。	
	31	导线与电力线间的距离:6～10 kV,≥2 m;35～110 kV,≥3 m。	
	32	导线对地距离:6～10 kV,居民区≥6.5 m、非居民区≥5.5 m、交通困难区≥4.5 m;35～110 kV,居民区≥7 m、非居民区≥6 m、交通困难区≥5 m。	
安全指标	33	线路不发生倒杆、断线、短路接地等责任事故。	
	34	供电可靠率 100%。	
线路管理	35	配有线路检修抢修队伍,配备专用线路检修车辆及足够的备用材料、工具。	
	36	有年度检修计划(春秋两次)并认真执行,有检修记录。	
	37	线路巡视:正常巡视一月一次,雨季一周一次,恶劣天气后立即巡视。	
线路规程	38	《电业安全工作规程》(电力线路部分)。	
	39	《电力线路防护规程》。	

排查单元	序号	排查内容及标准	是否符合
线路规程	40	《电力线路施工及验收暂行技术规范》。	
	41	《架空送电线路运行规程》。	
图纸、记录、技术资料	42	有线路路径平面图(杆位图)。	
	43	有检修记录。	
	44	有预防性试验记录。	
	45	有线路巡视记录。	
	46	有缺陷记录。	
	47	有事故记录。	
	48	有线路交叉跨越、公路、铁路、电力线、通信线及其他线最小净距记录。	
	49	有线路设计及安装资料。	

（18）矿灯房隐患排查清单(表 6-19)。

表 6-19　　　　　　　　　　矿灯房隐患排查清单

排查单元	序号	排查内容及标准	是否符合
灯房及配电设备	1	灯房建筑应用不燃性材料。	
	2	设备布置排列整齐,台台完好。	
	3	设备标志牌齐全,填写正确。	
	4	充电架均有编号。	
	5	室内有合格的过流保护、接地。	
	6	过流保护整定值符合实际要求。	
	7	应有良好的通风装置。	
	8	灯房和仓库内严禁烟火。	
	9	消防设施齐全,管理牌板规范。	
	10	室内照明适度、光线充足。	
	11	室内采暖降温设施齐全完好。	
矿灯及充电架状态	12	灯头、灯锁完好无损。	
	13	灯线无破皮老化现象。	
	14	矿灯有效工作时间应不小于 11 h。	
	15	每盏矿灯必须编号。	
	16	完好的矿灯总数,至少应比经常使用矿灯的总人数多 10%。	
	17	矿灯完好率达 95% 以上。	
	18	矿灯红灯率不高于 0.5%。	
	19	充电架仪表齐全、指示准确。	

续表 6-19

排查 单元	序 号	排查内容及标准	是否 符合
规章制度、 图纸资料与记录	20	操作规程、包机责任制、岗位责任制、交接班制、管理人员上岗制度、定期检查和维修制度、矿灯领用发放与考勤制度、矿灯损坏赔偿制度、消防安全制度等齐全、上墙。	
	21	充电架、矿灯资料齐全,并存档。	
	22	矿灯考勤簿记录齐全、规范。	
	23	矿灯维修记录簿齐全、规范。	
	24	充电架供电系统图必须与实际配置相符。	
维修及值班人员	25	维修人员必须经培训考试合格,持证上岗,熟悉业务。	
	26	维修及值班人员严格执行各项制度,正规操作。	
	27	维修及值班人员文明上岗、精心作业、服务态度好。	
	28	更换保护装置、光源、电缆,必须使用相同型号规格的产品。	
	29	矿灯应保持清洁,灯面玻璃应透明。	
环境面貌	30	机房内及设备卫生清洁,窗明几净,无杂物、无油垢、无灰尘、无死角。	
	31	各类设施要完好并挂牌编号管理。	
	32	工具、材料、配件定置管理,存放整齐,无乱堆、乱放物料。	

二、煤矿企业事故隐患排查治理表(表 6-20)

表 6-20　　　　　　　　　　**煤矿企业事故隐患排查治理表**

序号	隐患地点	隐患名称	隐患描述	隐患等级	隐患防治措施	应急预案	整改期限	落实资金/万元	矿井责任人	科室责任人	区队责任人	班组责任人	岗位责任人

填表人:　　　　审核人:　　　　　　　　　　　　　　　　填表日期:　　年　月　日

填表说明:1.隐患地点:即隐患存在的地点、部位、场所或设备设施。

2.隐患名称:按隐患分类填写。

3.隐患描述:按风险管控措施中任一项或多项措施未落实到位填写。

4.隐患等级:按重大、A、B、C级填写。

5.隐患防治措施:按风险管控措施中未落实到位的完善、补充措施填写。

6.应急预案:填写综合预案、专项预案和现场处置方案及是否停产撤人等要求。

7.责任人:按分级、分专业、分单位、分岗位填写。

三、煤矿企业事故隐患排查治理公示样表(表 6-21)

表 6-21　　　　　　　煤矿企业事故隐患排查治理公示样表

×××××××有限公司

(月份)隐患排查治理公示牌

序号	单位名称	隐患内容	所在区域	整改要求	责任人	完成时间

四、煤矿企业事故隐患排查治理通知单样表(表 6-22)

表 6-22　　　　　　　煤矿企业事故隐患排查治理通知单样表

被通知单位					
检查类型		检查时间		通知部门	

隐患详情及要求					
序号	隐患类型	隐患描述	排查依据	整改要求	整改时间	备注

五、煤矿企业一般隐患登记及整改销号审批样表（表 6-23）

表 6-23　　　　　　　　　　　煤矿企业一般隐患登记及整理销号审批样表

责任单位		整改责任人	
隐患名称		地　　点	
发现时间		整改完成时间	
隐患情况			
整改情况			
单位分管领导意见			

六、煤矿企业重大安全生产隐患登记及整改销号审批表（表 6-24）

表 6-24　　　　　　煤矿企业重大安全生产隐患登记及整理销号审批表

单位名称		单位负责人	
隐患名称		隐患类型	
发现时间		治理完成时限	

隐患概况：（包括隐患形成原因、可能影响范围、造成的死亡人数、造成的职业病人数、造成的直接经济损失）	
主要治理方案：（包括治理措施、所需资金、完成时限、治理期间采取的防范措施和应急措施）	
整　　改 情　　况	
单位分管 领导意见	
单位主要 负责人意见	
监管部门 意见	